江苏省公民道德与社会风尚协同创新中心成果

江苏省道德发展高端智库成果

国家社会科学基金重大项目"改革开放40年中国伦理道德数据库建设研究"(18ZDA022)成果

中国伦理道德发展报告

全国卷（上）

樊浩 王珏 等著

中国社会科学出版社

图书在版编目（CIP）数据

中国伦理道德发展报告．全国卷：全2册/樊浩等著．—北京：中国社会科学出版社，2022.9

ISBN 978 - 7 - 5227 - 0629 - 0

Ⅰ.①中… Ⅱ.①樊… Ⅲ.①社会公德—研究报告—中国 Ⅳ.①B822

中国版本图书馆 CIP 数据核字（2022）第 134738 号

出 版 人	赵剑英
选题策划	张　林
责任编辑	周晓慧等
责任校对	周　昊
责任印制	戴　宽

出　　版	中国社会科学出版社
社　　址	北京鼓楼西大街甲 158 号
邮　　编	100720
网　　址	http://www.csspw.cn
发 行 部	010 - 84083685
门 市 部	010 - 84029450
经　　销	新华书店及其他书店

印刷装订	北京君升印刷有限公司
版　　次	2022 年 9 月第 1 版
印　　次	2022 年 9 月第 1 次印刷

开　　本	710 × 1000　1/16
印　　张	61
字　　数	1013 千字
定　　价	368.00 元（全二册）

凡购买中国社会科学出版社图书，如有质量问题请与本社营销中心联系调换
电话:010 - 84083683
版权所有　侵权必究

中国伦理道德发展报告

中国伦理道德发展数据库建设委员会
建设委员会主任： 王燕文　郭广银
建设委员会委员：（以姓氏笔画为序）
王燕文　王　珏　双传学　孙正聿　刘　波　许益军　李　萍
杨志纯　杨国荣　尚庆飞　庞俊来　柯锦华　赵金松　贺　来
祝筱炜　姚新中　郭广银　钱亮星　葛　莱　樊　浩

中国伦理道德发展数据库编辑委员会
编辑委员会名誉主任： 杜维明
编辑委员会主任： 樊　浩　王　珏
编辑委员会成员：
庞俊来　龙书芹　李林艳　许　敏　徐　嘉　董　群　马向真
陈爱华　许建良　洪岩璧　周　琛　张晶晶　蒋艳艳　商增涛
范志军　季玉群　杨　煜　张学义　万　旭　程国斌　蒋天婵
王富宜　郭　娜　赵　浩　谈际尊

建设单位：
江苏省公民道德与社会风尚协同创新中心
江苏省道德发展智库
江苏省社会文明建设研究基地
东南大学道德发展研究院
协同单位：
中共江苏省委宣传部

江苏省精神文明建设指导委员会办公室
北京大学世界伦理中心
吉林大学马克思主义基本原理教育部重点研究基地
华东师范大学中国现代思想文化教育部重点研究基地
中山大学马克思主义哲学与中国现代化教育部重点研究基地

总　　序

东南大学的伦理学科起步于 20 世纪 80 年代前期，由著名哲学家、伦理学家萧焜焘教授、王育殊教授创立，90 年代初开始组建一支由青年博士构成的年轻的学科梯队；至 90 年代中期，这个团队基本实现了博士化。在学界前辈和各界朋友的关爱与支持下，东南大学的伦理学科得到了较大的发展。自 20 世纪末以来，我本人和我们团队的同人一直在思考和探索一个问题：我们这个团队应当和可能为中国伦理学事业的发展做出怎样的贡献？换言之，东南大学的伦理学科应当形成和建立什么样的特色？我们很明白，没有特色的学术，其贡献总是有限的。2005 年，我们的伦理学科被批准为"985 工程"国家哲学社会科学创新基地，这个历史性的跃进推动了我们对这个问题的思考。经过认真讨论并向学界前辈和同人求教，我们将自己的学科特色和学术贡献点定位于三个方面：道德哲学，科技伦理，重大应用。

以道德哲学为第一建设方向的定位基于这样的认识：伦理学在一级学科上属于哲学，其研究及其成果必须具有充分的哲学基础和足够的哲学含量；当今中国伦理学和道德哲学的诸多理论和现实课题必须在道德哲学的层面探讨和解决。道德哲学研究立志并致力于道德哲学的一些重大乃至尖端性的理论课题的探讨。在这个被称为"后哲学"的时代，伦理学研究中这种对哲学的执着、眷念和回归，着实是一种"明知不可为而为之"之举，但我们坚信，它是我们这个时代稀缺的学术资源和学术努力。科技伦理的定位是依据我们这个团队的历史传统、东南大学的学科生态，以及对伦理道德发展的新前沿而做出的判断和谋划。东南大学最早的研究生培养方向就是"科学伦理学"，当年我本人就在这个方向下学习和研究；而东南大学以科学技术为主体、文管艺医综合发展的学科生态，也使我们这些90年代初成长起来的"新生代"再次认识到，选择科技伦理为学科生长点是明智之举。如果说道德哲学与科技伦理的定位与我们的学科传统有关，那么，重大应用的定位就是基于对伦理学的现实本性以及为中国伦理道德建设做出贡献的愿望和抱负而做出的选择。定位"重大应用"而不是一般的"应用伦理学"，昭明我们在这方面有所为也有所不为，只是试图在伦理学应用的某些重大方面和重大领域进行我们的努力。

基于以上定位，在"985工程"建设中，我们决定进行系列研究并在长期积累的基础上严肃而审慎地推出以"东大伦理"为标识的学术成果。"东大伦理"取名于两种考虑：这些系列成果的作者主要是东南大学伦理学团队的成员，有的系列也包括东南大学培养的伦理学博士生的优秀博士学位论文；更深刻的原因是，我们希望并努力使这些成果具有某种特色，以为中国伦理学事业的发展做出自己的贡献。"东大伦理"由五个系列构成：道德哲学研究系列；科技伦理研究系列；重大应用研究系列；与以上三个结构相关的译著系列；还有以丛刊形式出现并在20世纪90年代已经创刊的《伦理研究》专辑系列，该丛刊同样围绕三大定位组稿和出版。

"道德哲学系列"的基本结构是"两史一论"。即道德哲学基本理论；中国道德哲学；外国道德哲学。道德哲学理论的研究基础，不仅在概念上将"伦理"与"道德"相区分，而且从一定意义上将伦理学、道德哲学、道德形而上学相区分。这些区分某种意义上回归到德国古典哲学的传统，但它更深刻地与中国道德哲学传统相契合。在这个被宣布"哲学终结"的时代，深入而细致、精致而宏大的哲学研究反倒是必须而稀缺的，虽然那个"致广大、尽精微、综罗百代"的"朱熹气象"在中国几乎已经一去不返，但这并不代表我们今天的学术已经不再需要深刻、精致和宏大气魄。中国道德哲学史、外国道德哲学史研究的理念基础，是将道德哲学史当作"哲学的历史"，而不只是道德哲学"原始的历史""反省的历史"，它致力探索和发现中外道德哲学传统中那些具有"永远的现实性"精神内涵，并在哲学的层面进行中外道德传统的对话与互释。专门史与通史，将是道德哲学史研究的两个基本纬度，马克思主义的历史辩证法是其灵魂与方法。

"科技伦理系列"的学术风格与"道德哲学系列"相接并一致，它同样包括两个研究结构。第一个研究结构是科技道德哲学研究，它不是一般的科技伦理学，而是从哲学的层面、用哲学的方法进行科技伦理的理论建构和学术研究，故名之"科技道德哲学"而不是"科技伦理学"；第二个研究结构是当代科技前沿的伦理问题研究，如基因伦理研究、网络伦理研究、生命伦理研究等。第一个结构的学术任务是理论建构，第二个结构的学术任务是问题探讨，由此形成理论研究与现实研究之间的互补与互动。

"重大应用系列"以目前我作为首席专家的国家哲学社会科学重大招标课题和江苏省哲学社会科学重大委托课题为起步，以调查研究和对策研究为重点。目前我们正组织四个方面的大调查，即当今中国社会的伦理关系大调查、道德生活大调查、伦理—道德素质大调查、伦理—道德发展状况及其趋向大调查。我们的目标和任务，是努力了解和把握当今中国伦理道德的真实状况，在此基础上进行理论推进和理论创新，为中国伦理道德建设提出具有战略意义和创新意义的对策思路。这就是我们对"重大应用"的诠释和理解，今后我们将沿着这个方向走下去，并贡献出团队和个人的研究成果。

"译著系列"、《伦理研究》丛刊，将围绕以上三个结构展开。我们试图进行的努力是：这两个系列将以学术交流，包括团队成员对国外著名大学、著名学术机构、著名学者的访问，以及高层次的国际国内学术会议为基础，以"我们正在做的事情"为主题和主线，由此凝聚自己的资源和努力。

马克思曾经说过，历史只能提出自己能够完成的任务，因为任务的提出表明完成任务的条件已经具备或正在具备。也许，我们提出的是一个自己难以完成或不能完成的任务，因为我们完成任务的条件尤其是我本人和我们这支团队的学术资质方面的条件还远没有具备。我们期图通过漫漫求索乃至几代人的努力，建立起以道德哲学、科技伦理、重大应用为三元色的"东大伦理"的学术标识。这个计划所展示的，与其说是某些学术成果，不如说是我们这个团队的成员为中国伦理学事业贡献自己努力的抱负和愿望。我们无法预测结果，因为哲人罗素早就告诫，没有发生的事情是无法预料的；我们甚至没有足够的信心展望未来；我们唯一可以昭告和承诺的是：

我们正在努力!
我们将永远努力!

樊　浩
谨识于东南大学"舌在谷"
2006 年 9 月 8 日

序　言

国家需求—学术成长—学科发展的协奏

东南大学伦理学团队是中国历史上第三个伦理学博士点，在学科建设的初期就将道德哲学、科技伦理、重大应用定位于"东大伦理"的三元色上，但对重大应用中的"重大"如何确认？重大应用研究如何与道德哲学研究良性互动？关于这个学术研究和学科发展的战略问题一开始并不是很清晰，只是有一点很明确：之所以瞄准"重大"，就是因为要有所为有所不为，着力于理论创新和文化传承。因为在中国学术界，应用研究的缺陷很明显，很多是理论研究的功力不够于是转而"应用"，就像高考，不少人是因为理科成绩不理想而选考文科，于是不仅对文科学习的激情和好奇心不够，而且直接影响了人文社会科学教学与研究的质量。还有一个问题是，我们发现不少学者长期从事应用研究，理论研究的高度和深度明显下滑，学界所谓"上行"与"下行"之说便由此而来。在国家"985"创新基地建设的初期，在我们的学术与学科发展理念中只是知道必须"重大"，但到底何谓"重大"、如何"重大"的问题并没有受到聚焦。

这一问题的自觉始于2007年。那一年，全国哲学社会科学规划办第一次启动全国范围的重大招标项目，东南大学以樊和平教授为首席专家申报的"构建社会主义和谐社会进程中的思想道德与和谐伦理的理论与实践研究"在激烈竞争中获得成功。一段时间后，江苏省哲学社会科学规划办公室委托樊和平教授作为首席专家之一，承担其重大委托项目"当前我国思想道德文化多元、多样、多变的特点和规律研究"。当时，整个团队都很兴奋，同时压力也很大，更重要的是，面对这两个以前从未邂逅的"重大"项目，不知从何处下手。樊和平教授做了多种方案，一年中团队多次研讨，但总觉得难以聚焦，也难以找到突破口，最后樊和平教授决定这两大课题都要从国情省情的调查研究方面突破。然而，到底如何调查，这支从未受过关于调查研究系统训练的团队只是凭她青春期的那股朝气和勇气前行。樊和平教授制定了一个"'四大结构'—'六大群体'—'两类地区'"的逻辑框架。"四大结构"即"四大调查"：伦理关系大调查、道德生活大调查、伦理道德素质大调查、伦理道德的影响因子大调查；"六大群体"即政府公务员群体、企业家与企业员工群体、青少年群体、青年知识分子群体、新兴群体、弱势群体；"两类地区"即在全国和江苏都分别从发达地区和发展中地区采样，在全国以江苏（以苏州和盐城分别代表发达地区和发展中地区）、广东（以专题调查和补充调查为主）和广西、新疆，在江苏。两大课题分别设总课题调查组和六大群体的子课题调查组，投放问卷一万多份，故称"万人大调查"。子课题组根据六大群体的不同情况分别设计问卷，分别召开座谈会，总课题组设计综合问卷、不分群体进行综合调查和座谈。无疑，问卷设计是基础也是第一道难关，因为它不仅考验和锻炼着学者将学术问题转化为现实问题的那种"入化"的学术能力和学术境界，而且必须在这个过程中打造和建立团队。据此问题设计的基本方法是：樊和平教授设计总体框架和学术内容，然后由各子课题负责人设计"四大调查"和"六大群体"的相关内容，在此基础上集体研讨，最后由樊和平教授逐一修改定稿，最后形成了由50多个问题构成的两大问卷，并开始了在全国和江苏的浩浩荡荡的调查研究。国家课题组分别在江苏、广西、新疆三地，以多阶层抽样的方式共投放问卷1200份，获得有效样本984份，有效回收率为82%，其中，江苏地区417份，新疆、广西两地区共567份。江苏委托项目总课题组的调查在三地同样投放1200份问卷，获得有效样本971份，有效回收率为81%，其中江苏427份，广西、新疆544份。六大群体中的每个课题组都投放了相当数量的调查问卷。当时，不少学者包括规划办的领导都提醒我们可能将课题展开得太大了，但团队处于高昂的热情之中，深夜从数百里之外的盐城回来，一路上还从大车里飘出歌声。团队最终形成了200多万字的研究报告和数据库《中国伦理道德报告》《中国大众意识形态报告》（中国社会科学出版社2010年版），在首发式和成果发布会举行后，包括《人民日报》和《光明日报》在内的各主流媒体都以不同方式对成果做了报道和介绍，受到时任中共中央政治局常委李长春同志的关注，并作了重要批示。

首轮道德国情调查焕发了东大伦理学团队的激情。它不仅主要是由东南大学伦理学团队组织和完成的，而且主要是用伦理学的方法进行调查研究的，其重要尝试和进展是在问卷设计上做出了原创性的理论探索，但是在此过程中也暴露出这支团队在学术体质和能力结构上社会学素养方面的短板。为此，东南大学伦理学团队一方面进行知识学习，请擅长社会调查的著名社会学家做学术辅导，另一方面着手组建一支新型的国际化的社会学团队。于是，在道德国情调查研究的过程中，东南大学社会学系、一支来自世界各社会学重镇的、知识结构和学术视野全新的优秀青年社会学团队诞生了，它从一开始便与伦理学团队交会，这一交会赋予两个团队、两个学科以特殊的活力与魅力。伦理学团队找到"道德哲学"与"重大应用"的结合点，形成了"道德国情与道德哲学前沿"江苏省创新团队，这个团队的目标和气派是"顶天立地"，方法和境界是在道德国情调查研究中发现道德哲学前沿，而不再是从理论到理论，从热点到热点，更不是跟风西方学术，而是摆脱对西方学术的路径信赖，将"前沿"与"热点"相区分，将"重大应用"聚力于道德国情的调查研究，在调查研究的基础上发现前沿，进行尖端性的道德哲学理论创新。

2013 年，"东大伦理"团队依托"公民道德与社会风尚"协同创新研究中心"2011 项目"和江苏省决策咨询基地"道德国情调查研究中心"开展了第二轮江苏道德省情和中国道德国情调查。江苏调查由社会学系第一任主任李林艳博士领衔，在 2007 年调查问卷的基础上补充一些新内容，并将整个问卷"社会学化"，使之更专业。江苏省委常委、宣传部部长王燕文决定，全国调查搭载中国人民大学中国调查与数据中心的 CGSS 项目进行，CGSS（China General Social Survey）是中国人民大学社会学系和香港科技大学社会科学部发起的一项全国范围的大型抽样调查项目。2013 年为中国综合社会调查（CGSS）第二期（2010—2019）的第 4 次年度调查，也是 CGSS 自 2003 年开始以来的第 10 年。本次调查在全国一共抽取了 100 个县（区），加上北京、上海、天津、广州、深圳五个大城市，作为初级抽样单元。其中在每个抽中的县（区），随机抽取四个居委会或村委会；在每个居委会或村委会又计划调查 25 个家庭；在每个抽取的家庭，随机抽取一人进行访问。而在北京、上海、天津、广州、深圳这五个大城市，一共抽取80个居委会；在每个居委会计划调查25个家庭；在每个抽取的家庭，随机抽取一人进行访问。这样，在全国一共调查480个村/居委会，每个村/居委会调查25个家庭，每个家庭随机调查一人，最终完成有效调查样本5666个。第二次道德国情与道德省情调查，借助于专业的社会学调查机构和调查团队进行，为中国道德国情与江苏道德省情调查提供更为专业的调研平台。在此过程中，也经过了十分复杂的磨合。在与中国人民大学合作意向确定之后，樊和平教授就问卷中每个问题的主题及试图获得的相关信息，逐一向南京大学社会学家吴愈晓教授解释，然后共同讨论出双方可以接受的问卷内容。在此过程中，伦理学与社会学两个学科的专家有学术交锋，乃至有不见面的学术争吵，社会学似乎认为伦理学主观并难以操作，而伦理学专家认为这是以社会学的偶然性代替伦理学的主观性，深度不够。然而，正是经过磨合甚至争吵，我们的国情调查才真正既有伦理学的主题和立场，又有社会学的味道。

2015年10月，东南大学伦理学团队成为江苏省首批重点高端智库"道德发展智库"，它以"道德发展研究院"为依托，以东南大学伦理学系院为牵头单位，与"江苏省公民道德与社会风尚协同创新中心"合而为一，与中共江苏省委宣传部，北京大学世界伦理中心，吉林大学马克思主义基本理论教育部重点研究基地，华东师范大学中国现代思想文化教育部重点研究基地，中山大学马克思主义哲学与中国现代化教育部重点研究基地，中国人民大学伦理学与道德建设教育部重点研究基地合作，进行协同创新。在道德发展智库成立后，江苏省委宣传部、省文明办与东南大学伦理学团队在全国首创"江苏省道德发展测评体系"，该测评体系由李林艳博士为课题负责人，先后经过11轮的艰难探索和修改。该测评体系主要包括"主流价值引领""崇德向善风尚""人文精神培育""道德突出问题治理"和"政策法规保障"五大类23项测评内容。2016年8月，以江苏省道德发展测评体系为指南，道德发展智库与省委宣传部、省文明办协同，组织320多位师生，由东南大学人文学院院长王珏教授行政总负责，社会学系龙书芹博士在一线指挥，对江苏全省13个设区市、41个县（市），共抽中了70个区县、139个街道、248个社区，进行覆盖全省万户家庭的首轮江苏道德发展测评与第三次江苏道德省情大调查。第三次江苏道德省情调查总样本量7000份，其中有效样本量为6355份（成人问卷），同时完成青少年问卷704份。2017年9月19日，在第15个公民道德宣传日来临之际，江苏省文明办和东南大学道德发展智库联合发布2016年江苏省道德发展状况测评指数报告。此次调查主要由东南大学伦理学团队与社会学团队合作完成，同时也是学术研究与社会服务相结合的智库合作尝试。

2017年，江苏省委宣传部、江苏省文明办与道德发展智库深入合作，开展"2017年全国和江苏省道德发展状况调查"。此次调查以"道德发展"理念为核心，先由樊和平教授进行理念和理论研究，形成并发表"伦理道德，如何才是发展"的长篇学术论文，论证"以发展看待道德"的理念，提出"七力"调查研究的理论体系和问卷框架，即公民道德的自主力、家庭伦理的承载力、集团伦理的建构力、社会伦理的凝聚力、政府伦理的公信力、生态伦理的亲和力、世界伦理的兼容力；由此测评当代中国伦理道德发展的"七大指数"，即公民的道德自觉自持指数、家庭的伦理承载力指数、集团的伦理可靠性指数、社会的伦理凝聚力指数、政府的伦理公信力指数、生态的伦理亲和力指数、文化的伦理魅力指数。在"伦理道德，如何才是发展"的理论框架的基础上，伦理学与社会学团队相整合，分专题进行问卷设计，以此推进团队建设和个体学术发展，锻炼和提升学者和团队"顶天立地"的学术能力，最后由樊和平教授逐一修改，定稿问卷。虽然其过程同样漫长并十分艰苦，足以让那些耐心和耐力不够的学者望而却步，但在此过程中大家明显感到，学者和团队又一次进步了。江苏省省委常委、宣传部部长王燕文再次决定，此次调查过程由北京大学政府管理学院中国国情研究中心通过招标完成，东南大学伦理团队进行全程合作和全程监督。为解决流动人口的覆盖偏差问题，此次调查采用"GPS/GIS辅助的地址抽样"（GPS Assistant Area Sampling）方法，以单元格内人口数为规模度量（Measure of Size），按照分层、多阶段的概率与规模成比例的方法（PPS，Probabilities Proportional to Size）进行选取。调查团队于2017年8—11月在全国29个省（直辖市）、89个市、143个县（市）展开工作，派出督导员30人，访员185人。道德国情调查实际共抽取了13358个符合调查资格的住宅和单位，获得了

8755份有效样本，有效回答率为65.5%；江苏道德省情调查实际共抽取了6523个符合调查资格的住宅和单位，获得了4362份有效样本，有效回答率为66.9%，同时获得青少年样本量576份。调查由东南大学人文学院院长王珏行政总负责，江苏省道德发展研究院庞俊来副院长负责执行。第三次道德国情与第四次江苏省道德省情调查进一步完善了道德国情与道德省情调查的问卷体系，积极探索适合当代中国道德发展状况的伦理道德调查理论与社会调查实践方法。

目前，东南大学伦理学团队已经完成三轮道德国情调查（2007年、2013年、2017年），四轮江苏省道德省情调查（2007年、2013年、2016年、2017年）。江苏省道德发展研究院对所有调查数据进行了复核，并以大众可以接受的方式呈现出来，以直接服务于政府决策、大众需求和理论研究。2018年，为纪念改革开放40周年，东南大学道德发展智库决定出版"中国伦理道德国情数据库"系列，以记录这个伟大时代、伟大民族的伦理成长和道德发展的历程。中国伦理道德国情数据库共分为"江苏省道德国情数据库""中国道德国情数据库""道德国情比较数据库""道德国情调查资料"四个系列。数据库的校正、修改和建设由庞俊来、龙书芹、李林艳具体负责，樊和平、王珏总负责。

这是一个开放式的、正在完成并有待继续完成的数据库，虽然它在体量上有皇皇几十卷之浩大，然而犹如今日在大街上嬉戏的孩童一般，其个头虽令成人们仰视但满身稚气，我们唯一感到欣慰的是回溯多次调查的历程，分明听到个人与团队、学术与学科成长的拔节声音，这是一曲国家需求和学术成长、学科发展的协奏，每个曾经置身其中的人都会感受并享受这种不可言说的天籁之音。在纪念改革开放40周年之际，我们让它脱胎，可能有点儿早产和早熟，但作为向这个伟大时代、伟大历程交出的一份作业，也算是经受了一次检阅。此时此刻，我们团队要感谢太多的推动和帮助。首先要感谢江苏省委常委、省委宣传部王燕文部长。除2007年外的所有调查，都是在王部长的设计、推动和帮助下完成的。2013年，在启动第二轮调查时，王部长明确提出了以连续调查呈现伦理道德发展精神史的总体设计，在提供经费支持的同时亲自安排与中国人民大学CGSS项目组的合作。2015年，为我们建立"道德发展"高端智库，启动江苏道德发展测评，组织2016年、2017年的两轮江苏调查和2017年的一轮全国调查。坦率地说，面对如此浩大的工程，我们时有望而却步之感，是王部长的鞭策、推动和及时而巨大的支持，让我们在鼓励和激励中坚持下来。时至今日，王部长已经不只是一个省领导，而且就是我们这支团队的直接带头人。每到一个重要时节，他总会及时提醒和要求我们组织重要的学术攻关和学术活动，并且始终亲临现场，聆听学术研讨，对学术和学者所表露出的由衷的那种尊重关心和真诚，常常令参加活动的外地著名学者倍感意外和羡慕不已，至今已成为同行间常常谈及的学术佳话。此外，还要感谢省委宣传部的诸多领导和朋友。2007年的调查就是在省委宣传部的支持下进行的，在此后的调查中，省文明办原主任杨志纯，省文明办副主任葛莱，钱亮星处长、祝筱炜副处长都付出了特别艰辛的努力，给予了很大的支持，这些数据库其实是我们合作的成果。同时也要感谢中国人民大学和北京大学同行们的合作。另外，要特别感谢为这个数据库的呈现默默付出的我们的本科生、硕士生和博士生。为了让所获得的枯燥的数据"活"起来，我们不仅要进行艰苦细致的数据统计，而且要用图或表的方式呈现出来，以便让那些没有经受过社会学训练的领导、学者和社会大众能够阅读和接受。这项工程前后有数百名学生参与，他们付出数千个时日，常有学生戏言有"失明"的危险于其艰难竟至此！回想2007年调查时，我的硕士生张晶晶参与数据统计和图表制作，而今日她早已从国际名牌大学获得博士学位回校工作，参与这项工程的组织和领导工作，其间的坚持和成长可见一斑。当然更要感谢团队诸位学者的巨大付出，尤其是社会学团队的同人们所奉献的一切，为这项巨大工程默默奉献的人如此之多，乃至在这里难以一一列出。我们的目标和抱负是：将它做成服务政府决策和学术研究的最全面、最专业、最权威的数据库。显然，距离最终目标的实现还有相当的路程，值此付梓之际，我们唯一能做的是重申那一如既往的承诺和抱负：我们一直努力！我们将一直努力！

樊　浩

总 目
(全国卷)

绪论 改革开放 40 年中国社会大众伦理道德发展的
文化共识及其群体差异 ……………………………………（1）

上 诸社会群体伦理道德发展状况及其共识与差异

第一编 中国伦理道德发展状况及其影响因子

一 中国伦理道德发展的十年轨迹 ……………………………（61）
二 中国伦理道德发展的共识与差异 …………………………（81）
三 中国社会伦理道德发展的影响因子 ………………………（116）
四 中国社会道德生活的发展轨迹及其精神哲学诊断 ………（140）
五 现代社会发展的伦理断裂以及中国现象 …………………（157）

第二编 诸群体的伦理道德发展状况

六 医务群体的伦理道德现状 …………………………………（199）
七 企业家伦理道德发展状况 …………………………………（228）
八 演艺群体伦理道德发展状况 ………………………………（244）
九 社会大众对教师群体的伦理道德认同 ……………………（272）

第三编 诸群体伦理道德发展的共识与差异

十 诸职业群体伦理道德发展的共识与差异 …………………（293）

十一　不同教育水平群体的道德认知与道德判断 …………… (324)
十二　城乡居民伦理道德发展状况 ……………………………… (357)
十三　不同宗教信仰群体伦理道德发展状况 …………………… (385)
十四　诸社会群体解决利益冲突的伦理行为选择的共识与差异 … (404)

下　伦理魅力度与道德美好度

第四编　公民的道德自主力

十五　道德判断与行为选择的群体差异 ………………………… (433)
十六　社会大众道德认知的群体共识与差异分析 ……………… (457)
十七　多元价值冲击下社会大众道德认知的代际差异 ………… (474)

第五编　家庭的伦理承载力

十八　现代中国家庭的伦理承载力 ……………………………… (497)
十九　中国社会的家庭伦理关系及其文化地位 ………………… (512)
二十　家庭伦理与道德生活的发展研究 ………………………… (546)
二十一　诸社会群体家庭伦理认同的共识与差异 ……………… (564)

第六编　社会的伦理凝聚力

二十二　中国社会伦理形态与公共生活的"现代性"困境 …… (601)
二十三　公共信任的伦理道德影响因子 ………………………… (622)
二十四　网络信息对行为影响的群体差异 ……………………… (641)

第七编　集团的伦理建构力

二十五　后单位制时期职业组织伦理的共识与差异 …………… (659)
二十六　中国社会的组织伦理意识及其群体差异 ……………… (674)
二十七　社会大众对组织伦理状况的认知 ……………………… (705)

第八编　政府的伦理公信力

二十八　政府伦理发展状况 ……………………………………… (731)

二十九　官员伦理信任和政府道德建设评价的群体差异 ………… (760)
三十　中国社会大众对政府决策伦理含量判断的共识与差异 …… (793)

第九编　文化的伦理兼容力

三十一　中国文化的伦理兼容力状况 ………………………… (811)
三十二　中国社会大众伦理认同的现代转变 ………………… (828)
三十三　中国社会大众家国伦理精神状况 …………………… (843)
三十四　伦理型文化背景下诸社会群体的伦理认同与道德认知 … (868)

结语　中国社会大众价值共识的意识形态期待 ……………… (902)

后记　数字写春秋 ……………………………………………… (946)

补记 ……………………………………………………………… (950)

目 录

（全国卷·上）

绪论 改革开放40年中国社会大众伦理道德发展的
文化共识及其群体差异 …………………………………………（1）

上 诸社会群体伦理道德发展状况及其共识与差异

第一编 中国伦理道德发展状况及其影响因子

一 中国伦理道德发展的十年轨迹 ………………………………（61）
二 中国伦理道德发展的共识与差异 ……………………………（81）
三 中国社会伦理道德发展的影响因子 …………………………（116）
四 中国社会道德生活的发展轨迹及其精神哲学诊断 …………（140）
五 现代社会发展的伦理断裂以及中国现象 ……………………（157）

第二编 诸群体的伦理道德发展状况

六 医务群体的伦理道德现状 ……………………………………（199）
七 企业家伦理道德发展状况 ……………………………………（228）
八 演艺群体伦理道德发展状况 …………………………………（244）
九 社会大众对教师群体的伦理道德认同 ………………………（272）

第三编 诸群体伦理道德发展的共识与差异

十 诸职业群体伦理道德发展的共识与差异 ……………………（293）

十一　不同教育水平群体的道德认知与道德判断 …………… (324)
十二　城乡居民伦理道德发展状况 ……………………………… (357)
十三　不同宗教信仰群体伦理道德发展状况 …………………… (385)
十四　诸社会群体解决利益冲突的伦理行为选择的共识与差异 … (404)

绪论　改革开放 40 年中国社会大众伦理道德发展的文化共识及其群体差异

引言:"四十而不惑",何种"不惑"?

改革开放已历 40 周年。"四十而不惑",经过 40 年的成长,不仅中国社会大众的伦理道德发展已经达至"不惑"之境,而且对于这种不惑之境的把握也应当"不惑"。40 岁庆生的"不惑"献礼,不只是震撼世界的经济奇迹和充满生机的万千气象,更深刻的是"蓦然回首"之际精神世界的万古江河中那潮头汹涌澎湃、潮后静水流深的伦理道德,正逐渐由"多元"向"一元"积聚,由"多变"向"不变"积淀。"多"中之"一","变"中之"不变",已经悄然成为中国社会大众精神世界"不惑"时代的生命体征,它是一个社会走向集体自觉、一种文明走向新时代的声呐信号。

40 年改革开放,中国社会大众的伦理道德发展到底如何"变",在"变"中有哪些"不变"?不同社会群体、不同历史境遇下的伦理道德发展到底呈现出何种"多"?在"多"中有哪些"一"?为了揭示改革开放进程中社会大众伦理道德发展的"多"与"一"、"变"与"不变"的规律,自 2007 年起,本人与江苏省"道德发展高端智库"同人一起,进行了持续十年的中国伦理道德发展大调查,分别进行了三轮全国调查(2007 年、2013 年、2017 年)、四轮江苏调查(2007 年、2013 年、2016

年、2017年），建立了长达千万言的"中国伦理道德发展数据库"。① 调查发现，十年以来中国社会大众的伦理道德经过了三期发展，呈现出"二元聚集—二元分化—走向共识"的精神轨迹。2007年，改革开放近30年，中国社会的伦理道德发展迎来一个转换点和机遇期，其特点是逐渐由多元向二元聚集，在关于伦理与道德状况的满意度、义与利、道德与幸福、生活水平与幸福感等诸多重要关系的事实判断和价值认知中，两种相反的结论呈现出"50%"状态，出现精神世界的"二元体质"。"二元体质"既是高度的共识，也是截然的对峙，它透露出一个强烈的信息：中国社会的伦理道德既不是多元，也不是一元，而是"二元"。这是一种临界的与过渡的生命状况，说明中国伦理道德发展已经走到"十字路口"，进入一个重大转折的关键期。② 2013年的调查结果显示，伦理道德的精神状况已经走过"50%"的拐点或十字路口，由二元聚集向多元分化转变，此后，或是继续向二元聚集，或是由二元聚集向两种相反方向分化，呈现出由"多"向"一"、由"变"向"不变"积累积聚的征兆。③ 2016年的江苏调查、2017年的全国调查和江苏调查显示，改革开放40年，中国社会大众的伦理道德发展的一些重要共识已经开始达成。鸟瞰改革开放40年伦理道德发展的精神历程，如果说2007年前后的

---

① 在四轮七次的伦理道德发展大调查中，2007年的调查由东南大学伦理学团队单独进行，采用伦理学方法，在全国和江苏从发达地区和发展中地区两个维度展开，发达地区在江苏和广东采样，发展中地区在广西和新疆采样，后两个地区同时是少数民族和宗教地区；江苏调查中发达地区在苏州采样，发展中地区在盐城采样。两类地区都分别从七大群体展开：政府公务员、企业家与企业员工、青少年、大学生、青年知识分子、新兴群体、弱势群体，全部样本量近万份。2013年的江苏调查由东南大学伦理学团队与社会学团队合作进行，样本量近3000份；2013年的全国调查由东南大学的伦理学、社会学团队与中国人民大学CGSS调查组织合作，样本近7000份，这两次调查都严格按照社会学方法进行。2016年的江苏调查由以东南大学伦理学团队与社会学团队为主体的江苏道德发展高端智库组织，严格遵循社会学方法，样本量6000多份。2017年的全国与江苏调查由江苏道德发展高端智库与北京大学国情调查中心合作，样本量分别为8000多份和4000多份。四轮七次大调查的问卷虽有所不同，但其核心内容相互交叉重叠，所有问卷都由东南大学伦理团队提供并与合作团队相互讨论共同商定。文中所有数据除特别说明外，均为2017年全国调查数据。

② 关于中国伦理道德的"50%状态"或二元体征，参见樊浩《当前中国伦理道德状况及其精神哲学分析》，《中国社会科学》2009年第4期。

③ 关于伦理道德由"二元聚集"向"二元分化"的演变，参见樊浩《中国社会价值共识的意识形态期待》，《中国社会科学》2014年第7期。

"二元聚集"是"三十而立",那么 2017 年左右的"走向共识"便是"四十而不惑","走向共识"成为"不惑"的时代精神气质和生命体征。于是,有待进一步探讨的问题便是:40 年的积累积聚到底生成哪些重要的共识?"多"中之"一"、"变"中之"不变"到底是什么?这些问题研究的意义不仅在于现实,更在于未来,因为如果将"而立"之前 30 年伦理道德发展的主题附会为"有志于学",那么,"不惑"之后的境界是什么?是"五十而知天命",现代中国伦理道德经历巨大历史跨越而凤凰涅槃之后,正继续在文明体系中确证和完成自己的文化天命。

"四十而不惑",到底是何种"不惑"?如何自觉这些"不惑"?"多"与"一"、"变"与"不变",归根结底是中国社会大众伦理道德发展的共识与差异。所谓"伦理道德发展的共识",其关键词"发展",包括两个方面。一是经过 40 年改革开放发展的洗礼,中国社会大众在伦理道德领域达成了共识;二是中国社会大众关于 40 年伦理道德发展的共识。前者是"发展中所形成的伦理道德共识",后者是"关于伦理道德发展的共识"。前一种共识是改革开放进程中所形成的那些共同价值;后一种共识是对改革开放所导致的伦理道德变化的评价和态度,在一定意义上也是对改革开放的"伦理道德共识",因而比前者更具有历史意义,因为它关涉对改革开放的伦理判断和道德信心。寻找和发现这些共识与差异的基本方法是:通过在全国所进行的三轮调查和在江苏所进行的四轮伦理道德发展状况大调查,获得在不同时间、不同地点、对不同对象、采用不同方法的海量调查数据,从中寻找共同信息,找出不同时期、不同群体、不同地域那些集中体现中国社会大众在改革开放进程中所形成的伦理道德发展的共识和差异。在整体信息中寻找共识,在同一主题中着力发现那些差异度最大的群体,如职业群体、教育群体、收入群体、年龄群体、户籍群体,甚至党派信仰群体,揭示和呈现出群体的两极。共识与差异从三个维度加以体现:关于 40 年伦理道德发展的共识与差异;在 40 年发展中所形成的伦理道德的核心价值的共识与差异;关于伦理道德发展的前沿问题的共识与差异。

综合分析江苏省四轮七次大调查形成的"中国伦理道德发展数据库"所提供的信息,可以得出关于中国社会大众伦理道德发展的共识与差异的基本结论:改革开放 40 年,中国伦理道德状况已经发生巨大而深刻的变化，但伦理型文化没有变，中国社会大众正在形成关于伦理文化的新的自觉与自信，伦理型文化的现代中国形态正在生成；以"新五伦"和"新五常"为核心的伦理道德的现代转型呈现出"伦理上守望传统，道德上走向现代"的精神轨迹；作为伦理型文化的现实基础和社会大众安身立命的精神基地，家庭、社会、国家三大伦理实体依然坚韧，但亟须破解一些深刻难题。家庭依然是中国伦理道德文化的策源地和神圣性根源，但独生子女与老龄化社会的邂逅使家庭的伦理承载力遭遇前所未有的挑战；以分配正义为焦点的社会公正是社会伦理的前沿课题，社会的伦理凝聚力面临严峻考验，但社会基本矛盾的运动已经使它在社会大众的"问题意识"中的位序悄然发生变化；官员腐败是国家伦理实体的前沿课题，也是社会大众忧患意识的"第一问题"，政府的伦理公信力和官员的道德形象在惩治腐败中得到相当程度的提升。中国伦理道德的精神哲学形态依然是伦理道德一体、伦理优先，但伦理优先的表达方式已经不是传统文化中对伦理秩序的直接认同，而是在个体德性与社会公正的互动关系中对公正优先的诉求。总体来说，诸群体在伦理道德发展的重大事实判断和价值判断方面趋向一致，差异主要集中于诸群体之间，绝大多数是质的同一性下量的差异或局部差异。中国社会大众的伦理道德共识在发展中正逐渐凝聚，一种关于伦理道德的新的集体理性正在唤醒和回归，伦理型文化的现代中国形态正在震荡和激荡的阵痛中呱呱坠地。

一 伦理型文化的自觉自信

中国文化在传统上是一种伦理型文化，在传统和现代文明体系中，中国伦理型文化是唯一不仅与西方而且与其他宗教型文化如印度文化、伊斯兰文化比肩的文明类型。伦理道德，不仅是文化体系的核心构造，而且是文化的顶层设计和终极关怀。由此，伦理道德共识便具有超出自身的广泛而深刻的文化意义。40年改革开放，中国社会大众在激荡和震荡中形成的最基本也是最重要的文化共识，是关于伦理型文化的共识。这种共识，不只是关于伦理型文化传统的共识，而且是对这种文化类型本身的共识，是对于中国伦理型文化这一特立于人类文明数千年的独特文化类型的未来发展前途的共识。可以说，关于伦理型文化的共识，是伦理道德乃至整个文化的第一共识。40年的积累积聚，中国社会大众的伦理道德共识以关于伦理型文化的自觉自信的方式清晰而强烈地表达出来，它从三个方面得到展现和确证：对伦理道德传统的自我认同与文化回归；现实生活中对伦理道德优先地位的价值守望；对现代中国伦理道德状况的肯定态度和未来发展的文化信心。生成这一共识的客观基础，是改革开放进程中社会大众对生活满意度的提高和幸福感的提升。

（一）伦理道德传统的文化认同与回归期待

在任何文明体系中，传统都是建立社会同一性与文化同一性的最重要的基础，对于文化传统的自我认同，不仅是最重要的社会共识，而且是其他一切共识的基础。40年改革开放，伦理道德尤其传统伦理道德是受激荡巨大和深刻的领域之一，回首近代以来的中国社会转型，几乎每次都经历甚至发端于对以伦理道德为核心的传统文化的自我反思与激烈批判，以伦理道德为聚力点的传统批判几乎是社会转型的宣言书。然而，不是激烈的文化批判，而是批判之后的传统回归与文化认同，才是社会凝聚共识、回归理性的标志。近十年来，中国社会大众的集体意识发生的深刻变化之一，就是对传统伦理道德的认知和态度由改革开放初期的激烈批判悄悄走向认同和回归，并逐渐凝聚为社会大众最重要的文化共识。

传统认同与回归释放的第一信号，是关于当前中国社会的道德生活主导结构的认知和判断。

"你认为当前中国社会道德生活的主流是什么？"三次全国调查的轨迹十分清晰。

表0-1　　　　　关于中国社会道德生活的主流问题　　　　　　（%）

	意识形态中所提倡的社会主义道德	中国传统道德	西方文化影响而形成的道德	市场经济中形成的道德
2007年全国调查	25.2	20.8	11.7	40.3
2013年全国调查	18.1	65.1	4.1	11.1
2017年全国调查	23.7	50.4	8.3	17.5

显然，可供选择的关于当今中国社会道德生活的四大结构要素中，认知与判断呈两极分化：一极是"中国传统道德"，10年中提升了近1倍半，表明向传统回归的强烈趋向；另一极是市场经济道德，10年中认同度下降了近六成。变化较小或相对比较稳定的因素，一是意识形态中提倡的社会主义道德，三次调查的数据变化很小，2017年与2007年的数据差异几乎可以忽略不计；而"西方文化影响而形成的道德"2017年虽然比2013年的调查数据翻番，但总体上选择率都很小。可见，在10年间三次全国调查中，传统道德和市场经济道德不仅是变化巨大的两个因子，而且呈相反态势，传统道德在道德生活中的含量及其认同度，总体上呈大幅上升趋势，市场经济道德的影响力和认同度，总体上呈下降趋势，二者呈此长彼消的互动态势。而意识形态所提倡的道德和西方文化影响而形成的道德则在变化之中呈现相对比较稳定的状态。

必须说明的是，以上数据既是事实判断，也是价值判断，它们不只是一种客观事实，而且是价值认同，准确地说，在社会大众对道德生活的客观判断中渗透了主观期盼。而且"市场经济道德"也包括"市场经济健康发展所需要的道德"和"市场经济冲击所产生的负面道德现象"两个截然相反的方面。为此，还需要其他信息提供佐证。

"您认为对现代中国社会伦理关系和道德风尚造成最大负面影响的因素是什么？"

表0-2 关于伦理关系与道德风尚的最大负面影响因素 （%）

	传统文化的崩坏	市场经济导致的个人主义	外来文化的冲击
2007年全国调查	12.0	55.4	28.2
2013年全国调查	35.6	30.3	23.0
2017年全国调查	41.2	11.3	26.6

这一问题10年的变化轨迹，同样呈反向运动，"传统道德崩坏"的归因不断上升，而市场经济负面影响的归因不断下降，二者变化的幅度都比较大。"外来文化冲击"是其中相对比较稳定的因素。表0-2可以作为表0-1的反证，二者相反相成，佐证关于伦理道德传统回归的事实判断与价值期盼。

另一组数据可以更直接地诠释这种价值期盼,即关于"对伦理关系和道德生活,你最向往的是什么"的调查结果。

表 0 – 3　　　　　最向往的伦理关系与道德生活　　　　　(%)

	传统社会的伦理道德	战争年代的革命精神	新中国成立后到"文化大革命"前的集体主义	市场经济道德	西方道德	无所谓向往,自己认可
2007 年全国调查	22.7	19.2	5.6	13.4	6.4	30.7
2017 年全国调查	58.1	15.0	9.4	9.7	2.5	—
2013 年江苏调查	37.8	13.5	19.2	5.1	24.3	—
2016 年江苏调查	45.3	17.9	12.1	5.8	18.5	—

关于这一问题的调查,几次调查问卷的选项有所变化。2007 年调查有问卷"无所谓向往,自己认可就行"选项,这一选项的频数居第一位,高于"传统社会的伦理道德"8 个百分点。为了增加可比性,这组数据以 2013 年、2016 年江苏两次调查作为对照参考,因为它们都是我们在江苏进行的独立调查,与全国调查在样本及其数量上并不交叉重叠,但在关于西方道德的问题式方面有一个变化,2007 年全国调查的选项是"以上都不欣赏,西方道德最合理",2017 年全国调查的选项是"西方道德(如个人主义,功利主义,实用主义)",2013 年、2016 年江苏调查的选项是"追求自由、平等、博爱的西方道德"。选项切换的方向,是对"西方道德"加以具体说明,同时也试图测试对两类西方道德的不同认同和接受度。当然,这也潜在地存在着某种暗示,也许正因为如此,选择频数有较大的差异和变化,在全国调查中,西方道德的选择都处于或接近处于最后,而在两次江苏调查中这一选择都处于第二位,表明社会大众对两种西方道德的不同态度,即对"个人主义、功利主义、实用主义"的西方道德的扬弃,对"自由、平等、博爱"的西方道德的接受。不过,一个轨迹非常明显。在 2007 年全国调查中,"传统道德"处于第二位,并且与"战争年代的革命精神"只相差约 3 个百分点;然而在六年以后的其他三次调查中,无论江苏还是全国,这一选项都高居第一位,与其他选项的差异较大,强烈表明伦理道德传统在文化愿景

中的回归趋向。

以上三个问卷选项形成一个相互补偿、相互支持的信息链,或立体性的诠释维度。表0-1对当今中国社会道德生活的精神结构或文化构造进行客观与主观判断;表0-2、表0-3分别从否定和肯定两个方面进行补充检测和信息佐证,否定的方面是问题诊断的文化归因,肯定的方面是文化向往的心理情愫。也许具体的数据因时间和调查对象的不同而具有一定的相对性,但几次调查结果表明,有两个信息具有很强的客观性和表达力:一是众多选项排序的质的呈现;二是变化的轨迹。以这两个信息为纵横轴所形成的坐标,可以描绘关于当今中国社会大众对于传统伦理道德的文化态度与价值认同的变化曲线。在关于伦理关系和道德生活的精神构造的认知判断方面,"中国传统道德"从2007年的第三位,上升为2013年、2017年的第一位;在问题归因方面,"传统文化的崩坏"从2007年的第三位,上升为2013年、2017年的第一位;在文化向往方面,"传统社会的伦理道德"从2007年的第二位上升为2013年、2016年、2017年的第一位。可见,无论在精神构造,还是问题归因和文化向往方面,传统伦理道德都处于首位,而且无论变化的幅度,还是与其他因子的差异,都呈几何级数,变化的轨迹不仅稳定,而且几乎是一种跨越式的巨大变化。由此可以肯定,对传统伦理道德的认同和回归呼唤,已经成为当今中国社会大众最为强烈和深刻的文化共识。

(二) 对于伦理道德优先地位的价值守望

伦理道德在现代中国人的生活世界中到底具有何种文化地位?这是关于伦理道德的文化自觉的现实确证。与西方文化相比,中国文化最大的特点是伦理道德对于个人安身立命和社会生活的特殊意义,这种特殊意义分别指向精神世界的宗教和生活世界的法律,伦理道德在相当程度上具有某种文化替代的价值。

面对全球化和市场经济的冲击,宗教问题是现代中国社会的敏感问题。当今中国社会大众的宗教信仰状况到底如何?调查发现,有宗教信仰的人群不仅是绝对少数,而且呈不断下降趋势。

表0-4　　　　　　现代中国社会大众的宗教信仰状况　　　　　　（%）

	无宗教信仰	有宗教信仰
2007 年全国调查	81.4	18.6
2013 年全国调查	88.5	11.5
2017 年全国调查	91.5	8.5

需要说明的是，2007年调查与后两次有所差异，因为这次调查主要在江苏和广西、新疆采样，并且三个地区的样本量相同，但后两个地区系少数民族和宗教地区，因而有宗教信仰的人群相对比例较高。中国文明的根本特点不是"无宗教"，而是"不宗教"。中国有本土的道教，在历史上又主动引进了外来的佛教并使之广泛发展，然而中华民族最终却没有走向宗教的道路，其根本原因，是中国有着强大的伦理道德传统。而且，伦理型文化之"伦理型"，不只是相对于个人安身立命的精神生活中的宗教传统，同时也相对于社会生活中的法制主义传统。

从2007年开始，我们的道德国情调查都延续追问着同一个问题："如果发生重大利益冲突，你会首先选择哪种途径解决？"结果发现，伦理道德一如既往是首选。

2007年的全国调查，问卷回答的总体情况是：

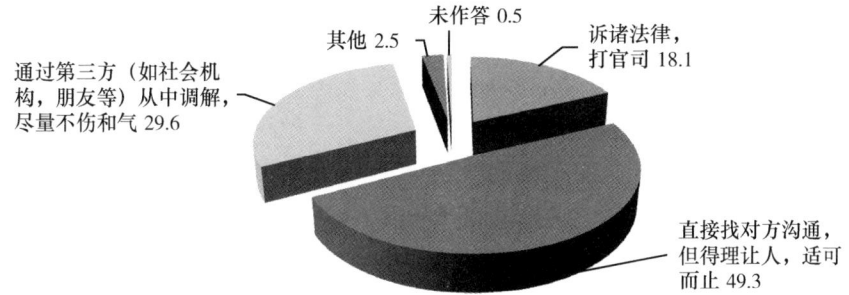

图0-1　如果发生利益冲突，你会选择哪种途径解决（%）

显然，"直接找对方沟通"与"通过第三方（如社会机构，朋友等）从中调解"的伦理路径是绝对首选。

2013年与2017年的全国调查问卷做了某种改进，将利益冲突的对象区分为四种关系,并且增加了"能忍则忍"的道德路径的选项。结果发现,在家庭成员、朋友、同事之间,伦理与道德路径是绝对选项,"诉诸法律"的选项不到3.0%。只是在商业伙伴之间,法律手段成为首选,但与伦理路径之间的选择差异很小,如果将"直接找对方沟通"与"通过第三方(如社会机构,朋友等)从中调解"两个伦理路径合并,伦理解决方式依然是绝对首选。

表0-5　　"如果发生利益冲突,你会选择哪种途径解决?"
(2013—2017年比较数据)　　　　　　　　　　(%)

	家庭成员之间		朋友之间		同事之间		商业伙伴之间	
	2013年	2017年	2013年	2017年	2013年	2017年	2013年	2017年
诉诸法律,打官司	0.6	1.1	1.2	1.8	2.7	2.9	34.8	31.0
直接找对方沟通,但得理让人,适可而止	55.7	49.5	51.5	47.2	47.5	37.1	29.8	27.3
通过第三方(如社会机构,朋友等)从中调解,尽量不伤和气	8.9	13.2	24.2	28.3	29.7	36.6	25.6	31.6
能忍则忍	34.8	31.9	23.1	19.9	20.1	11.7	9.8	10.1

伦理道德尤其是伦理路径是化解人际冲突和处理人际关系的首选,不仅表明伦理道德在日常生活中的主导地位,而且隐喻着中国文化的伦理型气质。也许仅仅这一点依然不足以证明现代中国文化所潜在的伦理型气质,如果结合中国社会对伦理道德强烈的忧患意识,便可以理解它在中国文明体系中的特殊地位。自孟子提出"人之有道也,饱食、暖衣、逸居而无教,则近于禽兽"的命题以来,"近于禽兽"的"失道之忧"便成为中国人的终极忧患。终极忧患的根本原因,是伦理道德对于中国文明的终极价值。每个民族的文化体系都有自己的顶层设计或终极价值,这种终极价值是文化的终极关怀,其否定性文化表达便是对这种终极价值的终极忧患,它在文明发展的不同阶段尤其是文明转型中,以不同的问题式强烈地表达出来。在近代转型中,西方社会是"如果没有上帝,世界将会怎样"的宗教忧患,中国社会是"世风日下,人心不古"的伦

理道德忧患。正因为如此,在40年改革开放进程中,激荡最为深刻和巨大的是伦理道德,虽然在多次调查中对于伦理道德状况都有相当的满意度,然而社会大众对伦理道德却给予一如既往的反思和批评,根本原因是基于它在文化体系中的核心价值,其文明逻辑是:因为是终极价值,所以须有终极批评。

(三) 对于伦理道德发展的文化信心

调查发现,当今中国社会大众对伦理道德现状的满意度较高并且持续上升,对伦理道德的未来发展持乐观态度,但对伦理道德本身保持紧张和警惕的文化心态,呈现出伦理型文化的特殊气质。

在2007年的调查中,对道德风尚和伦理状况,表示满意的占5.3%,表示不满意的占19.4%,表示基本满意的占69.7%,表示满意和基本满意的比例达75.0%。后两次调查对道德状况和人与人之间关系即伦理与道德,以及它们满意与不满意的强度做了区分。

表0-6　　对当前我国社会道德状况的总体满意程度　　(%)

	非常满意	比较满意	一般	比较不满意	非常不满意
2013年全国调查	2.1	33.7	41.5	19.0	3.8
2017年全国调查	6.9	66.7	—	23.7	2.6

表0-7　　对当前我国社会人与人之间关系状况的总体满意程度　　(%)

	非常满意	比较满意	一般	比较不满意	非常不满意
2013年全国调查	2.3	35.1	45.0	15.5	2.1
2017年全国调查	6.0	67.8	—	24.3	2.6

如果进行质的考察,三次全国调查的满意度都在75.0%左右,不满意度都在25%左右,但"非常满意"度有所提高。

道德与幸福的关系即所谓善恶因果律,既是社会合理与公正的显示器,也是伦理道德的信念基础。善恶因果律的实现程度和信念坚定指数,既表征社会公正,也表征伦理道德对现实生活的终极关怀及其文化力量,因而是伦理道德和伦理型文化最重要的客观基础和信念前提。道德国情调查对这一问题进行了持续跟踪。

表0-8　　　　　　　　道德与幸福关系状况　　　　　　　　（%）

	能够一致	不一致	没有关系
2007年全国调查	49.9	32.8	16.6
2017年全国调查	67.9	23.8	8.3

数据显示，10年之中，道德与幸福关系的一致度提高了近20个百分点，不一致程度下降了近10个百分点，认为二者没有关系的选择频数下降了一半。结论是：中国社会在善恶因果律的道德规律实现程度，以及社会大众关于善恶因果的道德信念方面，有了很大提升。

正因为如此，社会大众对未来伦理道德发展的信心指数很高。在2017年关于"你觉得今后中国社会的道德状况会变成怎样"的调查中，有71.2%的人认为"将越来越好"，有10.7%的人认为"不变"，只有5.6%的人觉得会"越来越差"，信心指数或乐观指数超过70.0%。

"伦理道德现状的满意度—善恶因果的实现度与信念指数—未来伦理道德发展的信心指数"三者所构成的系统，不仅诠释出社会大众对于伦理道德的文化信心，而且诠释出对于中国伦理型文化的信心。然而，社会大众对于伦理道德现状的满意态度和对伦理道德发展的乐观预期，从根本上讲来源于现实生活的变化。"你对自己目前的生活状态满意吗？"对此，有12.5%的人表示"非常满意"，有72.7%的人表示"比较满意"，有13.9%的人表示"不太满意"，只有0.9%的人表示"非常不满意"。对生活状态的满意度近85.0%。"总的来说，你觉得目前的生活幸福吗？"对这一问题，有12.3%的人表示"非常幸福"，有61.2%的人表示"比较幸福"，有4.9%的人表示"不太幸福"，有1.3%的人表示"非常不幸福"，有20.3%的人表示"谈不上幸福不幸福"，幸福指数也近75.0%。同时，对自己未来生活的信心指数也比较高。"你感觉在未来的5年中，你的生活水平将有什么变化？"有18.4%的人表示"上升很多"，有64.1%的人表示"略有上升"，有14.3%的人表示"没有变化"，有

2.4%的人表示"略有下降",有0.8%的人表示"下降很多"。生活上升的信心指数超过70.0%。"生活满意指数—幸福指数—生活信心指数"都超过70.0%,诠释了伦理道德和伦理型文化的良好基础。

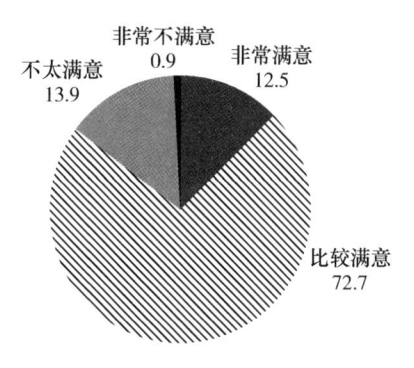

图0-2 对目前自己生活状态的满意度(%)

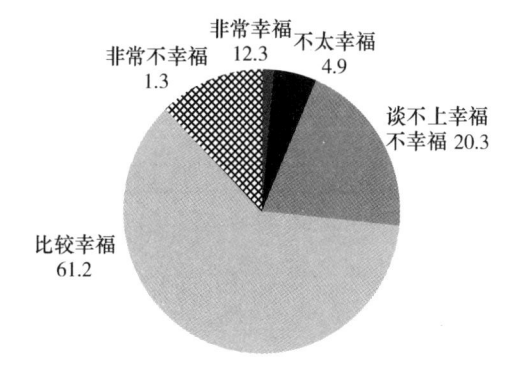

图0-3 对目前自己生活的幸福指数(%)

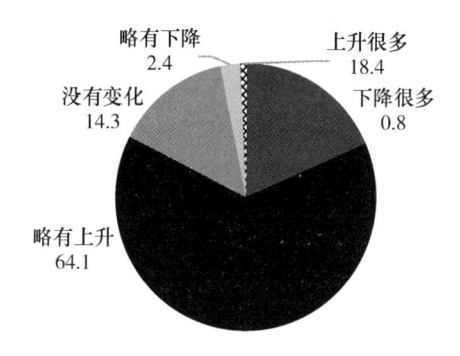

图0-4 在未来5年,对自己生活水平变化的预期(%)

综上所述，对伦理道德传统的认同与回归、现实生活中对伦理道德的文化守望、对伦理道德现状的满意态度和对伦理道德发展的信心，三者从历史、现实和未来三个维度演绎和确证一种社会意向：伦理型文化的自觉与自信。传统回归与文化守望是伦理型文化的自觉，满意态度和发展信心是伦理型文化的自信，而生活满意度、幸福感和对未来的信心指数，则是伦理型文化自觉自信的客观基础。一句话，伦理型文化的自觉自信，已经成为当今中国社会大众伦理道德发展的最大也是最重要的文化共识。

（四）群体差异

然而，必须看到，在伦理道德满意度方面存在明显的群体差异，其特点有三。第一，与受教育程度和收入水平呈负相关，受教育程度越高，不满意度越高；收入越高，不满意度越高，其中与受教育程度的差异最为明显。对道德状况和人际关系的不满意度，受大学以上教育人群最高，表示"不太满意"和"非常不满意"的分别以34.3%和32.4%居于第一位，受中专、高中和职高教育人群的不满意度最低，分别为24.6%和24.7%，差异达8—10个百分点。在收入水平方面，月收入在4000元及以上人群对道德状况和人际关系的不满意度最高，分别达到28.2%和27.9%，无收入人群最低，分别是23.9%和23.7%，差异率在5个百分点左右。第二，与职业群体的关系比较复杂。企业家和专业人员对道德状况的不满意度最高，分别为33.4%和31.5%；企业员工和无业下岗人员对人际关系的不满意度最高，分别为30.3%和28.6%。但是，政府官员对社会道德状况和人际关系状况的不满意度在所有群体中是最低的，分别为19.7%和20.6%，反过来说，其满意度最高。第三，与幸福感关系复杂。月收入在4000元及以上人群、专业人员、大专以上学历人员幸福感最强，月收入1—2000元、无业下岗人员和初中以下学历人员幸福感最低，最高和最低的幸福感的差异在10个百点左右。其中，与受教育程度和收入水平的负相关关系特别值得注意，一方面说明这些人群对伦理道德有更高的要求，另一方面他们的判断可能也更理性，他们的感受对社会的影响可能也更大。同时，政府官员以对它们的最高满意度形成更值得注意的反差，不应只看作一般意义上思维方式和判断标准方面的差异，在深层上也体现了社会群体与社会阶层之间的差异，乃至官员群体与其他群体之间的分离。

二 "新五伦"与"新五常"

伦理范型和社会基德、母德在任何文化体系中都是伦理道德的核心。正因为如此,自 2007 年开始进行的三次全国调查、四次江苏调查都对当今中国社会重要的伦理关系和道德规范予以跟踪,根据传统伦理道德体系"五伦"和"五常"的结构,试图展示"新五伦"和"新五常"。调查发现,改革开放 40 年,中国社会大众在伦理道德发展中所达成的最重要的文化共识,就是"新五伦"和"新五常"。在多次调查的结果中,虽然很多信息因时间和对象的不同而有较大变化,然而社会大众所认同的五种重要的伦理关系和五种重要的德性或德目,即所谓的"新五伦"和"新五常"却相对稳定,由此可以断定,现代中国社会关于伦理道德的核心价值已经生成。"新五伦"与"新五常"是现代中国伦理道德的核心价值,这一文化共识的达成,是现代中国社会在改革开放的震荡和激荡中伦理关系得以建构、道德生活得以可能的最基本的文化条件,它们是当今中国社会大众伦理道德发展的核心共识,既是伦理型文化延续的基础,也是伦理道德现代转型轨迹的文化演绎,是伦理型文化的现代表达。

关于"新五伦"与"新五常"的文化共识及其互动关系所传递的哲学意义,在以前的研究中曾多次论述,这里综合多次调查信息,进一步做出明确结论。

(一)"新五伦"

在现代中国社会,重要的伦理关系是哪些?或者说,"新五伦"是什么?三次全国调查,两次江苏独立调查(其中 2013 年、2017 年江苏调查与全国调查同步,故不做特别说明,但结果与当年全国调查相同),五次调查所提供的信息惊人地相同。排列前三位的都是家庭血缘关系,并且排序完全相同:父母子女、夫妻、兄弟姐妹。第四位、第五位在共识之中存在差异,朋友、个人与社会的关系是共同因子,只是位序有所不同。

表 0-9　　　　　　　　　　　　"新五伦"

	第一伦	第二伦	第三伦	第四伦	第五伦
2007 年全国调查	父母子女	夫妻	兄弟姐妹	同事同学	朋友
2013 年全国调查	父母子女	夫妻	兄弟姐妹	个人与社会	个人与国家（并列：朋友）
2017 年全国调查	父母子女	夫妻	兄弟姐妹	朋友	个人与社会（并列：个人与国家）
2013 年江苏调查	父母子女	夫妻	兄弟姐妹	个人与国家	朋友（并列：个人与社会）
2016 年江苏调查	父母子女	夫妻	兄弟姐妹	朋友	个人与社会（并列：个人与国家）

"新五伦"中最需要解释并认真对待的是个人与国家的关系。2007 年的调查未将"个人与国家关系"明确列入选项，而是将它表述为"个人与政府"，这一选项的频率很低，处于众多选项的末三位。后两次调查明确列入"个人与国家关系"选项，在 2013 年调查中是第五位，在 2017 年调查中是第六位；在 2013 年江苏调查中是第四位，在 2016 年江苏调查中是第六位。

"新五伦"价值共识中虽然存在某些不确定因素，但可以肯定并做出结论的是：家庭血缘关系在现代中国的伦理关系中依然处于绝对优先地位，社会大众对它们的共识在质的判断和量的排序方面完全一致，这是当今中国伦理道德发展共识度最大的共识，可以说是"绝对共识"。后两伦或后三伦虽然在排序方面有所差异，但要素则基本相同，其情形也应了台湾地区学者所提出的关于"新六伦"的设想。在中国传统中，"五伦"不仅是基本的、重要的伦理关系，而且是其他伦理关系乃至社会关系的范型。在现代转型中，传统的"君臣"之伦为"个人与国家"的关系所取代，"五伦"之外的新的伦理关系，便是个人与社会的关系，亦即海外学者所表述的所谓"人群"关系，它在广义上也包括朋友关系，以及同事同学关系等。"新五伦"所释放的重要信息是两大共识：一是家庭血缘关系的最大和最普遍的共识，二是关于"新五伦"或"新六伦"要素的共识。第一个共识表明中国文化依然是伦理型文化，因为家庭血缘关系依然是伦理关系的自然基础、神圣根源和策源地；第二个共识表明传统伦理型文化正处于现代转型中，转型的两个新元素是个人与国家、个人与社会的关系。

鉴于这一问题对于当今中国伦理道德发展的极端重要性，在几次调查中都设计了其他支持性问题，另外两个信息可以为这一判断提供佐证。

"你认为哪一种伦理关系对社会秩序和个人生活最具根本意义？"2007年和2013年的调查结论排序完全相同：家庭血缘关系、个人与社会的关系、个人与国家民族的关系。

表0–10　　　对社会秩序和个人生活最具根本意义的关系　　　（%）

	第一位	第二位	第三位
2007年全国调查	家庭血缘关系 37.3	个人与社会的关系 28.8	个人与国家民族关系 16.1
2013年全国调查	家庭血缘关系 64.4	个人与社会的关系 19.3	个人与国家民族关系 7.9

2017年的全国调查以及2013年的江苏调查对"社会秩序"和"个人生活"做了区分，得到不同信息：对社会秩序而言，个人与社会的关系居首位，家庭血缘关系其次；对个人生活而言，家庭血缘关系高居第一位，个人与社会的关系居第二位。相同的是，个人与国家民族的关系分别处于第三位和第五位。

表0–11　　　　　对社会秩序具有根本意义的关系　　　　　（%）

	第一位	第二位	第三位	第四位	第五位
2017年全国调查	个人与社会的关系 46.7	家庭血缘关系 32.6	个人与国家民族关系 10.4	职业关系 4.6	个人与自身的关系 3.7
2013年江苏调查	个人与社会的关系 37.2	家庭血缘关系 27.5	个人与国家民族关系 24.9	个人与自身的关系 4.0	人与自然的关系 3.3

表0–12　　　　　对个人生活具有根本意义的关系　　　　　（%）

	第一位	第二位	第三位	第四位	第五位
2017年全国调查	家庭血缘关系 54.3	个人与社会的关系 19.8	职业关系 12.6	个人与自身的关系 6.5	个人与国家民族的关系 4.9

续表

	第一位	第二位	第三位	第四位	第五位
2013年江苏调查	家庭血缘关系 67.5	个人与社会的关系 12.0	个人与国家民族的关系 8.6	个人与自身的关系 6.7	职业关系 3.1

显然,"新五伦"与对个人生活具有重要意义的关系二者之间可以相互诠释和相互支持,五次调查得到的信息基本一致,即家庭、社会、国家分别是当今中国社会重要的三种关系。家庭关系在"新五伦"中的绝对地位,以及对社会秩序和个人生活的意义,不仅说明现代中国社会依然是家庭本位的社会,而且说明中国文化依然是一种伦理型文化,因为伦理型文化与宗教型文化的最大区别,是以此岸的家庭伦理实体为个体的终极关怀,为伦理关系的根源和策源地,也为伦理道德神圣性的根源,而不像宗教型文化那样,必须到彼岸的上帝或佛主那里寻找终极关系和合理性根源。正如梁漱溟所说,家庭本位即伦理本位,中国文化最大的特点是以伦理为本位,"以伦理代宗教"。家庭的本位地位对中国伦理道德乃至中国人的精神世界具有特别重要的意义,它不像一般所批评的那样所谓缺乏现代性,而是伦理道德以及个人安身立命的世俗神圣性基础,正因为家庭具有绝对和神圣地位,所以现代中国文化依然是入世的伦理型文化而不是出世的宗教型文化,这也可以部分解释宗教信仰为何未在中国人的精神世界中居主流地位。

"新五伦"中最具前沿意义的课题和难题是国家伦理意识。在五次调查的信息中,"新五伦"中"国家"与"社会"都在第四伦和第五伦或之后,其中,国家、社会还有朋友一伦位于第四位、第五位、第六位各一次,同事同学位于第四伦一次,"朋友"关系之所以被列入,是为与传统的"五伦"相对应,如果将朋友、同事同学归于广义的个人与社会的关系,那么,"新五伦"的位序应当是:父子、夫妻、兄弟姐妹、个人与社会、个人与国家。当然,也可以像台湾地区学者所主张的那样,将人与社会的关系独立于"朋友"一伦,成为"人群"关系之"第六伦",将传统的"君臣"关系转换为个人与国家的关系。在这一排序所传递的文化信号和精神密码中,"不变"的是,家庭血缘关系依然是整个伦理关系的本位和范型,家庭依然是现代中国伦理道德乃至中国人精神世界坚韧的文化长城;"变"的是两个方面:一是国家的伦理地位下降了;二是夫妻关系的伦理地位提升了。夫妻关系的提升在相当程度上体现了独生子女时代家庭结构变化所导致的夫妻关系在家庭中的轴心地位,以及家庭伦理关系的文化重心和价值重心的某种位移,甚至家庭功能的某种潜在变化,但无论如何父子、夫妻、兄弟姐妹的前三地位及其所共同演绎的伦理原色是伦理型文化最重要的文化气质,也是文化传统最重要的标识。

"新五伦"之中最值得注意的是个人与国家的关系。个人与国家的关系在传统五伦中被人格化为君臣关系,在现代话语中这种人格化表达已经被消解,这种状况也可能影响人们对个人与国家关系的认知与表达,就像将个人与社会的关系具体化为朋友关系、同事同学关系将对个人与社会关系一伦的排序产生影响一样,但无论如何这只是一个学术上的细节,应该充分注意的可能是改革开放所导致的人们价值观念的变化。以下信息可以辅佐对这一问题的探讨。

"你认为国家对于个人存在的意义是什么?" 2017年全国调查和2007年全国调查的结果基本相同,国家处于绝对地位:

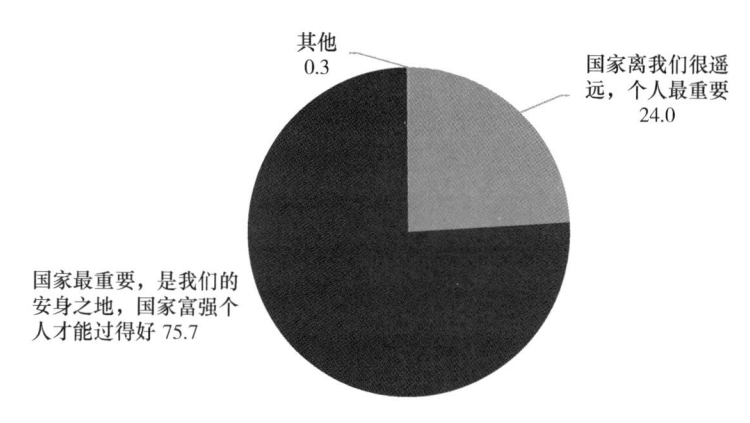

其他 0.3
国家离我们很遥远,个人最重要 24.0
国家最重要,是我们的安身之地,国家富强个人才能过得好 75.7

图0-5 国家对个人的存在意义(2017年全国调查,第一位序)(%)

但当将国家与家庭、社会相比较时,其差异就体现出来:"对于个人而言,你认为家庭、社会、国家三者的重要性如何?"

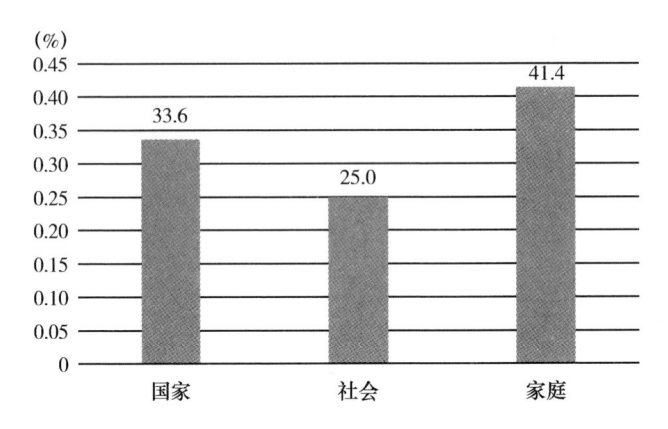

图 0-6　家庭、社会、国家对个人的重要性（2017 年全国调查，第一位序）

可见，中国社会大众已经建立起关于个人与国家关系的伦理理性，但当国家与家庭权衡时，家庭还是先于国家，"由家及国"的价值路径没变，并且家庭、国家、社会重要性第一位序的选择率都相差 8 个百分点左右，呈等差数列。

（二）"新五常"

"五常"是传统社会中关于道德的核心价值，自轴心时代开始，中国传统道德所倡导的德目虽然很多，但是自孟子提出"四德"，董仲舒建立"五常"之后，仁、义、礼、智、信，不仅成为传统道德的核心价值，也是重要的道德共识，即便在传统向近代转型中，"五常"之德也在相当程度上被承认，人们所集中批判的往往是它们被异化而形成的虚伪或伪善，而不是"五常"之德本身。40 年改革开放，社会生活和文化观念发生了根本性变化，社会大众认同的五种德性或德目即"新五常"是什么？调查同样进行了持续跟踪。

表 0-13　　　　　　　　　　"新五常"

	第一德性	第二德性	第三德性	第四德性	第五德性
2007 年全国调查	爱	诚信	责任	正义（公正）	宽容
2013 年全国调查	爱	诚信	公正（正义）	孝敬	责任、宽容、善良
2017 年全国调查	爱	诚信	责任	公正	孝敬

续表

	第一德性	第二德性	第三德性	第四德性	第五德性
2013年江苏调查	爱	责任	诚信	正义（公正）	宽容
2016年江苏调查	爱	责任	公正（正义）	诚信	宽容

五次调查结果虽然在排序上有所差异，但传递出一个强烈的信息：现代中国社会大众关于最为认同的德性或德目即所谓"新五常"的价值共识正在生成或已经形成。综合以上信息，"爱"（包括仁爱、友爱、博爱）是第一德性；"诚信"是第二德性，"责任"是第三德性，"公正"或正义是第四德性，"宽容、孝敬"可以并列为第五德性，但考虑到问卷设计的差异，以及这三种德目之间的重叠交叉，第五德性可能以"宽容"来标识更为合宜。由此，"新五常"便可以表述为：爱、诚信、责任、公正、宽容。其中，"公正"与"正义"可以看作同一内涵的两种不同文化表达，西方话语是"正义"，偏重道德；中国话语是"公正"，偏重伦理前提下的道德合理性，是伦理之"公"与道德之"正"的统一。同时问卷选项也略有差异，除2007年的调查问卷中没有"孝敬"一德的选项外，其余几次调查都有该选项。

"新五常"所提出的前沿课题和现实难题是其潜在的问题意识。在五个重要的德目中，相当多的指向当下中国社会存在的道德问题，因而在某种意义上是社会"治病"或治疗"道德病人"所需要的德性。以下信息可以部分佐证这一判断。

"你认为下列现象的严重程度如何？"2017年全国调查中选择"严重"或"比较严重"两项的总和排序是：缺乏信任，社会安全度低，占53.3%；自私自利，损人利己，占49.0%，诚信缺乏，不讲信用，占48.6%；人际关系冷漠，见危不救，占48.0%；社会缺乏公正心和正义感，占47.1%；坑蒙拐骗，占41.1%。显然，这些判断具有较强的主观性，除了切身体验之外，它们在相当程度上也可能受网络媒体"坏新闻效应"的影响，因为它们与关于当前伦理道德状况70%以上的满意或基本满意度存在某种矛盾，而且"严重"与"比较严重"的总和都在50%左右，反之，"不严重"和"比较不严重"的判断也在50%左右。从中可以演绎出的最重要的信息或假设是，关于"新五常"的共识，在相当程度上是基于"问题意识"的一种判断,如"爱"相对于"缺乏信任""人际关系冷漠";"诚信"相对于"诚信缺乏""坑蒙拐骗";"正义"相对于"缺乏公正心和正义感";"责任"相对于"自私自利",等等。虽然没有足够的理由断定"新五常"只是出于问题意识,但可以肯定的是,它们在相当程度上针对改革开放进程中所存在的诸多伦理道德问题,当然,这也说明道德作为社会意识形态是社会存在的反映,随着社会存在的变化而变化。然而,如果关于社会基德或母德的认同或共识只是出于问题意识,那么伦理道德的文明功能在相当意义上只是一种"精神医生"或"行为矫正",遵循老子所批评的那种"大道废,有仁义;智慧出,有大伪;六亲不和,有孝慈;国家混乱,有忠臣"的"缺德补德"的逻辑,而不是"上德不德,是以有德"的文化境界。道德和道德规范不是药物,也不是诊治和医疗手段,虽然部分地具有这样的文化功能,但它们从根本上讲是建构个体生命秩序与社会生活秩序最基本的文化滋养。作为社会共识的常德,不应当只是解决社会道德问题的良药,而是个体与社会在文化和精神上的基本营养激素。指向道德问题的规范只能使个体和社会变得"不那么坏",但要真正强身健体,还需要进一步培育基于深邃人文精神、体现对时代精神和民族精神的文化自觉的价值共识。理智、正义、勇敢、节制的"希腊四德",仁、义、礼、智、信的传统"五常",在相当程度上就是中西方人文精神的价值表达。由此,"新五常"的价值共识还期待一场新的文化觉悟。

(三)"新五伦"—"新五常"的转型轨迹及其群体差异

"新五伦"与"新五常"在现代中国社会大众的价值共识中具有特别重要的意义,作为分别指向伦理与道德的文化共识,它们不仅是伦理道德的核心共识,而且由于伦理道德在中国文化体系中的本位地位,它们可以说是当今中国社会大众的精神世界与生活世界中最具基础意义的共识,"新五伦"与"新五常"在相当程度上标示着中国社会大众伦理道德共识的生成,也标示着中国伦理型文化的现代形态的生成。然而共识中也内含着诸多深刻难题,十分深刻的难题有三:一是"新五伦"与"新五常"所体现的伦理与道德的关系;二是伦理道德转型的文化轨迹;三是共识中的群体差异。

1. 伦理—道德关系

中国传统伦理的精神哲学形态是伦理道德一体、伦理优先[①]，伦理的优先地位，一方面使道德具有神圣根源，从而使道德乃至整个精神世界在现世伦理的终极关怀中免于走上出世的宗教道路；另一方面赋予道德以现实基础和知行合一的精神力量，免于沦为脱离伦理情境和只思不行的"优美灵魂"。伦理优先使伦理关系或人伦关系具有某种先于道德生活的意义，伦理与道德辩证互动建构人的完整精神世界和合理的社会生活秩序。实现伦理与道德互动的中介环节，是处理各种伦理关系的价值原则，即所谓"伦常"。"伦常"并不能直接等同于道德规范或所谓德性德目，伦常是原则，是"伦"之"理"，是伦理或由伦理向道德的过渡和转化环节，因而也是"道"；德目在相当意义上是规则或规范，是"伦"和"道"在行为上的具体体现，即所谓"德"或个体德性。伦理与道德辩证互动所造就的精神世界的完整结构及其中国表达是"伦—理—道—德"的价值生态。"伦"是伦理关系或"新五伦"，"德"是个体德性或"新五常"，"新五伦"与"新五常"之间的过渡与转化，即新的"伦"之"理"及其现实化为行为准则的"道"。在传统五伦与五常的关系中，这种中介环节是存在的，最经典的表述依然是孟子那段名言："人之有道也，饱食、暖衣、逸居而无教，则近于禽兽。圣人有忧之，使契为司徒，教以人伦，父子有亲，君臣有义，夫妇有别，长幼有序，朋友有信。"[②] 亲、义、别、序、信，分别是父子、君臣、夫妇、兄弟、朋友的"伦"之"理"，也是作为处理这些关系的"道"，由此生成处于这些关系中的个体的所谓"德"或德目，即父慈子孝、君惠臣忠、夫义妇顺、兄友弟恭、朋友有信，此即为"五伦十德"，由此便可安伦尽分，达到伦理与道德的统一。因此，当今中国伦理道德发展，不仅要发现和揭示"新五伦"和"新五常"，还要培育和揭示达到二者辩证互动并作为二者之间中介的"理"与"道"。也许，正因为这种中介环节的缺场，部分地影响了伦理道德文化功能。调查信息表明，伦理道德对人际关系的调节能力和个体

[①] 关于伦理道德一体、伦理优先的精神哲学形态，参见樊浩《孔子伦理道德思想的精神哲学诠释》，《中国社会科学》2013年第4期。

[②] 《孟子·滕文公上》。

道德的约束能力总体上处于一般水平。

您认为目前我国社会中伦理道德对人际关系的调节能力如何

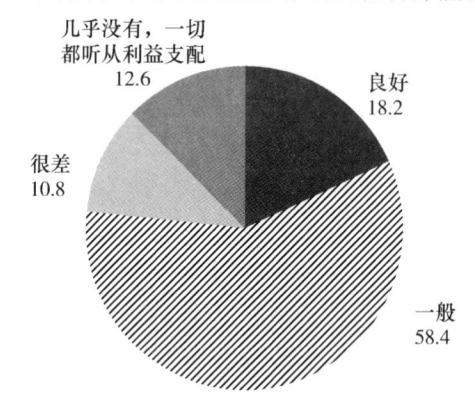

- 良好 18.2
- 一般 58.4
- 很差 10.8
- 几乎没有，一切都听从利益支配 12.6

您认为目前我国社会中伦理道德对个人行为的约束能力如何

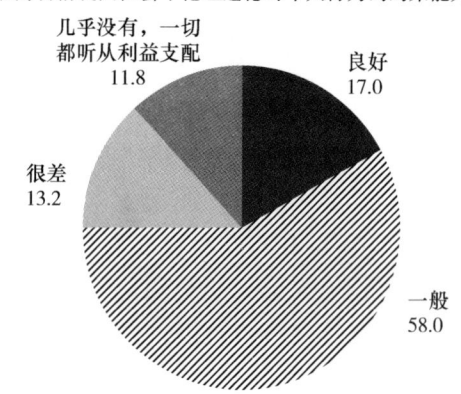

- 良好 17.0
- 一般 58.0
- 很差 13.2
- 几乎没有，一切都听从利益支配 11.8

图 0-7 伦理道德对人际关系、个体行为的调节与约束能力
（2017 年全国调查）（%）

当然，"一般"项与"良好"项选择率相加，肯定了伦理道德的文化功能，但"一般"项的绝对选择率本身也提出了诸多有待探索的问题。

2. 伦理—道德的转型轨迹

"新五伦"与"新五常"内涵的转移体现了伦理—道德的转型轨迹。在"新五伦"中，发生变化的实际上只是传统五伦中被人格化的两种关系，即君臣关系和朋友关系，它们被抽象为个人与国家的关系、个人与社会的关系。事实上，在 2007 年的调查中，朋友关系还处于第四伦，然而在日后的调查中，当出现个人与社会、个人与国家等整体性表述的选项时，"朋友""同事同学"等才被个人与社会关系所涵盖和替代。在"新五伦"中，至少有60%而且作为"关键大多数"的60%即三大血缘关系属于传统，后两伦处于传统与现代的转换之中。而在"新五常"中，只有"爱""诚信"勉强可以说属于传统，其他三德即公正、责任、宽容，都具有明显的现代性特征，这说明"新五常"由传统向现代的转换不仅在具体内容而且在结构元素方面已经越过拐点。由此便可以对以往研究中的一个理论假设予以再次确认并得出一个重要结论：以"新五伦"与"新五常"为核心的伦理道德现代转型的文化轨迹，是"伦理上守望传统，道德上走向现代"。这种转型轨迹借用朱熹的理学话语来表述即所谓的"同行异情"。伦理转型与道德转型"同行"，但二者却"异情"[1]。在伦理与道德的辩证互动及其现代发展中，"伦理上守望传统"，伦理发展的主流趋向是在"变"中求"不变"，是对传统的守望；"道德上走向现代"，道德发展的主流趋向是"变"，是在问题意识驱动下走向现代；这两种趋向表现为伦理与道德发展的不平衡。虽然"新五伦"的具体内容也无疑都具有现代性，但其要素更重要的是其文化精神结构依然体现和守望着传统，家庭伦理的本位地位及其与社会、国家的关系，依然体现着传统中国文明的"国家"伦理即家国一体、由家及国的特殊文化气质和文化原理。伦理范型的要素及其根本结构没有变，一句话，"人伦"没有发生根本改变，"变"的只是作为"人道"体现的"新五常"。于是便可以假设也可以理解改革开放40年伦理道德在走向现代的进程中，中国社会大众在精神世界和生活世界遭遇强烈冲击的首先甚至主要是一种伦理上的不适，"新五常"的道德诉求在相当程度上不仅是"修道"，而且是"明伦"，是对伦理的修复。"同行异情"的转型轨迹，使改革开放进程中伦理道德发展出现内在深刻的文化纠结。当然，也正是"伦理上守望传统"，使伦理在与道德的辩证互动中保持着某种文化价值上的优先地位，使中国伦理道德守望伦理道德一体、伦理优先的精神哲学传统。

3. 群体差异

"新五伦"的核心要素是个人与家庭、社会、国家，以及自身的关

---

[1] 见樊浩《伦理道德现代转型的文化轨迹》，《哲学研究》2015年第1期。

系,在关于对个人生活最具根本意义的关系方面,其共识在于:职业群体、收入群体、教育群体三大群体对诸关系重要性的排序高度统一,分别是:家庭血缘关系、个人与社会的关系、职业关系、个人与自身的关系、个人与国家民族的关系、人与自然的关系,并且家庭关系的重要性是居第二位的个人与社会关系的2.5倍至3倍,个人与社会的关系是职业关系的1.5倍左右。其差异在于:企业家、无收入人群、低受教育程度人群,依次对家庭的重视程度较高,官员群体相对较低;官员、低收入人群、大专以上受教育程度人群,依次对人与社会的关系认同度较高;受大学以上教育人群、企业员工、无收入人群,对人与自身的关系认同度依次较高;官员、受大学以上教育人群、低收入人群对个人与国家民族的关系认同度依次较高,企业家、受初中以下教育人群、低收入人群对个人与国家民族关系认同度依次较低,其中企业家的认同度只有2.9%。在这些差异中,值得注意的信息有两个。一是官员群体与其他群体之间的差异最多也最大,在六大伦理关系中,除职业关系外,官员群体都是与其他某一群体处于最大与最小两极中的一极,说明官员群体有待与其他群体之间展开伦理对话。二是企业家群体对个人与国家民族关系的认同度最低,这与市场化进程中所谓"大市场,小国家"的现象有关,也内含着深刻的社会文化风险。群体内部的差异度超过两倍的主要集中于人与自身、个人与国家民族、人与自然三大关系之中,其中受本科以上教育人群对人与自身关系的认同度为11.1%,而受初中以下教育人群的认同度只有5.1%;对个人与国家民族的关系,官员群体的认同度为6.0%,企业家群体的认同度为2.9%;对人与自然的关系,无收入人群的认同度为2.6%,收入在4000元以上的人群为1.2%。

表0-14 诸群体内部、诸群体之间对最重要伦理关系认同度的两极差异(2017)

最重要 关系排序	受教育程度差异	收入水平差异	职业差异	最大群体差异
家庭关系或血 缘关系53.9%	初中以下56.2% VS 本科以上52.2%	无收入58.5% VS 1—2000元51.5%	企业家 61.8% VS 官员50.9%	企业家 61.8% VS 官员50.9%

续表

最重要关系排序	受教育程度差异	收入水平差异	职业差异	最大群体差异
个人与社会的关系 19.7%	大专 21.8% VS 初中以下 19.5%	2000 元以下 21.6% VS 无收入 17.4%	官员 26.3% VS 企业家 17.6%	官员 26.3% VS 无收入人群 17.4%
职业关系 12.5%	高中职高 13.3% VS 本科以上 9.2%	2000—4000 元 14.3% VS 无收入 9.1%	工人 14.5% VS 无业下岗人员 9.2%	工人 14.5% VS 无收入 9.1%
个人与自身的关系 6.4%	本科以上 11.1% VS 初中以下 5.1%	无收入 7.8% VS 1—2000 元 5.4%	企业员工 8.7% VS 官员 4.8%	本科以上 11.1% VS 官员 4.8%
个人与国家民族关系 4.9%	本科以上 5.5% VS 初中以下 4.6%	2000 元以下 5.2% VS 无收入 4.7%	官员 6.0% VS 企业家 2.9%	官员 6.0% VS 企业家 2.9%
人与自然的关系 1.9%	高中职高 2.1% VS 本科以上 1.2%	无收入 2.6% VS 4000 元以上 1.2%	农民 2.5% VS 官员、企业家 0%	无收入 2.6% VS 官员、企业家 0%

"新五常"与"新五伦"具有基本相似的特点，诸群体对最重要的德性认同的排序基本相同，共识度很高，但在共识内部，诸群体之间的差异表现明显。以排序第一的最重要德性的选择为例，调查中被选择的第一德性依次是：爱、孝敬、公正、诚信、责任、善良、宽容，其他还有义、忠恕、节制、谦让等。其中"爱"作为第一的选择率最高，诸群体都超过 20%；孝敬、公正、诚信在 10%—20%，责任、善良、宽容在 5%—10%。数据分析显示，群体内部和群体之间对第一德性认同度的最大差异发生在孝敬、诚信、责任等方面。经济社会地位越低，对孝敬等德性的认同度就越高，无收入人群对孝敬的第一选择率达 20.6%，收入 4000 元以上人群对它的选择率最低，为 12.8%；无业下岗人员对孝敬的第一认同度为 19.1%，而企业员工只有 7.7%；企业家对诚信的第一认度为 20.6%，而企业员工为 9.4%。而最多和最大差异依然存在于官员与其他群体之间，选择率最前的七个德目中，在其中四个德目上官员群体处于与其他群体的两极，对公正的第一选择率位于其他群体之首，但对责

任、善良、宽容的第一认同度处于其他群体之末。它表明，官员群体与其他群体在伦理上的差异度与道德上的差异度基本相同，官员群体与其他诸社会群体的文化共识，是建立当今中国社会大众伦理道德共识的关键和难题。

表0-15 排列第一位的最重要德性的诸群体选择率和认同度（2017）

最重要德性第一选择率排序	受教育程度群体两极差异	收入水平群体两极差异	职业群体两极差异	群体之间最大差异
爱（仁爱、博爱、友爱）28.7%	大专以上33.7% VS 初中以下27.7%	4000元以上32.2% VS 1—2000元27.5%	企业员工36.0% VS 企业家23.5%	企业员工36.0% VS 大专以上22.7%
孝敬16.1%	高中以下16.8% VS 本科以上11.5%	无收入20.6% VS 4000元以上12.8%	无业下岗人员19.1% VS 企业员工7.7%	无收入20.6% VS 企业员工7.7%
公正12.5%	本科以上12.8% VS 大专11.4%	2000元及以上12.8% VS 无收入11.4%	官员14.4% VS 无业下岗人员9.5%	官员14.4% VS 无业下岗人员9.5%
诚信10.8%	本科以上12.0% VS 高中职高9.6%	1—4000元11.2% VS 无收入、4000元以上10.6%	企业家20.6% VS 企业员工9.4%	企业家20.6% VS 企业员工9.4%
责任8.7%	大专以上9.6% VS 初中以下7.8%	4000元以上9.6% VS 1—2000元7.9%	企业家11.8% VS 官员6.0%	企业家11.8% VS 官员6.0%
善良5.7%	初中以下6.4% VS 本科以上4.2%	初中以下6.8% VS 大学以上5.1%	农民6.8% VS 官员4.2%	农民6.8% VS 官员4.2%
宽容4.3%	高中职高4.5% VS 大专3.4%	4000元以上5.1% VS 1—2000元3.5%	企业员工5.4% VS 官员3.0%	企业员工5.4% VS 官员3.0%

三 伦理实体发展的集体理性及其忧患意识

人是个体性与社会性的统一，不仅具有个体性，而且具有"人"的社会性本质即所谓公共本质，"把一个个体称为个人，实际上是一种轻蔑的表示"①。因为"个体"有"体"即有公共本质的家园，而"个人"可能是无"体"或无家园的原子，所以孟子才说："仁也者，人也，合而言之，道也。"② "仁"就是达到个体性的人与自己的公共本质统一的"道"，这种公共本质在中国话语中被称为"伦"。公共本质被人的精神所把握，便从彼岸的存在成为此岸的实体即所谓"伦理实体"。伦理在"本性上是一种普遍的东西"，是活的精神世界，其现实形态即黑格尔所说的家庭、社会、国家三大伦理实体，它们的辩证互动构成人的伦理生活、伦理精神和伦理世界的体系。家庭是自然的或直接的伦理实体，社会与国家是现实的或通过教化所建构的伦理实体。所谓善与恶，归根结底是个体性的人与自己的公共本质或这三大伦理实体的两种价值和两种意识形态，简单地说，善就是个体性与实体性的统一，恶就是个体性与实体性的不统一。按照黑格尔的理论，家庭与社会、国家分别遵循"神的规律"与"人的规律"建立个体与自己普遍本质的伦理实体的关系，两大规律、三大伦理实体，在中国话语中被称为"天伦"与"人伦"，其形上表达与行为表现，就是所谓"天道"与"人道"。家庭伦理实体的基本问题是婚姻关系和代际关系；社会伦理实体的核心问题是财富的普遍性；国家伦理实体的核心问题是权力公共性。财富的普遍性和国家权力的公共性，是生活世界中伦理的两种存在形态，是社会与国家成为伦理性存在或伦理实体的两大基本伦理条件，婚姻关系和代际关系决定家庭作为伦理实体的存续，在伦理型文化中也是伦理道德和整个文明的基础。

然而，无论家庭、社会、国家三大伦理实体还是它们之间的关系，历来都是中国文明尤其是中国伦理道德的难题。因为，一方面，在家国

---

① 黑格尔：《精神现象学》（下），贺麟、王玖兴译，商务印书馆1996年版，第35—36页。
② 《孟子·尽心下》。

一体、由家及国的文明体系即所谓"国家"传统中，家庭与国家以及与作为二者之间中介的社会之间的一体贯通，是中国文明的特殊规律和对人类文明的特殊贡献；另一方面，三者关系的合理性，也是内在于中国文明的深刻难题。中国伦理道德的最大文明贡献，就是在精神世界和价值世界中建立了三者之间一体贯通的哲学体系和人文精神，但也遭遇不同于西方伦理道德的特殊挑战，最根本的挑战就是家庭在文明体系中的特殊地位及其对财富伦理和权力伦理的深刻影响。在一定意义上，中国伦理道德就是建立个体与这三大伦理实体、建立这三大伦理实体之间辩证互动关系的集体理性、忧患意识，以及作为其理论自觉的精神哲学体系。

（一）问题意识的转换

调查发现，改革开放40年，中国社会大众关于三大伦理实体的集体理性逐渐形成，但忧患意识或问题意识随着经济社会发展也发生着重大转换。改革开放邂逅独生子女时代，独生子女邂逅老龄化，使家庭遭遇历史上前所未有的挑战，它不仅影响着家庭伦理，而且可能影响现代和未来中国的文化形态和文明形态。改革开放以来，关于社会与国家两大伦理实体的集体理性表现为两大突出的问题意识，一是财富伦理；二是权力伦理，分配不公与官员腐败成为改革开放在社会与国家两大领域遭遇的最大伦理难题。于是，代际关系与婚姻关系、分配公正、官员道德，逻辑与现实地成为改革开放以来伦理实体的三大前沿课题。但是，随着改革开放的深入，不仅问题式和忧患的强度发生了重要变化，而且它们在集体理性和忧患意识中的地位也发生重大位移，新的问题意识正在生成。"变"的基本精神哲学规律是两大转化：集体理性中道德意识向伦理意识转化；忧患意识中伦理素质的忧患向伦理能力的忧患转化。"变"中之"不变"是：社会大众依然秉持伦理型文化的基因，一如既往地保持关于伦理道德的高度的忧患意识，对伦理实体中的伦理存在保持高度的文化关切和文化紧张，然而伦理实体的新形态在文化宽容中得到发展。

无论在生活世界还是精神世界的意义上，改革开放都是以对家庭的伦理承认或伦理回归为切入点或突破口。因为家国一体的中国"国家"传统与西方"country"的最大差异，就是以家庭而不是以个人为本位，以家庭联产承包责任制为起点的经济体制改革，实际上是家庭伦理地位的一次文化回归，这种文化回归在某种程度上与马丁·路德的新教改革对个人财富的伦理承认有着相通的文化意义。由此，对三大伦理实体而言，改革开放从一开始就表现出对家庭的某种伦理亲和，但随着集体理性和文化忧患意识中对家庭伦理紧张的缓解甚至消解，日益凸显出比西方世界更为严峻的新挑战，聚焦点就是社会生活中的财富伦理、国家生活中的权力伦理与家庭伦理中的关系问题，财富普遍性与权力公共性日益成为深刻的伦理难题。于是，不仅家庭、社会、国家的三大伦理关系出现一些新课题，而且财富伦理与权力伦理也出现新形态和新难题。因为在中国，即便是个人主义，也表现出与西方不同的形式，家庭本位的传统使其在相当程度上具有家庭个人主义的倾向，财富的分配不公，在相当程度上是家庭财富而不只是个人财富的分配不公；权力腐败在很多情况下不是滋生于对个人财富而是对家庭财富的追逐或放纵。于是，无论改革开放中伦理道德的"中国问题"，还是社会大众的"中国问题意识"，一开始便都聚焦于财富伦理和权力伦理。调查显示，随着改革开放的深入和经济社会的发展，社会大众的集体理性和忧患意识已经发生重大变化，其变化的趋势之一，是财富伦理与家庭伦理，以及更大的伦理实体即生态伦理在"问题谱系"中的位移，但权力伦理作为"第一问题"和"第一问题意识"，则是变中之不变。

　　财富与权力是生活世界中的两种伦理存在，作为社会与国家两大伦理实体的核心问题，其深刻的文明意义不仅只是满足人们的物质生活需要，使现实生活成为可能，而且是个体与自己的公共本质或个体与实体建立同一性关系的两种精神形态，是善与恶的两种意识形态，即黑格尔所谓"高贵意识"与"卑贱意识"。高贵意识在财富与权力中建构个体与实体的同一性关系，卑贱意识之所以"卑贱"，是因为它颠覆了这种同一性关系。财富的伦理合法性是"公正"，权力的伦理合法性是"服务"，分配公正和"为人民服务"是关于财富与权力的"高贵意识"，它们不只是社会财富与国家权力的基本伦理品质，也是社会与国家两大伦理实体及其合法性的精神哲学基础。与之相反，分配不公与权力腐败就是"卑贱意识"，对于它们的警惕和紧张是具有现实性也是具有根本意义的文化忧患。正因为如此，分配公正和对掌握国家权力的政府官员的道德要求，几乎是任何民族、任何时代、任何文化传统的共同诉求,然而在中国,对分配公正的伦理警惕和伦理紧张达到如此程度,乃至孔子在轴心时代便揭示了"不患寡而患不均"的"文化初心",建构"内圣外王"的"大学之道"。改革开放以来,中国社会的问题意识是否发生了变化?是如何变化的?调查发现,收入分配不公与腐败不能根治是长期以来中国社会大众的两个重要的伦理忧患,但随着改革开放的深入,这些忧患不仅有所缓解,而且已经发生某种结构性变化。

在2007年和2013年的全国调查中,分配不公与官员腐败都是位于前两位的重大文化忧患。

表0-16　　　　　　　　对中国社会最担忧的问题　　　　　　　　(%)

	第一位	第二位
2007年全国调查	分配不公,两极分化　38.2	腐败不能根治　33.8
2013年全国调查	干部贪污受贿,以权谋私　3.93	分配不公,贫富悬殊过大　3.89

在这两次全国调查中,对问题式做了某些切换。2007年的调查题为"你对改革开放的主要忧虑",2013年的调查题为对各种严重不道德现象进行排序选择,但最后的结果,基本相同,只是两大问题的位序发生了某种变化。

然而,2017年的全国调查发现,社会大众的问题意识发生结构性改变。"对中国社会,你最担忧的问题是什么?"排列前五选择的依次是:腐败不能根治;生态环境恶化;老无所养,未来没有把握;生活水平下降;分配不公,两极分化。

综合这三次调查信息,发现腐败问题两次居于首位,一次居第二位;分配不公在前两次调查中位于第一位和第二位,但在第三次调查中则处于第五位,这种情况不只是由于选项原因,因为2007年的调查中也有"生态破坏严重"的选项,也由于"中国问题"和"中国问题意识"发生了重大变化。一个佐证是:在2013年江苏调查中,分配不公与官员腐败是并列第一的严重伦理道德问题,而且对分配不公的承受度第一次越过拐点,对"不公,不能接受"的选择率比"不公,可以接受"超出2个百分点。然而,在2017年的江苏调查中,分配不公排列第四,与同年

```
(%)
45.0  39.5   38.6
40.0
35.0                      27.2
30.0
25.0              18.3           22.4
20.0                                    15.8   14.2
15.0
10.0
 5.0
   0
     腐败不能根治 生态环境恶化 分配不公，两极分化 老无所养，未来没有把握 生活水平下降 道德滑坡，社会风气恶化 人际关系紧张
```

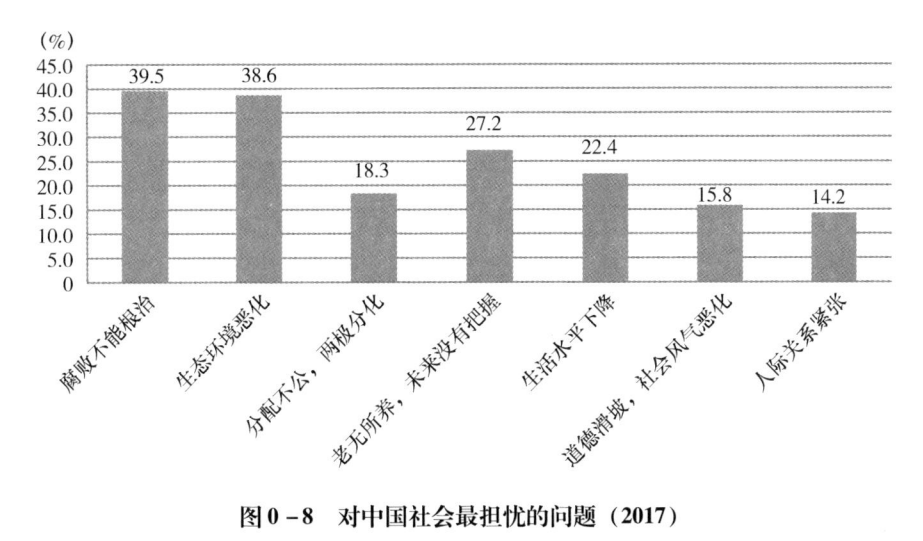

图0-8 对中国社会最担忧的问题（2017）

全国调查的不同之处在于，它与"生活水平下降"换了个次序，前三位排序与全国相同。由此可以假设：在社会大众的问题意识或忧患意识中，分配不公的地位已"变"，而官员腐败则是"变"中之"不变"。导致这种变化的原因可能来自两方面。一是分配不公的问题得到部分解决或缓解，社会大众关于分配差距的伦理承受力也发生变化；二是中国社会的主要问题和主要矛盾发生变化。在经济发展中生态问题日益凸显或经济发展的生态代价越来越大；随着老龄化社会的日益逼近，老有所养和未来的生活安全成为日益紧迫的"中国问题"。大众意识的这种变化，已经在国家发展理念和国家宏观战略中得到体现，这就是建设"美丽中国"的理念，和关于"发展的不充分不平衡与人民群众对美好生活向往"的当今中国社会基本矛盾的判断。社会发展的主要问题或基本矛盾发生了变化，大众集体理性和忧患意识发生了变化，国家发展的理念和战略也进行了重大调整。社会事实、社会意识、国家战略三方面表现出某种文化同步。

（二）家庭伦理的文化自觉及其代际城乡差异

家庭是中国社会也是中国伦理型文化的基础，家庭伦理是在改革开放中遭遇激荡最深刻、影响最深远的领域。家庭在现代中国社会的伦理本位地位及其文化共识，已经在"新五伦"中被确证，这是当今中国社

会大众关于家庭伦理实体所达成的最大和最重要的共识，它为伦理型现代中国文化提供了最重要的事实和价值基础。改革开放邂逅独生子女，独生子女邂逅老龄化，当今中国社会关于家庭伦理实体是否以及形成何种重要文化共识？调查显示：共识正在逐渐生成，聚焦点是家庭伦理形态、家庭伦理能力和家庭伦理风险，共识的主题词是"文化宽容"。具体地说，对家庭伦理形态的变化采取宽容态度，对正在和可能遭遇的家庭伦理风险已有集体自觉，对家庭伦理安全深感忧患。

"现代家庭关系中最令人担忧的问题是什么？"2007年、2017年的调查都在众多选项中限选两项，虽对象和方法有所不同，但所获得的信息的伦理结构基本相同，代际关系第一，婚姻关系第二。2007年排序是："子女尤其独生子女缺乏责任感"（50.1%）；"婚姻关系不稳定，两性过度开放"（42.3%）；"代沟严重，价值观对立"（36.2%）；"子女不孝敬父母"（26.2%）。2017年的调查将问题细化，尤其将主观品质与客观能力相区分，排列顺序依次是："独生子女难以承担养老责任，老无所养"（28.8%）；"代沟严重，父母与子女之间难以沟通"（28.1%）；"婚姻不稳定，年轻人缺乏守护婚姻的能力"（24.3%）；"只有一个孩子，对家庭未来没有把握"（22.1%）；"子女尤其独生子女缺乏责任感，孝道意识薄弱"（18.5%）。

十年中，关于家庭伦理集体意识问题的轨迹的最大变化，是由主观伦理意识向客观伦理能力、由伦理批评向伦理忧患的演进。代际关系是家庭伦理问题意识的首要集体自觉，然而十年之后，第一忧患已经不是"缺乏责任感"和"孝道意识"的主观品质，而是"独生子女难以承担养老责任"的客观能力；婚姻不稳定也不只是价值观上的"过度开放"，而是"守护婚姻"的意识和能力。"问题式"的转换主要基于三种原因。一是独生子女与老龄化的邂逅，使中国社会不仅在文化价值上"超载"，即孝道文化的供给不足，而且在伦理能力即行孝的能力方面"超载"；二是社会的急剧变化，使代际文化的断裂加大，文化对峙加剧；三是社会的伦理能力改变甚至式微。

关于家庭伦理的集体自觉和文化忧患，各年龄群体和城乡群体之间共识度较高，差异的规律性较明显。在年龄群体上，呈现出两种差异趋向：年龄越大，对养老、孝道的忧患度越大，差异度分别为9个百分点和5个百分点；年龄越轻，对代沟、婚姻的忧患度越大，差异度分别为6个百分点和3个百分点。在五个年龄段中，40—49岁、50—59岁两个年龄段的共识度最高，其共识度只差0.1个百分点，基本没有差异，另两组数据分别相差1个和2个百分点。

表0-17　　　　家庭伦理忧患意识的年龄差异（2017）　　　　（％）

	18—29岁	30—39岁	40—49岁	50—59岁	60—65岁
独生子女难以承担养老责任，老无所养	24.4	25.6	30.5	30.6	33.4
子女尤其独生子女缺乏责任感，孝道意识薄弱	15.3	18.2	19.0	20.3	20.3
代沟严重，父母与子女之间难以沟通	31.5	29.1	27.1	27.2	25.1
婚姻不稳定，年轻人缺乏守护婚姻的能力	26.8	23.8	22.4	24.8	23.9

对家庭伦理的忧患，城乡群体之间的共识度最高，以上四组数据的差异度大都在1个百分点左右，充分说明它们已经是一种社会性的共识。

表0-18　　　　家庭伦理忧患意识的城乡差异（2017）　　　　（％）

	农业户口	非农业户口
独生子女难以承担养老责任，老无所养	28.4	29.4
子女尤其独生子女缺乏责任感，孝道意识薄弱	18.9	17.6
代沟严重，父母与子女之间难以沟通	28.4	27.5
婚姻不稳定，年轻人缺乏守护婚姻的能力	24.7	23.8

调查发现，现代中国家庭总体上幸福感较强，根据2017年的全国调查，认为"幸福"和"比较幸福"的比例达88.3%。但是家庭伦理的问题意识由主观向客观转换，尤其是首要问题由"独生子女缺乏责任感"向"独生子女难以承担养老责任"的转换，不能简单被看作由观念问题向现实问题的转变，而是家庭伦理承载力的不足，是家庭伦理安全和伦

理风险的危机,它将导致家庭的伦理魅力度和伦理功能的弱化。"老有所养"在任何文明体系中都是底线伦理,在中国伦理型文化中,这一伦理功能传统上由家庭承担,独生子女邂逅老龄化将家庭抛入空前的伦理风险之中,也许"子女缺乏责任感"等可以通过伦理教化缓解,但"难以承担养老责任"却是家庭伦理功能的重大蜕变,它将大大削弱家庭的伦理魅力度,并因其难以承担作为终极关怀的伦理功能,而最终动摇家庭作为伦理型文化基础的意义,内含着巨大的文化风险。因为,如果家庭难以提供终极关怀,社会大众就可能会到宗教那里去寻找,老龄信教群体的激增,与这一文化风险深度相关。在短短十年中"第一问题"的位移,标志着由于老龄化社会所面临的严峻伦理问题,也许社会要逐渐承担起养老的责任,但对由终极关怀的变化而导致的文化后果与伦理风险必须有充分的集体自觉。有两个信息可以佐证这一风险。"你认为理想的养老方式是哪种?"有53.3%的人选择"与子女同住";"当父母一方长期生活不能自理时,主要承担照顾工作的人应该是谁?"有47.2%的人选择子女照顾,有35.2%的人选择"父母中还有能力的另一方"。它说明,社会大众对家庭的终极关怀具有很高的伦理预期。

婚姻关系是现代中国家庭伦理和社会伦理重大前沿问题之一,这一问题不只是一般意义上的伦理意识和社会风尚,更深刻的是婚姻伦理形态和婚姻伦理能力的变化。当今中国社会正在形成的关于婚姻伦理的重要共识和集体意识,主题是对多样性婚姻形态的宽容,以及实体性婚姻向原子式婚姻变迁的可能。2017年的调查信息,呈现出现代中国社会可能存在或已经存在婚姻伦理形态的多样性,以及社会大众的伦理宽容度。

"你对以下现象的态度是什么?"

表0-19　　　　　　对各种婚姻形态的态度(2017)　　　　　　(%)

	1. 完全赞同(人)	2. 比较赞同(人)	3. 中立(人)	4. 比较反对(人)	5. 强烈反对(人)	平均值(E)
不婚	75	541	3343	2893	1696	3.65
试婚	54	722	3141	2737	1770	3.65
同居	71	774	3557	2475	1633	3.57
同性恋	37	136	1396	2765	3942	4.26

续表

	1. 完全赞同（人）	2. 比较赞同（人）	3. 中立（人）	4. 比较反对（人）	5. 强烈反对（人）	平均值（E）
婚外恋	16	62	802	2522	5036	4.48
丁克家庭	34	140	2048	2384	2990	4.07
代孕	20	111	1528	2499	3568	4.23

可见，除对婚外恋、同性恋保持传统的严格伦理立场外，对其他诸非主流的婚姻形态，主流选择都持中立态度，尤其对"不婚""试婚""同居"等现象，持中立态度的在40%左右，这不仅表明社会大众对婚姻的宽容态度，更预示着婚姻形态可能的多样性。

最重要的变化不只是婚姻价值取向，还有婚姻伦理能力。2017年调查中的两个信息都显示出婚姻伦理能力的某种变化。"在恋爱或婚姻中，你有为对方而改变自己的意识吗？""有，经常这么做"，占比为33.9%；"有，但做起来有些困难"，占比为36.6%；"没想过这个问题"，占比为23.9%；"无须改变"，占比为5.4%。真正能为对方改变的只占1/3。

另一信息可能更有解释力："在恋爱或婚姻中，你与对方相处的原则是什么？"

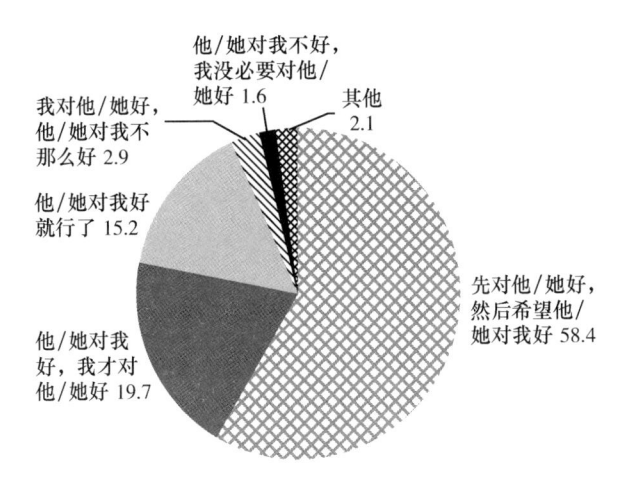

图0-9 恋爱或婚姻关系中的伦理原则（2017）（%）

以上信息不只是伦理观念，而且是伦理现实，它预示着婚姻伦理素质和婚姻伦理能力的变化。正如黑格尔所说，婚姻的本质是爱，爱的真谛是"不孤立""不独立"，婚姻关系中的双方共同缔造一种人格即伦理人格，因此处于婚姻关系中双方的思维和价值应该是实体性的，婚姻伦理行为必须"以家庭为出发点和现实内容"。在以上信息中，愿为对方改变自己伦理意识的自觉只有33.9%，约占1/3；有36.6%的人虽有意识，但难以诉诸行动，只是一种"伦理意境"，也约占1/3；而其他的约1/3的人，不是没有伦理自觉，就是持另一种相反的观点。婚姻关系中持"自己首先对对方好"观点的占主流，占比达58.4%，但持其他不同甚至相反观点的也有41.6%。这两组数据表明，不只是婚姻伦理意识和伦理原则，而且婚姻能力正在发生重大变化。

这方面的变化可以从以前的调查中得到某种证明。"你认为处理婚姻关系，譬如结婚或离婚时，决定性的原则应当是什么？"2007年的调查选择从家庭实体考虑和兼顾社会后果的占80%左右，主张个人自由的占20%左右。这个数据为2013年的江苏调查所反证，"离婚是否主要考虑自己的感受和利益？"30%左右的人选择"是"，70%左右的人选择"否"。由20%至30%的变化，呈现出婚姻关系中实体性不断衰减，以个体为本位的原子式婚姻取向不断增大的轨迹。

代际关系中几个信息显示出家庭伦理的变化，在其中也可以发现某些共识与差异。"你对孩子提出的有关人生发展方面的建议，是否经常被采纳？"80%左右的人表示经常或较多被采纳，20%左右的人表示基本不被采纳或从不被采纳。这一信息隐喻着子女对父母的态度。另一个信息表明代际关系中的父母态度。"如果孩子面临重大问题（婚姻、升学、就业等）时，你的态度是"——"全部包办"，占5.8%，"积极建议，努力说服他们采纳"，占24.5%；其他"只提建议""不表态"，或"建议大多不起作用"三项总和超过50%；真正持积极态度的只占30%。但另一个信息似乎与此相互矛盾。"你认为现在孩子的价值观形成受何种因素影响较大？"回答是老师的占60.4%，居第一位；回答是父母的占59.5%，居第二位，二者的影响力基本持平，它说明父母不仅没有放弃而且事实上对子女依然具有很大的伦理影响力。这些都说明现代中国社会家庭伦理虽然坚守着传统，但已经发生重大变化，无论对于父母还是子女，代沟都已经形成。

综上所述，现代中国社会对于以代际关系和婚姻关系为纵横两轴的家庭伦理，在改革开放的激荡中正逐渐生成以宽容为主题的文化共识与集体理性，展现出对家庭伦理的文化宽容，和对家庭伦理风险和伦理安全的集体自觉和文化忧患。文化宽容使家庭伦理在代际和婚姻关系中达成某种文化上或伦理上的和解，缓解了文明变迁所导致的伦理冲突和文化冲突的激烈程度，但家庭伦理实体性的削弱甚至消解，原子式的平等正成为家庭伦理的重要准则，家庭伦理义务感的稀释，家庭伦理责任能力的式微，将使家庭的伦理神圣性及其作为伦理的文化根源的地位遭遇前所未有的挑战。

（三）分配公正与社会伦理实体的文化认同

社会公正不仅关乎社会的伦理存在，是社会作为伦理性实体的显示器，也关乎大众对社会的伦理认同，最后关乎社会的伦理凝聚力。如前所述，在2007年、2013年的全国调查中，分配不公分别居于社会大众最担忧的问题的第一位和第二位。四年之后，当今中国社会的公正状况及其大众伦理认同发生了何种变化？

1. 社会公正状况及其发展趋势

当今中国社会的公正状况到底如何？2017年的全国调查呈现出社会大众的认知与判断。

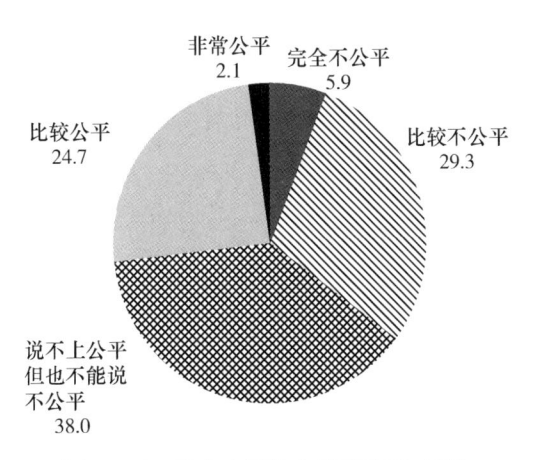

图 0 - 10　当今中国社会是否公平（%）

- 非常公平 2.1
- 完全不公平 5.9
- 比较公平 24.7
- 比较不公平 29.3
- 说不上公平但也不能说不公平 38.0

图0-10显示，社会大众的主流认知是"说不上公平但也不能说不公平"的模糊判断，占38.0%，主流的模糊判断可能有两个原因。其一，公平问题并未成为当今中国社会最为凸显的问题，否则在大众认知中不会"说不上"；其二，大众对公平问题缺乏足够的伦理敏感性。但另外两个信息有助于对这两个原因进行辨析。选择"比较不公平"的占29.3%，选择"比较公平"的占24.7%，"比较不公平"比"比较公平"的判断高出5个百分点，因而"不公平"依然是"中国问题"。

社会公平只是对社会作为伦理实体或伦理性存在的总体判断，其核心问题或典型表现是分配公正。另一个数据可以表达社会大众的文化感受："你认为当前社会下列状况的严重程度如何？"在包括个体与社会在内的所有伦理道德问题的诸多选项中，"社会财富分配不公，贫富差距过大"以2.8的均值居第一位。

你认为当前社会下列状况的严重程度如何

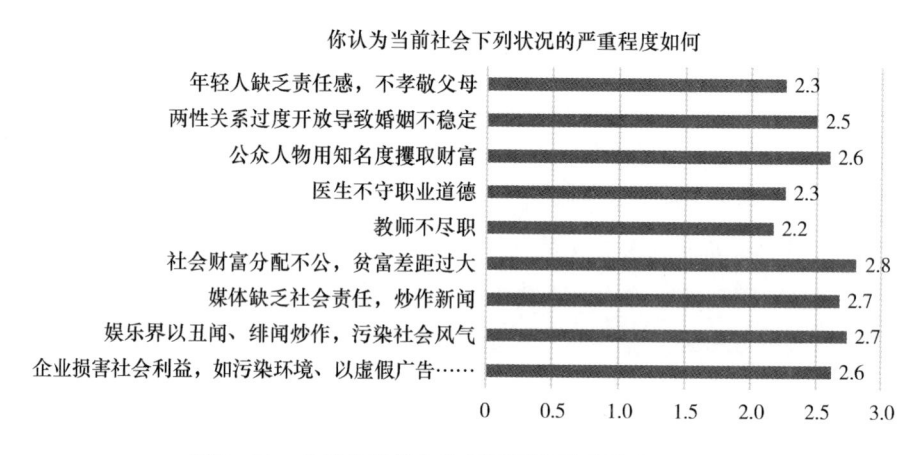

项目	数值
年轻人缺乏责任感，不孝敬父母	2.3
两性关系过度开放导致婚姻不稳定	2.5
公众人物用知名度攫取财富	2.6
医生不守职业道德	2.3
教师不尽职	2.2
社会财富分配不公，贫富差距过大	2.8
媒体缺乏社会责任，炒作新闻	2.7
娱乐界以丑闻、绯闻炒作，污染社会风气	2.7
企业损害社会利益，如污染环境、以虚假广告……	2.6

图0-11 当前各种社会伦理问题的严重程度（2017）

问题在于，既然总体判断是"不公平"，为何它在问题意识中的地位发生了变化？2017年调查的另一个数据可以部分为之提供解释。

"和前几年相比，你认为目前我国社会的分配不公、两极分化的现象发生了何种变化？"

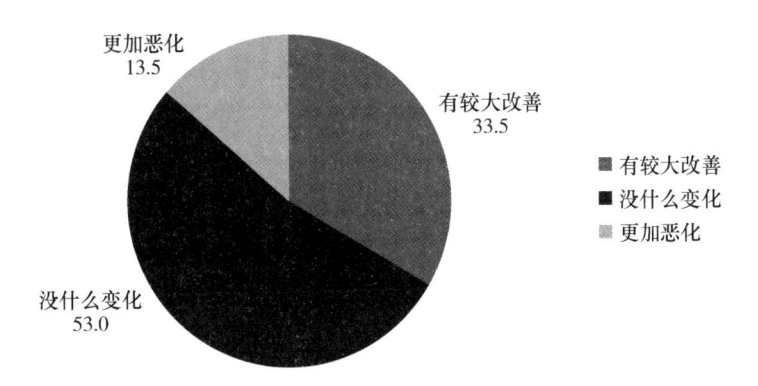

图 0-12　分配不公、两极分化现象的发展趋势（2017）（%）

有 53.0% 的人认为"没什么变化",是主流,它与"说不上公平但也不能说不公平"的模糊判断相同。模糊不仅意味着难判断,也意味着中立,但除了中立判断之外,占绝对主导地位的是"有较大改善"的认知,占 33.5%,只有 13.5% 的人认为"更加恶化"。由此可以推断出,导致"分配不公"在社会大众的问题意识中序位变化的重要原因之一,是它得到"较大改善"。但这只是原因之一,还不是根本原因,因为调查提供的另一信息表明,分配不公可能产生甚至已经产生严重的社会后果。

2. 社会大众的心理承受力与伦理接受度

影响人际关系紧张的最重要因素是什么?在包括社会资源缺乏、社会信任缺失的诸多选项中,"社会财富分配不公,贫富差距过大"居首位。

但同一次调查的另一个选项:"你对当今中国社会人与人之间关系的总体满意度如何?"有 67.8% 的人选择"比较满意",有 6.0% 的人选择"非常满意",满意率达 73.8%;选择"不太满意"和"非常不满意"的分别占 24.3% 和 1.8%,不满意率为 26.1%。于是,虽然分配不公是导致人际关系紧张的第一原因,但因为对人际关系比较满意,所以分配不公并不能成为大众理性中最担忧的问题。

同时,有信息表明,分配不公虽然是当今中国伦理道德问题的重要原因,但还不是第一原因。

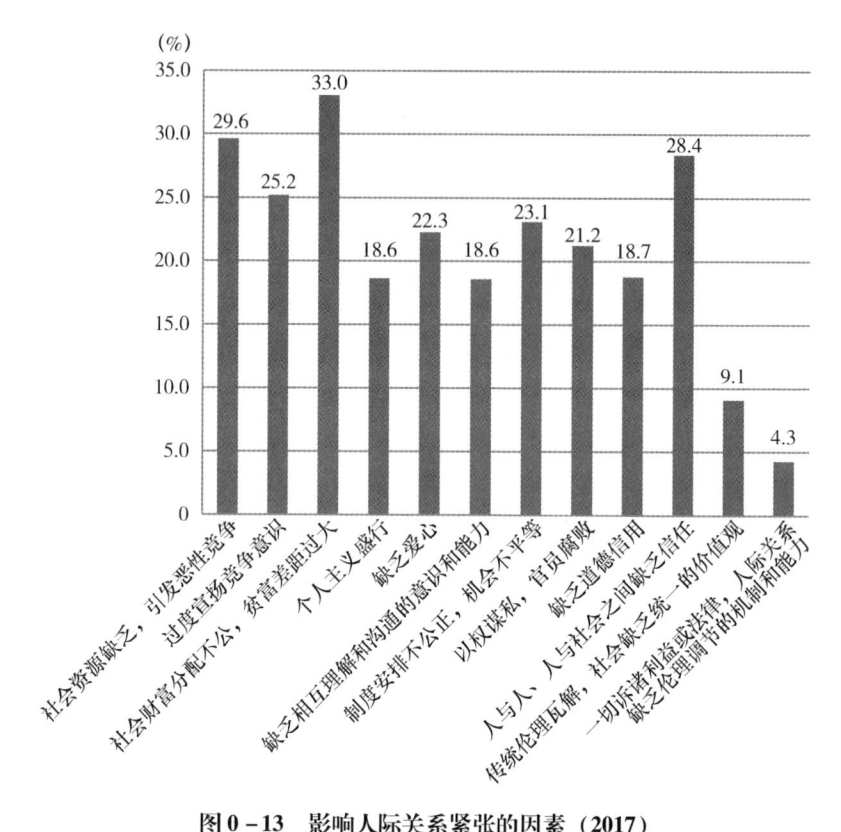

图 0-13 影响人际关系紧张的因素（2017）

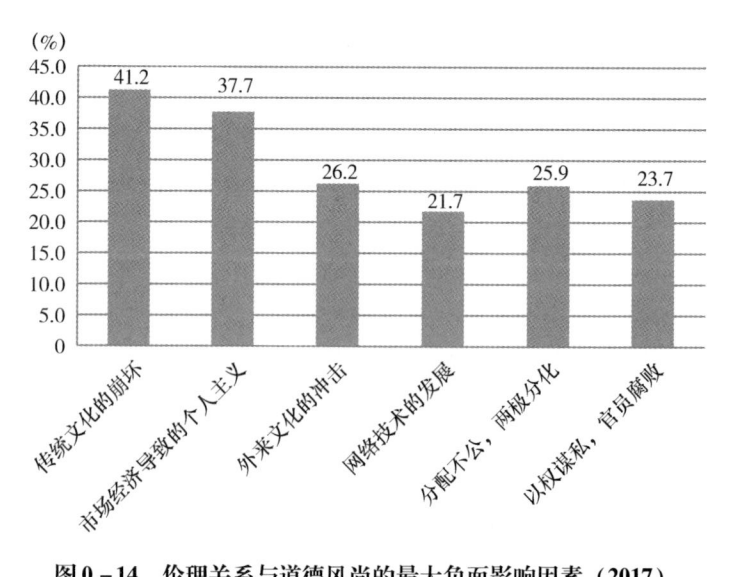

数据（%）：
- 社会资源缺乏，引发恶性竞争：29.6
- 社会财富分配不公：25.2
- 贫富差距过大：33.0
- 个人主义盛行：18.6
- 缺乏爱心：22.3
- 缺乏相互理解和沟通的意识和能力：18.6
- 制度安排不公正，机会不平等：23.1
- 以权谋私，官员腐败：21.2
- 缺乏道德信用：18.7
- 人与人、人与社会之间缺乏信任：28.4
- 传统伦理瓦解，社会缺乏统一的价值观：9.1
- 一切诉诸利益或法律，缺乏伦理调节的机制和能力，人际关系：4.3

图 0-14 伦理关系与道德风尚的最大负面影响因素（2017）

数据（%）：
- 传统文化的崩坏：41.2
- 市场经济导致的个人主义：37.7
- 外来文化的冲击：26.2
- 网络技术的发展：21.7
- 分配不公，两极分化：25.9
- 以权谋私，官员腐败：23.7

这两个信息表明，虽然分配不公是导致人际关系紧张的第一原因，但它并不是造成当今中国伦理道德问题的最大负面影响因子。另一个数据可以为分配不公在当今中国社会大众问题意识上的地位变化提供部分诠释。你认为目前我国社会成员之间的收入差距是否可以接受？2013年和2017年的全国调查有着明显差异。

表0-20　　　　　　　　　收入差距的大众接受度　　　　　　　　　　（%）

	合理，可以接受	不合理，但可以接受	不合理，不能接受	说不清
2013年全国调查	13.9	45.0	29.5	11.6
2017年全国调查	17.3	60.3	22.3	

可见，认为"不合理"的判断是主流，但同样认为"可以接受"的判断也是主流。但在四年中，认为"合理，可以接受"的判断上升了近4个百分点，而认为"不合理，不能接受"的判断下降了7个百分点。这也反证了上文关于贫富不均现象"有较大改善"的信息和判断，同时也可以假设，当今社会大众对收入差距的心理承受力和伦理接受度有了提高。

以上诸多信息，提供了一个相互补充、相互诠释、相互支持的信息链，这个信息链提供了一个关于当今中国社会公平状况的两个基本共识："不公平，但可以接受"；"分配不公，两极分化"现象得到"较大改善"。正因为如此，"分配不公，两极分化"并没有像2007年、2013年的全国调查显示的那样，成为大众集体理性中令人担忧的两大问题之一。当然，导致这一变化的根本原因，是中国社会在发展中遭遇了新课题和新难题，这就是环境伦理问题和老龄化社会的家庭伦理问题。

3. 群体差异

当今中国社会大众在关于社会公平状况的认知与判断方面已形成基本共识，但这些认知与判断也存在群体差异。最大共识发生于城乡群体之间。城乡差异历来是中国社会差异或社会差异中的重要问题之一，但调查显示，无论关于当前中国社会公平状况的判断，还是对于收入分配差异的接受度，农村人口与城镇人口的认知和态度都比较接近，没有因户口而表现出较大差异。这两大问题的较大差异发生于不同职业群体和教育群体之间。群体差异主要体现在官员群体与其他群体之间;教育差异主要发生于高学历群体与低学历群体之间。

表 0-21　　关于社会公平状况认知与判断的群体差异　　(%)

主题	内容	最大值群体	最小值群体
当今中国社会公平与不公平	完全不公平	无业人员　6.8	企业员工　4.9
	比较不公平	企业家　38.2	官员　18.1
	说不清	工人　41.8	企业家　29.4
	比较公平	官员　35.5	小业主　22.4
	非常公平	官员　5.4	工人　1.2
分配不公的发展趋势	有较大改善	官员　50.0	小业主　30.0
	没什么变化	农民　57.7	企业家　32.3
	更加恶化	企业家　22.6	农民　10.9
收入差距的接受度	合理,可以接受	官员　34.2	工人　15.3
	不合理,但可以接受	小业主　62.8	官员　54.2
	不合理,不能接受	无业人员　26.2	官员　11.6

可见,在关于社会公平状况的群体差异中,官员群体的选择处于最大或最小极值即极值的第一位,在 11 个选项中出现 7 次,处于差异极值的比例为 63.6%,其中最大值 4 次,都是肯定性的,最小值 3 次,都是否定性的。其他群体,企业家 4 次,小业主 3 次,无业人员 2 次,工人 3 次,农民、企业员工各 1 次。由此可以假设,在关于社会公平的认知判断方面,官员群体与其他群体尤其是企业家、小业主群体之间存在很大差异,有待进行伦理沟通和文化对话。官员群体 7 次在极值中出现,都是对公平状况及其发展趋势做出的肯定性评价,或者是对正面现象的最大肯定,或者是对负面现象的最小否定。这种群体之间差异和官员群体内部认知与判断的同一性十分值得注意,由此至少可以假设,除了他们对社会公平状况可能掌握着较多信息,与官员群体在社会地位和财富分配中的获得感有直接关系。但另一个假设同样必须提出:官员群体如此高频地出现于极值,是否意味着与其他群体的脱离与分离?至少,问题与忧患已经存在,必须正视。当然,2017 年全国调查中的官员群体主要

是一些基层官员，中高层官员群体可能会有所不同，但正因为他们身处基层，与社会大众的关系最直接，因而也最值得关切。

不过，对于社会公平的认知和判断还取决于另一因素，即对公平的文化敏感性，因而与受教育程度或文化水平相关。在初中以下、高中中专职高、大专、大学及以上四个文化区隔中，大学及以上受教育程度的群体在极值中的出现率最高，同样是 7 次，其次是高中中专职高，出现 6 次，初中以下出现 5 次，大专出现 4 次，基本上呈等差级数。总体上，大学及以上受教育群体更多地倾向于肯定性判断，这与他们在社会中的文化地位和获得感显然呈正相关。

（四）官员道德与国家伦理认同

国家作为伦理实体的核心问题是权力伦理，权力伦理的最高品质是"服务"，一方面是使国家成为"整个的个体"并赋予国家这个伦理实体以"精神"的政府的"服务"品质；另一方面是作为国家权力的执行者的政府官员的"服务"品质。正因为如此，毛泽东将"全心全意为人民服务"作为政府也作为干部的根本伦理要求和最高境界。国家作为伦理实体，国家中的伦理存在取决于两个相辅相成的方面。一是政府官员"服务"的道德品质；二是社会的伦理信任。官员道德、政府伦理、以伦理形象为显示器的大众伦理信任构成国家伦理认同生成的三个基本要素。官员道德是改革开放遭遇的颇具前沿性的问题之一，它不仅影响社会大众对政府官员的伦理信任，而且影响政府的伦理信任，最终影响国家作为伦理实体的公信力与合法性。调查显示，无论政府、政府官员，还是社会大众，在改革开放过程中对国家作为伦理实体的认同都经历了一个文化自觉的过程，并在文化自觉中逐渐建构伦理实体的文化自信。

1. 关于官员道德的大众共识

三次调查已经揭示，官员腐败或"腐败不能根治"一直是社会大众最担忧的问题，应该说，这已经不只是关于官员道德，而是大众集体理性中最基本的共识。有待进一步推进的是，经过近几年的强力反腐，这一难题的破解取得何种进展？社会大众的"第一担忧"是否得到缓解并达成一些新的共识？2017 年的全国调查显示，关于官员道德和政府伦理的三个共识正在达成。

第一，官员腐败现象出现较大改善，官员的伦理信任度提高。

近几年来，官员腐败现象有什么变化？

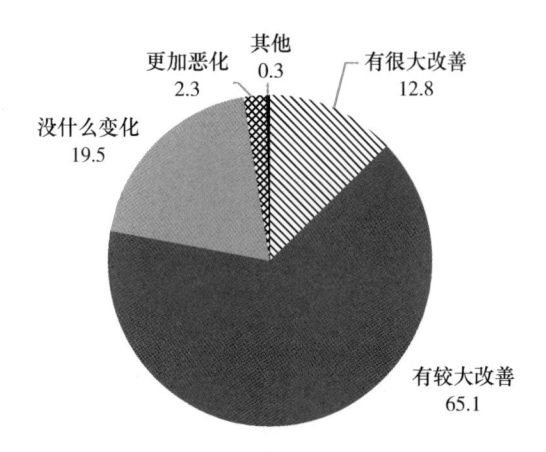

更加恶化 2.3
其他 0.3
有很大改善 12.8
没什么变化 19.5
有较大改善 65.1

图 0-15　近几年来官员腐败现象的变化（2017）（%）

认为"有较大改善"或"有很大改善"的近八成，是绝对多数。惩治腐败有效提高了社会大众对政府官员的伦理信任度。

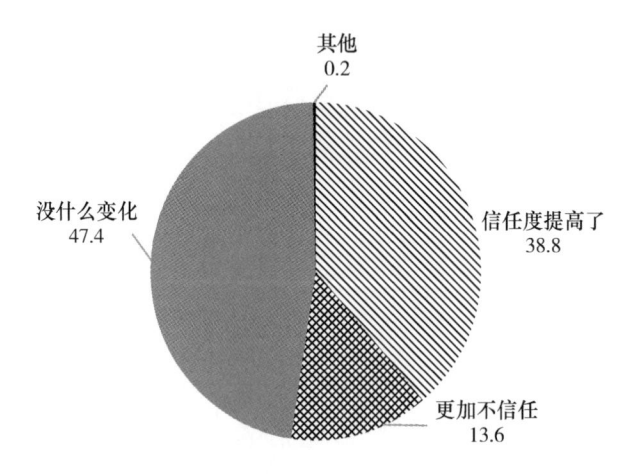

其他 0.2
没什么变化 47.4
信任度提高了 38.8
更加不信任 13.6

图 0-16　对政府官员伦理信任度的变化（2017）（%）

虽然有近47.7%的人认为"没什么变化"，但对"信任度提高了"

的选择占38.8%,应该说是一个十分可喜的变化。

第二,对官员群体和政府的伦理理解和伦理认同度提高。

"你认为干部当官的目的是什么?"

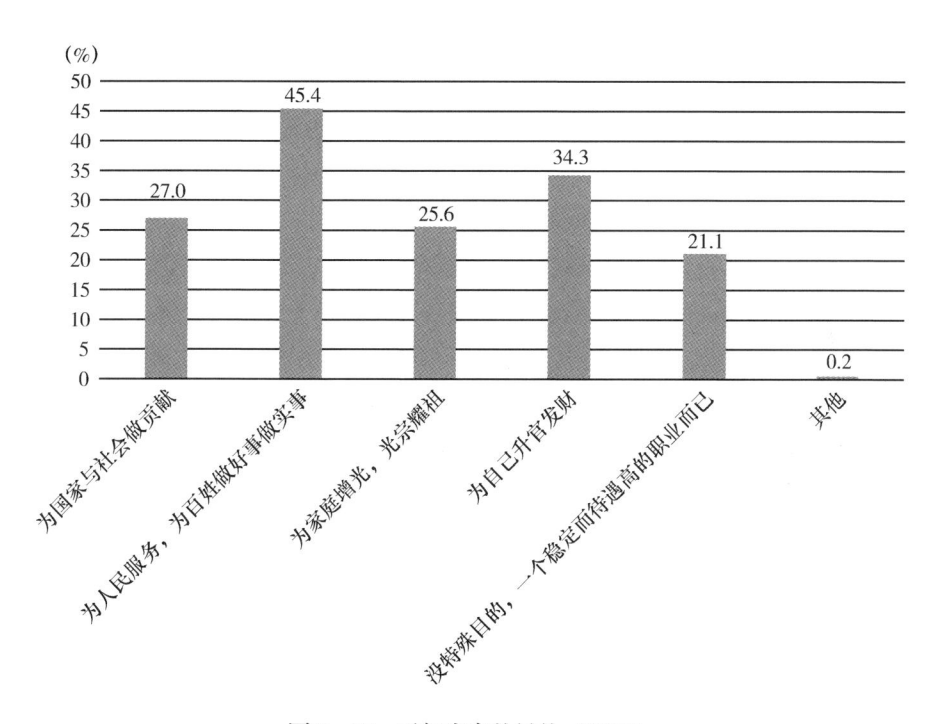

图 0 – 17　干部当官的目的 (2017)

第一选项就是"为人民服务,为百姓就好事做实事",选择率达45.4%,加上"为国家与社会做贡献"的27.0%,肯定性、认同性判断是主流,虽然"为自己升官发财"也有34.3%,但在2007年的调查中,第一选项就是"为自己升官发财"。它表明社会大众对整个官员群体从理解与和解中走向认同。

官员道德和官员伦理信任的提高,推进了大众对政府的伦理信任。

图 0 – 18 显示,有六成大众认为政府在决策时,充分考虑到了伦理道德方面的要求。当然也有四成大众认为"只是口头上说说",或"为自己的政绩和富人的利益着想"。

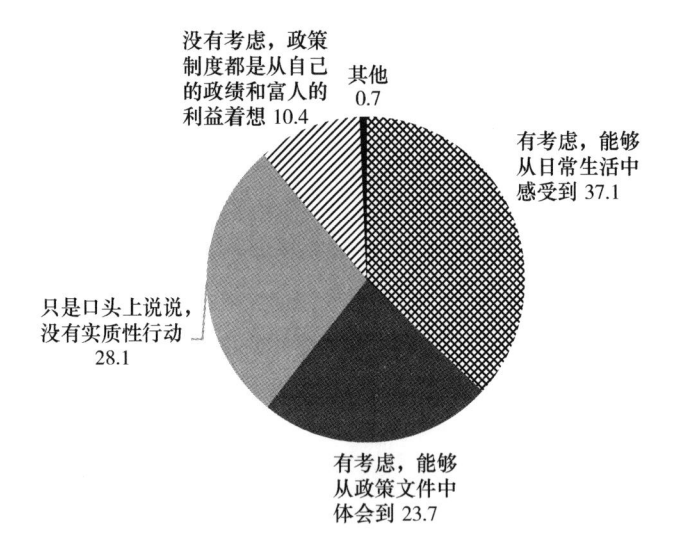

48 绪论 改革开放 40 年中国社会大众伦理道德发展的文化共识及其群体差异

- 没有考虑，政策制度都是从自己的政绩和富人的利益着想 10.4
- 其他 0.7
- 有考虑，能够从日常生活中感受到 37.1
- 只是口头上说说，没有实质性行动 28.1
- 有考虑，能够从政策文件中体会到 23.7

图 0-18 政府决定的伦理含量（%）

第三，伦理形象复杂多样，官员道德出现新问题。

由此，虽然在官员道德和政府伦理方面取得重大进展，但要真正解决问题还任重道远，这从社会大众对于官员伦理形象的"伦理联想"或"伦理直觉"方面可以说明。

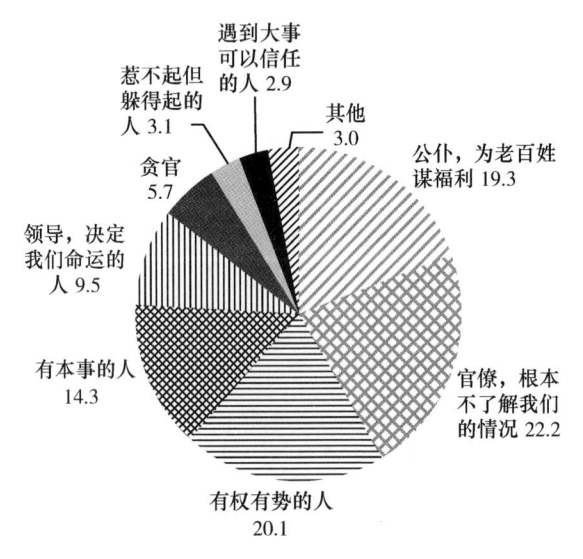

- 遇到大事可以信任的人 2.9
- 惹不起但躲得起的人 3.1
- 其他 3.0
- 贪官 5.7
- 公仆，为老百姓谋福利 19.3
- 领导，决定我们命运的人 9.5
- 官僚，根本不了解我们的情况 22.2
- 有本事的人 14.3
- 有权有势的人 20.1

图 0-19 对于官员的伦理联想或伦理直觉（2017）（%）

显然，社会大众对于官员形象的"伦理联想"非常复杂，虽有 19.3% 的人认同其为"公仆，为老百姓谋福利"，有 2.9% 的人认为其是"遇到大事可以信任的人"，但其他都比较复杂，甚至负面。

因此，从总体上讲，官员群体的道德状况仍有待进一步改善。"你对周围的党员干部的道德状况怎么评价？"有 42.3% 的人认为"总体上还不错"，但有 36.0% 的人认为"和普通群众没有太大差别"，还有 21.7% 的人认为"普遍比较差"。虽然负面评价不是主流，但至少官员群体的道德水平并不明显高于其他群体。

重要的是，当今官员道德出现了许多新情况和新课题，官员腐败出现新的形态。"你认为当今干部道德中最突出的问题是什么？"

表 0-22　　　　　　　官员道德的突出问题（2017）

	第一位	第二位	第三位	第四位	第五位	第六位	第七位	第八位
2013 年全国调查	贪污受贿	以权谋私	生活作风腐败	政绩工程，折腾百姓	平庸，不作为	官僚主义	铺张浪费	拉帮结派
2017 年全国调查	以权谋私	贪污受贿	平庸，不作为	生活作风腐败	乱作为，折腾百姓	官僚主义	拉帮结派	铺张浪费

表 0-22 显示，关于官员道德突出问题的两次调查，共识度较高，一般变化都只是相邻两大选项调换次序。"贪污受贿"与"以权谋私"依然是十分严重的问题，变化是"以权谋私"从第二位上升为第一位。变化最大的只有一个，即"平庸，不作为"，从第五位上升到第三位。位序唯一没变的是，官僚主义都处于第六位。

2. 关于官员道德评价的群体差异

综上所述，经过近几年的努力，官员道德状况得到很大改善，社会大众对官员群体、对政府的伦理信任度明显提高，这些是"变"。但官员道德的情势依然严峻，"腐败不能根治"依然是社会大众的"第一忧患"，官员道德出现新问题、新形态，这些是"变"中之"不变"。而且，诸社会群体对官员道德的认同也存在明显差异，突出表现在对官员的伦理信任和官员的伦理形象两方面。

表 0–23　与前几年相比，你对政府官员的信任度有什么变化？（2017）

	官员	企业家	专业人员	工人	农民	企业员工	做小生意者	无业失业下岗人员	均值
信任度提高（%）	64.0	45.5	52.0	36.0	36.7	41.1	37.0	40.0	38.8
更加不信任（%）	13.4	12.1	11.4	12.9	14.8	12.3	14.7	13.0	13.5
没什么变化（%）	22.6	42.4	36.7	51.0	48.3	46.3	47.8	46.8	47.5
其他（%）				0.1	0.2	0.4	0.5	0.2	0.2
总计（%）	100.0	100.0	100.0	100.0	100.0	100.0	100.0	100.0	100.0
列总计（人）	164	33	431	2308	2426	845	1053	1309	8569

从表 0–23 中可以看出，对官员伦理信任度提高的最大群体是官员群体自身，其次是专业人员，其他群体与官员群体都相差 20—30 个百分点，官员与工人农民的差异度最大，近 30 个百分点。但选择"更加不信任"的诸群体基本相同，都比较小。

"在生活中或媒体上看到政府官员时，你首先想到的是什么？"诸群体关于官员形象"伦理联想的"差异也很明显。

表 0–24　官员形象的伦理联想的群体差异（2017）

	官员	企业家	专业人员	工人	农民	企业员工	做小生意者	无业失业下岗	均值
公仆，为老百姓谋福利（%）	37.1	24.2	22.4	19.1	16.1	26.4	17.6	19.3	19.3
官僚，根本不了解我们的情况（%）	16.2	36.4	20.1	23.4	22.0	21.7	25.5	19.2	22.2
有权有势的人（%）	9.6	12.1	19.2	21.2	20.9	16.4	19.7	21.2	20.1
有本事的人（%）	11.4	6.1	13.8	14.4	14.4	14.7	14.1	14.5	14.3

续表

	官员	企业家	专业人员	工人	农民	企业员工	做小生意者	无业失业下岗	均值
领导,决定我们命运的人(%)	8.4	6.1	10.3	9.3	10.2	8.9	9.5	8.8	9.5
贪官(%)	5.4	9.1	2.6	5.2	7.4	2.8	4.8	6.8	5.7
惹不起但躲得起的人(%)	0.6	3.0	3.3	3.0	3.6	2.3	3.1	3.0	3.1
遇到大事可以信任的人(%)	6.0		4.2	2.3	2.5	3.0	3.2	3.3	2.8
其他(%)	5.4	3.0	4.2	2.0	2.9	3.9	2.6	3.9	3.0
总计(%)	100.0	100.0	100.0	100.0	100.0	100.0	100.0	100.0	100.0
列总计(人)	167	33	428	2321	2430	844	1058	1299	8580

由表0-24也可以看出,当看到官员出场时,关于其伦理形象的"伦理联想"依次是:公仆、官僚、有权有势、有本事、决定命运、贪官、惹不起但躲得起、可以信任。其中较大差异同样发生在官员群体与其他低层群体和企业家群体之间。官员对"公仆"形象联想的选择率最高,但与工人、农民、小业主、无业人员之间相差一倍左右,与农民的差异度最大,相差21个百分点,超过一倍。而对"官僚"的联想度,官员群体选择率最低,为16.2%,企业家群体选择率最高,为36.4%,相差一倍多。但对"贪官"的联想度也不是很高,最高的选择率是企业家,为9.1%,最低的是专业人员,为2.6%。

综合以上信息,关于官员道德的群体认同的最大差异,依然发生于官员群体与其他群体之间。

结语:最大共识与最大差异

综上所述,经受40年改革开放的洗礼,中国社会大众的伦理道德发展已经达成许多共识,这些共识既是在改革开放进程中形成的重要的伦理道德共识,更是关于 40 年伦理道德发展的共识。其中,最重要也是最具基础意义的是三大"发展共识":关于伦理型文化自觉自信的共识;关于"新五伦"与"新五常"的伦理道德发展的核心价值的共识;关于伦理实体前沿课题的集体理性的共识。当然,共识中也存在差异,其中城乡差异最小,职业群体之间的差异最大,诸多差异中最大的差异存在于官员群体或公务员群体与其他群体之间。这些差异,既来源于开放激荡中的思想多变,也来源于改革过程中利益的多元。差异的存在既体现出社会的多样,但也提出了诸社会群体之间对话理解和相互信任的课题。从这个意义上讲,进一步推进中国社会大众伦理道德发展的价值共识不仅重要,而且紧迫。

以下信息可以呈现和解释推进中国社会大众伦理道德发展的价值共识课题的难点。"你对诸群体的伦理道德状况的整体满意度如何?"三次调查,采用的方法有所不同,但结果很相近。2007 年的调查题为"你对什么人在伦理道德上最不满意",结果是:政府官员第一,演艺娱乐界第二,企业家第三。2013 年、2017 年的调查换了一种方式,进行伦理道德的满意度调查并排序。结果如表 0-25 所示。

表 0-25　　　　　　　　伦理道德方面的满意度排序

	第一位	第二位	第三位	第四位	第五位	第六位	第七位	第八位	第九位
2013 年全国调查	农民	工人	教师	专家学者	青少年	医生	商人企业家	演艺娱乐界	政府官员
2017 年全国调查	教师	农民	青少年	工人	专家学者	医生,自由职业者	商人,企业家	政府官员	演艺娱乐界

三次调查所释放出的重要信息是:政府官员、演艺娱乐界、商人企业家、医生,依次是伦理道德上满意度低的群体,农民、教师、工人,依次是满意度高的群体,而专家学者与青少年则处于中间状态。2017 年的调查显示,政府官员的序位发生重大变化,从第一位最不满意群体并降到第二位,教师的满意度从第三位上升到第一位。这一调查潜隐的最重要也是最令人担忧的信息是:在政治、文化、经济上分别掌握话语权的三大精英群体即政府官员、演艺娱乐界、商人企业家,恰恰是伦理道

德上满意度低的群体;而农民、教师、工人三大草根群体,恰恰是满意度高的群体,伦理上两极分化的迹象已经明显,值得特别警惕。

当然,这一现象的产生具有十分复杂的原因,包括心理和文化的原因,也包括社会大众对精英群体有更高的伦理道德要求和伦理道德期待,当然,更重要的是改革开放过程中所形成的利益关系,正因为如此,它对价值共识的达成将具有十分重要的意义。

"近10年你认为哪一类人获得的利益最多?"居前五位的依次是:政府官员,私营企业家,私营、外资企业中的管理人员,公务员,外商、境外来大陆的投资者。哪些人获利较少?居前五位的依次是:农民,工人,个体户,公务员,专家学者。

表 0-26　　　　近10年获利较多和获利较少的群体（2017）

	第一位	第二位	第三位	第四位	第五位
获利多的群体	政府官员 31.0	私营企业家 10.8	私营、外资企业中的管理人员 10.4	公务员 10.1	外商、境外来大陆的投资者 9.7
获利少的群体	农民 69.3	工人 21.1	个体户 3.0	公务员 1.3	专家学者 0.9

诚然,这两次调查的设计有缺陷,其中遗漏了一个很重要的群体,即演艺娱乐界,但即便这样,也可以看出,政府官员、商人企业家两大群体是获利多的群体,而农民、工人是获利少的群体。最有意思的是普通公务员,他们在多和少两个群体中都排列第四。将这一信息与伦理道德上的群体满意度对应,可以相互诠释。获利多的群体是伦理道德上满意度低的群体,获利少的群体是满意度高的群体。不仅精英群体与草根群体,而且获利感和伦理道德上的认同感都处于两极对峙状态。它表明,诸群体之间的沟通理解态势十分紧迫,伦理道德发展的价值共识的最后形成,依然任重道远。这个问题的解决,关涉一个至关重要的问题:中国社会是否可能由经济上的两极分化,走向伦理上的两极分化?显然,这是特别值得警惕并高度关注的问题。因为最重要的不是差异,而是分化;最深刻的危机还不是经济上的两极分化,而是伦理上的两极分化,因为伦理上的两极分化,标志着"精神集团"的生成。

不过，虽然存在重大差异，乃至出现经济上和伦理上分化的迹象，但中国伦理道德的精神哲学形态没有发生根本变化——不仅在改革开放进程中没有发生根本性变化，而且与传统相比也没有发生根本性变化，这是改革开放40年的最大伦理道德共识。

表0－27　　　　　　个体德性优先与社会公正优先　　　　　　（%）

	个体德性最重要	二者统一，矛盾时先追求个体德性	社会公正最重要	二者统一，矛盾时先追求社会公正
2007年全国调查	30.0	17.9	30.5	19.6
2017年全国调查	18.0	28.0	31.0	23.0

伦理道德的精神哲学形态的基本问题是伦理与道德的关系问题，这一问题的现代表达方式就是个体德性与社会公正、德性优先与公正优先的关系问题。上文已经指出，中国传统伦理道德的精神哲学形态是伦理道德一体、伦理优先，调查发现，现代中国社会大众依然坚守伦理道德一体的精神哲学传统，其根据在于个体德性与社会公正，扩言之，伦理与道德具有基本相同的精神哲学地位。"你认为合理的伦理道德状态是什么？"或"你认为对社会生活而言，个体德性和社会公正哪个更重要？"2007年与2017年相隔十年的调查结果基本相同。认为个体德性最重要和矛盾时德性优先的选择率分别为：47.9%和46.0%，认为社会公正最重要和矛盾时公正优先的选择率分别为：50.1%和54.0%，十年差异率为2%—8%，总的趋向是主张伦理与道德应当统一，伦理道德一体，但社会公正的诉求高于个体德性，伦理处于优先地位。但是，在十年演进的过程中，对社会公正的诉求不断增强，伦理之于道德的优先地位日益凸显。在2007年的调查中，个体德性优先与社会公正优先之间的差异率只有1.9%，但到2017年，差异率就达到3.9%。这说明，当今中国社会大众在守望伦理道德一体、伦理优先的精神哲学传统的过程中，伦理优先的意识不断增强，与传统不同的是，它是在社会公正的问题意识的驱动下达到的。对传统的守望，是"变"中之"不变"，中国伦理道德的精神哲学传统和精神哲学形态没有变，但面对新的时代课题，问题式和哲学范式发生了部分改变。经历40年的改革开放，中国社会大众的伦理道德

发展依然遵循伦理型文化的规律，这又一次证明，现代中国文化，依然是一种伦理型文化。

综上所述，当今中国社会大众伦理道德发展的最大共识是什么？是关于伦理型文化的共识；最大差异是什么？是诸社会群体之间伦理道德发展和关于伦理道德发展的差异。差异虽然存在，并将在发展和变化中继续存在，但伦理型文化的共识，就是经受40年改革开放洗礼之后，中国伦理道德发展的"多"之"一"，"变"中之"不变"，它是中国社会大众伦理道德发展的最大也是最重要的共识。

（樊　浩）

上

诸社会群体伦理道德发展状况及其共识与差异

第一编

中国伦理道德发展状况及其影响因子

一　中国伦理道德发展的十年轨迹

本报告试图根据2007年、2013年、2017年[①]全国伦理道德调查数据库信息，对这十年间我国伦理道德发展状况，尤其是其间在伦理道德方面产生的共识与差异进行分析。对比十年前后的调研数据，其发展轨迹呈现出十分明显的特点：第一，当前我国社会的伦理道德总体满意度、人际关系满意度、大众关于伦理道德对人际关系的调节能力和约束能力的认同度等，相比十年前，大大地提升了，人们普遍洋溢着一种积极向上、乐观自信的精神样态；第二，中国伦理道德精神的四维结构形态演变为三维主力结构，即中国传统道德、市场经济道德与意识形态道德，共同构成当代社会伦理道德发展框架的三要素，形成一种带有稳定性倾向的三重架构模式，在当代社会生活中占据着重要的地位；第三，十年间，中国伦理道德精神"二元对立"的生命体征状态被打破，开始偏向、聚集于中华优秀传统文化和国家伦理认同，它们所代表的中国伦理道德观念开始获得主导性的支配地位，同时，在这十年间，社会发挥越来越大的伦理策源地作用，与家庭和国家两大传统的伦理场域一起构成当代中国伦理道德发展的主阵地。

[①] 2017年大调查与2007年大调查相比，有以下特点：第一，2017年大调查问卷中的基本、重要问题设置，以2007年调查为蓝本，其意正是在于寻查其中的伦理道德变迁轨迹；第二，2017年调查问卷的设置，比2007年更加具体、细化、多元，其覆盖面更广、现实性更强、问题性更多，旨在凸显当下中国伦理道德发展的新动态与新气象；第三，2017年调查问题的设置，面对2007年的同一类问题与新问题，增加了排序问答和多样性选择，用意在于探寻道德发展背后更加敏锐的多样化方向及深层根源、捕捉社会各群体细腻有别的道德心态。2013年大调查作为中间阶段，其问题设置起着承前启后的作用，因此，在本报告中只作辅助参考，并未列入具体数据分析。

(一)十年道德发展轨迹中的共识之"常"

比较2007—2017年的调研数据信息,其基本目标之一,是弄清这十年间我国伦理道德状况在伦理关系、道德生活、伦理道德发展的影响因子等方面是否仍旧保持着某种稳定性,是否达成了一定的价值共识,从而寻找社会和谐与伦理道德治理的合法性基础。研究发现,这十年间,我国伦理道德发展的演进轨迹总体呈现出良好的发展态势,具有稳健上升、共识度增强的明显特点。

1. 伦理道德满意度:持续提升

伦理道德满意度是三次大调查共有的首要的基本问题,意在探寻社会诸群体对当前我国伦理道德状况的基本看法和社会心态。对比三次调查结果,可以明显看出,在2017年的大调查中,我国社会的道德状况总体满意度、人际关系满意度、大众关于伦理道德对人际关系的调节能力和约束能力的认同度等,都延续并提升了,2017年有关数据的比例都超过60.0%,这表明当前社会的伦理道德发展进入良性轨道,国家道德治理卓有成效,人们的道德生活质量大幅提升。

值得关注的是,关于个人道德素质和满意度,在2017年的调查中,也获得大幅提升。在"您对自己道德状况的满意度"中,表示"非常满意"的占15.3%,表示"比较满意"的高达77.6%。这一问题在2007年、2013年的调查中并未直接涉及,而是隐性地包含在其他问题中,暗示出十年前中国人的个体道德意识并不凸显,但2017年的调查结果却显示出个体自我道德意识的明显增强。这一方面彰显出主体自身的道德自觉性开始勃发,另一方面表达出道德评价的话语权开始向自我倾斜,显示出一种自我认定的道德倾向,忽视社会、他人的道德评判,带有强烈的个人主义价值倾向。

2. 伦理关系:"新五伦"

关于伦理关系三大调查的主要任务是呈现社会群体的伦理实体意识和

当代中国社会的伦理范型。对比十年间的调研数据，我们发现，在2007年大调查中所提取出的当代社会"新五伦"关系即"父母""夫妇""兄弟""同事""朋友"，经过十年时间，仍然是当代人最重视的伦理关系。

表1-1　　　　　　当代社会"新五伦"（2007/2017）　　　　　　（%）

时间（年）	父母与子女	夫妇	兄弟姐妹	同事或同学	朋友
2007	93.8	78.4	63.5	47.1	43.5
2017	67.1	51.0	53.5	18.6	23.2

从伦理道德关系的排序调查中，我们可以发现：第一，逐渐形成的"新五伦"已经基本构成当代人的重要伦理关系，伦理世界中的基本元素和结构保持了一定的稳定性，我们可以以此预见未来社会伦理关系的基本范型；第二，以家庭为主体的"从实体出发"的伦理观念依然是主流，父母与子女、夫妇、兄弟姐妹等家庭伦理元素占据重要地位，表明当代人的伦理实体意识仍旧很强；第三，朋友、同事或同学关系日渐重要，"同事"与"朋友"的认同比例有所提升，市民社会的特质增强。这一信息所透露的信号，表明当代人的社会交往日趋重要，尤其是网络世界越来越成为集中交往的聚集地，对现实生活中的伦理道德关系产生了一定的冲击，这也是2017年"新五伦"关系比例比十年前大为下降的主要原因。

3. 道德生活："新五常"

在2007年的大调查中，关于"您认为当今中国社会最重要也是最需要的德性是"的结果显示，"爱"（78.2%）、"诚信"（72%）、"责任"（69.4%）、"正义或公正"（52%）、"宽容"（47.8%）是排在前五位的重要德性。到了2017年，前两位没变，后面三位依次为"宽容""责任""孝敬"，这表明，传统的"仁""义""礼""智""信"等德性要求，在当代社会中仍具有比较高的认同度，同时在延续原有的社会德性要求中也彰显出当代社会伦理道德生活的新变化。而且，十年过去了，民众对社会公正的呼声和期盼仍是最主流的道德价值追求。2007年关于"您认为一种合理的伦理道德状态应当是"这一问题，认为"社会首先要公正,社会公正是个体德性的前提"的排在第一位,占30.5%。同样,2017年关于"当今社会最基本的伦理冲突"调查显示,分配不公排在第一位,占33.4%。这表明,在未来一段时间内,"新五常"的道德要求和品德规范将日益稳固,人们内心的伦理道德渴望有了一致性的需求,这将为国家开展道德治理和道德生活秩序制度化管理打下良好的社会心态基础。

(二)十年间中国伦理道德精神的结构形态与生命体征之"变"

从2007年到2017年,10年间中国伦理道德精神的结构形态与生命体征是否发生了变化,发生了怎样的变化?又表达出怎样的信息?这是研究中国伦理道德发展10年轨迹的一个重要任务。

1. 伦理道德精神的结构形态

2007年的调查结果显示,中国伦理道德精神由四元素构成,即"市场经济道德是主体,意识形态提倡的道德、中国传统道德是两翼,西方道德影响是辅助结构"[1],在2017年调查中,关于"您认为当前我国社会道德生活中最重要的内容是什么"[2]的回答发现,这四元素基本保持不变,但是,其比例与结构关系却发生了明显变化。

表1-2 当前我国社会道德生活中最重要的内容是什么?(2007/2017) (%)

时间(年)	市场经济道德	意识形态道德	中国传统道德	西方文化道德影响
2007	40.3	25.2	20.8	11.7
2017	42.4	41.2	50.4	14.6

---

[1] 樊浩等:《中国伦理道德报告》,中国社会科学出版社2010年版,第7页。
[2] 2017年的大调查,关于这一问题的问卷设置,是按照"最重要""第二重要""第三重要"等排序方式进行的,因此,数据比例不同于2007年,但不影响调查结果的比对。

2017年的排序调查显示,中国传统道德的支持率普遍高于其他三种,稳居第一位,成为当下中国人精神世界的中流砥柱;而市场经济道德和意识形态道德则不分上下,分别构成两个重要的影响力分支,西方文化道德的影响力已经日益滑落,甚至可以忽略其影响力。这样一来,当前我国的伦理道德精神结构,已经由原来的四维架构转变成三维架构,即以"中国传统道德为主体,意识形态提倡的道德与市场经济道德是两翼",可以说,中国传统道德、意识形态道德与市场经济道德已经形成当代中国比较稳定的三维伦理道德精神结构,这一三重架构模式将成为影响当代人伦理道德观念和生活的重要因素。这一新变化传递出中国传统道德观念的时代影响力与日俱增这一信息,传统道德观念在当代中国人的社会生活中获得了高度的认可和肯定,并且不断焕发出新的生机和活力。

2. 伦理道德精神的生命体征

2007年的调查结果,表达出中国伦理道德精神处于一种"二元体征"的矛盾状态,"这种二元体征,既是一种高度的共识,也是一种高度的对立和截然的对峙。二元体征既是一种矛盾状态,也是一种悖论状态,它从根本上体现的是伦理道德发展的某种临界状态"[①]。如果说,10年前,中国伦理道德精神在许多方面处于一种二元对立的临界状态,那么,10年后,这种临界状态已经被打破,开始偏向一方,产生了主次、高低等分离问题。

(1)"伦理—道德悖论"的消失

在2007年的调查结果中呈现出一个"伦理—道德悖论",即对道德及其发展状况的"基本满意"与对伦理关系的"基本不满意"之间的悖论,这一悖论在10年后基本得以消除,不复存在,这在问卷调查内容如"您对当前我国社会道德状况的总体满意度""您对当前我国社会人与人之间关系的总体满意度"的结果中显示得十分清楚,其满意度都高达60.0%以上,扭转了10年前伦理与道德对立的尴尬处境。

2017年新增加的关于"伦理感"与"道德感"的问题调查,二者回答"经常有"加上"偶尔有"的比例,都达到了50.0%,基本处于一种

---

① 樊浩等:《中国伦理道德报告》,中国社会科学出版社2010年版,第7页。

平衡状态。

如"您常常体验到自己身上有一种'伦理感'的存在吗?"(表1-3)

表1-3　　常常体验到自己身上有一种"伦理感"的存在(2017)　　(%)

"时常有,它是一种内在的信念"	"偶尔有,因为我的利益与它高度一致"	"偶尔有,主要受环境或其他因素的影响"	"没有,只是实实在在的生活"
14.7	29.0	24.3	31.7

"您常常体验到自己身上有一种'道德感'的存在与满足吗?"(表1-4)

表1-4　　常常体验到自己身上有一种"道德感"的存在(2017)　　(%)

"经常有,问心无愧、不做亏心事最重要"	"在有监督的场合中或他人在场的环境中有,其他环境没有"	"没有,只是凭自己的感觉和利益办事"	"没有特别的,只是不做不道德的事"
33.8	13.9	27.0	24.2

这意味着10年间中国社会伦理道德发展,不仅没有加大伦理与道德之间的冲突甚至对立,恰恰相反,而是极大地改善了伦理与道德之间的悖论关系,使伦理与道德的和谐度与融通感逐渐改善,并日益加强。

(2)"二元体征"开始失衡

10年间,中国伦理道德精神"二元体征"的性质和特征并没有发生根本性的变化,但是二者之间矛盾对峙的平衡状态被打破了,开始处于失衡状态。

义利关系问题是社会伦理关系与道德生活中的基本价值逻辑,它反映出时代所奉行的主流价值倾向,10年过去了,在"义""利"道德价值的选择上,"利"更占据优势。2007年,当时社会认为"义利合一,以理导欲"(49.2%)与"见利忘义"(21.0%)、"个人主义"(21.9%),二者判断基本持平,处于对峙状态。在2017年的系列问题调查中,这些数据分别变化为51.6%、37.1%和11.0%。此外,系列问题调查中,关于"您是否同意当前的社会是人人为自己",回答"完全同意"的占11.2%,回答"比较同意"的占57.9%;关于"您是否同意现代社会的大多数人是见利忘义的",回答"完全同意"的占7.7%,回答"比较同意"的占50.3%;关于"您是否认为现代社会是一个物欲横流的社会",回答"完全同意"的占7.5%,回答"比较同意"的占47.5%。综合起来看,表达同意的人数已经占到60.0%左右,这表明,"义""利"道德价值的主流取向已经偏向了"利"。

关于道德与幸福之间的关系,如表1-5所示,它反映出我国当前的社会道德公正状况趋于良性发展,人们对德福同一性的道德哲学规律认同度很高,国家道德治理拥有良好的社会心态和大众基础。

表1-5　　　　　关于道德与幸福之间的关系(2007/2017)　　　　　(%)

时间(年)	总体上道德与幸福能够一致,能惩恶扬善	道德与幸福之间不太一致	道德与幸福之间没有关系,能挣钱就行
2007	49.9	32.8	16.6
2017	67.9	23.8	8.3

关于生活水平与幸福之间的关系,相比10年前,当代人更加认同二者之间的一致性,认为社会经济发展水平越高,幸福感也就越强,2017年的调查数据显示"完全同意"和"比较同意""人们的生活水平越高,就越幸福"的人数比例高达61.0%,这与10年前主张二者之间并不是完全对应的观念大大不同。而且,对于"您目前的状况是""您的生活水平对幸福感的影响是怎样的",两个问题的选择非常细致多样,但是认为"生活富裕、小康和幸福快乐"的比例高达58.0%(见表1-6),"生活水平提高了或没变,幸福感提高了"的比例升至78.4%,这已经充分表明了我国当前社会的经济发展水平与幸福感之间的和谐与同一(见表1-7)。

表1-6　　　　　　　您认为您目前的状况(2017)　　　　　　　(%)

生活小康,幸福且快乐	生活清贫,幸福且快乐	生活富裕,幸福也快乐	生活小康,但不感到幸福和快乐	生活富裕,但不感到幸福和快乐	生活贫困,既不幸福也不快乐
47.0	23.9	11.0	5.8	7.1	5.2

表1-7　最近这些年，您的生活水平对幸福感的影响是怎样的　　（%）

生活水平提高了，幸福感和快乐感提高了	生活水平没变，幸福感和快乐感提高了	生活水平提高了，但幸福感和快乐感降低了	生活水平没变，但幸福感和快乐感降低了	生活水平下降，但幸福感和快乐感提高了	生活水平下降，幸福感和快乐感也降低了
50.7	27.7	11.6	5.8	1.9	2.2

(三) 10 年道德发展轨迹中的伦理世界之"变"

在中国伦理道德发展的十年轨迹中，伦理世界的突出变化集中表现在人们的"伦理世界观"方面，反映出当代人在伦理观念、伦理秩序、伦理实现方式等方面的困惑与冲突，尤其体现为"两大伦理悖论"。

1. 伦理实体与伦理规律

总体特点是家庭与国家的伦理实体意识依然很强，家庭和国家高于个人的伦理实体意识是主流。突出的变化表现在两个方面：第一，家庭和国家的实质性地位在当代人的社会生活中虽然很重要，但其重要性却有所降低；第二，社会伦理意识在个人的道德生活中日益重要，开始呈现超越家庭、国家的趋势。

关于家庭—国家—个人关系的主流观念，在 10 年发展期间最明显的变化是社会的因素逐渐凸显，构成"家庭—社会—个人—国家"新的道德序列。

对比 2007 年、2017 年"您认为哪一种伦理关系对社会秩序和个人生活最具根本性意义"的调查数据，我们能够十分清晰地发现，"个人与社会的关系"由 28.8% 上升为 46.7%，"家庭关系"略微下降，维持在 32.6%，而"个人与国家民族的关系"迅速下滑，由 16.1% 降为 10.4%。同时，在"您认为在自己的成长中得到最大伦理教益和道德训练的场所"问题调查的排序回答中，"家庭"由 10 年前的 63.2% 降到现在的 33.8%，"学校"由 59.7% 降到 26.3%，"国家"由 6.8% 变为 3.2%，只有"社会（如单位、社区等）"略微上升，保持在 33.3%。这些数据传达出的重要信息是，无论是对社会秩序还是个人生活，个人与社会的关系都已占据了特别重要的地位，社会甚至开始超越家庭与国家，成为伦理道德精神的主策源地。当代人已经逐渐摆脱了家庭和国家的伦理束缚，真正进入了"市民社会"，传统的国家和家庭伦理观念要让位于社会伦理、公民道德的培育，社会生活秩序和公共生活领域等伦理道德问题将成为当下最重要的时代问题。

2. 伦理观与伦理方式

总体状况是："从实体出发"的伦理观与伦理方式并未发生根本改变，仍占据着绝对优势，是当代人主流的伦理思维方式。但是，不可忽视的是，由于当代人的社会交往与生活重心进入了"社会"领域，因此，在"实体性思维"中，单位、企业、机构、社区等新实体形式发挥着越来越重要的作用。另外，"以个人为中心"的"原子式思维"不可小视，已构成影响实体式伦理行为方式的重要方面。

关于家庭伦理，2017年的调查对"是否离婚应该从家庭整体（包括子女）考虑""离婚的事应该兼顾社会评价和社会后果"，表示"完全同意"和"比较同意"的合起来超过60.0%，对于"是否离婚主要考虑个人自己的利益""婚姻应该是自由的，如果有更满意和更合适的人就和现在的配偶离婚"等问题，表示"完全不同意"和"不太同意"的合起来达到70.0%以上。

关于国家伦理，国家对于个人生活和存在的意义非常大，人们普遍保持着"国家富强是个人幸福的首要前提"的共识，对政府伦理、国家道德治理都抱有很强的信任感和依赖性，也认同在必要时为了国家利益而甘愿牺牲个体利益的观念。

3. 伦理元素：男女之伦

面对同一个问题"目前中国社会的两性关系日益开放，它对社会风尚的影响是"，10年间的最大变化是，当代人对"男""女"两性关系的态度，越来越理性谨慎，不是表现得越来越开放、随意，反而是越来越慎重、严肃。

表1-8 目前中国社会的两性关系日益开放，它对社会风尚有何影响？ （%）

时间（年）	两性关系混乱必然导致道德沦丧	两性关系混乱必然导致污染社会风气	是社会进步的表现	无所谓或其他
2007	32.5	25.4	19.3	17.2
2017	50.9	34.8	13.9	0.4

4. "伦理场"难题与伦理冲突

"伦理场"主要是指对社会、个人的伦理关系、观念和教育产生重要影响的因素，在伦理世界中，主要是以家庭伦理、职业伦理、公共伦理为三大伦理场域，以人与人、人与自然、人与社会的三大伦理关系为主要考察类型，从而期望发现其中的社会伦理行为和伦理问题。总体来说，在三大伦理场域中，社会因素得到了大幅提升，它既可以表现在职业伦理场域中，也可以反映在公共伦理中，相比家庭伦理场域而言，其活动及其影响力大大增加（见表1-9）。

表1-9 您认为在自己的成长中得到道德训练的最重要场所或机构是？ （%）

家庭	学校	社会（如单位、社区等）	国家或政府	媒体	其他
33.8	26.2	33.3	3.2	1.1	2.4

家庭伦理场的突出问题，相比10年前，发生了改变。10年前，排在首位的是"独生子女缺乏责任感"，而今天，排第一位的是"养老问题"。它表明，随着我国老龄化社会的到来和计划生育政策的改变，家庭伦理生活中的重要问题已经转向了父母一代。

职业伦理场问题突出，10年间的调查结果都认为"大多数人将职业当成谋生的手段，缺乏责任感和奉献精神"，对此表示"完全同意"和"比较同意"的比例加起来达到60.0%，这说明10年来我们的职业伦理和道德要求没有丝毫进步，职业道德教育是失败的。

在社会冲突方面，10年间最突出的问题依然是关于社会公正的诉求，但是显示出一种矛盾心理。在2017年的大调查中，关于"您认为当今中国社会最基本的伦理冲突是？"的回答排在第一位的是"分配不公，两极分化"（33.4%），排在第二位的是"老无所养，未来没有把握"（43.7%）。在关于公正问题的其他调查中，对"总的来说，您认为社会公平不公平"的问题，回答"说不上公平也说不上不公平"的排第一位，占38.0%；对"和前几年相比，您认为目前我国社会的分配不公和两极分化现象"问题，认为"没什么变化"的占53.0%，认为"有很大改善"的，占33.5%。然而，在调查最担忧的社会问题时，人们的回答却一致地集中到了信任问题上。这一方面显示出人们在公正与诚信问题上的摇摆，另一方面充分说明了在人们心中，这两个问题已成为非常严重的道德问题（见表1-10）。

表1-10　　　　　　对当今中国社会，您更担忧哪种问题？　　　　　　（%）

人与人之间互不信任，相互提防，没有安全感	可信任的人很少，遇到问题难以找到倾诉和帮助	坑蒙拐骗，不守信用	其他
47.5	24.3	27.1	1.1

人与人的冲突主要表现在人际关系冷漠、社会诚信缺乏、人与人之间信任度低、公正心缺乏等方面，与10年前的"过度的个人主义""竞争激烈、利益冲突加剧"等突出性因素相比，其变化在于：道德主体间的冲突问题即"我"和"你"之间的关系问题变成显性因素，如何与他者相处、"我们"如何在一起的道德问题成为更加突出的问题。

在人与自然的冲突方面，相比10年前，已经有了很大的改善，人与自然的关系问题无论是从社会秩序方面说，还是对个人生活而言，都只占了很小的比例。而且在2017年的大调查在讨论"您认为当今中国社会最基本的伦理冲突是？"中，人与自然的冲突问题也只占了不到20.0%的比例，这反映出一个信息：国家在自然环境治理和生态保护方面做了大量工作，人们很信任这一努力，并没有表现出对人与自然关系的过度紧张和忧虑。同时，也印证了另一个10年道德发展轨迹中的新变化，就是当代人越来越投入社会领域中，尤其是互联网技术所开启的社会交往和虚拟世界，没有太多的热情和心思来关注自然问题。

5. "两大伦理悖论"

第一，传统伦理道德观念认同度强，但现实影响力弱。在 2017 年关于"对伦理关系和道德生活，您最向往的是"和"您认为当前我国社会道德生活最重要的内容是什么"问题的调查中，人们对这两个问题中"传统社会的伦理道德"选项的支持率分别为 60.1%、50.4%，远高于 2007 年的 20.8%，这表明中国传统道德在当代中国伦理道德精神的四元素构成中占据了核心、领先的地位，而市场经济道德由 40.3% 下降为 17.5%，意识形态提倡的道德基本不变，维持在 23.0% 左右，西方道德影响持续下滑，由 11.7% 降到 8.3%。这组数据直接反映出当代社会人们对中国传统道德的认同度和依赖感非常强烈，西方道德观念的影响在现实的道德生活中基本不足为据。

但是，2017 年大调查"对当前我国伦理关系和道德风尚造成最大负面影响的因素是"的回答，"传统文化的崩坏"排在第一位，占比高达 41.2%，远高于其他三个因素。与 10 年前的 12.0% 相比，这一数据上升了近 30.0%，说明在这短短的 10 年间，传统文化与道德观念在当代社会的认同度虽高，但在现实的伦理秩序和道德生活中的影响力和约束力却日益降低，中国传统道德成为一种观念上的道德渴望和理想，在道德实践中却处于一种进退维谷的尴尬境地。

第二，国家伦理信任度高，但实际存在感低。在 2017 年的调查问卷中关于"如果国外报道与国家主流媒体的宣传内容不一致，您倾向于相信""如果朋友圈的消息与国家主流媒体的报道不一致，您相信哪一个"，人们选择相信"主流媒体"的比例分别为 68.5%、59.6%，与 10 年前"相信国外媒体报道"截然相反。然而，令人匪夷所思的是，"过去一年，您对各种政府网站的使用情况"，选择"从不使用"的比例高达 69.7%，显示出当代人在国家伦理"知行合一"上的道德分裂。同时，关于"您认为中国梦和您个人、家庭追求美好生活有多大程度的关系"的问题，回答"关系很大"的只有 35.5%，回答"关系不大"的占 36.9%，回答"不清楚什么是中国梦"的占 18.4%，回答"根本没有关系"的占 9.1%，后三者合起来占比高达 64.4%，这也与人们对国家伦理的高度信任感形成巨大的思想与现实反差，值得深思。

(四)10年道德发展轨迹中的道德世界之"变"

在2007—2017年的10年间,中国伦理道德发展的变化轨迹,在道德世界所呈现的整体气象令人欣喜,虽然10年间展现出许多新的问题,但总体上却始终洋溢着一种确定性的、积极乐观自信的精神气质。

1. 道德世界观

道德世界反映的是道德主体与客观自然(社会现实)、主观自然(感性欲望)之间基本的关系问题,10年间,人们对道德世界的期许和信念不仅没有降低,反而提升了,同时在道德信念、道德基本关系的处理、道德规律的把握等方面相比10年前都有了较大的进步。

虽然在现实的社会生活中,主流的道德价值倾向已经转向了"利",但是,当代人心中的道德世界观却仍以"义"制"利",表达出追求至善的道德信念。

2017年关于"请问您是否同意现代社会好人有好报,恶人终究会受到惩罚"的调查,表示"完全同意"的占15.2%,表示"比较同意"的占50.7%,这说明人们对于道德善恶的因果律所持有的道德信念仍然很强烈。即使面对"跌倒老人扶不扶""好心人会被冤枉"等道德难题,人们所表达出来的主流道德信念依然是善意的,这种良好的道德信念和社会心态一定要得到珍惜,要培育建立完善的道德制度、行为机制和评价机制,来保护发扬这一"善端",因为已经有30.0%的人表达出了警惕意识并开始运用理性思维寻求保护,更有20.0%的人表示"再也不会帮助别人了"(见表1-11)。

表1-11　　如果在路边看到一个老人摔倒,您的反应是?　　(%)

立即扶起	等有证人时再扶	先拍照,再扶起	不扶,避免惹是生非	报警	其他
44	26.7	7.2	9.9	11.1	1.0

表1-12　　　　　　　好心人救助老人却反被诬陷的事情。
假如您是这位好心人，您会?　　　　　　（%）

我正直善良真心待人，对得起良知和良心	下次还是会伸出援手，但是会提高警惕，注意保护自己	我是多管闲事，下次再也不会帮助别人了	其他
39	36.9	23.6	0.5

要特别关注的是，形成对立思想状况的景象也同样存在，如"请问您是否同意现代社会守道德的人大多吃亏，不守道德的人讨便宜"，表示"同意"和"不同意"的比例恰好相同，都是50.0%左右，这意味着现实生活中的"德福不统一"现象对人们道德世界观的影响仍然很大，道德同一性规律在现实生活中处于脆弱的不稳定状态，要建立牢固的道德世界观信念还须努力。

2. 道德方式

道德方式，主要区别于"从实体出发的"伦理行为方式而言，着重探讨当代社会中的道德主体有关何者优先性的问题，考察的是道德与利益、个体至善与社会至善、德性与正义等的关系问题。在2007年的大调查"德性与公正"之间的关系中，呈现的结果是二元对峙，德性与公正各占50.0%。在2017年的调查结果中，"社会公正"远优于"个体德性"，但是，认为"二者应当统一"的比例占到了51.1%，反映出人们对二者关系的认知已经趋于正常化，不再是一种分裂的对立式观念，更多的是看到了二者之间的内在关联。在这种内在关联统一的观念下，人们的思想又表现出更加隐秘的变化，即二者在发生矛盾时，"个体德性"领先于"社会公正"（见表1-13）。

表1-13　您认为对社会生活而言，个体德性和社会公正哪个更重要?　　　（%）

社会公正最重要	个体德性最重要	二者应当统一，但二者出现矛盾时应先追求社会公正	二者应当统一，但二者出现矛盾时应先追求个体德性
31.0	18.0	23.0	28.0

3. 道德主体

在 2007 年的调查中，关于"对社会行为是否符合伦理道德的判断依据"和"对自己的行为作出道德判断和道德选择"的回答，排在前两位的是"大多数人认同的道德规范"（57.6%）、"自己的良心"（51.0%）；到了 2017 年的调查中，对这两个问题的回答变成了"传统道德观念"和"自己的良心"，而"大多数人认同的道德规范"已经退化，选择比例只有不到 20.0%。这表明，当代人有了更加理性化的道德观念，不容易随波逐流，而是有了独立客观的见解和认知，这一转变也反映出传统道德观念在当代社会的认同度大增，获得了"90 后""00 后"等新生代人的肯定。

公民道德实践的意愿和主体道德能力发生改变。比较 2007—2017 年的调查结果，一个可喜的道德变化是，当代中国社会个体道德素质有了显著提高，"有道德知识，但不见诸行动"由 10 年前的 83.9% 下降到 69.3%，虽然仍存在着"知行分裂"的道德难题，但也反映出这十年来我国道德教育和道德治理初见成效，社会整体的道德困境有所改善，公民的道德实践意愿和现实行动能力开始增强。此外，在 2017 年的调查中，对于一系列问题如"我会经常关心比我不幸的人""我时常会同情他人的难处""在做决定前，我会试着从每个人的立场考虑问题""当我看到有人被利用时，时常想要保护他们""我有时会试着站在他人的角度，以更好地理解我的朋友""在批评他人之前，我会试着想象一下如果我处于那个位置会有什么感受"等，表示"比较符合"的占比基本在 25.0% 左右，表示"一般符合"的占 30.0% 左右，这意味着一半以上的人都能从"我"出发来思虑他者，说明当前人们虽然十分看重个人利益，但已经表现出对他者存在着明显提升的善良意志和道德关怀，整个社会显露出一种向善的道德努力，正逐步形成一种健康、友善、关爱的公民道德生活环境。

道德主体的道德认知、自觉意识和自我约束力也大大改善。对于 2017 年新增加的调查问题，如"您认为餐馆里说话声音很大是否关乎道德""在公共场所的椅子上睡觉是否关乎道德""您本人是否随地吐痰""您本人是否在公交车或地铁上大声打电话"等，80.0% 以上的人都有着清晰的、肯定性的道德认知,并有60.0%以上的人做出了"从未有过"的肯定性回答,充分说明了人们面对这些细微的行为活动,其道德素质已大为提升,对自我道德行为的约束力也日益增强,道德自律性更加凸显。

(五)10年间中国伦理道德影响力结构分析

这一调查的目的,一是对比分析中国伦理道德精神的结构形态、伦理世界、道德世界中的新变化;二是试图发现影响当代社会伦理道德发展的新元素和新变化,以及由此产生的新影响。

1. 肯定性的影响因素

通过考察2007—2017年的大调查数据,可以看出,传统的伦理道德精神的两大策源地即家庭和学校,依旧发挥着重要的作用。这一点在影响伦理道德精神发展的主体因素方面,也呈现出10年间的一致性,如2017年的调查选项,"您的思想受什么人的影响最大""您认为现代孩子的价值观受何种因素影响最大",排在前两位的仍是教师与父母。

关于道德榜样、英雄人物、革命传统教育的道德教育,仍要大力提倡,引起重视。"民族英雄和新时期的先进人物,您觉得还值得在社会上大力提倡吗?"认为有必要的占59.6%,表示不了解、不关注的人竟然接近40.0%,充分说明这一工作的必要性和现实性。

要加大单位、社区、机构、组织等社会伦理、公共伦理场域的道德影响力,因为它们在当代人的社会生活中占据着越来越重要的地位,但是,却没有发挥出相应的道德作用。在2017年新增加的问题中,对于"您所在的单位是否进行道德教育?"回答"有"的仅占4.0%,几乎可以忽略不计。

2. 否定性的影响因素

关于"对当前我国伦理关系和道德风尚造成最大负面影响的因素是",对比10年间的调查结果,发现有着明显的差异。2007年的调查显示,"市场经济导致的个人主义"排在首位,高达55.4%,后面依次是:"外来文化冲击",占28.2%,"传统文化的崩坏",占12%,其他,占4.4%;而2017年调查的排序结果,显示出多元的影响因素:"传统文化的崩坏""以权谋私,官员腐败""分配不公,两极分化""外来文化冲击""市场经济导致的个人主义""网络技术的发展"等,其中"传统文化的崩坏"排第一位,占41.2%;"以权谋私,官员腐败"排第二位,占26.5%;这两个因素占据了相当大的比例。

这一差异不仅显示出,十年来影响我国伦理关系和道德风尚的主要因素的数量大大增加了,而且凸显出现实的社会变迁本身对伦理道德观念的重要影响与作用。10年间,官员腐败现象已经受到人们的深恶痛绝,产生了恶劣的社会道德影响,成为10年伦理道德发展轨迹中的突出性否定因素。在对"哪些因素应当对当前社会不良道德状况负责"的追踪调查中,"以权谋私,官员腐败"延续了10年前的结果,仍旧排在前列,占比高达55.3%。由此可以看出,政府伦理、官员道德已经到了危险的边缘,成为时代之痛。另外的几个否定性社会因素中,比较引人注意的是"企业不讲诚信、损害社会利益",排在第二位,超过了原来的"社会不良影响",说明企业伦理有待加强。

除了社会文化、环境等否定性因素,还有主体性方面的影响因素,如对于"伦理道德方面最不满意的群体",相比10年前的同样问题和答案,人们却只是对"娱乐明星"表示最不满意。在谈到其他具体的道德败坏现象时,对"当前干部贪污受贿,以权谋私的严重程度""当前社会生活奢侈,铺张浪费的严重程度""当前干部不作为,相互推诿扯皮的严重程度""企业危害社会利益等的严重程度""娱乐界、媒体污染社会风气,缺乏社会责任的严重程度""社会公众人物利用知名度攫取社会财富的严重程度"等,认为"非常严重"和"比较严重"的合计起来都超过60.0%,这说明在整个社会道德环境中,干部道德、企业伦理、公共道德都有着广泛深远的影响力,而且其负面、消极的影响力非常大,因此,各社会群体、组织单位等在弘扬正能量、发挥模范带头作用等方面,都有着不可推卸的道德责任。

3. 复杂性的影响因素

10年间，影响中国伦理道德发展轨迹的复杂性因素主要表现在两大方面：第一，社会大众心态的不确定性与复杂性。2017年的大调查虽然基本延续了10年前的问题模式，但其问题的设置和安排更加细致化、多样化、具体化，对于同一类主题从多个角度设置问题，并安排排序选择的形式。大量调查数据显示，对这些从不同角度设置的问题的回答出现了交叉、重合的现象，这表现了大众认知和心理上的矛盾、困惑。

第二，互联网和信息技术成为影响当代人道德观念的突出因素。在2017年的调查结果中，与10年前相比，一个突出的问题是伦理道德精神的影响力结构发生了变化，网络技术虽仍排在首位，但是它对当代人的伦理道德观念和生活的影响力度急剧上升。对于"社会上发生的一些事情，您一般是从什么渠道最先知道的？"选择"网络"和"微信、微博等社交媒介"的分别为32.5%、23.6%；对于"过去一年，对社交媒体（如微信、微博、博客、播客等）的使用情况"，给予肯定性回答的占61.2%；关于"对形成我国当前各种新型伦理关系和道德观念，哪些因素影响最大？"关于选择"网络和媒体"的比例高达47.2%；对于"从网络中获得的信息对您的思想行为有多大程度的影响？"，认为"影响很大"的占22.2%，认为"有一些影响"的占53.6%。关于"信息、网络技术的发展对伦理道德的影响"，认为有"积极影响"的占54.8%，认为有"消极影响"的占15.7%。这表明，在"社会"的伦理道德策源地之中，互联网已经构成人们伦理道德交往的"主阵地"，成为社会公共生活空间中的重要道德场域。但是，互联网场域的社会交往并没有带来相应的道德信任和可靠性。

（六）10年道德发展轨迹中的"四个启示"

1. 大众化的乐观自信精神，奠定了未来道德发展的美好前景

尽管这十年来我国道德发展呈现出快速、多变的态势，人们的伦理道德观念和生活实践发生了诸多冲突与变迁，但无法阻挡民众心中对未

来道德发展所持有的乐观精神和自信心态，这为我国伦理道德建设的美好前景奠定出良好的社会大众心态。2017年调查中对于"你觉得今后中国社会的道德状况会变得怎么样?"，回答"越来越好"的占71.4%。关于"您对于我们正在走的中国特色社会主义道路怎么看"，回答"充满信心，因为它能给中国带来繁荣富强"的占47%，回答"不太了解，但相信这条路会让老百姓过上好日子"的占36.4%。

2. 对政府伦理的期待感强，国家道德治理的力度广度须加大落实

2017年的系列问题调查，如"政府倡导的文明城市创建效果如何""政府推动的学雷锋效果如何""政府推动的志愿服务效果如何""政府倡导的反腐倡廉效果如何""政府倡导的典型人物的宣传活动效果如何""政府推动的《公民道德建设实施纲要效果如何》"，回答"效果很好"的比例都在60.0%左右，可以说，政府与国家伦理仍然是人们心中最强烈的实体性依赖，人们对由政府出面组织和管理，抱有很高的期待和信任，对其的认同感和归属感较强。同时，在2017年的大调查中，关于"您听说过道德讲堂吗"这一问题，表示"没听说过"和"听说过，但没参加过"的比例合起来达91.3%，这表明政府在社会道德治理的普及化和大众化上，亟待努力。

3. "市民社会"的道德价值观念，仍要合理有序地进行良性引导

在10年的道德发展中，市场经济道德始终是我国伦理道德精神结构中的一个重要因子，而且，随着我国市民化、社会化程度的日益加深以及全球化、网络化的全面渗透，如何引导公共生活领域中的道德原则和价值追求就是一个迫在眉睫的重大问题。在2007年调查中，对"您认为目前的人际关系"问题的回答中，表示"受功利原则支配"的排在第一位，占38%；而到了2017年，这一比例高达63.0%，可以看出公民大众主流的社会价值观已经出现严重偏离，"义利"辩证关系的价值导向严重失衡，这对于人们坚定社会主义核心价值观的主导地位产生重大威胁，必须引起高度重视。

4. 家庭伦理与传统道德的现实影响力，必须在生活世界中勃发

虽然家庭在当代社会中所承担的伦理约束力和道德影响力在下降，但仍旧是不可忽视的重要力量。对个体而言，最重要的伦理生活关系和道德受益场域仍然是家庭，父母成为最直接有效的道德教育者。同时，传统伦理道德观念也同样获得人们高强度的认同，2017年的调查，关于"您根据什么来判断某种行为是否符合伦理或道德"的问题，选择"传统伦理道德观"的比例高达51.2%，这表明，家庭伦理和传统道德资源有着深厚的文化认同根基和大众支持率，是我们最宝贵的精神财富，未来道德发展必须有力地推动家庭伦理教育的深化和中国优秀传统道德资源的当代化普及与落实。

（赵素锦）

二　中国伦理道德发展的共识与差异

在改革开放40年之际,以经济转型为代表的"经济新常态"等新的形势,标志着我国进入了中国特色社会主义建设的新时代。文化和价值的逐渐多元化是我国意识形态上的特点,在多元文化背景下,分析当前全国伦理道德发展的共识和差异是本报告的目的。研究的结论是,当前全国民众在我国的伦理关系、道德生活以及影响伦理道德发展的影响因子等方面具有普遍的共识;其差异很小,并未构成伦理道德观的对峙或冲突,毋宁说只是在一致观念下出现的多样性,而这种多样性只是体现了不同群体。地域之间伦理道德精神的特质和伦理道德生活的特殊境遇;当然,只是抽象观念的一致性并非代表在具体的实际生活中没有冲突,但无论如何,这为我国今后的和谐伦理道德建设,达成道德共识,整合不同人群等目标奠定了基础。

下文,我们将首先介绍2017年伦理道德大调查的背景和样本的特性,此外,我们也将简述这次调查所依据的精神哲学框架,这个框架不仅是设计问卷的依据,也是我们分析问卷的理论资源。之后,我们将重点分析官员、企业家、专业人员、工人、农民、企业员工、做小生意者以及无业失业下岗人员八类群体的伦理道德共识和差异。之所以对诸群体的分析为重点,是因为诸群体的划分依据的是社会主义市场经济下各个阶层的划分,这样的分类可以涵盖诸如收入、职业、户口、受教育程度等划分样本的自变量的部分特点;在得出共识是主要的,差异只是由群体的个别特点与境遇所造成的这一结论后,我们再对不同地域进行比较研究,得出的结论是地域之间的共识更为普遍,差异只是地域特点的体现。最后,对于在对诸群体的分析中并未能覆盖的因素,如性别、年龄以及宗教信仰等，所造成的差异，我们做了简要分析。

（一）调查背景与样本及其哲学解释框架

1. 三次调查的背景和 2017 年调研的样本情况

在过去的十年间，由首席专家樊和平教授亲自带领和参与，东南大学人文学院的师生们，以东南大学"985 国家哲学社会科学创新基地"，以及江苏省"道德发展智库"为依托，分别于 2007 年、2013 年和 2017 年，针对我国伦理关系和道德生活状况，做了三次"万人大调查"。进行这一系列调研的目的，是彻底弄清"道德发展的'中国问题'到底是什么"。而这一课题要求我们既从生活世界复杂的感性经验出发揭示问题，又从思辨哲学的高度澄清、把握直至解释这一问题。做实际调研的更深一层的动机，则是道德哲学的研究，如今已经从纯粹的"象牙塔"式的对宏大理论的构造和研究，转向了对具体问题的关切。特别是在英语学界，商业伦理学、医学伦理学等应用性的道德哲学，已经成为哲学中的"显学"。这一转向是西方社会进入后现代社会的体现，但它也迫使我们的国人去研究我国的具体而特殊的伦理道德问题，而非简单地应用西方舶来的理论来解释中国的情形。

2007 年进行的第一次调查，除了形成对当时我国伦理道德状况的详尽数据库，更重要的是从"作为精神哲学"的道德哲学高度，对数据库进行分析和解读：这次调研的最终成果，即《中国伦理道德报告》以及《中国大众意识形态报告》两部著作，已成为人们研究我国伦理道德状况绕不过去的必读书目。2013 年进行的第二次调查，其推进之处有二：一是在调查的问卷设计与具体的实地调查和访谈时，社会学系的师生们也参与了进来，使得对问题的设计和数据的获得与整理更为专业；二是将这次调研的结果与第一次做比较，得出了我国伦理道德状况的动态发展规律。在这两次经验之上，2017 年进行的第三次调查，进一步改进了问卷，譬如在如何将抽象的伦理道德问题转化为受访者更能够明白的语言上做了改善。此外，我们将调查与数据的收集委托给了专业机构"北京大学中国国情研究中心"，与此同时，我院的师生也前往各个样本所在地，实时监控调查的质量，可以说，这次调研从技术上来说是最为严格的一次。

具体来说，2017年的全国调查最终完成有效样本8755个，实际抽取的住宅单位为13358个，有效回答率为65.5%；而原本计划抽取13000个，有效回答率不低于65.0%，至少完成8488个有效样本。2017年江苏省的调查最终完成有效样本4362个，有效回答率也超过了65.5%。本次调查采取了"GPS/GIS辅助的地址抽样"方法，取代了之前两次调查所采取的传统的以村/居为抽样单位的地址抽样方法，这能够更好地覆盖流动人口，以及避免政府的户籍资料陈旧、不准确等问题。此外，在全国调查中，过往的两次调查，囿于条件，仅仅人为地选取广东、新疆等地区作为经济发达省份与欠发达省份的代表；而这一次，我们严格按照不同地域的国际化水平、城市化水平、经济发展水平，将初级抽样单位分为六层，最终抽取的样本也覆盖了全国大部分地区。在具体的问卷设计中，对于职业等"自变量"的确定也更为精细，原本的"六大群体"的说法，在本次调查中，更为具体地分为官员、企业家、专业人员、工人、农民、企业员工、做小生意者、无业失业下岗人员"八大群体"①。由此，这次调查所获得的数据为我们研究当前我国不同群体以及不同地域伦理道德发展上的共识和差异，奠定了比以往更为扎实的基础。

2. 作为精神哲学的"道德哲学"与对问卷设计和解释的框架

以上是关于这次调查的背景，以及具体数据情况的介绍。数据本身不会说话，需要运用理论来进行解释。之前两次调查的特点，在于从"精神哲学"的角度阐释数据，发现问题。作为精神哲学的"道德哲学"，不是简单地参照黑格尔哲学，而是融合了中西方道德哲学中的共通资源，在中国传统哲学中，"'人之有道'—'教以人伦'"的道德哲学与西方相通，在这个意义上，伦理精神的复归历程，毋宁说是两者的理论核心。从哲学的角度看，数据和理论之间并不存在严格的分野，"观察渗透理论"，经验事实渗透了理论视角，并不存在真正独立于任何理论的纯粹经验。在社会学中，亚历山大、吉登斯等学者也早就注意到这一点，至少，

---

① 见调研手册上的说明。

没有理论的指引,我们根本不知道要调研什么事实,不知道将哪些因素设置为自变量,不知道要用定性还是定量的方法①。在我们的调研中,事实上,道德哲学的理论框架,不仅是解释数据、发现问题的工具,也是设置问题的重要导引。由此,对问卷的设计,遵照伦理精神的辩证发展规律,除却基本信息,我们将其分为四个部分:伦理关系、道德生活、伦理—道德素质以及伦理道德发展的影响因子及其遭遇的新问题。

我们先来界定伦理关系和道德生活的含义。在日常生活中,人们往往将伦理和道德这对概念不加区分地加以使用,认为它们是一对近义词。但是在哲学中,特别是在黑格尔的精神哲学体系中,这两个概念被区分开来,成为(绝对)精神发展的不同阶段。事实上,这一区分并不是无聊的哲学思辨,而是突出了伦理道德观中的实然和应然两个层次,日常生活中对这两者的含混使用,只是说明人们的伦理道德精神还未到达自觉的程度,而 2007 年的两大报告区分了这两个概念,揭示出伦理和道德这对概念之间所存在的矛盾和悖论,真正厘清了当前我国伦理道德所面临的问题。

樊浩教授据黑格尔的学说曾指出:"伦理体现的是人的实体意识,是个体与实体之间透过精神所建构和表达的不可分离的联系,因而是人精神深处根深蒂固的家园感。"② 由此,伦理世界是精神发育的天然的和逻辑的第一场所,人自出生起就和家庭等伦理实体处于密不可分的联系之中,继而发展出与国家、民族等实体的伦理联系。伦理关系本质上是单个人和他的普遍本质的关系,这样一种关系需要得到人们的互相认同,即具有主体间性。具体来说,伦理关系在实际生活中表现为人伦关系,"伦"所刻画的其实就是人们的公共本质,人伦关系也就是人与其公共本质的关系,在我国,民众通常更习惯于用"人际关系"来描述人伦关系。上文已经指出,我国旧有的"君臣"关系已经转化为新的人伦关系,如个人与国家或者说个人与社会群体之间的关系所取代,也就是说,个体与家庭、国家或政府以及民族、社会之间的伦理关系依旧以新的形式存

---

① [英]安东尼·吉登斯、菲利普·萨顿:《社会学》(第七版),赵旭东等译,北京大学出版社 2015 年版,第 8 页。
② 樊浩:《"伦理"—"道德"的历史哲学形态》,《学习与探索》2011 年第 1 期,第 7—13 页。

在着。哲学上的概念思辨虽然精微,但普罗大众或许并不能够熟知,所以我们必须在实际的调研中,将这些伦理关系用一般民众所能理解的话语表达出来,由此,"人际关系""政府的影响""学校的伦理教育功能"等这些更为平凡的语言所表达的伦理关系也就构成了我们所调研的伦理关系的主要组成要素。

道德精神是伦理精神发展的必然趋向,是伦理的自在自为阶段。"德毋宁应该说是一种伦理上的造诣。"[1] 道德意识是内在化的伦理实体,是客观伦理精神的主观感受和表达。所以,如果说伦理是客观的,偏重的是社会性和公共性,道德则更偏重于个体性和主观性。道德考量的是个体的意识以及个体的行为,与普遍的道德准则和法则之间的关系,而伦理则在于人与他人,社会诸群体之间的人伦关系。道德最终体现的是自由意志,但自由不是抽象的,必须是具体的,即在外部世界中实现出来的自由。在这个意义下,道德生活这一范畴包含了人们的道德世界观,即对生活世界的道德观察,对意志、欲望、利益等矛盾的理解,这在我国则特别表现为"义利冲突""理欲冲突"等。此外,道德情感也是我们在调查人们的道德生活时所应特别关注的角度。

伦理和道德不能停留在抽象层面,必须在具体的生活世界中外化出来,展现它们的真理性。黑格尔在《精神现象学》中提出了精神从伦理(真实的精神)经教化(自身异化了的精神)到道德(对其自身具有确定性的精神)这样一个辩证发展过程。教化必须在生活世界中完成。"现实生活世界,黑格尔在精神哲学的意义上称为教化世界,教化世界既是伦理世界的异化,又是它的现实,同时也是道德世界的根据和必然性。"[2] 在日常的生活中,面对各种伦理关系和道德生活的形态,我们的国民所具备的伦理道德能力、素质究竟如何,伦理道德的精神素质在当代中国为哪些正面或负面的因素所左右等问题,也构成了问卷中的重要内容。[3]

由此,中西结合的伦理道德精神哲学体系,构成了我们设计问卷和

---

[1] 黑格尔:《法哲学原理》,范扬等译,商务印书馆1996年版,第170页。
[2] 樊浩:《中国伦理道德报告》,中国社会科学出版社2012年版,第2页。
[3] 这一节的论述,有部分来自何浩平《伦理关系和道德生活之影响因子动态研究(2007—2013)》,《东南大学学报》(哲学社会科学版)2017年第1期,第15—25页。在此感谢《东南大学学报》主编徐嘉先生的允许。

解释数据的依据。本研究报告关注的是各群体以及不同地域之间的伦理道德发展的差异和共识问题，我们也将依据这一精神哲学体系，在下文中依次介绍之。

（二）诸群体的伦理能力和道德气质的特点

按照之前设计的框架，我们曾将调研的对象，分为政府公务员、企业家和企业员工、青少年群体、青年知识分子（包括大学生和研究生，以及青年教师等）、新兴群体以及弱势群体（农民工和下岗工人等）六大群体。粗看这里面有一些问题，比如企业家和企业员工似乎并不从属于一个群体，弱势群体之中的农民工和下岗工人，其生活的背景和遭遇也很不相同，但是考虑到市场经济道德的影响，将企业家和企业员工摆在一起又有一定的道理①。任何事物之间本就有相似之处，如何分类，关乎的是理论视角的选择。在这一次调研中，我们对群体的划分在六大群体的基础上更为细化，区分了官员、企业家、专业人员、工人、农民、企业员工、做小生意者、无业失业下岗人员八类群体。这里面主要的区别是将企业家和企业员工分开，农民和下岗人员分开。此外，并没有从年龄角度区分群体。

在调研中，我们对调研对象的区分，有着各种不同的角度：性别、户口、职业、年龄、收入、受教育程度以及宗教信仰等。从六大群体到八大群体的划分，也减少了要素间涵盖的部分，从而也更有区分度。八大群体基本是上按照社会阶层或者说在市场经济中所扮演的角色来区分的，与单纯的职业划分不同。② 在社会科学中，变量之间相关性的确定，最为困难。之前的研究报告指出，我国的伦理道德目前已经从传统形态转型为市场经济道德形态——虽然还只是处于"经济决定性"的经济必然性或者说经济的自然伦理水平阶段。伦理道德，按照经典的马克思主

---

① 樊浩：《中国伦理道德报告》，中国社会科学出版社2012年版，第50—52页。
② 参看顾海良等《中国特色社会主义理论与实践研究（2015年修订版）》，高等教育出版社2015年版，第115页。

义理论，被理解为是意识形态的组成部分，自然，它们就为经济基础决定着。由此，人们的阶层划分，在伦理道德意识的不同上，最为关键，这也是我们将不同群体视作最重要的自变量的原因。不同群体，也可以在一定程度上覆盖户口、职业、受教育程度等变量，或者说，这些因素集中反映在不同阶层之中。诸群体的社会关系、经济生活和文化体系都不相同，并且之前的研究也指出，伦理关系和道德生活是一种基于集体记忆的建构，不同群体带着改革开放40年以来的集体记忆，最能够体现出伦理道德的发展状况。基于这些原因，在总报告中，我们将重点放在诸群体的共识和差异上面，对其余的划分所带来的差异，我们也会提及，但主要在分报告中予以体现。那么，这八大群体各自不同的伦理境遇和道德气质体现在哪里呢？解决了这个问题，我们才能更好地理解这样分类的理由，以及他们的共识和差异。

1. 官员

官员或者政府公务员的伦理境遇和道德生活的特质最具矛盾性：一方面，他们是目前我国幸福感以及对自己的生活状态最为满意的群体。在2017年的调查中，面对"您对自己目前的生活状态满意吗"这一问题，有24.4%和69.5%的官员分别回答"非常满意"和"比较满意"，只有0.6%的受访者表示"非常不满意"，表示满意的比率为93.9%（合前两者），明显高于其他群体，比企业家群体还高！对于生活幸福的提问，回答"比较幸福"和"非常幸福"的比率分别为63.5%和22.8%，也远高于其他群体。就社会经济地位而言，有58.9%和37.3%的官员认为比5年前上升了或差不多，这两项的总和也是诸群体中最高的（与企业员工相同，但注意企业员工认为"差不多"的人更多）。不仅如此，在对未来的预期方面，面对"您感觉在未来的5年中，您的生活水平将会有什么变化"的问题时，有32.1%的人认为会上升很多，有56.8%的官员认为会略有上升，特别地，没有人认为生活水平会下降。这些数据也都是在诸群体中排第一位的。也就是说，官员目前不仅幸福感最强，而且对未来的信心也最强。

另一方面，社会大众对官员的伦理能力和道德水准并不认可，在历次调查中，政府官员都被认为是在伦理上最不被满意的群体，其腐败问题也被认为是影响伦理道德的最大负面因子。在此次调查中，情况发生了一些变化，对政府官员伦理道德的整体情况，表示"比较不满意"和"非常不满意"的各占31.1%和6.2%，合计为37.3%，这远高于其他群体，虽然其低于演艺娱乐界人士的43.8%和7.7%。考虑到双方在媒体上不同的曝光程度，可以说，政府官员的伦理道德状况，在大众心中是极不被认可的。在信任问题上，公务员和村干部等领导的被信任度处在诸群体中间，好于企业家等群体，并且在被问及"与前几年相比，您对政府官员的信任度有什么变化"时，有47.4%的人认为没有变化，更有13.6%的人认为变得"更加不信任"。由此，在当前，政府官员的伦理能力和道德水准依然不被大家所认可，但比之过往有了很大提升，他们也不再是最不被信任的群体，虽然其被信任的程度依旧不高。

就政府官员的自我评价和社会对其评价的对比来看，对于当官的目的，政府官员最认同的是"为人民服务，为百姓做好事做实事"（选中率为64.2%），其次是"为国家与社会做贡献"（选中率为36.4%）；但是其他群体，特别是农民、工人群体认为当官的目的在很大程度上是"为自己升官发财"，对于"在生活中或媒体上看到政府官员时，您首先想到的是"这一问题，有22.2%的人觉得"官僚，根本不了解我们的情况"或者"是有权有势的人"（20.1%），选择"公仆，为老百姓谋福利"的有"19.3%"，但只有5.7%的人的第一反应是"贪官"。这表明，官员的自我评价和社会评价依然充满矛盾，但官员总体的伦理道德印象在提升，这表明在习近平总书记领导下的反贪腐和对官员的管理取得了效果，也得到了群众的认同。不过，由于在我国，传统的官本位思想依然严重，官员在伦理道德生活中扮演着示范角色，他们的作用和自身评价，却依然与社会大众的评价相去甚远。

2. 企业家

企业家是改革开放以后我国新出现的阶层，他们是社会主义市场经济中的关键人物，也是受益者。从某种程度上说，他们受到市场经济道德的影响很大，也由此受到个人主义等思潮的影响。此外，对于普通百姓，他们也是受到推崇的一群人。对于他们的道德伦理状况，认为普遍比较差的只有19.8%，这比之对公务员、医生等的评价都要好；对于他们的伦理道德的整体状况，有68.6%和6.0%的人表示"比较满意"以及"非常满意"，也高于对一般公务员、政府官员以及演艺界人士等的评价，虽然不及工人、农民等。此外，超过一半的人（52.9%）并不认为"企业做慈善都是做做样子，其实还是为自己做广告"。可见，企业家作为新时代的强势群体，过往其伦理道德上的"污名化"，比如认为其以利益为重，个人生活糜烂，剥削工人等刻板印象正在消失。相反，更多的人（52.7%）认可企业在社会伦理道德生活中的作用。绝大部分企业家（75.8%）并不认同对员工不应该有伦理关怀，并且认为应当为了社会责任，放弃个人的利益。可以预见，随着市场经济的成熟，企业家对于经济利益之外的社会公益事业的推动会越来越多，企业家本身不仅是财富的创造者，在伦理道德生活中，他们也更具伦理和道德上的自觉，将起到带头作用。

3. 专业人员

专业人员群体在本次调研中，特指教师、医生、科研人员、技术人员、工程人员，文艺工作者，以及非党政机关的会计、律师、编辑等人员。这个群体的人经过了多年的专业训练，并大多在某一领域工作多年，他们收入稳定，是市场经济的中坚力量；他们在某种意义上等同于西方的中产阶级。调查显示，只有1.6%和3.9%的专业人员觉得自己非常不幸福以及不太幸福，在诸群体中大体和工人的幸福度相当，明显仅次于官员和企业员工，并且，觉得"比较幸福"和"非常幸福"的有61.6%和19.4%，仅次于官员。所以，掌握这一群体的伦理道德状况，对了解我国主流的伦理道德精神，有着重要意义。这一群体的特质在于，他们最易接受新媒体、新思想的影响，但是他们的伦理道德观又受到传统和现代的双重影响，有一种分裂的倾向。在调查中，我们发现，对于社会上事情的获知渠道，如果包含电视选项，那么分别有37.4%和13.2%的专业人员通过微博微信等社交媒介和网络得知，仅略低于企业员工；如果去掉电视选项，那么则分别为24.5%和50.7%，为诸群体中最高；并且，在"从网络中获得的信息对您的思想行为有多大程度的影响"问题的回答中，有27.2%和59.3%的专业人员回答"影响很大"和"有一些影响"，合计为诸群体中最高。与之对应，对于我国目前人与人之间的关系受什么影响,选择西方价值观的人数这一群体最高(虽然"西方价值观"影响在诸选项中少有人选择)。奇怪的是,除去"利益"这一选项时,这一群体多数人会选择"中国传统价值观",可以说,中西二元,或者说新老价值观的分裂,在这一群体中体现得最为明显。其原因或许在于,这一群体的人普遍受现代教育程度较高,是市场经济下的精英知识分子。

4. 工人

工人群体的内涵在本次调研中特指以体力劳动为主的人员,具体来说,包括服务人员(如营业员、保安、收银员等)、体力工人(如勤杂工、搬运工等),以及一般的技术工人、维修人员、手工艺者等。传统上,这一群体隶属于经典的工人阶级,在之前他们也受到大众的尊敬,他们被认为责任感强,有着很好的道德感和伦理认同。在市场经济条件下,由于收入等原因,这一群体所从事的职业不再被人觉得值得追求。但是他们对生活的幸福感是较高的,调查显示,其幸福感低于官员、企业员工和企业家等,尽管他们对自己生活状态的满意度一般。当前,这一群体对自身的伦理能力和道德感依然十分认同,仅有5.4%和0.7%的人对自己的道德状况感到"不太满意"以及"非常不满意",这低于官员和专业人员。但是这一群体对于社会不公以及企业和单位等的不道德现象非常敏感,分别有50.2%和5.4%的人"比较认同"以及"非常认同""企业老板剥削员工,利益关系不公正",是诸群体中最高的。另外,有39%和9.2%的工人"认同"和"非常认同""老板和员工、上级和下级相互勾结,共同对社会不负责任",这是诸群体中第二高的。当然,这些只是这一群体的感受,并不一定是事实,但是这反映了这一群体的伦理道德心态,他们对自己肯定的同时,并不认同所在企业或单位的中上层领导。事实上,这一群体对社会整体的伦理道德状况的评价也不高。可以说,在这一问题上,他们具有伦理道德的疏离感。

5. 农民

农民群体(也包括牧民等)在伦理道德方面的特质和境遇在人们的印象中应当和工人比较接近,他们携带着过往的集体记忆,构筑着自身的伦理道德观。虽然他们生活较为辛苦，但是感觉比较幸福，伦理能力和道德关系都很好。但是，调查显示，他们与工人一样在市场中感到一种疏离感，甚至是失落感。首先，农民群体对于自身生活状态的满意度和幸福感均较低，根据2017年的调查数据，有59.7%和9.0%的农民分别觉得自己生活"较为幸福"及"非常幸福"，这两项合计是诸群体中最低的；对自己的生活状态，有16.4%的人表示"不满意"，有1.1%的人表示"非常不满意"，这两项合计是最高的，是诸群体中最不满意的群体，甚至高于下岗和无业人员群体。而对于自己的道德生活状况，有13.6%和80%的人感到满意，满意度略低于工人群体，在诸群体中处于中上。与此类似，对于我国社会道德状况，农民的满意度也较高，处在中间（分别有5.7%和68.3%的人选择了"非常满意"和"比较满意"）；有意思的是，对于伦理关系，也就是人与人之间关系的满意度，农民群体是较高的，仅次于官员和专业人员。当然，农民也比较保守，调查显示，关于"对伦理关系和道德生活，您最向往的是什么"的问题，有66.8%的农民选择了"传统社会的伦理和道德（如仁、义、礼、智、信）"，为诸群体最高。由此可以总结出，当前农民对自身的生活状态感到极度不满，但是其依然有着较好的伦理认同和道德感，特别是对于传统伦理道德持坚守态度。

6. 企业员工

企业员工这一范畴在本次调查中特指办事人员（如办公室普通职员、业务人员）以及企业中层管理人员。之所以将这类人单独分类，一方面，是因为其既与普通工人不同，他们的工作也不涉及较大的体力劳动，生活并不辛苦；另一方面是因为他们与专业人员不同，他们并非知识精英，所受的工作压力也没那么大，思想也不新潮。事实上，与设想的相差不远，这一人群的幸福感和对生活的满意度都相当高，调查显示，他们的幸福感列诸群体第三（表示"比较幸福"的占65.2%、表示"非常幸福"的占15.2%），仅次于官员和专业人员（几乎与之持平）；对生活的满意度仅次于官员和企业家，也位列第三；他们对自身的道德状况的满意程度位居诸群体中列。对于普遍的道德状况，他们的满意度排在诸群体第四位，也在中间位置；但他们对于我国人与人之间的关系最为不满，表示"满意"与"较为满意"的合计仅为69.8%，为诸群体最低，当然，这可能和他们的职业特性相关，平时要处理的人际关系琐事较多。总体而言，这一群体是较为没有特性的一群人，他们生活无忧，对自身和社会上的伦理道德发展状况都较为满意。

7. 做小生意者

做小生意者是指个体经营者（规模小于8人，如小餐厅老板），以及流动商贩等人。这一群体是市场经济的直接参与者，他们没有单位或企业，又受到个人主义、利益之上等思想的冲击，所以其伦理实体性意识及主观的道德感会呈现出一定的特质。他们倾向于原子化思维，实体意识较弱。调查表明，有68.1%的做小生意者认为，我国目前人与人之间的关系，最受利益的影响，这是诸群体中最高的；而关于"对伦理关系和道德生活，您最向往的是什么的问题"有13.9%的人选择了"追求个人利益的市场经济下的道德"，这也是诸群体中选择比例最高的；再者，有23.4%的人在面对"您认为当前我国社会道德生活中最重要的内容是什么？"的问题时选择"市场经济中形成的道德"，也是诸群体中最高的。这表明，做小生意者受到市场经济及其相关的伦理道德观的影响极大，这是这一群体的特点。

8. 无业失业下岗人员

无业失业下岗人员群体也包括了从未工作过的人，但不包括自由职业者等人。他们是社会中的弱势群体和困难人群。在改革开放后的社会变迁大背景中，这一群人是失利者，特别是下岗人员，尤为失落。调查显示，这一群人普遍对生活的满意度和幸福感较低，觉得"比较幸福"的和"非常幸福"的比例合计为72.5%，为诸群体次低，仅次于农民，而对生活状态，则有16.1%的人觉得"不满意"以及"非常不满意"，也仅低于农民，为诸群体次低。从伦理道德上讲，这一群体对自己的道德状况的满意度也是诸群体中最低的。与之相比，这一群体通常有着一种朴素的道德精神追求和对伦理家园实体的归属感的诉求，这或许也解释了这一群体对自身道德状况不满意的原因。此外，对于弱势群体产生的原因，尽管对收入分配不公、机会不均等原因也有抱怨，但比之其他群体，这一群体对待这些原因的态度并无特殊之处。相反，有很多人认为这是由于弱势群体自身不努力，或是生存技能不足所导致的（这一群体选择这两项的比例在诸群体中是最高和次高的）。

（三）诸群体伦理关系的共识与差异

以上是对当前我国社会八大群体不同的社会境遇和伦理道德特质的分析，从下文起，我们将对这些群体的伦理关系和道德生活的共识和差异进行具体的分析。依据之前的调查和研究，我们基本的判断是共识远大于差异，当前我国经过改革开放的洗礼，在多元的文化背景下正在形成共同的价值文化取向，伦理道德的共识也在形成，差异不是分歧，而只是共同的伦理道德观下的多样性。这也为新时代建立和谐社会与伦理道德规范奠定了基础。

先来看伦理关系方面的共识和差异。如前文解释框架所言，调查中伦理关系的主要内容涉及当前民众的伦理实体意识及家庭、社会和国家等伦理实体在民众中的认同感，当前我国多种伦理关系的基本结构和范型等问题。前文我们提出过用"新五伦"来刻画当前中国伦理关系的基本范型，传统社会的"君臣、父子、兄弟、朋友和夫妇"的"旧五伦"，除"君臣"关系外，依然在我国的伦理关系中起着基本的规定作用；而"君臣"关系在当代则演变为与组织或单位的关系，另外，朋友关系，与同事或上下级之间关系的重要性逐渐相当。当前是否依然存在关于类似的"新五伦"伦理范型的共识，以及诸群体对其中的重要性顺序的看法是否有一定的差异性，是这一节的重点。

先来看诸群体总体上对伦理关系的看法如何。关于"您对当前我国社会人与人之间关系的总体满意度是什么？"，选择的有效百分比（即除去"不知道"和"拒绝回答"问卷后的统计）分别为：觉得"非常满意"的为6.0%，觉得"比较满意"的为67.8%，觉得"不太满意"和"非常不满意"的分别为24.3%和1.8%（见图1-1）。觉得满意的合计超过了七成，也就是说，诸群体的共识是我国人与人之间的关系基本令人满意。

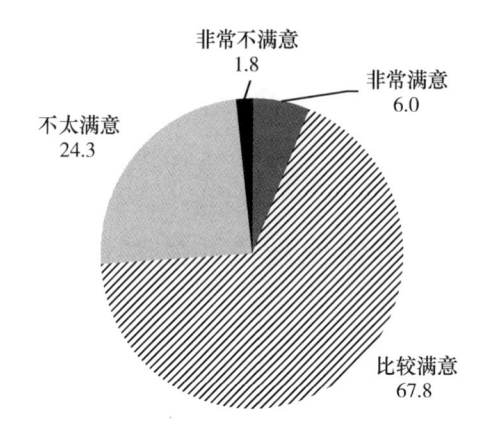

图 1-1　当前我国人与人之间关系的总体满意度

就诸群体而言，官员、农民、工人等最为满意，而企业员工和做小生意者的满意度较低，但诸群体的满意度相差很小（见表1-14），这可能反映了不同群体所交往的人群的不同的伦理关系。企业员工和做小生意者更受到市场经济伦理观，个人主义等伦理意识的影响。

表1-14　诸群体对当前我国社会人与人之间关系的总体满意度　（%）

	官员	企业家	专业人员	工人	农民	企业员工	做小生意者	无业失业下岗人员	均值
非常满意	12.1	6.1	8.2	5.9	5.0	5.6	5.4	7.1	6.0
比较满意	67.3	66.7	66.0	69.4	70.9	64.2	66.3	64.2	67.9
不太满意	20.6	21.2	23.0	23.2	22.9	27.6	26.3	26.0	24.3
非常不满意	—	6.1	2.8	1.6	1.1	2.7	1.9	2.6	1.8

对伦理实体意识的调查主要集中在家庭、国家、社会和个人的关系方面。传统的意识形态强调国家大于社会、大于家庭，在调研中，我们发现，"对于个人而言，您认为家庭、社会和国家三者的重要性程度如何？"第一位的排序选择为：家庭（48.3%）、国家（45.9%）、社会（5.8%）；第二位的排序选择为：家庭（41.4%）、国家（33.6%）、社会（25.0%）（见图1-2、图1-3）。家庭和国家的重要性基本相当，前者略高于后者，而社会的重要性最低。这和2007年的调查结果——国家

高于家庭相比显示出了新的特点。社会的重要性较低,有一定的原因在于这一选项的含义并不明确,但结果反映了我国依然受到传统的家国一体思想的影响。虽然现在已经进入了社会主义市场经济时代,但市民社会并没有太多起到改变人们的伦理观念的作用。诸群体的差异在于,官员、企业家以及专业人员群体认为国家高于家庭,特别是官员,选择国家作为第一位的比例高达66.5%;其余群体则认为家庭高于国家。也就是说,在我国市场经济中占优势地位的群体更倾向于将国家看作最重要的伦理实体,这体现了我国社会主义体制的特色。

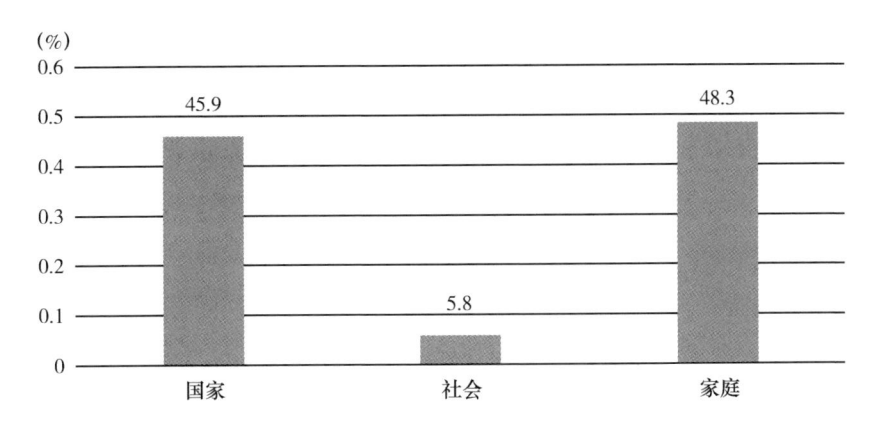

图1-2 对于个人而言,家庭、社会和国家三者的重要性程度(第一位)

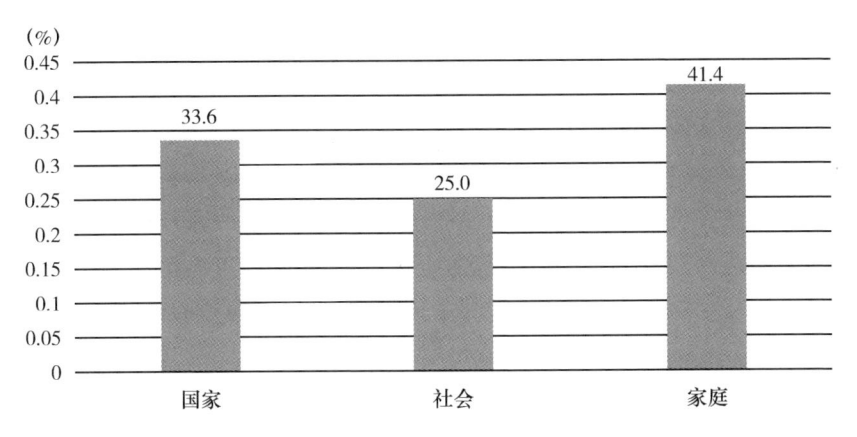

图1-3 对于个人而言,家庭、社会和国家三者的重要性程度(第二位)

与伦理实体意识的结论相应的结果是,在面对"您认为哪一种关系对社会秩序最具根本性意义"这一问题时,答案为:"个人与社会"(46.7%)、"家庭关系或血缘关系"(32.3%),以及"个人与国家民族"(10.4%);而在面对"您认为哪一种关系对个人生活最具根本性意义"问题时,答案为:"家庭关系或血缘关系"(54.3%),"个人与社会"(19.8%),"职业关系"(12.6%),"个人与国家民族"(4.9%)。这两个问题比之前问题的情境更为具体,回答受到了题干的一定影响,但这表明,在涉及根本性的伦理关系结构时,家庭关系依然最重要,可是国家或民族关系的影响有限,反而职业关系或与他人或其他法人的伦理关系比较重要。诸群体在这一问题上差异不大,排序一致。结合前文的结论表明,从抽象的观念来说,人们的共识是家庭、国家、社会依次为重要的伦理实体;但在涉及具体的生活实践时,顺序则为家庭、社会或职业、国家。这一对比体现了市场经济和我国逐渐进入市民社会的现实。

伦理关系调查的重点是发现当前的"伦理范型","新五伦"的提法是否依然是民众的共识?目前我国重要的五种伦理关系是什么?诸群体间的差异在哪里?在这一次的调查中,我们分别列出了重要关系的第一位直至第五位五个单选题目,总调查得出的结果的顺序为"父母与子女""夫妇""兄弟姐妹""朋友"以及"同事或同学";而"上下级""师生"关系等也排在较前列。诸群体对这些关系的重要性排序并无差异,但具体的比例有所不同,表1-15较为直观地反映了这些结果。

表1-15 "新五伦"的共识和差异

调查对象	目前最重要的五种伦理关系
总结果	父母子女 67.4%;夫妇 51.0%;兄弟姐妹 53.6%;朋友 23.2%;同事同学 11.5%
官员	父母子女 65.1%;夫妇 48.8%;兄弟姐妹 47.0%;朋友 20.7%;同事同学 14.7%
企业家	父母子女 67.6%;夫妇 44.1%;兄弟姐妹 58.8%;朋友 32.4%;同事同学 17.6%

续表

调查对象	目前最重要的五种伦理关系
专业人员	父母子女 67.4%；夫妇 45.5%；兄弟姐妹 44.3%；朋友 16.3%；同事同学 11.4%
工人	父母子女 62.3%；夫妇 47.6%；兄弟姐妹 50.2%；朋友 21.7%；同事同学 12.7%
农民	父母子女 73.3%；夫妇 61.3%；兄弟姐妹 65.0%；朋友 26.1%；同事同学 10.6%
企业员工	父母子女 63.8%；夫妇 45.8%；兄弟姐妹 42.2%；朋友 18.8%；同事同学 10.8%
做小生意者	父母子女 63.3%；夫妇 51.4%；兄弟姐妹 56.7%；朋友 24.4%；同事同学 9.8%
无业失业下岗人员	父母子女 71.5%；夫妇 43.2%；兄弟姐妹 46.8%；朋友 25.0%；同事同学 12.6%

说明：在调查中，重要的第四位和第五位伦理关系皆为朋友，由于我们这次分开了单选的题目，这和回答问卷时答卷人的计算能力相关，在罗列此表时，我们的同事同学依据的是问及第五重要关系的题目的数据。

这是一张含义丰富的表格！第一，它表明诸群体间达成了"新五伦"的共识，即"父母子女""夫妇""兄弟姐妹""朋友""同事同学"这五伦，且其重要性顺序在诸群体间也达成了共识。之前的调研曾表明，诸群体对五伦的排序有所不同，夫妇关系被一些群体认为比父子重要；政府官员（公务员）等群体将上下级和同事关系看作比朋友关系重要。而在当前，诸群体间并无这种实质性差异。第二，这五伦与传统的五伦相比，"夫妇"的排序超过了"兄弟"，这并非当前以独生子女为主的原因，而是表明，随着核心家庭取代传统的大家庭，以及女性地位的提升，夫妇之伦的重要性提升了。同事同学在古代社会与朋友从属一类人，而在当代，公私生活的分野更为清晰，职业伦理凸显。表1-15中未列出上下级关系的排名，传统的君臣关系，我们说过，现在已转变为上下级关系，它的重要性排列在"新五伦"之后。第三，传统中国伦理道德哲学有"天伦""人伦"的说法，"人伦本于天伦"，从家庭到社会再到国家，伦理精神有其自然的发育过程。本调查显示，这样的说法在当前依然有效，父子关系和兄弟关系依然是基本的伦理关系以及其他伦理关系的"策源地"，但夫妻关系这一天伦向人伦转变的中介的重要性已经提升。第四，调查表明，人们的伦理实体意识依然强烈，从个人出发的原子似思维，或者从资本主义市民社会的社会本位出发等形态，并非主流，但无论是过往的调研还是这一次调研都表明，个人与国家民族之间的伦理关系逐渐式微，我国呈现的是传统的家庭本位和新经济形势下的社会本位相结合的伦理形态。

当然，诸群体之间关于"新五伦"的看法虽无实质差异，但由于各群体伦理境遇和气质的不同，依旧显现出微妙的差别。对于农民、无业失业下岗人员等人群而言，以家庭为主的人伦关系，或者说"天伦"尤为重要，譬如对于父子关系，农民中有73.3%的人将其排在第一位，而企业家或官员等群体虽然也认为其重要，但比例却没那么高；相对应的是，企业家、官员、专业人员等团体，对朋友关系和同事同学关系等社会本位的伦理关系，或者说人伦关系比较看重，其比例要比农民等群体高得多。这一对比有多重原因：从观念上讲，企业家、官员以及技术人员等更多地受到外来的或者新兴的伦理观的影响；从实际的生活际遇来说，前者更多地受到教育，社会生活面也更深更广，而农民等群体的生活较为传统，以家庭生活为主。如果我们将前一类人视作改革开放后的得利人群，市场经济中的优势阶层，将后者视作相对弱势的群体，那么也就不难得出结论：经济社会中的优势人群相较而言更为看重人伦，弱势人群相较而言更为看重天伦。家庭本位与社会本位这一对矛盾在不同人群中有直接的反映，并且我们也可以预计，随着经济的进一步发展，现代社会的进一步形成，朋友关系和同事同学关系的重要性会在"五伦"中进一步上升。

（四）诸群体道德生活的共识与差异

道德生活与伦理关系不同，通俗地说，后者侧重考察客观的伦理实在，而前者更注重考察道德主体主观的道德感。个体的道德意识，对我国社会整体道德风尚的感受等问题都是调研的内容，但调研最重要的目的，是揭示出当前我国社会中被大家所认同的那些美德（德性/德目）。与"五伦"类似，在传统儒家社会中，有仁、义、礼、智、信的"五常"，而在2007年的调查中，我们也发现了"新五常"，即爱（仁爱）、诚信（诚、信），正义（正直、公正、公义）、宽容、孝（孝顺）这些美德。当时，调查问卷的被选项设计得并不统一，造成了统计上的一些困难，这一次，我们改进了问卷，目的是更好地发现当前多元文化背景下的"新五常"，以及不同群体之间的共识和差异。

对当前我国社会总体的道德满意度，有6.9%的民众（有效百分比）表示"非常满意"，有66.7%的民众选择"比较满意"，选择"不太满意"和"非常不满意"的比例则分别为23.7%和2.6%。这个结果和对伦理关系满意度的调查基本一致，这表明，从抽象的观感来看，大众的共识是对社会的道德状况感到可以接受。但是，当问题变得更具体时，大众对企业家、公务员以及医生等人群的道德状况的满意度会比整体的满意度稍低。诸群体对此问题的差异在于，官员对社会道德状况的满意度（满意合计为80.4%）远高于其他群体，而在只具有较低满意度的群体中，则出现了两组人群的对比，企业家和专业人员，以及无业失业下岗人员，这两组人对社会的道德满意度在诸人群中较低，特别是企业家，占比只有66.7%。这两组人分别生活在社会的上层和下层，但是在优劣不同的生活境遇中，似乎都存在着道德腐化或者是败坏的情形，这是值得我们反思的现象。

就个人对自身的道德状况的满意度而言，总的情形是，表示"非常满意"的民众达到了15.3%，表示"比较满意"的民众达到了77.7%，表示"不太满意"的为6.4%，而表示"非常不满意"的只有0.6%。诸群体在这一问题上的差异很小，总的满意度（合计"非常满意"和"比较满意"）都在90%以上。相较而言，官员、工人、农民、专业人员对自己的满意度较高，而企业家、做小生意者，无业失业下岗人群对自己的满意度较低，这个对比也基本符合之前对社会道德整体状况所做的结论。所以，共识是国人对自己的道德状况满意度非常高，这当然和我国的传统道德观，以及没有基督教文化那样的忏悔心理有关。另外，值得注意的是，心理学认为，人们对自身的评价一般会明显高于对他人的评价，这也解释了对自身的道德状况觉得满意的人的比例那么高，但对社会总体的评价却没那么高的原因。

　　这个结果也符合我们关于当前中国社会个人道德素质的调查结论，大部分人（69.4%）认为，问题主要在于人们"有道德知识，但不见诸行动"，选择"道德上无知"或者"既道德上无知，又不见诸行动"两个选项的人都很少。诸群体对于此问题的回答也几乎没有差异。所以，就道德生活而言，诸群体的广泛共识为，从抽象的角度来说，人们不仅对社会整体的道德状况感到满意，而且对自己的道德状况感到满意。

　　对道德生活的调查最主要的目的是揭示出"新五常"，即五种重要的德性。在本次调查中，改进了的问卷是就"您认为当今中国社会最重要和最需要的德性是什么"这一问题，分列第一位直到第五位的五道单选题，而非简单的多选。在被选项中，"爱"在小括号中注明了包括仁爱、博爱、友爱等简单说明，如此，"爱"约等于传统的"仁"（仁者爱人）的德目。对其余的如"忠恕"等群众难以理解或者有歧义的选项也都做了简要说明。总之，这次问卷的设计改进了过往的不合理处，使得结果更为精确。调查结果表明，第一位的德性，最多人（28.8%）选择为"爱（仁爱、博爱、友爱）"，但也有16.1%的人认为是"孝敬"；第二位的德性为"诚信"，选择的人为15.8%，值得注意的是，"公正""责任""义"等选项也有10.0%以上的人选择；第三位的德性为"宽容"，选择的人的比例为16.0%，但也有15.7%的人选择"责任"；第四位的德性，最多人选择"责任"（14.6%），次多人的选择则为"诚信"，再次为"善良"（11.1%）；第五位的德性，最多人认为是"孝敬"，选择的人数比例为13.6%。以上是"新五常"总体样本的基本情况，我们注意到，与"新五伦"的答卷情形不同。"新五伦"中的五种伦理关系为何，以及它们的顺序为何，在民众中有广泛的共识。而在"新五常"中，虽然表面上也得出了"爱、诚信、宽容、责任、孝敬"的"新五常"及其重要性顺序，但其中除了爱（包括仁爱、博爱、友爱）较为明显地为最多人接受，排在第一位，其余的入选德目的重要性相当接近。另外，如"公正""善良"等德目也有相当多的人选择。也就是说，"新五常"中，人们认为"爱"最为重要，而其余的德目，其重要性虽有差异，但并不显著。特别是要注意到问卷的设计和统计会使我们产生一定的迷惑性。

　　与传统的"五常"相比，"新五常"中的孝敬在传统中会归为仁爱一类,而责任则是在新的市场经济、市民社会中才凸显出来的德目,在契约精神和个人自由等现代伦理道德精神下,一个人是否具有"责任"感,成为我们判断其道德水准的重要参照。另外值得注意的是,理智、勇敢、谦让、节制等为亚里士多德等哲学家所看重的传统德性并不为当代人所看重,在当下,这些在古典社会受推崇的德性确实已经逐渐让位于"责任"等更为现代性的美德了。

就诸群体来看,除个别例外之外,人们对于"新五常"的内容基本达成了共识,差异在于个别群体对这些德目的排序稍有不同。表1-16直观地展示了这些特点。

表1-16　　　　　诸群体"新五常"的共识和差异　　　　　(%)

调查对象	当前最重要的五种美德
总结果	爱 28.8%;诚信 15.8%;宽容 16.0%;责任 14.5%;孝敬 13.6%
官员	爱 33.5%;诚信 21.7%;责任 20.5%;责任 19.9%;孝敬 12.7%
企业家	爱 23.5%;诚信/责任 17.6%;责任/诚信 20.6%;公正 17.6%;正直 14.7%
专业人员	爱 32.2%;诚信 16.7%;宽容 16.4%;责任 19.9%;孝敬 12.8%
工人	爱 28.6%;诚信 15.2%;责任 16.4%;责任 14.3%;孝敬 14.6%
农民	爱 25.9%;诚信 16.5%;宽容 16.0;责任 14.1%;孝敬 13.7%
企业员工	爱 36.0%;义(道义)14.1%;宽容/责任 16.2%;责任 12.0%;孝敬 13.9%
做小生意者	爱 25.6%;诚信 18.2%;责任 16.5%;责任 15.1%;孝敬 13.1%
无业失业下岗人员	爱 31.2%;诚信 18.0%;宽容 17.1%;责任 14.7%;孝敬 12.8%

由此,诸群体中,除了对爱作为德性的重要性有绝对共识,其余的德性都存在细微差异。诚信在传统的"五常"排名中较为靠后,而在当代社会却被认为极为重要,吉登斯等社会学家在刻画现代性社会时,常常将基本的"信任"的存在作为社会得以整合的原因;在以契约为主的经济社会中,诚信的重要性确实上升了。企业员工的选择不同,认为义(道德、义务)是次重要的,这是因为这一群体主要负责中层管理。企业家和官员等更看重责任、公正、正直等德性,而其他人群则更看重宽容

的德性，这表明，作为领导者和市场经济的直接参与者，对权利和义务的合理分配，对程序和分配正义的尊重，更为这些人所看重。总之，"新五常"综合了传统（儒家）的与现代的美德观，是我国伦理精神在人们主观中的直接反映。

（五）诸群体伦理道德影响因子的共识与差异

伦理道德精神要在生活世界中外化出来：对伦理道德影响因子的考察主要是要发现人们实际的伦理调节能力和道德精神素质究竟如何；其重点在于考察影响这些能力素质的正反因素究竟有哪些。樊和平教授在之前的研究中指出了影响伦理道德的精神素质的肯定性结构和否定性结构，为我们勾勒了生活世界中影响人们的伦理关系和道德生活的基本影响力结构。肯定性结构包括了伦理道德的受益场域，即家庭、学校、社会等伦理实体结构以及对我们的伦理关系和道德观念起着塑造作用的影响因子，即网络和媒体，国家或政府，大学及其文化等各种有着极大的道德话语权和道德影响力的因素；否定性结构则包括了文化性因素和相应的责任主体，前者有市场经济导致的个人主义、外来文化的冲击等因素，而后者则为社会不良影响、官员腐败等原因。在当前中国特色社会主义建设进入新时代的背景下，人们对这些影响因子的共识和差异是我们这一节讨论的主要内容。

大众的伦理道德的实际能力和素质，当前并不容乐观。问卷中设计了两个总问题和一些具体情境类的问题。对"您认为目前我国社会中伦理道德对人际关系的调节能力如何"调查显示，大部分人回答"一般"（58.4%），甚而有10.9%的人认为"很差"，以及有12.6%的人认为"几乎没有，一切听从利益支配"；在面对"您认为目前我国社会中伦理道德对个人行为的约束能力如何"的问题时，结果与前类似，认为"良好"的只有17.0%，有57.9%的人认为"一般"，认为"很差"的为13.2%，另有11.9%的人认为"几乎没有，一切听从利益支配"。在诸群体中，对这两个问题，只有官员比较乐观，认为"良好"的比例分别为33.1%和27.7%，其余群体都持不看好的态度。考虑到官员为领导阶层，这更凸显了上级领导对此问题认识的不足和问题的严重性。对于具体情境的问题,诸如"如果您与朋友之间发生重大利益冲突,您会怎么做?"也只有不多的人选择直接沟通,这体现了大众伦理道德调节能力的欠缺。前文我们也说过大众对人际关系和自身的道德状况是相对满意的,所以问题出在"有道德知识,但不见诸行动"上。大众对"您认为当前中国社会个人道德素质的主要问题是"的答案如图1-4所示,诸群体对此问题的回答也无较大差异。这表明,外化伦理道德的实际能力,是我国民众最为欠缺的。

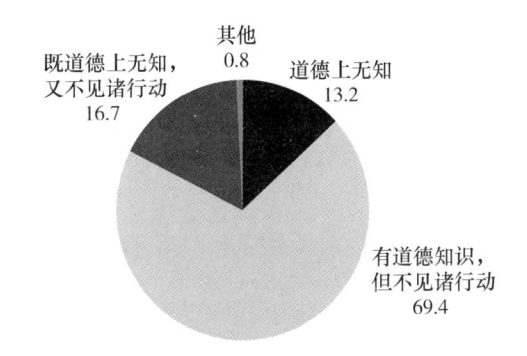

既道德上无知,又不见诸行动 16.7
其他 0.8
道德上无知 13.2
有道德知识,但不见诸行动 69.4

图1-4 当前中国社会个人道德素质的主要问题(%)

就生活世界中具体的影响因子来看,伦理道德的受益场域,即培育伦理能力和道德素质的基本场所,对于"您认为在自己的成长中得到道德训练的最重要场所或机构是"的问题,大众的共识为,按重要性排列,即家庭(33.8%)、社会(如工作单位和社区)(33.3%)、学校(26.2%)、国家或政府(3.2%)、媒体(1.1%)、其他(2.4%)。我们之前提出过伦理道德策源地的说法,而调查表明,"家庭""社会""学校"依然是伦理道德的三大策源地,家庭是伦理精神天然的发源处,排在第一位并不奇怪,而社会的作用上升到和家庭相当,明显高于学校,这是这次调研的新发现;过往调研的结论是家庭、学校继而社会的排序。这表明,学校的伦理道德教化功能在退化,在当前学校更多地只具有负责传授知识和技能的功能。另外,值得注意的是国家或政府的影响也在削弱。诸群体的差异在于,官员群体、工人、企业员工和做小生意者认为的顺序为社会、家庭、学校,此外也有10.8%的官员选择国家或政府;

企业家群体认为的顺序为学校、社会、家庭;专业人员的选择结果显示为学校、社会、家庭。另外,无业失业下岗群体则认为是家庭、学校、社会。而农民则为家庭、社会、学校。以此,诸群体的共识是均选择了这三者,其差异在于排序不同,有组织、单位或企业的人员倾向于将社会排在前面,专业人员等知识分子倾向于将学校排在前面,而农民,无业人员等较为弱势的民众则看重家庭等的伦理作用。

再来看具体的影响要素,关于"对形成我国当前各种新型伦理关系和道德观念,哪些因素影响最大",之前我们提出了四大影响因子的说法,2007年调查中的四大因子为"网络和媒体、市场、政府、大学及其文化",而2013年调查中的四大因子为"网络和媒体、市场、政府以及社会团体"。这次调查的结果显示,当前的四大因子则为"网络和媒体、政府、市场、大学及其文化"。然而,从具体的比例来看,除了网络和媒体以及政府的影响力较高之外,其余因子,包括"市场、大学及其文化、企业、社会团体、知识精英以及国外的思潮和生活方式"等的作用相差并不大。这表明在我国当前多元文化背景下,对伦理道德形态的塑造,主要由网络和媒体以及政府起着主导作用,其他各种要素也在其下发挥着作用。诸群体对四大因子基本达成共识,差异在于:其一,官员、企业家、专业人员比起其他群体更认同网络和媒体的影响作用;其二,官员以及无业失业下岗民众认为大学及其文化的影响重于市场;其三,企业家认为企业的作用应排在第三位。这些差异依然是在不同群体各自的特殊气质下产生的,农民、工人等群体更少接触网络和媒体,对于大学的认知也很少;而企业家则以企业为生:这导致了他们不同的选择。

在负面的影响因子方面,"对当前我国伦理关系和道德风尚造成最大负面影响的因素是":1. 传统文化的崩坏(41.2%);2. 外来文化的冲击(26.6%);3. 市场经济导致的个人主义(11.3%);4. 分配不公,两极分化(10.1%);5. 网络技术的发展(7.3%);6. 以权谋私,官员腐败(3.5%)。其共识是,传统文化的崩坏是最大的负面因素。"市场经济导致的个人主义"与"外来文化的冲击"这个在之前调研中最被人诟病的负面因素,在当前并不为人很看重。这表明,随着改革开放的深入,人们对市场经济中的道德和外来文化的消化力与接受力越来越强,从解释学的原理来说,当人们开始接纳新兴的和外来的文化价值观后,将不再视之为"洪水猛兽",转而,人们会对自身固有的文化价值观产生怀念。诸群体对这些负面因素及其排序并不同,其差异只在于具体的比例上面,如在企业家群体中,有46.9%的人认为"传统文化的崩坏"为最大因素,远高于农民、无业失业人员等人群选择此项的比例。原因在于,越是对市场经济参与度高的群体,越会将"传统文化的崩坏"视作最大因素,而对外来文化与市场经济的负面作用看得越低。另一差异是,政府官员认为"分配不公,两极分化"作为负面因素的重要性明显要低于其余群体对此赋予的重要性。

对"造成当今不良道德风尚的最主要原因",有55.2%的民众认为是"以权谋私,官员腐败",有19.9%的民众认为是"企业不讲诚信和损害社会利益",有10.9%的民众认为是"个人缺乏道德自觉",另有少数民众选择"学校道德教育功能弱化"(6.4%),以及家庭伦理功能弱化(3.3%);在群体差异方面,只有企业家认为"家庭伦理功能弱化"的作用大于"个人缺乏道德自觉",并且,有意思的是,企业家中有高达28.1%的人认为"企业不讲诚信和损害社会利益"是最主要原因,为诸群体最高。

另外,由于21世纪以来,我国主要的变迁集中于"全球化、高技术和市场经济"这三个方面,这三者对伦理道德的影响如何也是我们考察的重点。过往我们提出过大众对这三者的看法趋于"两极分化",这些因素是"双刃剑"。当前的调查表明:对于"信息技术、网络技术的发展对伦理道德的影响",有55.4%的人认为是积极影响,认为是消极影响的为15.7%,认为没有影响的为29.5%;而对于"市场经济对我国伦理道德的影响",认为有积极、消极以及没有影响的比例分别为59.4%、15.2%和25.5%;对于"西方文化对我国伦理道德的影响",认为有积极影响、消极影响以及没有影响的分别为44.6%、21.9%以及33.5%。总之,民众对这三者的看法更趋正面化,这也和我们之前所论证的随着我国改革开放力度的增加、经济结构的转型,这一趋势必然会发生的结论相一致。诸群体对此三者的看法基本相同,但官员、专业人员、企业家等群体,由于其对这三者的接触和了解更深,更倾向于对它们有确定的看法,而且是积极的看法。

以上是正负影响因子的结构。到底是正面还是负面占上风,或者说伦理道德能力和素质发展的症结在哪里？为此我们还调查了对诸群体伦理道德方面的满意度，结果显示，当前对演艺界人士、政府官员的满意度最低，对企业家等次之。根据调查，人们的思想行为受教师、政府官员、父母、企业家等人群的影响较大。诸群体对这一问题的回答差异并不显著，这和之前的调研结果有所不同，或许是诸群体中并无青少年群体的缘故，一般来说，青少年较多受到诸如演艺界人士的影响。但是政府官员和企业家等影响力较大的人群，其伦理道德满意度并不高，这依然说明对于培育一般民众的伦理道德能力和素质，要注意这些人的特殊地位（图1-5）。

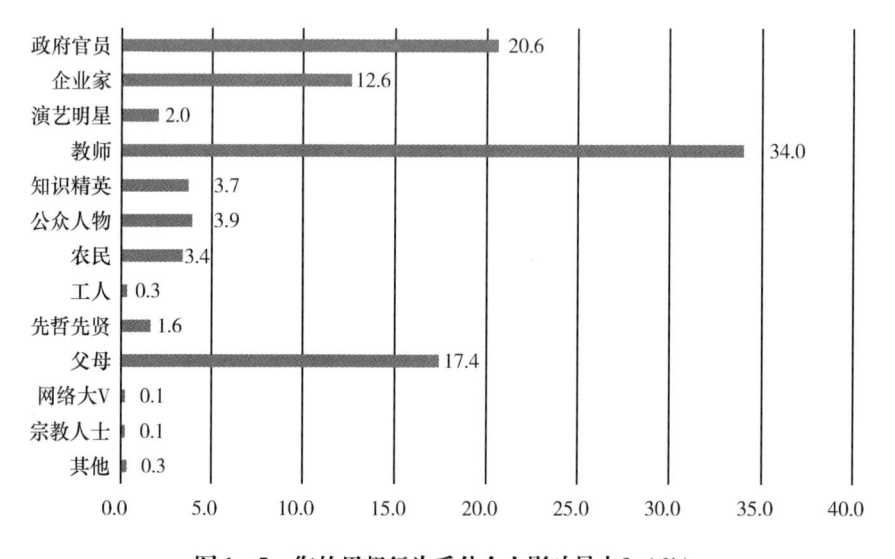

群体	百分比
政府官员	20.6
企业家	12.6
演艺明星	2.0
教师	34.0
知识精英	3.7
公众人物	3.9
农民	3.4
工人	0.3
先哲先贤	1.6
父母	17.4
网络大V	0.1
宗教人士	0.1
其他	0.3

图1-5　您的思想行为受什么人影响最大？（%）

（六）当前我国地域之间（江苏与全国）的伦理道德共识与差异

以上我们主要就伦理关系、道德状况以及伦理道德发展的影响因子等几个方面对诸群体在当前的共识和差异做了分析。调查表明，诸群体在我国的伦理道德发展状况中存在着基本的共识，差异很小；差异并不影响共识，而只是由于不同群体的特殊伦理道德气质和境遇限定所形成的。在这一节中，我们将从另一个角度，即从当前我国不同地域之间的共识和差异入手来分析。这一次调查深入了全国各个有代表性的地区，但是这也造成各个地区本身的统计样本过少这一结果。但是，我们在江苏省投放了大量样本，我们实际共抽取了6523个符合调查资格的住宅单位，完成了4362个有效样本，有效回答率为66.9%。同时，青少年完成样本量为576个。因此，本节将集中对江苏省的状况和全国的状况进行比较。

之所以将江苏省作为地域的典型，与全国的一般情形做比较，是因为江苏省历来为我国东南沿海的发达身份。它不仅经济发达，在文化和意识形态方面也很多元。江苏省历来是富庶之地，其2016年的地区生产总值（GDP）达到了77388.28亿元，仅次于广东省，列第二位。[①] 江苏省是经济最早开发的地区，乡镇企业等小商品经济，苏州工业园区等中外合作经济项目以及多年发展，形成了多元的市场经济。此外，江苏省也是全国知名的教育大省，高校云集，这也为考察各种多元文化的形成和激荡提供了很好的样本。就这次调查的结果而言，江苏省民众中有57.72%的人认为"跟5年前相比，自己的社会经济地位'上升了'"，而全国的问卷统计显示只有为48.9%的人认为"上升了"，江苏的结果比之多了近10个百分点，差异显著。当然，我们也不能将地域间的差异或特质简单归结为经济或者接受外来文化的程度，本土的特殊的人文环境和传统等都塑造了各地特殊的伦理精神样态。下面我们依照既定的框架，分别就伦理关系、道德生活以及伦理道德发展的影响因子几个方面来分析江苏和全国之间的共识和差异。

在伦理关系方面，当前江苏民众对伦理关系或者说人与人之间的关系总体上表示满意，合计满意度为74.2%（合"满意"与"比较满意"），这与全国的统计结果73.9%几乎持平，也就是说，其共识为"比较满意"。而对于伦理实体意识的调查显示，江苏省民众对于家庭、国家、社会等伦理实体重要性的看法，与全国比较有一些差异。在"对于个人而言，您认为家庭、社会和国家三者的重要性程度如何？"江苏民众

---

① 国家统计局网站（http://www.stats.gov.cn）。

第一位的选择结果是：国家（52.4%）、家庭（44.6%）、社会（3.1%）；而第二位的选择依次为：家庭（43.1%）、国家（35.7%）、社会（21.2%）。相较而言，全国第一位的选择结果依次为：家庭（48.3%）、国家（45.9%）、社会（5.8%）；第二位的排序为家庭（41.4%）、国家（33.6%）、社会（25.0%）（见图1-6）。江苏民众对国家伦理实体更为认同，家庭反而其次，这和我们固有的印象有很大出入。相应地，在基本的伦理关系结构的调查中，在面对"您认为哪一种关系对社会秩序最具根本性意义"问题时，江苏省的答案为："个人与社会"（41.8%），全国（46.7%）；关于"家庭关系或血缘关系"，江苏为27.6%，全国为32.3%；关于"个人与国家民族"，江苏为21.5%，全国为10.4%。

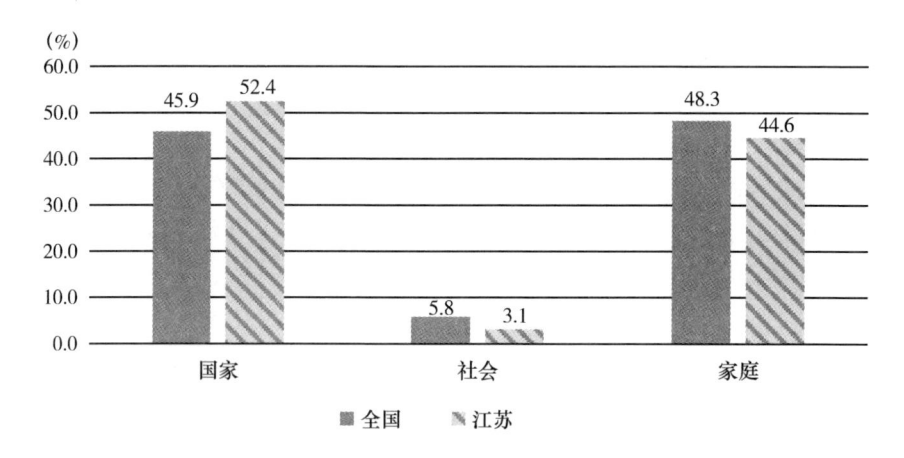

图1-6 对于个人而言，家庭、社会和国家三者的重要性程度

在面对"您认为哪一种关系对个人生活最具根本性意义"问题时，关于"家庭关系或血缘关系"江苏为60.0%，全国为54.3%；关于"个人与社会"，江苏为16.1%，全国为19.8%；关于"职业关系"江苏为4.7%，全国为12.6%；关于"个人与国家民族"江苏为11.2%，全国为4.9%。结论同样为江苏民众较全国平均更看重国家民族等伦理实体，而非职业关系等市民社会中较为重要的伦理实体。对于重要的"新五伦"的调查，江苏省的情况如下：第一位为"父母和子女"（66.6%），第二位为夫妇（51.2%），第三位为兄弟姐妹（52.3%），第四位为朋友

(21.1%)，第五位为同事或同学（20.6%）。① 全国的结果为：父母子女（67.4%）、夫妇（51.0%）、兄弟姐妹（53.6%）、朋友（23.2%）、同事同学（11.5%）。二者几乎没有差异，这表明，"新五伦"在地域间已达成共识。

对道德生活的调查结果显示，对我国当前社会总体的道德满意度，江苏民众中有4.8%的表示"非常满意"，有68.7%的民众选择"比较满意"，选择"不太满意"和"非常不满意"的比例则分别为24.5%和2.0%；全国的结果与其类似，分别为6.9%、66.7%、23.7%以及2.6%。地域间共识为对道德状况较为满意。对自己的道德状况，江苏民众中觉得"非常满意"的为16.2%、觉得"比较满意"的为78.0%、觉得"不太满意"和"非常不满意"的分别只有5.4%和0.4%，全国的结果也与之类似，分别为16.3%、77.6%、6.5%和0.6%。可以说，民众无论是对自身还是对社会整体的道德状况都相当满意，这是共识。对于道德生活中重要的"新五常"的统计，即现在最为人所看重的五种德目，江苏的结果是：第一位为"爱（仁爱、博爱、友爱）"，有25.0%的人选择；第二位为"诚信"，选择的人的比例为16.7%；第三位为"宽容"，选择的人数占总人数的17.8%；第四位为"责任"，有19.3%的民众选择；第五位为"善良"，选择的人数占13.8%。与全国的结果对比如表1-17所示。

表1-17　　　　"新五常"内容选择全国与江苏比较　　　　（%）

地域＼顺序	第一位	第二位	第三位	第四位	第五位
江苏	爱 25.0	诚信 16.7	宽容 17.8	责任 19.3	善良 13.8
全国	爱 28.8	诚信 15.8	宽容 16.0	责任 14.5	孝敬 13.6

除了第五位的德目不同，其余基本类似，当然我们也强调过，事实上，除了"爱"，其余德目的重要性差别并不大。但这也说明，江苏地区民众对于责任、善良这类对于社会中契约精神较为重要的德目要比全国

---

① 此比例数据为第四重要关系数据。

的民众更为看重。

最后再来看伦理道德发展因子的比较。在伦理道德的受益场域方面，江苏民众认为，"自己的成长中得到道德训练的最重要场所或机构"十分重要的三项依次为：家庭、社会（如工作单位和社区）、学校，选择人数的比例分别为34.2%、31.1%、23.5%。与全国数据，即家庭（33.8%）、社会（如工作单位和社区）（33.3%）、学校（26.2%）相比，两组民众都不看重国家或政府的道德训练作用，并且学校的教化功能也逐步为其他机构所取代，江苏省这个现象更为明显，但关于家庭、社会、学校三大策源地的共识没有改变。在四大正面的影响因子方面，江苏省的结果与全国类似，网络和媒体（57.4%）与政府（32.9%）为重要的两个因子，占决定性地位。江苏省排名第三位和第四位的，分别为"大学及其文化"（3.8%）和"市场"（3.8%），但比例相差不大。全国的结果为市场为第三位，比例为6.2%，大学及其文化为第四位，比例为5.5%。江苏省民众认为大学更为重要，这或许和江苏高校众多相关。

在负面影响因子方面，"对当前我国伦理关系和道德风尚造成最大负面影响的因素是什么？"江苏民众的选择为：第一，"传统文化的崩坏"（37.8%）；第二，"外来文化的冲击"（26.1%）；第三，"市场经济导致的个人主义"（14.1%）；第四，"分配不公，两极分化"（12.7%）。与全国的结果相比，江苏省民众的选择和排序与全国都相同，差别只在于，相对比例更多的江苏民众认为"市场经济导致的个人主义"（全国为11.3%），以及"分配不公，两极分化"（全国为10.1%）。江苏地区市场经济程度相对更深，产品和财产的分配问题也更严重，这是导致这些细小差异的原因。另外，在"造成当今不良道德风尚的最主要原因"方面，江苏民众的选择为：第一，"以权谋私，官员腐败"，比例为59.8%；第二，"企业不讲诚信和损害社会利益"，比例为14.8%；第三，个人缺乏道德自觉，比例为12.3%；第四，"学校道德教育功能弱化"，比例为7.3%。与全国相比，二者的基本选择和排序都相同，但具体的比例有差异，江苏民众对"以权谋私，官员腐败"选项比全国更为认同，而选择第二项的比例要比全国的比例低，也就是说，江苏地区民众相较全国的民众，对官员腐败更为不满，而对企业的问题则觉得没那么严重，这也符合江苏地区为经济先进省份的特质。

在不确定因素,即"全球化、高技术和市场经济"这几个社会变迁的重要关键词对伦理道德发展的影响问题上,江苏民众关于"信息技术、网络技术的发展对伦理道德的影响"的看法是:选积极影响的为62.8%,选消极影响的为14.8%,而选没有影响的为22.5%;关于"市场经济对我国伦理道德的影响"问题,认为有积极影响的占61.6%,认为有消极影响的占16.8%,认为无影响的占21.6%;对于"西方文化对我国伦理道德的影响",认为有积极、消极和没有影响的比例分别为50.0%、21.2%和28.8%。与全国的调查结果相比,江苏民众对信息技术等高技术以及市场经济对伦理道德影响的态度更为正面,但是对于"西方文化",江苏民众比之全国民众,有更高比例的人认为有消极影响。

综上所述,江苏地区和全国的调查结果显示,全国地域间对伦理道德状况具有广泛的共识,差异很少,不构成矛盾或冲突。差异毋宁说是同一种价值共识下的多样性,而这种多样性的原因只在于地区本身的特质。以江苏为例,产生差异性的特征表现在,相较全国的结果,江苏更看重国家实体,更看重国家和个人的关系;在道德德性中更看重"善良""责任"等;江苏民众也认为"大学及其文化"具有影响伦理道德发展的较大能力,并且他们对高技术和市场经济也更持有正面的看法,对"两极分化、贫富差距"问题更为敏感;这些特征本身是由江苏地区经济发达,高校众多,生活方式更为现代化等特质所造成的。[①]

(七)性别、年龄等导致差异的其他因素

在本次调查中,我们设计了多重的自变量因素。前文我们分析了不同群体以及不同地域所导致的对伦理道德状况现状的判断的共识和差异。我们发现,不同群体和不同地域之间对伦理道德状况有着普遍的共识,差异只存在于由于群体本身或地域本身的特质所带来的有着特别影响的地方。其他的自变量因素,或者说可以对调查样本进行分类比较研究的

---

① 在2007年调查结果中,地域之间虽然以共识为主,但有一些差异;现在的调查结果显示,差异减少了,但这或许是因为之前只调查了江苏、新疆、广西这三个明显不同的地区。

因素，还包括户口、年龄、收入、受教育程度、性别、政治面貌、职业、宗教信仰等；我们也提到过，之所以要重点分析官员、企业家等群体，是因为诸群体这一分类方法在某种程度上可以涵盖收入、户口、受教育程度、职业等因素的分类，因而也是最典型的。事实上，这些分类各自依然体现了普遍的共识，差异只是由于个别人群具体的伦理特质和境遇所造成的。在这一节，我们将简要就性别、年龄等之前未分析的要素，特别是它们所造成的差异，做一些说明。

在性别方面，西方女权主义者提出，女性相较男性更具关爱（care）他（她）人、信任他人的倾向，而男性更为强调个人主义，对他人更为强势（aggressive）。但我国男女之间对伦理道德状况的判断的差异比一般想象得要小，即便是对于具体的问题，如生育孩子、家庭双方的牺牲、对家人和他人的信任等问题，男女之间依然以共识为主。调查显示，对于"你认为生育孩子是否是一种人生义务"这一问题，主流的选项是："是，不生孩子家族延传会中断"，男性选择此项的比例为39.9%，女性则为40.4%，几乎相同，对其他选项的选择比例也几乎相同；对于"在恋爱或婚姻中，你与对方相处的原则"问题的回答，男女选择比例也接近，分别为61.5%和55.8%，首选"我首先对他/她好，然后希望他/她对我好"。而在我们更为关心的伦理关系、道德生活和影响因子等方面，男女间的差异更小。譬如，女性比之男性有更多人选择家庭作为道德训练的第一场所（男女对比为36.3%对30.9%），而男性则认为是社会（男女对比为35.5%对31.3%），由此，虽然对于伦理道德的策源地的排序有所改变，但其实差别很小。女性更看重家庭实体，另外，在具体的伦理能力上，调查也显示出，女性比男性更能站在他人的角度考虑，更具有沟通能力等。

在年龄方面，过往我们专门设计了青少年问卷，而这次全国调研，我们以10岁为一档对样本进行了分类对比。不同的年龄承载了不同伦理道德观的记忆，但是调查结果显示，在主要的问题上，共识依然是主流。有一些差别是我们可以设想的，比如对于报纸、新媒体、网站等的使用情况的不同等，调查显示，从不使用社交媒体的18—29岁青年人只占2.4%，而60—65岁的老年人则为80.9%；但调查也显示，不同年纪的人对于网络中获得的信息对自己的思想行为所具有的影响，普遍只认为

"有一些影响",而不是"影响很大"。差异主要还是体现在人们抽象的伦理道德思想观念上,譬如对于"对伦理关系和道德生活,您最向往的是什么"这一类问题,共识是首选"传统社会的伦理和道德(如仁、义、礼、智、信)",差异只在于,年纪越大的人群,选择此项的比例越高,18—29岁人群选择此项的比例为52.6%,而60—65岁的人选择此项的比例为65.6%;相对应,虽然选择"追求个人利益的市场经济下的道德"的人很少,但是越年轻的人选择此项的比例越高,18—29岁的人群中有12.4%的人选择此项,60—65岁的人群中则为5.3%。年轻人相对更受西方思想、新兴的市场经济道德观等的影响,这是显然的,但共识依然是主要的方面。

在宗教信仰方面,我国虽然不是一个宗教信仰兴盛的国度,但是又存在着各种不同的宗教信仰,调查中我们将信仰佛教、道教、伊斯兰教/回教、民间信仰、天主教、基督教以及其他宗教的人群笼统归为有信仰的群体,与无信仰群体做对比。在有宗教信仰的样本中,信仰佛教的比例为49%、基督教为33.1%、天主教为11.8%、道教为3.1%、民间信仰为2.8%,另有少部分伊斯兰与其他宗教信仰的样本。但调查结果显示,这两大群体间关于伦理道德状况,共识依然是主要的。当然,我们在具体的问卷题目中,没有涉及与宗教特别相关的题目,而本身不同的宗教教派之间的差异也很大,笼统并做一类,或许反而模糊了群体本身的独特性。在直接涉及宗教的题目中,差异当然存在:在对"是否经常见到封建迷信活动",以及"是否见到非法宗教活动"的调查中,有信仰的民众选择"经常见到"的比例分别为"6.9%"和"3.1%",选择"偶尔见到"的比例分别为"31.6%"和"17.1%",这明显高于无宗教信仰的民众("经常见到"为4.9%和2.0%,"偶尔见到"为27.8%和14.0%)。但这只是表明有信仰的民众在日常生活中更易接触到此类现象,并且他们对于信仰和迷信或非法宗教之间的区别较为敏感。而在关于伦理关系、道德生活以及影响因子等基本的道德状况方面的主要问题,有无信仰的民众的回答都展示了高度的一致性,差异并不显著:在回答"您的思想行为受什么人影响最大"时,在有宗教信仰的人中有1.4%的人选择"宗教人士",而在无信仰的人群中几乎没有人选择此项;对道德状况和人际关系满意度方面,以及对自身的道德状况满意度,有信仰的人选择"非常满意"的比例略微高于无信仰的群众,但合计的满意度

(即加上"比较满意"),则稍低于无信仰的群众。在"新五常"的统计中,有信仰的群众认为"义(道义、义务)",而非"诚信"是第二重要的德目,这体现了一定的西方宗教的影响。

(八)结论

至此,我们已经就人们对当前全国的道德发展状况的共识和差异给出了分析。对于群体的分类,我们主要依据了诸群体的分类,即主要是从当前社会主义市场经济条件下的不同阶层出发,因为这样一种分类可以涵盖很多其他分类方法。此外,我们也考察了不同地域之间的共识和差异。最后,我们就一些诸群体未能涵盖的要素,即性别、年龄以及宗教信仰进行了比较分析。分析的结果显示,不同人群之间普遍以共识为主,人们对伦理关系、道德生活以及伦理道德的影响因子等几个方面达成了广泛的共识。就伦理关系方面而言,其共识为,人们对伦理关系或者说人与人之间的关系普遍感到满意;我国民众具有极强的实体意识,家庭、国家、社会等伦理实体依旧是民众形成伦理判断的出发点,而非个人主义;"新五伦"为"父母与子女""夫妇""兄弟姐妹""朋友"以及"同事或同学"。就道德生活而言,人们普遍对社会整体以及个人的道德状况感到高度满意;而重要的五种德目,即"新五常"被认为是"爱""诚信""宽容""责任"以及"孝敬"。就影响因子方面而言,伦理精神的三大"策源地"包括了"家庭""社会""学校";正面的影响因子则依次为:"网络和媒体""政府""市场""大学及其文化";负面的因子包括:"传统文化的崩坏""外来文化的冲击""市场经济导致的个人主义""分配不公,两极分化""以权谋私、官员腐败"等;而"西方文化""信息技术和网络技术"等,已然被认为是有好有坏的不确定因子。调查发现,不同的阶层、性别、年龄、地区等在这些方面已达成了共识,差别不大,地域之间的差别更是少于不同群体之间的差别。

具体的差异并不影响共识,只能说是一致性下的多样性;人们对问题的选项及其顺序的选择基本一致,差异只表现在具体的数据比例上。具体的差异只体现在诸分类要素极为特别的方面。比如,企业家群体在

"新五伦"问题上较其他群体相对更为看重"朋友"以及"同事和同学"的关系,但这只说明企业家自身的伦理道德气质及其伦理生活境遇与其他群体不同,并不能够说明其真正与其他群体的看法有冲突;江苏地区民众相对更看重"责任""善良"等德目,对"分配不公,两极分化"等问题相对更为敏感,但这也只是说明江苏地区市场经济的程度更深,更看重契约精神等现象;女性群体相对更看重家庭实体,年轻人相对更受西方道德的影响等,也都只反映了这些群体的特质。

当然,对我国当前伦理道德发展状况存在着普遍的共识,并不代表我国伦理道德生活中就不存在冲突。这是两个层面的问题。共识是问卷调查的结果,反映的是人们对于伦理道德发展的抽象的观念上的共识,在传统、媒体、人们交往日益密切化等因素的作用下,这也是可以理解的结果。但是在实际生活中,伦理道德的冲突依然存在,并且人们对于为何会发生这些冲突也有着广泛的共识。前文已经指出,对于"分配不公,两极分化""以权谋私、官员腐败"等问题,人们普遍觉得较为严重,这也导致不同群体的人们对于官员、演艺界人士等群体的伦理道德的不满。但无论如何,当前群众对于伦理道德发展的普遍共识,为我国开展和谐伦理建设,达成广泛的价值和道德共识,为在全球化和多元文化背景下更好地整合社会群体提供了基础。

(何浩平)

三 中国社会伦理道德发展的影响因子

当今中国社会伦理道德发展呈多维发展趋势，一方面，在伦理上依旧守望传统，家庭伦理关系如父母与子女、夫妻、兄弟姐妹等仍然被人们视为是个人生活中最具根本意义的人际关系，而家庭也仍然是个体道德训练最为重要的场所。伦理关系以家庭为核心单位，扩充至学校、单位以及社会、国家民族、自然等领域，共同构成人们生活的基本伦理共同体。另一方面，尽管传统的生活方式以及道德生活依旧构成人们道德生活的主要形态，但个体在道德意识和行为上却偏向现代性，在道德意识上更加注重个体理性和选择，在个人道德素质层面却存在知行断裂趋向，即有道德知识却不见诸行动，传统儒家所强调的德性修养进路似乎并没有构成现代人道德生活的实际法则。社会与经济的转型、伦理与道德的断裂、传统与现代的碰撞等因素造成了当今中国社会特有的伦理生活形态与道德意识结构。

（一）影响力结构的双重性

当今中国社会伦理道德发展的影响力结构表现为肯定和否定两个方面，前者主要体现在对当今中国新型伦理关系与道德观念的影响力方面，后者主要反映的是当今中国伦理道德负面发展、不良道德风尚形成的原因。

1. 推动力：新型伦理关系的影响力和个体道德成长的受益力

（1）新型伦理关系的影响力

较之于中国传统社会，现代人所重视的伦理关系由传统的"五伦"（君臣、父子、夫妇、兄弟和朋友关系）转变成父母与子女、夫妇、兄弟姐妹、同事或同学以及朋友之间的关系，其中的君臣关系被同事或同学关系所取代，但总体上变化并不大。从个体德性的角度来看，当今中国社会重要的德性由传统儒家所强调的仁、义、礼、智、信转变成爱、义、宽容、责任、正义或公正、诚信。由此可见，当今人们的伦理生活保有传统的形态，但在道德意识上却更加现代，这与现代社会的转型及人们生活方式的转变有着内在的关联。调查发现，对于形成我国当前各种新型伦理关系和道德观念，起主要作用的因素分别是：网络和媒体（74.2%），市场（57.8%），政府（56.7%），大学及其文化（56.5%），企业（13.2）、宗教团体（10.1）。[①] 根据2017年全国道德发展状况的调查数据，对于当前我国新型伦理关系和道德观念的较大影响因素的前几位仍然是网络媒体、政府、市场、大学及其文化，除此之外，还有企业、社会团体、知识精英、国外的思潮与生活方式等因素。网络媒体开拓了人们的生活空间和领域，使人们不再局限于传统的血缘、地缘关系；市场经济改变了人们的生活方式，转变了人们的生活理念，实体性的伦理性格转化为自由性的市场性格，进而形成新的道德规范；政府对于中国伦理道德的发展依旧具有宏观指导作用，其主导的核心价值观仍然是社会伦理道德的主流趋向；大学作为高等教育、精英知识的核心领域，在伦理道德上具有价值引领作用。这些因素从整体上影响着中国伦理道德的风尚及其发展趋势。

（2）个体道德成长的受益力

第一，道德受益场：与社会伦理关系不同，个体道德成长的影响因素并不主要来自网络媒体、国家或政府，而是来自家庭、学校和社会。家庭仍然是个体道德成长的主要训练场所，父母的言传身教及其对于子女的教育具有关键性的作用。学校是个体成长的主要场所，教师对于学

---

① 2007年全国伦理道德状况调查数据库。

生的价值指引具有较大的影响力。社会（社区、单位）是个体伦理生活和道德经验的重要场所，因而对个体道德及其价值观带来一定的影响（见表1-18、表1-19）。

表1-18　　　　您认为在自己的成长中得到道德训练的最重要场所或机构是？（2013年全国）

	频数	有效百分比	累计百分比
家庭	2841	50.7	50.7
学校	998	17.8	68.5
社会	1415	25.2	93.7
国家或政府	198	3.5	97.2
媒体	97	1.7	98.9
其他	59	1.1	100
合计	5608	100	

表1-19　　　　您认为在自己的成长中得到道德训练的重要场所或机构是？（2017年全国）

		频数	有效百分比	累计百分比
有效	家庭	2947	33.8	33.8
	学校	2291	26.2	60.0
	社会（如工作单位、社区等）	2903	33.3	93.3
	国家或政府	279	3.2	96.5
	媒体	97	1.1	97.6
	其他	211	2.4	100.0
	合计	8728	100.0	

第二，影响群体：除了对个体成长的道德训练场的调查，我们还对"个体的思想行为受什么人影响最大"问题进行了调查（如图1-7所示）。

从调查结果来看，个体的思想行为受到父母和教师的影响最大，其次是政府官员、先哲先贤、农民、知识精英等群体。家庭和学校是个体

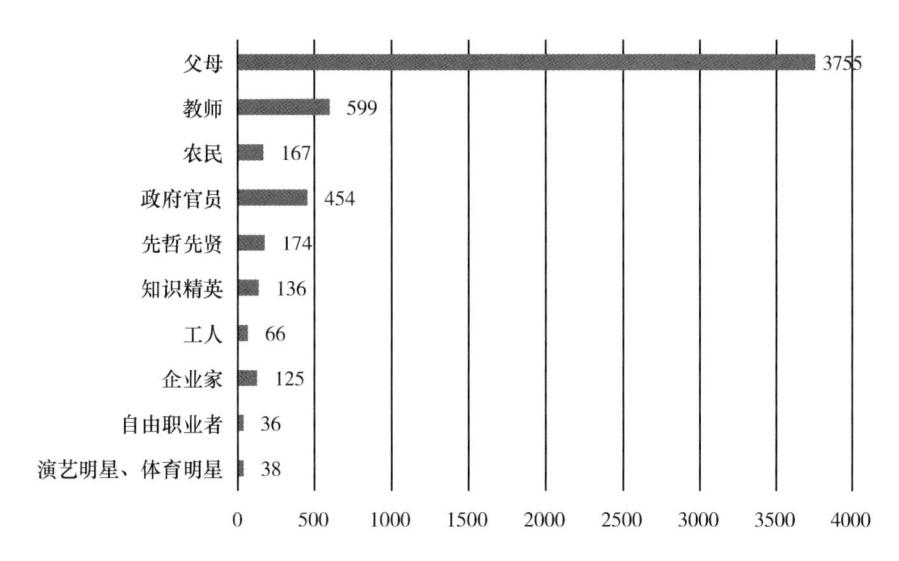

群体	频数
父母	3755
教师	599
农民	167
政府官员	454
先哲先贤	174
知识精英	136
工人	66
企业家	125
自由职业者	36
演艺明星、体育明星	38

图 1-7 您的思想行为受什么人影响最大（频数）（2013 年全国）

成长的主要生活场所，因此对个体道德的影响力最大。家庭作为天然的伦理实体，它不仅是一个家人相"爱"的场所，更是一个让个体成为家庭"成员"的场所，在其中，父母有责任教育子女，发展其纯粹感性和本性的东西。学校作为立德树人的重要场所，它对于个体的身心发展具有举足轻重的作用，正所谓"教"者，"效"也，即上所施下所效之义。"教"不仅是知识的传授，更是教者的言传身教。

2. 抑制力：负面道德风尚的伦理原因及其责任群体

（1）伦理道德风尚的负面影响因子

当今中国社会伦理关系和道德风尚既有积极的方面，也存在消极的方面，比如人际关系的紧张、负面道德风尚的发展等。尽管人们对于当前我国社会道德状况的总体满意度高达 73.6%，但是也存在一些不满意的地方，如官员腐败、人际关系紧张、两极分化、生态环境恶化等。从调查数据来看，当今中国社会伦理道德负面发展的主要伦理原因有：现在的人过于个人主义（55.2%），经济体制的变化使社会的归属感、安全感降低（44.1%），生活压力太大，身心累得难以享受生活（47.6%），现在的人欲望太多太大（37.1%），生活过于世俗化（23.5%），社会的伦理道德素质下降（21.1%），缺乏伦理理想和道德信念（15.6%）。①这些原因既有社会经济层面，也有个人生活道德层面，二者并不截然分开，而是相互影响的。经济体制、生活压力在某种程度上影响着个人的价值判断和生活信念，甚至引发人际关系的紧张和负面情绪的出现。

另外，对于现代中国社会伦理关系和道德风尚造成负面影响的因素主要来自以下几个方面，即市场经济导致的个人主义（55.4%）、外来文化的冲击（28.2%）、传统文化的崩坏（12.0%）、高技术的应用（2.0%）。② 这些因素的占比在2013年、2017年的调查中有所变化（如表1-20、表1-21所示）。

表1-20 对当前我国伦理关系和道德风尚造成负面影响的因素（2013年全国）

		频数	有效百分比	累计百分比
有效	传统文化的崩坏	1876	35.6	35.6
	外来文化的冲击	1213	23.0	58.6
	市场经济导致的个人主义	1597	30.3	89.0
	计算机网络技术的发展	422	8.0	97.0
	其他	159	3.0	100.0
	合计	5267	100.0	

表1-21 对当前我国伦理关系和道德风尚造成负面影响的因素（2017年全国与江苏比较） （%）

	全国	江苏
传统文化的崩坏	41.2	37.8
外来文化的冲击	26.6	26.1
市场经济导致的个人主义	11.3	14.1
网络技术的发展	7.3	6.5
分配不公，两极分化	10.1	12.7

---

① 2007年全国伦理道德状况调查数据库。
② 2007年全国伦理道德状况调查数据库。

续表

	全国	江苏
以权谋私，官员腐败	3.5	2.6
其他	0.1	0.1
合计	100	100

以上数据表明，在2007年对于中国社会伦理关系和道德风尚造成最大影响的因素首先是市场经济导致的个人主义问题，而在2013年则是传统文化崩坏占据首位，其次才是市场经济导致的个人主义和外来文化的冲击。由此看来，传统文化崩坏以及外来文化的冲击所导致的伦理道德问题逐渐凸显出来，传统的人伦秩序与现代的人际关系之间存在紧张状态。

（2）不良道德风尚的主要责任因素

第一，责任群体：从调查来看，人们对于下列群体的伦理道德状况最不满意，排在首位的是政府以及政府官员群体，其次是演艺娱乐界、企业及企业家群体和学校。

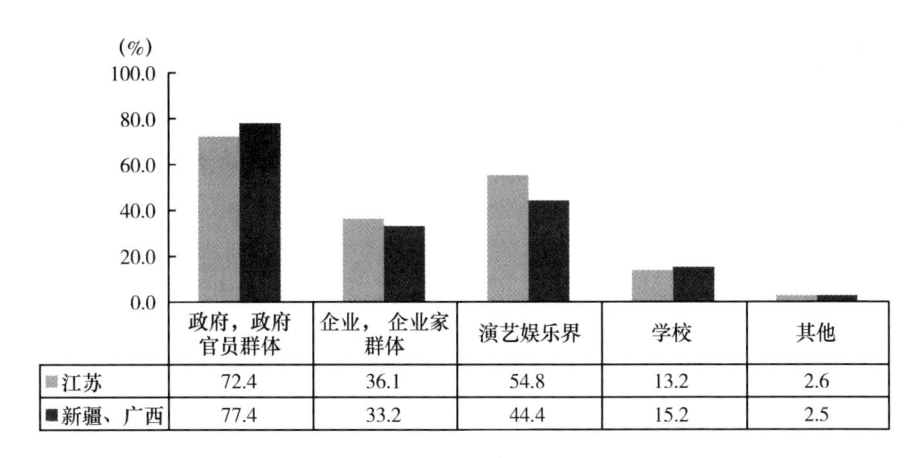

(%)	政府，政府官员群体	企业，企业家群体	演艺娱乐界	学校	其他
江苏	72.4	36.1	54.8	13.2	2.6
新疆、广西	77.4	33.2	44.4	15.2	2.5

图1-8 您对哪类群体的伦理道德状况最不满意（2007年全国）

这几类群体往往象征着权力、财富、身份地位和知识话语权，并且具有一定的公共性特点，因而人们对之更为关注，并对其提出更高的道德要求。排在首位的政府官员群体掌握着公权力，容易发生贪污受贿、以权谋私、生活作风腐败等问题，因而成为人们最不满意的道德群体；人们对于企业家群体的关注不仅因其对财富的创造，更因其对社会责任的担当；演艺娱乐界作为公众人物，对人们尤其是青少年的价值观有一定的影响；学校作为知识传播的场所，是个体道德成长的重要场所。这些群体的满意度状况直接影响人们对于当今社会伦理道德状况的看法。

第二，责任因素：对当今不良道德风尚形成负主要责任的因素有以下方面：社会的不良影响（57.8%），官员腐败（52.6%），学校道德教育功能弱化（30.1%），企业不讲诚信和损害社会利益（24.4%），家庭伦理功能式微（16.6%）。[①] 但 2017 年全国道德发展状况测评数据却表明，社会的不良影响已不再是不良道德风尚的首要原因，以权谋私、官员腐败被摆在了第一位。除此之外，企业不讲诚信和损害社会利益，分配不公、两极分化以及个人缺乏道德自觉这三种因素也在一定程度上成为当今不良道德风尚的催化剂，而个人道德成长的主要训练场所家庭和学校却并不构成这种负面风尚的主要原因。

（二）影响因子的多元性

伦理道德发展的影响因子在群体伦理生活和个体道德观念之间存在一定差异。对当前我国新型伦理关系和道德风尚起主要作用的因素有网络和媒体、市场、政府、大学及其文化。不过，尽管网络媒介对于当前我国伦理道德的发展具有关键作用，却并不构成个体道德成长和训练的最重要场所或机构，家庭、社会和学校成为影响个人道德观念的三大领域。由此可见，在社会伦理发展的总体趋势或者社会主流价值观念的引领方面，网络媒介、市场、政府以及学校具有较大的影响力，对社会各群体的伦理道德观念也具有一定的引导作用，但个体道德的成长与价值观念的树立却存在差异，社会主流价值观念与个体道德世界观之间如何达成一致将成为当前伦理道德发展的关键问题。

---

① 2007 年全国伦理道德状况调查数据库。

1. 经济因素所导致的社会风气变化

向市场经济的转变是否必然会引起社会伦理道德状况的变化？市场经济的发展是否应当为当今中国伦理道德状况尤其是不良道德风气负责？从调查数据来看，对当代中国社会伦理关系和道德风尚造成最大影响的因素，市场经济导致的个人主义高居首位（55.4%），而在当前中国伦理道德负面发展的主要伦理原因中，个人主义同样排在了第一位（55.2%），经济体制的变化使社会的归属感、安全感降低则排在了第二位（44.1%）。当问到市场经济对中国伦理道德的影响时，受访者的回答如下："经济发展了，伦理道德也变化了，但人的幸福感和满足感降低了"（57.3%），"经济发展了，人变得自私了"（24.5%），而对"经济发展了，道德也更合理了"这一问题的肯定回答比例只有6.8%。[1] 这一数据说明，经济的发展与人们的幸福感和道德感之间并不必然呈正比例的递增关系。从否定层面看，可以将市场经济所导致的伦理道德负面发展的倾向分为以下几个方面：

首先，个人主义，自私自利。从调查来看，占半数以上的人认为目前中国社会人与人之间的关系主要受利益关系的影响。利益关系如果一旦超越伦理关系而成为人们行动的价值指引，便极有可能导致极端个人主义、人际冷漠等问题的出现，一旦"将市场与权力的原则扩大运用到生活世界，以至于人与人之间的自然交往充满了去人格、去情感、去伦理的功利味，不是等级性的权力宰制，就是市场交易的金钱挂帅"[2]。于是，伦理共同体沦为利益共同体甚至是金钱共同体或者权力共同体。

表1-22　　您认为我国目前人与人之间的关系受什么影响

（2017年全国）

		频数	百分比	有效百分比	累计百分比
有效	1. 利益	5294	60.5	64.3	64.3

---

[1] 2007年全国伦理道德状况调查数据库。
[2] 许纪霖：《家国天下：现代中国的个人、国家与世界认同》，上海人民出版社2016年版，第11页。

续表

		频数	百分比	有效百分比	累计百分比
有效	2. 情感	1751	20.0	21.3	85.6
	3. 国家倡导的主流价值观	782	8.9	9.5	95.1
	4. 中国传统价值观	376	4.3	4.6	99.6
	5. 西方价值观	29	0.3	0.4	100.0
	合计	8232	94.0	100.0	
缺失	6. 不理解题意	18	0.2		
	7. 不知道	463	5.3		
	8. 拒绝回答	42	0.5		
	合计	523	6.0		
	合计	8755	100.0		

市场经济强调自由、竞争、自利，凸显的是市场调节机制、资本运作逻辑以及资源优化配置等手段，社会经济在得到迅猛腾飞的同时也使自身成为一个利益的战场，在其中，个人的"一切癖性、一切禀赋、一切有关出生和幸运的偶然性都自由地活跃着"①。每个人都以自身为目的，并在自由市场中实现利益的最大化，自我利益的实现受到偶然性的支配，如个人的出身、技能、健康，以及资本等。每个人都想通过自身的偶然性在这个自由的市场中发挥一技之长，占领一席之地，以获得某种社会身份，而要成为某种"人物"。成为某种"人物"，个体就必须具备能够得到市场青睐的相关技能和包装，就必须拥有一种所谓"市场性格"，即将"自身体验为一种商品，而并没有体验到自身的价值，或自己的'使用价值'，他是把自己体验为一种'交换价值'。人成了'人格市场'上的商品，其价值标准如同在商品市场上一样。唯一的区别是，这边待价而沽的是'人格'，那边是货物"②。人们所关心的不是自身的生活与幸福，反而是自己在市场中的销路，因此才会产生经济体制的变化使社会的归属感、安全感降低，生活压力太大，身心累得难以享受生活，现在

---

① [德] 黑格尔：《法哲学原理》，范扬、张企泰译，商务印书馆2012年版，第197页。
② [美] 埃里希·弗洛姆：《占有还是存在》，李穆等译，世界图书出版公司北京公司2015年版，第135页。

的人欲望太多太大，生活过于世俗化等问题。归根结底，这些问题出现的原因在于社会与人之间、人与自身之间出现了裂痕，一方面由于利益的驱使，人们尽可能高效率地完成某一份工作，使自己成为某一种人物；另一方面，正是由于受到外在性、偶然性的掌控，人们又从来没有获得过一种真正的自我体验或者说一种真正的自我认同感。

其次，贫富差距，两极分化。由于经济分配格局的不平衡以及个体自身先天条件、能力、知识等综合因素的影响，一部分人无法从市场竞争中获利，从而导致两极分化现象严重，部分人甚至沦为贫困群体。目前人们对于社会财富分配不公、贫富差距过大现状的观点见表1-23所示。

表1-23　　　　社会财富分配不公，贫富差距过大的严重程度
（2017年全国）　　　　　　　　　　　　　　　（%）

	全国	江苏
非常不严重	5.9	1.2
比较不严重	26.6	19.1
比较严重	48.5	46.4
非常严重	19.0	33.4
合计	100	100

在全国层面，认为社会财富分配不公，贫富差距过大"非常严重"的比例为19.0%，认为比较严重的比例为48.5%，这意味着将近七成的人对于当今我国的财富分配以及贫富悬殊的问题并不持乐观态度，贫与富的差异甚至对立构成了当今中国社会的一大主要问题。社会对于富者和强者的强烈认同倾向构成了等级差别和社会秩序，却不可避免地引起道德情操的败坏：富人的为富不仁或者恩赐傲慢，穷人的自甘堕落或者仇视愤恨。贫困者不但物质上匮乏，而且由于物质的匮乏而导致失去其他诸如教育、技能训练等方面的机会，这样，物质贫困便有可能走向精神贫困。一旦贫困者由于物质的贫困进而转化为心理和精神贫困，并恶化为"好逸恶劳"的伦理人格，甚至由于"贱民""自贱"的心理和态度而演化为对他人和社会的"作践"，进而导致出现"暴民"的社会问

题。对此，樊浩教授指出："'贱'的伦理人格和弱势群体本质的结合，在特定条件下，使'贱'畸形化为'暴'，并内含极大的危险，将'贱'的'内心反抗''暴'发于比自己更为弱势的群体。"① 樊教授将"暴民"的问题归结为"伦理出局"，即家庭伦理和社会以及国家的双重出局，面对这种情形，"贱民"就沦为"暴民"，表现为对社会和他人的敌视以及仇恨。在现代社会，市场经济的竞争使大自然所赐予的原生性富足不再显现，人们所拥有的是对于自己生活现状的持续性不满以及在竞争压力下所产生的巨大压力和焦虑，他们在财富中所捕捉到的多半是分化、不足和不公的心理感知，这便是"困"境：外在和内在的双重焦虑和压抑。在当前物质极大丰富的年代，财富的增加似乎并没有与人们的幸福感成正比，所谓的"幸福指数"并没有给人们带来真正的心灵慰藉。

最后，伦理断层，认同危机。在经济理性的指引下，人们按照一定的市场逻辑塑造自己，并在这个过程中不断"异化"自身，"这种类型的人，与其工作、自身、周围的人以及自然界的关系都是一种异化了的关系"②。伴随着这种"异化"的进程，人们对自身事务、对他人以及身边周遭世界都采取了一种漠不关心的态度，甚至引发人际关系的紧张（如表1－24所示）。

表1－24　下列哪个因素最可能影响人际关系紧张（2013年全国）

	频数	有效百分比	累计百分比
社会资源缺乏，引发恶性竞争	483	8.9	8.9
过度宣扬竞争意识	276	5.1	14.0
社会财富分配不公，贫富差距过大	2410	44.6	58.6
个人主义盛行	482	8.9	67.6
缺乏爱心	355	6.6	74.1
缺乏宽容	321	5.9	80.1

---

① 樊浩：《伦理病灶的癌变："贱民"问题》，《道德与文明》2010年第6期，第7页。
② ［美］埃里希·弗洛姆：《占有还是存在》，李穆等译，世界图书出版公司北京公司2015年版，第138页。

续表

	频数	有效百分比	累计百分比
缺乏相互理解和沟通的意识和能力	583	10.8	90.9
制度安排不公正，机会不平等	333	6.2	97.0
一切诉诸利益或法律，人际关系缺乏伦理调节的机制和能力	79	1.5	98.5
其他	82	1.5	100.0
总计	5404	100.0	

如表1-24所示，人们认为最有可能影响人际关系的首要因素是"社会财富分配不公，贫富差距过大"（44.6%），其次是"缺乏相互理解和沟通的意识和能力"、恶性竞争、个人主义等问题。外在的经济因素造成了伦理关系的紧张以及伦理能力的弱化。在自由竞争的市场环境下，自由的个人从家庭的天然实体中脱离出来并成为社会的一员，不但使家庭成员之间变得疏离，家庭的伦理功能式微，而且可能导致社会人际关系的紧张，因为如果人们对经济或者财富的关切远远超出他们对于自身情感、伦理关系等问题的关切，那么整个社会就极有可能沦为利益的战场。重"占有"的生存方式在弱化家庭伦理功能的同时，也使自我的认同出现危机。正如弗洛姆所说："现代社会的'认同危机'说到底，就是因为其成员都变成了没有自我感的工具，他们的自我认同建立在对垄断大企业（或其他庞大的官僚机构）的从属感之上。"[①] 作为主体的人却异化为财富的奴隶，内在于自我的伦理实体性已经沦为单纯的修饰，而难以发挥其真正的伦理力量。

2. 现代科技因素所导致的生活方式变化

现代技术媒介尤其是网络媒介的运用和传播，不但改变了人们的生活方式，也潜在地影响着人们的思想行为。就文化层面而言，媒介已经不仅仅是传播信息的中介，而且在相当程度上影响了人们的话语模式、

---

① ［美］埃里希·弗洛姆：《占有还是存在》，李穆等译，世界图书出版公司北京公司2015年版，第136页。

行为方式，改变了社会关系网络，甚至重构了社会关系及其主体自我。一系列新型媒介传播形式的运用使传统媒介被逐渐颠覆，并与语言建立起了一种亲密感，重新构建着现代公众话语，使某些特殊的象征符号在社会环境中找到自己的位置，并逐渐融入经济、政治和社会领域中，从而成为影响公众思维或话语的主要传播形式。

(1) 当代媒介生活的状况

从 2017 年的调查数据来看，人们对于传统媒介如纸质报纸和杂志、广播的使用情况较少，在过去一年里，对纸质报纸从不使用的比例高达 65.7%，从不使用纸质杂志的比例占 69.8%，从不使用广播的情况占 63.3%，占比都较高。但人们对于电子媒介如电视的依赖则较多，在过去一年里，对电视的使用情况是："非常频繁"（18.4%），"经常使"用（41.6%），"有时"（25.5%），"很少"（11.9%），"从不使用"的只占 2.7%。但是对于新型数字媒介如社交媒体、数字报纸、移动电视等的使用情况却不如电视那么频繁。

在过去一年里，人们对于社交媒体（微博、微信、博客、播客等）的使用情况如表 1-25 所示。

表 1-25　　您对社交媒体（微博、微信、博客、播客等）的使用情况（2017 年全国） （%）

	全国	江苏
从不	30.8	28.8
很少	8.2	5.8
有时	14.8	14.0
经常	29.8	28.7
非常频繁	16.4	22.6
合计	100	100

对新媒体（如数字报纸、移动电视等）的使用情况则如表 1-26 所示。

表1-26　　您对新媒体（如数字报纸、移动电视等）的
　　　　　　　使用情况（2017年全国）　　　　　　（%）

	全国	江苏
从不	55.8	48.4
很少	17.4	14.0
有时	12.3	13.7
经常	9.7	15.0
非常频繁	4.7	9.0

从以上数据来看，当代人对于传统媒介如报纸、广播等的使用较少，而对于电子媒介尤其是电视的依赖较大，但对于新型媒介的运用仍然处在初步阶段，距离全面数字化生活还有一段距离。人们获取社会资讯或新闻的主要途径仍然是电视，其次是微博、微信等网络社交媒介，除此之外还有网络、周边亲朋好友的口头交谈所传达的信息。

（2）媒介生活对伦理关系的影响状况

对于"信息技术、网络技术对伦理关系的影响"这一问题，调查的结果却是："效率提高了，但人与人之间情感的真实性降低了"（34.2%），"联系方便了，但人与人之间的亲密度降低了"（24.2%），"信息传递迅捷了，但人与人之间的伦理感削弱了"（18.7%），"联系变得容易，但情感方面的沟通变得困难了"（16.5%），认为"传递信息的效率和伦理关系的质量都提高了"的只占4.5%。[①] 可见，信息网络技术在使人与人之间的联系变得容易的同时，却削弱了人们之间的情感联系以及伦理感。网络媒介拓展了人们的交流空间并使联系变得更加便捷和迅速，为人们提供了一个影响强大的交流场域，从而形成特定的虚拟社会关系网络以及新的话语体系。同时，这种虚拟的网络生活和网络语言又反过来重构着现实的社会关系以及主体与世界的关系。不过，电子媒介所体现的话语模式、认同模式及其所构筑的社会网络却经常带有偶然性、跟风性以及脆弱性等特点。偶然性的事件常常可以引起民众跟风式的参与，人们

---

① 2007年全国伦理道德状况调查数据库。

已经习惯从网络热议话题中增加自己的谈资,参与的人数越多,人们越是能从中体现自身的价值。人与人之间的距离在新型媒介的作用下尽管以一种奇特的方式拉近了,而且所有矛盾也在这种模式中逐渐演变成为一种没有矛盾的怪诞语言,然而思想却被这种滑稽的、肤浅的语言所消解,整个社会弥漫着一种躁动的情绪。当某种躁动的语言侵入人们日常话语体系并与人们的思想形成一种荒诞的合体,那么它所展现的就不仅仅是个体话语、思想和生活的偶然性问题,而是整个社会的文化危机了。

(3) 媒介生活对人们思想行为的影响状况

媒介生活对于人们的思想行为是否构成影响?其影响又是什么?针对这一问题,调查显示出的结果如表1-27、表1-28所示。

表1-27　　从网络中获得的信息(文字,图片,视频等)对您的思想行为影响如何(2017年全国)　　(%)

	全国	江苏
有影响	48.3	34.4
没影响	4.1	22.8
不适用,因为不上网	47.6	42.8

表1-28　　从网络中获得的信息对您的思想行为有多大程度的影响(2017年全国)　　(%)

	全国	江苏
影响很大	22.2	21.7
有一些影响	53.6	55.7
影响很小	18.9	18.2
完全没有影响	5.3	4.4
合计	100	100

媒介不仅作为一种信息工具而存在,而且作为一种文化的隐喻而影响着人们的生活世界和思想行为。媒介文化不但塑造了人们的日常生活

和意识形态，也制约着人们对于周遭世界的理解并不断建构着人与世界的关系。一方面，它不断扩充着人们的生活时空和领域，打破传统的地域限制和文化差异，并逐渐形成"同一化"的盛大局面；另一方面，它在"同一化"的同时，又不断制造着差异和争议，并不可避免地陷入碎片化和无序化的糟糕境地。媒介信息的碎片化无法提供一种连续性的思想，在这个意义上，媒介生活、媒介话语以及在此基础上形成的媒介文化是断裂的、多元的甚至是极具争议的，其中存在着诸多伦理差异和道德分歧，但媒介信息似乎只提供分歧却并不提供解决之道，在场的"共时性"却并没有提供情感或认知的"共识性"，"场内"的信息熏陶似乎也不一定能够成为"场外"的价值引领。尽管网络媒介为当代生活提供了便捷，但个体的思想、道德以及情感等问题却不一定只是遵循一种单一的媒介逻辑，这意味着，媒介在部分场域里可能具有重要意义，却无法成为整个场域的主宰力量。交流的便捷并不意味着情感联系的紧密，信息传递的迅速并不意味着伦理感的增强，从某种意义上说，网络媒介的信息轰炸反而有可能造成人的视觉疲劳甚至情感冷漠。

3. 现代社会转型所导致的思想文化效应

自改革开放以来，中国社会的意识形态也开始出现变化，呈现出多元化的发展趋势，其中既有传统与现代的激烈碰撞，也有全球化、西方文化的剧烈冲击。从否定的层面看，前者表现为现代生活拆解了传统结构因而导致传统文化的崩坏、家庭伦理功能的式微等，后者主要表现为西方文化对中国传统文化的侵蚀和消解。

第一，传统文化与现代社会的碰撞。中国传统社会是一种以家族为本位的社会，这是一种由家而国，以国为家的社会，血缘亲情是维系家国之间的纽带，也是道德伦常之源流。因此，传统社会是一种主要由"熟人"所构建的系统，个体不可脱离、更不可超出那种起源于血缘关系的伦理实体关系，强调的是个体对实体的绝对忠诚。可以说，中国传统伦理"最深厚的根源存在于家族血缘关系之中，血缘关系既为伦理提供基础和出发点，又为伦理提供范型和最后的价值标准，社会的伦理关系根植于血缘关系即人的自然伦理关系。"① 以孔孟为代表的儒家学说之所以能够成为中国传统伦理的主流,也正是因其把握了这一本质并以此人性前提为整个伦理设计奠定基础,强调由亲亲、仁民进而爱物,君子之道便在于修身、齐家、治国、平天下。孟子所继承发扬的"五伦"构建,其核心在于由血缘关系所扩展开来的各种人伦原理及其相关规范的设定。于是,人们自然的伦理行为便直接转化为自觉的道德实践,个体德性的养成及评价都依托于这个天然的伦理系统,"安伦尽份"成为传统社会人们最核心的伦理准则和道德意识。然而,传统"五伦"的伦理规范在当代社会却遭遇了种种困难,由于人们活动空间的不断扩展,现代社会可以说是一个主要以"半熟人"或"陌生人"为交往关系的社会结构,人与人之间的关系常常超出血缘关系的辐射范围之外,强调的是个体与他人特别是素昧平生的陌生人之间应该如何"对待"彼此的问题,传统"家国一体、由家即国"的社会系统在现代社会出现分裂,现代人并没有传统社会人们那种强烈的伦理实体认同感和依附感。

数据表明,对当前我国伦理关系和道德风尚造成负面影响的首要原因是传统文化的崩坏,一方面,传统伦理道德的约束力降低;另一方面,个人主义的倾向增强。对此,许纪霖先生认为,传统家国天下的连续体在近代遭遇了"大脱嵌"式的断裂,主要表现为家与国的断裂和国与天下的断裂,而这种"断裂"给中国的政治生活、伦理生活和日常生活带来了巨大影响,从负面的意义上说,主要有两个方面:"一是由于失去了社会和天下的制约,国家权威至高无上;二是由于从家国天下共同体'脱嵌',现代的自我成为一个无所依傍的原子化个人,失去了其存在的意义。"② 如此一来,人们既缺乏对家国的认同,又找不到自身认同的价值依托,自我同一性难以建立。从调查数据来看,六成以上的受访者最向往的伦理关系和道德生活依旧是传统社会的伦理和道德生活,并且在日常生活中运用传统道德观念来衡量个体行为(如表 1-29、表 1-30、表 1-31 所示)。

---

① 樊浩:《伦理精神的价值生态》,中国社会科学出版社 2001 年版,第 147 页。
② 许纪霖:《家国天下:现代中国的个人、国家与世界认同》,上海人民出版社 2016 年版,第 10 页。

表1-29 您认为当前我国社会道德生活中最重要的元素是？
（2013年全国）

	频数	有效百分比	累计百分比
意识形态中所提倡的社会主义道德	973	18.1	18.1
中国传统道德	3507	65.1	83.1
西方文化影响而形成的道德	223	4.1	87.3
市场经济中形成的道德	599	11.1	98.4
其他	88	1.6	100.0
合计	5390	100.0	

表1-30 您根据什么来判断某种行为是否符合伦理或道德
（2017年全国）

		频数	百分比	有效百分比	累计百分比
有效	1. 传统道德观念	4406	50.3	51.2	51.2
	2. 风俗习惯	2336	26.7	27.2	78.4
	3. 大多数人认同的道德规范	886	10.1	10.3	88.7
	4. 当事人共同利益和意志	304	3.5	3.5	92.2
	5. 自己的良心	660	7.5	7.7	99.9
	6. 其他	7	0.1	0.1	100.0
	合计	8599	98.2	100.0	
缺失	7. 不知道	50	0.6		
	8. 不理解题意	73	0.8		
	9. 拒绝回答	33	0.4		
	合计	156	1.8		

表1-31 您认为解决当前我国的公民道德和社会风尚问题，
最关键的途径是（2017年全国）

		频数	百分比	有效百分比	累计百分比
有效	1. 加强法制	2943	33.6	34.0	34.0
	2. 弘扬优秀传统道德	3253	37.2	37.6	71.6
	3. 建设伦理道德的核心价值	656	7.5	7.6	79.2

续表

		频数	百分比	有效百分比	累计百分比
有效	4. 惩治官员腐败	956	10.9	11.0	90.2
	5. 解决分配不公问题	389	4.4	4.5	94.7
	6. 提高个人道德素质	457	5.2	5.3	100.0
	合计	8654	98.8	100.0	
缺失	7. 不知道	12	0.2		
	8. 不理解题意	55	0.6		
	9. 拒绝回答	34	0.4		
	合计	101	1.2		
	合计	8755	100.0		

第二，全球化、西方文化对本土思想及其文化的冲击和挑战。伴随着全球化、数字化生活的发展，人们的活动不再受限于地域空间，国际上的经济、文化交流与碰撞变得更加便捷频繁。正因为如此，西方文化也对当前中国的主流意识形态、人们的思想及其伦理道德生活带来一定的冲击和影响。从针对"全球化、西方文化对中国伦理道德的影响"这一问题的回答来看，大多数人认为，中国人根本不了解西方伦理关系和道德生活的真实状况，表面的模仿导致了社会变态（61.7%），认为"总体上积极，负面影响是次要的"的占20.9%，而认为"全球化、西方文化误导和污染了中国的社会风气"的只占8.1%。[1] 从这一调查数据来看，人们对于西方文化的态度相对较为理性。面对全球化、西方文化对当前中国社会所造成的影响，我们既要看到其中的积极层面，例如促进多元文化交流、国际合作等，但对于其中的负面影响也不应忽视，例如意识形态领域的冲击、文化话语权的主导、本土伦理道德观念的瓦解等。在这种情形下，如何在与外来文化进行沟通对话的同时保有文化自信，发展中国特色的文化力量，并不断提升我国国民文化素养和文化软实力，将是当前文化建设的当务之急。

---

[1] 2007年全国伦理道德状况调查数据库。

(三)研究对策及建议

从对中国社会伦理道德发展影响因子的分析来看,无论是影响力结构的双重性还是影响因子的多元性,都不是以一种单一的形态影响着当前中国社会的伦理道德状况以及人们的思想行为状况。例如,市场经济的发展在给人们生活带来富裕的同时却滋生了个人主义观念,信息技术在给人们交流带来便捷的同时也可能使人际关系变得疏离,社会财富在不断增长的同时所引发的资源竞争、分配不公、贫富差距等问题直接影响着人际关系甚至导致人际关系的分层和紧张,社会与观念的现代转型也逐渐消解着传统的力量,甚至使传统与现代之间出现难以愈合的裂痕,文化多元在不断丰富人们思想的同时却也使得碰撞、冲击、对立不断出现。诸如此类的问题并不是一朝一夕形成的,更不是通过某一种"力量"的推动和变革便可解决的,而是需要一种生态的"合力"加以对待,进而充分发挥"共同体"所应具备的生命活力。

1. 建构伦理生态场,提升道德合力

在西方语境中,"伦理"一词源自风俗,最初表示惯常的住所和共同居住地之义,后来引申为"伦理的""德性的"。而在中国传统的语境中,伦理则指向人伦之理。"伦,从人,辈也,明道也。"(《说文解字》)"伦"本义为辈、份、类等,强调人与人之间的各种关系,例如传统社会中的"五伦",每一种"伦"都具有其必须遵守的规则,这便是"理"。道德与伦理不同,它更加注重个体对"道"的体认和对"德"的认同,正所谓"德"者,"得"也,是得"道"于心而不失之意。因此,辨"伦"而讲"理",循"道"成"德",构成了伦理学的独特任务:建构伦理的生态,提升道德的合力。生态意味着绿色、有机和可持续,伦理生态则意味着伦理世界的和谐共处以及道德世界的生态觉悟,这便要求我们不仅是成为一个人,而且要尊重他人之为人。

伦理所面对的本就是人的问题,它既涉及如何"成为一个人"的问题,也涉及如何与他者相处的问题,就其本质而言,这是对于人本身及其有限性的回应：我如何成为一个人？我们如何在一起？作为家庭、社会、国家乃至民族的一员，我将担任何种角色？我应承担何种责任？我们彼此之间又应负何种义务？随着当代世界图像的日趋复杂以及人们道德生活的日益丰富，面对复杂、具体的道德实践所带来的理论挑战，认识、理解和明辨道德所蕴含的文化和文明根源将是我们进一步审视自己如何与自己以及和他人相处的奥秘的必要前提。从精神哲学意义上说，人本质上是普遍的东西，如果仅仅强调个体的特殊性而忽略其实体性本质，则人不过是一个抽象的人，而且，"把一个个体称为个人，实际上是一种轻蔑的表示"[1]。亚里士多德将人定义为一种"社会动物"，而马克思则认为人的本质是"一切社会关系的总和"，人的社会属性是其本质属性。不过，"社会性"实际上并不专属于人或者说并不是人的唯一特性，只是我们却在人的社会中发现了所谓思想和感情的东西，也就是中国传统伦理中所强调的"义"的层面，人有生有知有情且有义，故为天下之贵。《说文》中将人视为天地之性最贵者，因为其合"天地之德""阴阳之交""鬼神之会"，故又可称为"天地之心""五行之端"。从社会属性而言，人必须与整个世界建立起一种亲密关系，正是依靠这种"基本的能力——对自己和他人做出的回答（response）的能力，人成为一个'有责任的'（responsible）存在物，成为一个道德主体"[2]。也就是说，人对自己和他人做出回答的能力即人成为主体的能力实际上也使人置身于一种道德责任主体的地位，人与一切生命存在具有一种密不可分的内在责任的关系，人必须为自己的行为负责。也正因为如此，人在本质上就是一种道德存在者，从一开始就处于"道德选择"的境地，我们不得不"面对"他者，这里的"他者"即可以是他人，也可以由此延伸为整个社会、民族乃至国家等各类群体。面对"他者"存在，"我"该如何自处？"我们"该如何相处？如果仅仅以自我优先，即"我"以原子式的个体身份出现，家族、社会、民族乃至国家不过是个人实现的手段，那么我与诸"他者"将处于一种彼此隔绝、相互对象化的利用关系中，但是这样

---

[1] ［德］黑格尔：《精神现象学》（下卷），贺麟、王玖兴译，商务印书馆2012年版，第40页。

[2] ［德］恩斯特·卡西尔：《人论》，甘阳译，上海译文出版社1985年版，第9页。

的个体难以获得真正的自我认同,因为"自我的认同总是与特定的民族历史传统有关,是一定文化脉络中的自我"①。自我认同的关键仍在于其所处的共同体世界,在历史的、真实的共同体中,每个"我"构成了独特的"我们"。不仅如此,"任何文化都是一个有机的生态,任何文化要素都是一定文化生态中的有机因子,作为文化的核心构成,价值因子也是一种生态性的存在"②。这意味着,在文化的生态场中,每个个体从中共享并领会某种共通的价值理念,并以此见诸行动,不断重构着属于"我"的道德世界和"我们"的伦理世界。

2. 利用媒介信息场,巩固价值核心力

随着社会的发展和科技的进步,"媒介"经历了由传统意义上以印刷形式为主的信息承载和传播方式向现代主要以电子设备为信息传播和交流模式的转变,进而使当代人的生产生活方式、语言交流模式以及思维认知模式等各个方面都与以往有所不同。从本质上而言,不同的"媒介"形式便代表着不同的会话模式,而会话模式又对社会文化的构建与形成有着重要影响,甚至成为文化的组成部分。波兹曼曾在其《娱乐至死》一书中提道:"我们的语言即媒介,我们的媒介即隐喻,我们的隐喻创造了我们的文化的内容。"③ 波兹曼想借此说明电视媒介所带来的文化隐喻及其娱乐化危机。媒介即隐喻,即用一种隐蔽但有力的暗示来定义现实世界,将这个世界进行分类、排序、构建和着色,并在不同群体之间形成强烈的共鸣。技术媒介的运用以及对人们生活的渗透,逐渐形成话语、观念、行动以及精神和物质文化的整个范围,也就是说,"在技术的媒介作用中,文化、政治和经济都并入了一种无所不在的制度"④。从语言交流方式的话语结构到日常行为方式的转向,进而引发社会文化风向、人们文化取向的变化,新的语言形态在相当程度上改变并重构着社会关系

---

① 许纪霖:《家国天下:现代中国的个人、国家与世界认同》,上海人民出版社2016年版,第16页。
② 樊浩:《伦理精神的价值生态》,中国社会科学出版社2001年版,第106页。
③ [美]波兹曼:《娱乐至死》,章艳译,广西师范大学出版社2011年版,第15页。
④ [美]马尔库塞:《单向度的人:发达工业社会意识形态研究》,刘继译,上海译文出版社2008年版,导言第7页。

及其主体自我,当媒介以某种方式嵌入了社会进程和文化需求时,便会形成相应的心理认同和社会矛盾。在互联网的时代,人们可以随意地参与社会事务的讨论,网络以一种直观的数据加速传播各种社会热点,并迅速传染以形成波动之势,进而在碎片化信息的多元认知中,不断促成舆论效应。网络信息蔓延迅速,却不可避免地陷入碎片化拼接,如断章取义、哗众取宠、故弄玄虚等中,在其中,精英文化与大众文化、主流文化与亚文化、事实与谣言并存,极大地影响着人们的认知和情感世界,并重构着社会的话语体系和关系模式,甚至波及整个国家的文化生态和意识形态领域。波兹曼指出:"如果一个民族分心于繁杂琐事,如果文化生活被重新定义为娱乐的周而复始,如果严肃的公众对话变成了幼稚的婴儿语言,总之人民蜕化为被动的受众,而一切公共事务形同杂耍,那么这个民族就会发现自己危在旦夕,文化灭亡的命运就在劫难逃。"[①] 党的十九大报告指出:"坚持正确舆论导向,高度重视传播手段建设和创新,提高新闻舆论传播力、引导力、影响力、公信力。加强互联网内容建设,建立网络综合治理体系,营造清朗的网络空间。"从这个意义上说,掌握网络舆情,坚持舆论导向,倡导核心价值,是当前中国社会政治、文化和道德建设的必要举措。

3. 发挥传统文化场的作用,增强人文承载力

人们的道德思考和道德实践从一开始就带着文化的印记,因为人们的道德生活总是在既定的文化事实中发生的。不过,理论与实践之间总是存在某种"张力",这也恰恰使我们对于自己的道德行为及其反思留有足够的空间。"文化"其实就是"人化",正所谓"文明以止,人文也",而文明本身亦是"人化"的积淀。

文化自信是根本,是灵魂,文化是精神的载体,而精神是民族的灵魂。文化实际上就是"人化"和"化人"的实践过程。就本质而言,"化"人的本质就是以文化人,使人具备一定的文化素养,并形成一定的人文力。对于文化要素,文化力的定位及沉淀,文化体系的形成等问题,我们在融合中西文化的基础上探索具有"中国特色"的文化体系。一个

---

① [美] 波兹曼:《娱乐至死》,章艳译,广西师范大学出版社2011年版,第163页。

国家的文化软实力，从根本上说，取决于其核心价值观的生命力、凝聚力、感召力。文化软实力最突出的特点是对于个体的吸引力，是价值观本身的能量与感召力，从本质上而言就是文化自信，是人们对其文化价值的充分肯定、文化发展的饱满信心和文化价值取向的坚定信仰。一方面，赋予传统文化以时代精神的活力，培植体现时代精神的文化精神；另一方面，通过文化对话，增强人文辨别力，尊重世界文明的多元性，认同本民族文化的延续性，在文化交流和对话中不断提升文化自信，掌握文化话语权，以此增强人文承载力。正如党的十九大报告所指出的："要尊重世界文明多样性，以文明交流超越文明隔阂、文明互鉴超越文明冲突、文明共存超越文明优越。"透过"人文力"提升人的价值，使其积极有效地参与社会政治、经济、文化等方面的建设。"人文力"并不仅仅是指文化力量，它是文化熏染并沉淀的结果，是主体对文化的认同与接受的过程，因而是一种自在的、主体性的文化力量。因此，"以文化人"的最终目标便是"树人"，使每个主体拥有一种内在的"人文力"，并以此构建一种具有中国特色的、凝聚中国力量的、承载中国传统的文化场域，从而提升国人的人文素养，增强我们的文化自信。

（黄　瑜）

四 中国社会道德生活的发展轨迹及其精神哲学诊断

2007年、2013年和2017年三轮全国道德国情大调查已揭示,中国社会道德状况的整体面貌获得了相对改善,乐观又紧张成为人们的普遍文化心态,同时中国道德的精神素质又呈现出复杂情形,道德知识与道德行动相矛盾的突出问题有着向道德知识、道德情感和道德行动三重风险发展的可能。面对此现状,本研究报告将依托调查数据资源,进一步分析造就中国社会道德生活整体面貌和中国道德精神素质的诸影响因子,描绘影响因子的发展轨迹并对其进行精神哲学诊断,最终从影响因子的角度出发为推进社会道德生活的良序发展提供相应的对策建议。围绕上述议题,本研究报告将重点依据2007年和2017年两年的全国数据,之所以放弃2013年的全国数据,主要考虑到两方面原因:其一,2007年与2017年两年的调查问卷有着更强的契合度,能提高对比和趋势研究的可行性,而2013年的问卷与它们存在一定的差别,不宜进行此类研究;其二,10年的时间差更能凸显研究对象的差异性,增强研究的意义。

(一)问题的提出

2007年、2013年和2017年的全国问卷都提出了"您对当前我国社会道德状况的总体满意度"(见表1-32)的问题,虽然这三次调查在问题设计上有所差异,但将选项合并为"满意"和"不满意"两项后仍可发现基本的发展趋势。在2007年调查中,选择"满意,有很大进步"的占 5.3%,选择"基本满意,虽然不尽如人意,但还是在不断改善"的占 69.7%,选择"不满意,道德失范,伦理失序"的占 19.4%,经调整和合并之后,表示"满意"的占 75%,表示"不满意"的占 19.4%。在 2013 年的调查中,选择"非常满意""比较满意""一般""不太满意""非常不满意"的比例分别为 2.1%、33.7%、41.5%、19.0%、3.8%,经合并换算后,表示"满意"的为 77.3%,表示"不满意"的为 22.8%。2017 年调查显示,表示"非常满意""比较满意""不太满意""非常不满意"的各占 6.9%、66.7%、23.7%、2.6%,因而最终表示"满意"和"不满意"的占比分别为 73.6% 和 26.3%。对比三年数据发现,整体上满意度均在 75.0% 左右,不满意度均在 25.0% 左右。可见,人们对当前社会道德状况的满意度较高,但又表现出一定程度的紧张与警惕。同时,2013 年和 2017 年的调查对"满意"与"不满意"强度的细分(见表 1-33)进一步表明,表示"非常满意"和"比较满意"的程度获得显著提高,而表示"比较不满意"和"非常不满意"的程度相对平稳:2013 年表示"非常满意"和"比较满意"的分别仅为 2.1% 和 33.7%,2017 年表示"非常满意"和"比较满意"的分别达到 6.9% 和 66.7%;2013 年表示"比较不满意"和"非常不满意"的分别为 19.0% 和 3.8%,2017 年表示"比较不满意"和"非常不满意"的分别为 23.7% 和 2.6%。总之,整体上人们对社会道德状况保持着既乐观又紧张的文化心态,一方面社会道德状况的满意度较高且正在大幅提升,但另一方面不满意度始终占据一定的地位。

表 1-32 "您对当前我国社会道德状况的总体满意度" (%)

	2007 年	2013 年	2017 年
1. 满意	75.0	77.3	73.6
2. 不满意	19.4	22.8	26.3

表 1-33 "您对当前我国社会道德状况的总体满意度"
(对"满意"与"不满意"强度的细分) (%)

	2013 年	2017 年
1. 非常满意	2.1	6.9

续表

	2013 年	2017 年
2. 比较满意	33.7	66.7
3. 比较不满意	19.0	23.7
4. 非常不满意	3.8	2.6

社会道德生活的满意度代表了人们对社会道德生活的主观认知，在一定程度上反映了社会道德发展的整体态势。但从道德的精神素质考察，我们将更能深刻认识当前社会道德生活的复杂情形。道德的精神素质主要包括良知、良心和良能三个层次，即道德知识、道德情感与道德行动。现代社会个人道德素质中最突出的问题（见表1－34）"知行脱节"，"有道德知识，但不见诸行动"在三年调查中都占据相当大的比重，达到80.7%、66.7%和69.4%。值得注意的是，三年调查数据显示，"道德上无知"由2007年的6.4%逐渐上升为2013年的12.3%和2017年的13.2%，而"既道德上无知，也不见道德行动"逐渐由2007年11.4%上升为2013年的17.2%和2017年的16.7%。这无疑发出了一个重要信号：道德知识的缺失正在加重，"知行脱节"有可能恶化为道德知识与道德行动的双重危机。人的道德情感是一种道德冲动力，是推进道德知识落实为道德行动的必要环节。然而，2007年和2017年的调查（见表1－35）表明道德情感也正逐渐被理性算计和感性欲望所遮蔽。2007年有37.3%的人认为"经常有"，10年后下降为33.8%；2007年有12.0%的人认为"没有，只是凭自己的感觉和利益办事"，10年后该选项上升为27.0%。道德情感的遮蔽可以用于解释知与行的背离，同时也可反映出人们主动学习道德知识的积极性问题。整体而言，道德的精神素质状况并不理想，道德知识与道德行动相矛盾的突出问题有着向道德知识、道德情感和道德行动三重风险发展的可能。

表1－34 "您认为当前中国社会个人道德素质的主要问题是" （%）

	2007 年	2013 年	2017 年
1. 道德上无知	6.4	12.3	13.2

续表

	2007 年	2013 年	2017 年
2. 有道德知识，但不见诸行动	80.7	66.7	69.4
3. 既道德上无知，也不见道德行动	11.4	17.2	16.7

表 1-35　　"您常常体验到自己身上有一种'道德感'的存在和满足吗？"　　(%)

	2007 年	2017 年
1. 没有，只是凭自己的感觉和利益办事	12.0	27.0
2. 在有监督的环境中或有别人在场时有，其他环境中没有	11.7	13.9
3. 经常有，问心无愧、不做亏心事最重要	37.3	33.8
4. 没有特别的感觉，但从来不做不道德的事	36.2	24.9
5. 其他	2.1	0.3

由此可知，中国经济水平和生活水平腾飞的 10 年带来了社会道德状况满意度的相对提升和社会道德生活的相对改善，但矛盾与问题仍然存在，甚至在某些方面有所加重。为何会产生这样的结果？哪些因子正在影响又如何影响当今中国社会道德生活的发展动向？如何根据影响因子制定优化中国社会道德发展的策略与路径？这些问题汇聚于本报告的研究主题——中国社会道德生活的影响因子研究中。

（二）核心概念与研究方法

本报告关涉两个核心概念即"道德生活"和"影响因子"。在学术研究和日常生活中，人们常常将伦理与道德相互等同。理论与实践"共谋"的现象学图景是，将所有与善恶相关的意识、行为、关系问题，都当作道德问题。[1] 因而使伦理与道德两大概念丧失了哲学韵味，无法真正解释

---

[1] 樊浩：《当前中国伦理道德的"问题轨迹"及其精神形态》，《东南大学学报》（哲学社会科学版）2015 年第 1 期，第 5—19 页。

乃至解决日常生活中的伦理道德问题。此系列调查研究的理论特色之一正是对伦理与道德的学理区分，基于道德辩证法，将伦理道德视为精神发展的辩证过程。黑格尔的精神现象学揭示出精神生长经历了"伦理世界—教化世界—道德世界"①的辩证过程，其中伦理与道德是精神发展的不同阶段。伦理世界是精神的肯定阶段，具有实体或共体的普遍本质，自我意识在该阶段仍未成为现实；自我意识在教化世界中觉醒，通过教化世界的自我异化和自我否定，最终在道德世界中获得真正的自我意识，实现个体向实体的复归，成为自在自为的存在。简言之，伦理是客观性的精神，现实地表现为个体与伦理实体之间的人伦关系，如家庭成员与家庭之间的关系。而"道德毋宁应该说是一种伦理上的造诣"②，道德是对客观伦理精神的内化，是对客观伦理精神的主观表达。教化世界即我们现实的生活世界，是伦理向道德转化的必经环节。只有通过生活世界，伦理向道德的转化才符合伦理精神的发展规律；也只有通过生活世界，伦理和道德才能超越抽象性，在现实实践中获得真理性。因此，考察生活世界中的道德形态显得尤为必要，生活世界中的道德形态即道德生活，它是道德精神的现实呈现。道德生活以道德世界观为核心，展现为整体上的社会道德状况和道德的诸精神素质如道德知识、道德情感和道德行动。

社会道德生活的影响因子是指对社会道德生活产生影响的指标分类。2007年的调查报告指出了伦理关系与道德生活的影响力结构，分为伦理道德精神的肯定性结构与否定性结构。肯定性结构包括两大伦理道德的受益场域（策源地）即家庭与学校，以及塑造当前我国新型伦理关系和道德观念的四大影响因子即网络媒体、市场、政府与大学。否定性结构包括文化因素与责任主体。前者如市场经济导致的个人主义、外来文化冲击和传统的崩坏；后者如社会不良影响、官员腐败和学校教育功能弱化。

本研究报告将根据2007年和2017年全国调查中相关问题的数据资源，基于道德生活的影响力结构理论框架，分析当今中国社会道德生活影响因子的变化及其发展轨迹，并对其进行精神哲学诊断，最后提出相

---

① 黑格尔：《精神现象学》（下卷），贺麟、王玖兴译，商务印书馆1996年版，第1—5页。
② 黑格尔：《法哲学原理》，范扬、张企泰译，商务印书馆1961年版，第170页。

应的对策建议,为中国社会道德的和谐发展建言献策。

(三)2007—2017年中国社会道德生活影响因子发展轨迹

十年以来,在乐观又紧张的发展进程中,中国社会道德状况的整体面貌获得了相对改善,同时当前中国道德的精神素质又呈现出复杂情形,新问题凸显。哪些影响因子造就了中国社会道德生活的整体面貌,培育了中国道德的精神素质?我们将从道德生活的两大影响力结构即肯定性结构和否定性结构出发,探测2007年至2017年中国社会道德生活影响因子的发展轨迹。

1. 道德生活肯定性结构的发展轨迹

道德生活的肯定性结构包括受益场域和影响因子两大方面,其呈现出如下发展轨迹:在道德生活的受益场域中,家庭和学校作用下降,社会作用上升,"家庭—学校—社会"倒金字塔结构演变为"家庭—社会—学校"的三足鼎立结构;在道德生活的影响因子中,大学及其文化的作用力已经式微,社会团体的力量得以加强,传统的四大影响因子即网络和媒体、市场、政府和大学及其文化正扩充为网络和媒体、政府、市场、社会团体、国外的思潮与生活方式和企业六大影响因子。

道德生活的受益场域是培育道德精神的重要场所。从精神哲学角度分析,伦理是道德的根源和策源地,而以血缘关系为基础的家庭提供了伦理的终极性和神圣性根源,因而是伦理的策源地。所以,家庭应当是道德最为重要的受益场域。除此之外,日常生活中还有许多场所能够充当起培育道德精神的重要职能。在"您认为在自己的成长中得到最大伦理教益和道德训练的场所是"(见表1-36)的问题中,2007年调查(限选两项)显示出家庭和学校各占63.2%、59.7%,位列前二位。余下选项如社会占32.2%、媒体占7.8%、国家或政府占6.8%、其他占1.1%。由于受选项数量的限制,家庭和学校被认为是伦理道德精神的两个重要的策源地。实际上,社会也占据着重要比重,因而呈现出"家庭—学校—社会"的倒金字塔结构。

2017年的调查问卷改为限选一项,选家庭的比例下滑至33.8%,选社会的比例超过学校跃居至33.3%,基本与家庭地位等同,选学校的比例减少为26.3%,三大选项的重要性不相上下。选择国家或政府、媒体的比例各减少至3.2%、1.1%,其余还有2.4%选择其他。总体上表明受益场域正在演变为"家庭—社会—学校"的三足鼎立结构。

表1-36 "您认为在自己的成长中得到最大伦理教益和
道德训练的场所是" (%)

	2007年(限选两项)	2017年(限选一项)
1. 家庭	63.2	33.8
2. 学校	59.7	26.3
3. 社会(包括职业生活)	32.2	33.3
4. 国家或政府	6.8	3.2
5. 媒体	7.8	1.1
6. 其他	1.1	2.4

除了基本的受益场域,社会生活中还有许多具体的影响因子会对社会道德生活产生作用。当问及"对形成我国当前各种新型伦理关系和道德观念,哪些因素起主要作用"(见表1-37)时,2007年的调查结果(限选三项)显示,网络和媒体(74.2%)对形塑当前伦理关系和道德观念发挥着最主要的作用,市场(57.8%)、政府(56.7%)和大学及其文化(56.6%)次之,三者的重要性旗鼓相当,剩下的如企业(13.2%)、宗教团体(10.1%)也具有一定的影响力。网络和媒体、市场、政府和大学及其文化被认为是影响伦理关系和道德观念的四大影响因子。

表1-37 "对形成我国当前各种新型伦理关系和道德观念,
哪些因素起主要作用" (%)

	2007年(限选三项)	2017年(限选三项)		
		选择一	选择二	选择三
1. 网络和媒体	74.2	47.2	—	—

续表

	2007 年（限选三项）	2017 年（限选三项）		
		选择一	选择二	选择三
2. 政府	56.7	36.8	29.7	—
3. 大学及其文化	56.6	5.5	18.1	7.1
4. 市场	57.8	6.2	24.9	15.4
5. 企业	13.2	1.5	13.3	19.1
6. 宗教团体（2017 年此选项改为社会团体）	10.1	1.8	7.7	20.7
7. 知识精英（2017 年新增选项）	—	0.3	3.2	17.4
8. 国外的思潮与生活方式（2017 年新增选项）	—	0.5	3.0	20.1
9. 其他	2.8	0.1	0.1	0.2

2017年问卷的选项有所调整，不仅将2007年的"宗教团体"选项扩充为"社会团体"，而且额外加上"知识精英"和"国外的思潮与生活方式"两个选项。选项的调整具有很强的现实性，一方面，"宗教团体"较为受局限，而"社会团体"代表了除政府、企业之外的众多团体形式，具有更强的包容性；另一方面，随着近年来文化教育产业的勃兴与国际交流机会的增多，"知识精英"与"国外的思潮与生活方式"必将深刻影响人们的伦理关系和道德观念。同时，此次问卷分别调查影响人们新兴伦理关系和道德观念的第一重要因素、第二重要因素和第三重要因素。网络和媒体依然被47.2%的人认为是第一重要因素，而有36.8%的人认为政府是第一重要因素；在关于第二重要因素的回答中，有29.7%的人选择政府，有24.9%的人选择市场；社会团体（20.7%）、国外的思潮与生活方式（20.1%）和企业（19.1%）在第三重要因素中几乎占据同等地位。由此可见，随着时间的推移，伦理关系和道德观念的影响因子不断丰富，传统的四大影响因子正发展为六大影响因子即网络和媒体、政府、市场、社会团体、国外的思潮与生活方式和企业。原本的四大影响因子之一的大学及其文化的作用力已经式微。

2. 道德生活否定性结构的发展轨迹

现实生活不仅存在着有助于社会道德发展的积极因素，也隐藏着不利于社会道德发展的风险因素。这些风险因素主要表现为负面文化因素，其发展轨迹是，市场经济导致的个人主义的负面影响力正在减轻，传统文化的崩坏超越前者成为第一负面文化因素，与此同时，人们越来越重视官员腐败和两极分化所产生的负面作用，形成了一个以传统文化的崩坏为主要因素的多元复杂局面。至于不良道德风尚的责任主体，则由社会不良影响与官员腐败两大主导因素演变为以权谋私和官员腐败、企业不讲诚信和损害社会利益以及社会的不良影响三大主要原因。

关于"您认为对现代中国社会伦理关系和道德风尚造成最大影响的因素是"（见表1-38）这一问题，在2007年调查（限选一项）中，有55.4%的人认为市场经济导致的个人主义是最大影响因素；外来文化的冲击排在其次，共有28.2%的人选择它作为最重要因素；有12.0%的人认为传统文化的崩坏是首要原因；另有2.0%的人将首要因素看作高技术的应用；有1.5%的人选择其他。相较于其他因素，市场经济派生的个人主义是首要负面因素。

表1-38 "您认为对现代中国社会伦理关系和道德风尚造成最大影响的因素是" （%）

	2007年（限选一项）	2017年（限选三项）选择一	选择二
1. 传统文化的崩坏	12.0	41.2	—
2. 外来文化的冲击	28.2	26.6	14.5
3. 市场经济导致的个人主义	55.4	11.3	19.5
4. 高技术的应用（2017年此选项细化为网络技术的发展）	2.0	7.3	18.8
5. 分配不公，两极分化（2017年新增选项）	—	10.1	20.7
6. 以权谋私，官员腐败（2017年新增选项）	—	3.5	26.5
7. 其他	1.5	0.1	—

2017年的调查问卷对比问题做了一些改进：明确题干主旨，增添"负面"一词作为限定，避免产生误解；改为限选两项作答，为考察第一负面影响因素和第二负面影响因素，提供更为细致的答案；将"高技术的应用"细化为"网络技术的发展"，网络技术当之无愧是目前影响最大、最广泛的高技术；增加了"分配不公，两极分化"和"以权谋私，官员腐败"两大选项，前三次调查已表明，分配不公与官员腐败是当今中国最突出的社会问题。调整后的调查结果显示，有41.2%的人认为传统文化的崩坏是第一负面影响因素，而有26.6%的人选择外来文化的冲击，选择市场经济导致的个人主义、分配不公与两极分化、网络技术的发展以及以权谋私与官员腐败的比例分别达至11.3%、10.1%、7.3%和3.5%；在第二负面影响因素的选择中，以权谋私，官员腐败（26.5%）和分配不公，两极分化（20.7%）以略微优势成为人们的主要选择，事实上，余下选项如市场经济导致的个人主义（19.5%）、网络技术的发展（18.8%）、外来文化的冲击（14.5%）几乎处于同等重要地位。

可见，10年之后，道德生活的负面文化因素出现了显著变化，传统文化的崩坏取代市场经济导致的个人主义成为最主要问题，同时负面文化因素呈现出多元复杂局面。这表明，随着经济发展水平的提高，虽然市场经济导致的个人主义仍然是人们的一个选择，但其负面影响力已逐渐下降，人们正在逐渐认可市场经济背后的价值合理性。与此同时，人们也日益意识到传统文化的崩坏所带来的负面影响力，这从侧面表现出人们对传统伦理道德或者说中国传统伦理型文化的意识觉醒。外来文化的冲击所带来的负面影响一直处于较为重要的位置，这与长期以来的改革开放政策以及开放交流程度的不断开拓相关联。作为新选项，官员腐败和分配不公被许多受调查者认为是负面影响因素，再次验证了官员腐败和分配不公是当今社会发展的两大难题。网络技术的发展对道德生活产生的负面影响显著提升，这与网络技术的普及运用以及网络媒介使用中出现的众多道德失范现象有关。

那么哪些因素应当对当前不良道德状况负主要责任呢（见表1-39）？针对此问题，2007年的调查（限选两项）指出，"社会的不良影响"应承担首要责任，占57.8%；"以权谋私，官员腐败"应与社会的不良影响承担同等责任，达到52.6%；"学校道德教育功能弱化"是第三大责任因素，占30.1%；"企业不讲诚信和损害社会利益"被24.4%的人选择，成为第四大责任因素；"家庭伦理功能弱化"以16.6%的占比成为第五大责任因素；"其他"因素占0.6%。"社会的不良影响"与"以权谋私，官员腐败"被认为是两大主导因素。

表1-39 "您认为哪种因素应当对当今不良道德风尚负主要责任" （%）

	2007年（限选两项）	2017年（限选三项）		
		选择一	选择二	选择三
1. 以权谋私，官员腐败	52.6	55.3	—	—
2. 企业不讲诚信和损害社会利益	24.4	19.9	25.4	—
3. 学校道德教育功能弱化	30.1	6.4	16.1	8.4
4. 家庭伦理功能弱化	16.6	3.3	10.2	8.5
5. 个人缺乏道德自觉（2017年新增选项）	—	10.9	21.2	20.7
6. 分配不公，两极分化（2017年新增选项）	—	2.0	14.3	20.6
7. 社会的不良影响	57.8	2.2	12.8	41.7
8. 其他	0.6	0.1	0.0	—

2017年调查将限选两项调整为限选三项，并增加了"个人缺乏道德自觉"和"分配不公，两极分化"两大选项。"以权谋私，官员腐败"（55.3%）依旧被认为应当负主要责任，并取代"社会的不良影响"成为第一责任因素；面对第二责任要素的选择，有25.4%的人选择"企业不讲诚信和损害社会利益"，有21.2%的人选择"个人缺乏道德自觉"，"学校道德教育功能弱化"（16.1%）、"分配不公，两极分化"（14.3%）、"社会的不良影响"（12.8%）和"家庭伦理功能弱化"（10.2%）也获得了相应的重视；对第三责任要素的考察方面，"社会的不良影响"（41.7%）排第一，"个人缺乏道德自觉"（20.7%）和"分配不公，两极分化"（20.6%）并列第二，"家庭伦理功能弱化"（8.5%）和"学校道德教育功能弱化"（8.4%）并列第三。人们对当今不良道德风尚的归因日益多元，"以权谋私，官员腐败"的问题变得尤为

尖锐，它与"企业不讲诚信和损害社会利益"以及"社会的不良影响"构成三大主要原因。

（四）中国社会道德生活影响因子发展轨迹的精神哲学诊断

道德精神的发展必须经历"实体—个体—主体"的辩证发展过程，即"伦理世界—生活世界（教化世界）—道德世界"的精神运动过程，任何一个环节的改变，都会影响道德精神的生成。值得思考的是，当今中国社会道德生活影响因子的发展轨迹，将会对道德精神培育产生何种精神哲学意义？其背后折射出何种"精神问题"或精神哲学难题？

1. 退化中的传统伦理策源地：道德精神培育可能丧失神圣性根源

根据上述分析可总结得出，当今中国社会道德生活影响因子发展轨迹的首要特征是传统伦理策源地正在退化，具体包含两个方面：一是传统伦理场域正在退化；二是传统伦理文化正在退化。正在退化的传统伦理场域如调查中所显示的受益场域的变化，虽然家庭仍然位列第一，但家庭和学校的伦理道德作用下降明显，原本"家庭—学校—社会"倒金字塔结构演变为"家庭—社会—学校"三足鼎立结构。传统伦理文化是传统伦理场域的价值内核，具体表现为传统文化崩坏正在成为伦理道德发展的第一负面因素的事实。

黑格尔的精神现象学早已解释，伦理或伦理实体是道德的家园或根源，道德的神圣性只有在伦理或伦理实体中才能建构。首先，正在退化的家庭伦理场域可能造成道德精神培育的源头性枯萎。家庭是直接的或自然的伦理实体和伦理精神。建立在血缘关系基础上的家庭以"爱"为规定，"爱"从根本上讲只是一种"感觉"、一种情绪、一种情感，这就注定了家庭是最本真的、最直接的、最自然的伦理实体，因而也是道德精神培育最神圣的根源所在。虽然2017年的另一项调查显示出，家庭关系或血缘关系（54.3%）仍旧被认为是对个人生活最具根本性意义的一种关系。但人们对家庭作为伦理策源地的意识已经逐渐淡化，家庭丧失了原本的优势地位，与社会、学校形成三足鼎立局面，这必将稀释家庭的伦理力量及其对道德精神培育的作用力，导致道德精神培育因缺乏价值根源而丧失合理性。其次，正在退化的学校伦理场域可能影响道德精神培育在现实社会中的落实。学校是道德教育的理想环境，学校要在遵循道德的精神本性基础上完成对学生"实体—个体—主体"的道德主体提升过程。其根本任务是实现家庭道德教育功能的社会化延伸，只有这样，道德精神才能更好地从家庭延伸至更为广阔的社会。但近年来受市场经济和教育产业化的影响，以营利为目的正稀释着学校的道德教育功能。在"学校越来越以营利为目的"的提问中，有49.6%的人表示"完全同意"或"比较同意"，有50.4%的人表示"完全不同意"或"不太同意"，虽争论不一，但从中也可探测到某些学校以营利为目的的事实。再次，正在退化的传统伦理文化可能致使道德精神培育失去文化价值支持系统。中国传统文化是一种典型的伦理型文化，中国传统伦理文化是中国文化提供给人类文明发展最为珍贵的价值资源，它体现着伦理与道德辩证互动、伦理与道德一体、伦理优先的伦理精神生态。在伦理精神生态中，道德的生成以分享伦理为前提因而具有神圣性。这也可以解释，为什么在中国传统伦理文化指导下，能够出现个体至善的"圣人精神"与"君子人格"。而当今中国社会正面临着传统文化崩坏的局面，更严重的是，传统文化崩坏已经成为伦理道德发展的第一制约因素，道德精神培育的文化价值系统岌岌可危。

2. 拓展中的生活世界伦理建构：道德精神培育风险与机遇并存

当今中国社会道德生活影响因子发展轨迹的第二大特征体现为生活世界的伦理建构正在拓展，这可从社会的伦理道德影响力提升中得到证实，社会生活中传统的四大影响因子正发展为六大影响因子即网络和媒体、政府、市场、社会团体、国外的思潮与生活方式和企业。

道德精神必须经过"伦理世界—生活世界—道德世界"的辩证运动才能完成，生活世界本身就是伦理向道德转换的实践场域和必经阶段。但是伦理世界的属性以及伦理世界与生活世界之间的价值链关系，会影响向道德世界的过渡。如果说生活世界的伦理建构以伦理世界的精神信念为指导，那么生活世界必然能坚守住伦理普遍性，也必然能为道德世界提供客观基础，从而能够实现对道德精神的培育。但如果传统伦理策源地退化，则可能导致伦理世界的退隐以及伦理世界与生活世界之间价值链的断裂。在这种情况下，生活世界的伦理建构往往成为"失家园"后的理性努力，造就的只是一种形式普遍性，而非实质普遍性。缺乏实体的伦理家园感指引，道德精神将发生变异。道德精神不再是单一物与普遍物的精神统一，而是一种单一物之间的理性协商。自然规律成为道德规律，道德精神很可能处于作恶的待发点上。

这就能解释当今中国社会所存在的一种建构性力量与解构性力量之间的"不对称"现象，即社会创造的诸伦理道德影响因子，本身又携带着对伦理道德的负作用力。整理调查结果发现，与网络和媒体影响因子相对应，网络技术的发展是道德生活的负面文化因素；与政府影响因子相对应，以权谋私、官员腐败被认为不仅是道德生活的负面文化因素，也是不良道德风尚的责任主体；与市场影响因子相对应，市场经济导致的个人主义、分配不公与两极分化对道德生活产生负面文化影响；与社会团体（广义）相对应，社会不良现象被认为是不良道德风尚的责任主体；与国外思潮与生活方式相对应，外来文化的冲击是又一重要的负面文化因素；与企业相对应，企业不讲诚信和损害社会利益应为不良道德风尚负责。2017年我们对政府官员、一般公务员、企业家、演艺娱乐界、商人等进行的道德状况满意度调查进一步证明了上述负面影响力的普遍存在。在这些群体中，依据人们不满意程度（含"非常不满意"和"比较不满意"）排序，分别为演艺娱乐界（51.5%）、政府官员（37.3%）、商人（30.9%）、一般公务员（28.6%）、企业家（25.4%）。

值得庆幸的是，虽然家庭和学校两大传统伦理受益场域的地位逐渐下降，但至少还是与社会并驾齐驱的力量，还是能发挥孕育伦理道德精神的重要作用，同时近年来人们对传统文化崩坏的觉醒也从侧面体现出人们已逐渐意识到传统文化具有形塑伦理道德的重要意义，这种觉醒必将对人们未来的道德实践产生深刻影响。此外，2017年的调查显示，与以往相比，人们对西方文化、市场经济和网络技术的伦理道德影响持有更为积极的态度，消极影响的选择率分别只有21.9%、15.2%和15.7%。这表明总体上而言，人们正在不断适应社会新元素，或者说在社会新元素与传统伦理道德价值之间正在达成某种"预定的和谐"。

(五)结论与建议

以上分析复原了 2007 年至 2017 年中国社会道德生活影响因子的发展轨迹,并完成了相应的精神哲学诊断。在道德生活的受益场域中,家庭和学校的影响力下降,而社会的影响力得到提升,"家庭—学校—社会"倒金字塔结构演变为"家庭—社会—学校"的三足鼎立结构。在影响道德生活的正面因素方面,大学及其文化的作用力已经式微,社会团体的力量得到加强,与此同时,一些新兴因素也加入其中,传统的四大影响因子即网络和媒体、市场、政府和大学及其文化正扩充为网络和媒体、政府、市场、社会团体、国外的思潮与生活方式和企业六大影响因子。在影响道德生活的负面文化因素方面,市场经济导致的个人主义的负面影响力正在减轻,传统文化的崩坏超过前者成为第一负面文化因素,官员腐败和两极分化对道德生活所产生的负面影响也受到人们的重视,整体上形成了一个以传统文化的崩坏为主要因素的多元复杂局面。在引发不良道德风尚的责任主体方面,以权谋私和官员腐败取代社会的不良影响被认为应当承担最主要责任,它与企业不讲诚信和损害社会利益、社会的不良影响构成三大主要责任主体。

整个影响因子的发展轨迹对当下道德生活产生了深刻的精神哲学意义,同时也折射出相应的精神哲学风险。影响因子发展轨迹的第一个特征是退化中的传统伦理策源地,包括退化中的传统伦理场域如家庭和学校,以及退化中的传统伦理文化。伦理是道德的家园或根源,伦理策源地的退化将会导致道德精神培育失去神圣性根源,引发道德培育的精神危机。影响因子发展轨迹的第二个特征是拓展中的生活世界伦理建构,主要表现为社会影响力的提升,社会生活中的影响因子得到扩展。但生活世界的伦理建构潜在着精神哲学风险,一旦脱离传统伦理策源地的关照,便会导致"伦理世界—生活世界—道德世界"的价值断裂。生活世界的伦理建构成为一种形式普遍性,缺乏实体伦理家园的指引,现实生活中的道德精神只是一种单一物之间的理性协商,很可能处于作恶的待发点上。就目前调查结果来说,虽然家庭和学校两大传统受益场域的地位有所下降，但还是发挥着一定的价值指导作用，并且人们也逐渐意识到传统文化崩坏对道德生活所产生的负面作用，因而即便表现出紧张和警惕的文化心态，但人们对道德生活发展还是保持着乐观的态度。只是在这种情况下，道德生活仍然存在矛盾和风险，也难以规避新问题的产生。

因此，我们应当重视道德生活影响因子的发展轨迹，重视影响因子发展轨迹背后所折射出的精神哲学问题与精神哲学风险。通过回归至影响因子本身，调整影响因子元素及其结构，实现肯定性结构对否定性结构的消解，最终推动社会道德生活的整体改善与良序发展。具体而言，首先要重视家庭和学校两大传统伦理策源地的作用，传承并发扬中国伦理型文化的价值精髓。确立并维护家庭在当今中国道德发展中的基础地位，提升家庭成员"亲亲"之"爱"的素质与能力，提高家庭的伦理承载力，提前应对独生子女、老龄化、现代婚姻等潜在的家庭伦理风险。重视学校在道德教育中的重要地位，保证学校教育具有良好、严谨、纯正的学风、教风和校风，避免受到市场经济和教育产业化的过度影响。珍视中国传统文化中的伦理资源，在全社会范围内开展中国伦理型文化传承发展工程，实现理论与实践的双向进步。

其次，针对社会生活中诸伦理道德影响因子，各影响因子自身和相关政府管理部门需共同努力。当下，网络和媒体、政府、市场、社会团体、国外的思潮与生活方式以及企业构成了社会生活中伦理道德的六大影响因子。相关政府行政部门应当及时制定与推进以伦理道德精神为核心的价值指导方针，并实行双向反馈的监督机制，鼓励有助于社会道德发展的活动与行为，对有损于社会道德发展的活动与行为应及时取缔并加以惩戒。各影响因子也应积极遵守、切实贯彻政府管理部门颁布的关于伦理道德精神的纲领性文件，同时自觉在实践中提升自身的伦理道德精神素养。网络和媒体应当坚守社会公器的职责，坚持遵守社会主义核心价值观，坚决抵制暴力恐怖、诈骗谣言、色情低俗等信息；政府部门应当保持良好的公信力，提升政府官员的道德水平，保证权力的公共性和财富的普遍性，改善政府的整体伦理形象；市场经济应当避免沦为"需要的体系"和"个人利益的战场"，应当以伦理为价值指引，增强自身的伦理温度，保障社会的公平与正义；社会团体和企业是个体走出家庭之后再次聚合的"实体"形式，要始终坚守精神目的性，提升伦理调节能力，避免造成集体行动的恶；国外的思潮与生活方式的影响是全球化浪潮的必然结果，但仍应以谨慎的态度加强审查，以免有损我国伦理道德的发展。

（蒋艳艳）

五 现代社会发展的伦理断裂以及中国现象

(一) 现代社会发展中伦理道德问题：理论与轨迹

如何认识现代社会发展中伦理道德问题？伦理"断裂论"描绘了西方社会现代化过程中出现的打破传统社会规范的道德问题。最初，这些个体性道德问题逐渐累积，表现为犯罪率上升、家庭破裂、社会信任度降低等现象和问题；这些现象和问题再被社会成员认可就可能形成社会成员对社会秩序的普遍性否定，道德坍塌、伦理断裂的情况就发生了。然而，道德问题成为社会(性)问题不仅体现在问题症状和社会学数据的增加上，而且更为重要的是社会道德问题固化为普遍性伦理断裂问题。这就是现代社会发展伦理道德问题的精神哲学轨迹，伦理"断裂论"也成为一个基本的理论框架。这一看似普适的理论和问题，是根源于原子化个人与国家社会相分离的西方社会结构之中的。

1. 伦理"断裂论"：一个基本的理论框架

"社会资本"[①] 理论认为，人们通过密集、广泛的社会交往培养的参与精神、组织能力、责任意识、契约习惯乃至信任成为民主良好运作的

[①] 不同学科的学者对"社会资本"的概念界定有所不同，但核心都指的是人与人之间社会交往的密度与黏性。社会学家詹姆斯将"社会资本"定义为"存在于家庭关系和社区社会组织中的、有益于儿童发展认知和社会生存能力的一整套资源"。福山将"社会资本"定义为"一套为某一群体成员共享并能使其形成合作的非正式的价值和规范"。

基础。在现代化的过程中,随着个人主义的崛起、社群主义的衰退,西方的"社会资本"正在大规模流失。弗朗西斯·福山在《大断裂:人类本性与社会秩序的重建》中指出,从20世纪60年代中期开始,西方社会哪怕"有些国家变化来得晚一些,有些国家变化发展的程度不一样……然而,所有西方社会都或早或晚受到大断裂的影响"。作为一种普遍的社会现象,"犯罪和社会失序的加剧,作为社会联结源泉的家庭和亲属关系的衰落、信任度的降低,这些都构成大断裂的特点"①。不难得出以下结论:其一,犯罪率、家庭小型化以及社会失序这些社会问题的根源在于伦理规范有效性受到破坏;其二,社会规范方面的重大改变又反过来加重了社会分裂与失序,尤其表现在那些与生育、家庭和两性关系相关的社会伦理规范上。作为社会性问题的大断裂其精神实质是伦理道德的,伦理断裂问题的现实性通过外在性社会(系统)问题表现出来。于是,我们从社会问题的个体性与普遍性、现实性与精神性、断裂与重建的二元论逻辑中,得出伦理"断裂论"的理论框架与结构。

2. 问题轨迹:社会发展—道德问题—社会性问题—伦理断裂

社会发展对伦理道德冲击,产生道德问题(犯罪)。这些道德问题不是必然与社会转型发展相一致的,道德问题如果成为一种"伦理断裂",就会固化为社会问题,影响甚至阻碍社会发展变革。

(1) 社会发展中的道德问题

从20世纪60年代中期到90年代初,美国等经济发达国家逐渐完成了向所谓"信息社会""信息时代"或"后工业时代"的转变②,也有学者将此称为"第三次浪潮",以此作为继人类历史上从狩猎文明向农耕社会、从农耕社会向工业社会转变之后的又一次重大的发展浪潮③,这一转变由许多彼此关联的部分组成。在经济方面,不断增长的服务业取代制

---

① 福山:《大断裂:人类本性与社会秩序的重建》,唐磊译,广西师范大学出版社2015年版,第31、64页。

② Daniel Bell, *The Coming of Post-Industrial Society: A Venture in Social Forecasting* (New York: Basic Books, 1973).

③ Alvin Toffler, *The Third Wave* (New York: William Morrow, 1980), and Manuel Castells, *The Rise of the Network Society* (Maiden, Mass: Blackwell Publishers).

造业成为财富的来源；在就业方面，银行、软件公司、餐饮业、大学或社会服务机构成为主要的就业处所；信息情报的作用无处不在，围绕信息建立起来的社会给人们带来更多的自由和平等。信息社会的种种变化对经济繁荣、自由民主乃至社会整体带来益处。与此同时，还出现了社会黏合度降低、市民社会中普遍价值衰落等负面的社会发展趋势。人们不得不承认，以信息为基础的经济，除了带来各种福利，随之而来的还有不利影响。

新的民主化浪潮虽然是进步的趋势，但其在道德和社会发展方面的"进步性"不容乐观。原本盛行于市场、实验室刺激创新和发展的个人主义文化溢流到社会规范的领域，侵害了各种权威，削弱了将家庭、邻里和国家团结起来的凝聚力。面对技术、经济和社会变迁的冲击，正式制度中没有什么东西能保证民主建设；相反，在正式制度中建立起来的个人主义、多元主义和宽容精神有利于鼓励文化的多样性，从而有能力告别承继自旧时代的道德价值观。政府对各种宗教和传统文化所主张的道德诉求采取不偏不倚的态度，在事关终极目的和本性善恶这类道德伦理的重大问题上采取多元主义，宽容成为基本的美德。社会秩序是以法律制度的透明框架而非道德一统来形成。这一转变对社会规范的影响是巨大的，因为契约关系并非一种道德关系，只要合约条款被完全履行，任意缔结方都可以随时终止这种契约关系。这样的政治体制不需要人民务必德行高尚，只要他们出于实际的利益而保持理性并遵守法律即可。个人利益较之美德是一个低位的却是更可靠的构筑社会的基础。

此外，变化活跃、技术上富裕常新的经济从根本上会对现存的社会关系结构产生破坏。出现了一种个体从传统社会规范和道德准则束缚中摆脱出来的解放运动。性革命、女性解放和女权革命，以及支持同性恋权利的运动在西方世界各个国家都曾出现。脑力劳动逐渐取代体力劳动，千百万女性走上工作岗位，并颠覆了人们对家庭基础的传统观念。一方面，人们希望打破那些不合理、不公正的或者落伍的、与时代格格不入的规则，寻求最大限度的个人自由；另一方面，人们也会不断需要新规则，保证新型的合作事业运行或使人们感受到集体中与其他人的联结。新规则必然使个体自由受到一定限制。若一个社会以增加个体选择自由度为名而不断颠覆社会规范和准则，则会使其自身变得愈加无序、原子化和自我孤立,并且无法达至共同的目标、完成共同的任务。若此社会希望发展"无拘无束"的技术创新,就会看到各种形式的"无拘无束"的个体行为出现,随之而来的则是犯罪率和离婚率增加、越来越多的家长不能履行照顾子女的义务,邻里之间彼此缺乏照应、公民逃避公共生活的现象也会增多。

(2) 个体性道德问题的普遍性

规范和价值领域的变化基本可以归结为日益增长的个人主义。传统社会的自由选择空间不大而链接纽带众多:人们在婚姻对象、工作、居住地或者信仰问题上没有太多自主选择的机会,而经常受到来自家庭、宗族、社会地位、宗教、封建义务等压迫性联结的约束。在现代社会中,个人选择的余地大大增加,将他们绑缚在社会义务之网中的纽带联结也大为放松。互联网技术让人们可以基于任何一种兴趣在任何位置、任何范围相互联系。传统纽带的消解并不止步于对传统或专制社会的压迫性规则,还继续侵蚀着那些由法律制度奠定基础的社会关系。因此,人们会质疑来自专制君主和宗教领袖的权威,也会质疑民选官员、科学家和教师的权威。最大限度地发展个体自由却因无视责任而导致个体自由的最终丧失。这种社会的危险在于,人们会蓦然发现他们在社会中处于孤立的境地,虽然可以自由地同人交往,却无法做出能让他们在真正的社团中相互连接的道德承诺。若干社会规范方面的重大改变造成了大断裂,主要涉及与生育、家庭和两性关系有关的那些社会规范。大约从 1965 年开始,大量可作为社会资本的消极测量标准的指标一时间都快速上扬。这些指标可以归结为三个类别:犯罪、家庭和信任。除了日本和韩国,这种变化在所有其他发达国家中都出现了。

犯罪。美国从 20 世纪 60 年代某个时间点开始,犯罪率就开始持续攀升。战后犯罪率剧增的情况大概始于 1963 年,此后犯罪率呈加速度上升趋势。差不多在同一时期,除了亚洲以外的发达国家也同样出现了犯罪率上升的情况。除了犯罪,社会失序状况(如流浪、行乞、在公共场合乱涂抹或酗酒闹事等)也在加剧。如果把社会资本定义为群体关系之中的社会规范,那么犯罪这一破坏规范行为的增多,就意味着社会资本的流失。美国的犯罪率从 20 世纪 60 年代开始持续攀升,80 年代中期小幅下降后在 80 年代末期又大幅上扬;与此同时,信任下降、公民离散。差不多在同一时期,除了亚洲以外的发达国家同样出现了这一症状。

家庭。现代化的到来使得家庭的重要性减弱,家庭的生产、教育子女、照顾老人和娱乐功能几乎都被剥离。到 20 世纪中期,家庭所剩下的功能也就是生育下一代了。这一系列的变化从生育率、结婚率、离婚率、非婚生育率的统计数据中得以显现。大家庭向小家庭发展是适应工业社会生活的必然选择,但大断裂甚至导致小家庭也进入长期的衰落,最终危及家庭核心的生育功能。在 20 世纪最后 20 年间总和生育率的滑落带来持续的、十分具有破坏力的社会结果。除了规模变小、难以繁育后代,西方社会的家庭也开始经历分裂。同时,不少孩子是非婚生育,或者他们在孩童时代就遭遇了父母离异。20 世纪七八十年代后,人们更晚结婚、婚姻维持时间变短,结婚率也偏低。婚姻以外生育的孩子所占比例也在逐步增长。

信任。信任是构成社会资本的合作性社会规范的主要副产品。信任并不是一种道德品质,而是品德的副产品;只有当人们分享城市互惠的行为标准,并在此基础上开展合作时,信任才会产生。在美国,一方面,人们对组织机构信任度呈下降的趋势,特别是针对那些与权利和强制相关的旧式机构(比如警察机构、军队等),自我报告的伦理行为水平也不如从前;另一方面,团体和团体成员数量在多数国家都趋于上升,对机构信任的丧失和伦理行为的堕落并没有对人们与他人在某种层面上建立联结的能力构成严重的损害。美国以外的世界大致与美国相同,即一方面有充分的证据表明,对主要机构和自我报告的伦理行为的信任度下降了,而从另一方面看,人们对公民社会中各种团体的参与度在上升。虽然人们继续参与团体生活,但团体本身的权威性在下降,其所经营的信任半径也在缩小。总体上看,能为社会共享的价值观越来越少,而团体之间的竞争则越来越多。

(3) 社会性问题的伦理断裂

作为社会性问题的大断裂其精神实质是伦理道德的,伦理断裂问题的现实性通过外在性社会(系统)问题表现出来。

家庭小型化带来伦理空白。生育率的持续下降使得作为社会资本的亲属关系进一步衰弱。人们寿命的延长同时带来的问题是,维持婚姻契约的时间也更长。感情不和谐的夫妻很少会像过去那样等到孩子长大成人、离家自立之后再去离婚。家庭变小了，很多孩子不再拥有姑伯叔婶这类亲戚，这无疑会产生家庭伦理方面的空白。独居的人数大大增加，几乎一半的家庭由一个人组成，在挪威，一人家庭占到全部家庭的75%左右。鼓励移民进入的公共政策能够弥补人口数量上的不足，但不足以弥补外来移民所带来的社会不稳定和国民强烈抵制所产生的社会问题；同时，本国的老年一代和青年一代也会在各行各业、各种岗位上产生代际斗争。这种斗争在大家庭的传统社会是可以通过家庭之间的联系和大家庭的伦理规范得以消解的，但在一个75%的家庭都是一个人的社会中，大家庭伦理和规范不存在了。

女性和男性的解放。在大断裂发生之前，全部西方社会都具备了一整套复杂的正式或非正式的法律、规则、规范和义务以限制父亲放弃原有家庭另行组成新家庭的自由，以此来保护父子之间的纽带链接。但是医学技术的进步——避孕药的发明使得女性能够更好地控制她们的生育周期；而且在大多数工业国家中，妇女纷纷成为有偿劳动力，她们的收入也能够稳定增长。这些变化大大改变了人们对性行为风险和离婚成本的考量，从而也改变了男性的行为，使得男性们觉得自己可以从旧的社会规范中解放出来。女性收入增加的同时生孩子的机会成本也增加了，少生孩子意味着婚姻的联合成本降低，由此离婚的可能性变大了。无数实证数据将离婚和婚外生育同女性收入的提高联系在一起。女性收入提高的另一个潜在的后果是男性责任的社会规范被进一步削弱。由此，与家庭、两性有关的较为严苛的伦理体系得到了松绑，但是新的伦理体系还未形成并行之有效，伦理断裂形成。

核心家庭的衰落对犯罪的影响。核心家庭的衰落对社会资本有强烈的负面效应，在一定程度上使得处于社会底层的人的数量增加，从而造成犯罪率的增长，并最终导致社会信任度的下降。在其他条件都相当的前提下，在传统双亲家庭中成长的孩子一定比在单亲家庭中要好很多。家庭破裂给穷人带来的麻烦只有通过福利政府的介入才能得以缓解，政府代替了父亲的角色，实际上是把负担不公平地从消失的父亲身上转嫁到纳税人身上，尽管政府多少能减轻贫穷单亲家庭的负担，但这么做成本高昂，并且由于实际上鼓励了它原本希望能规劝的这类不良行为，而造成了道德危机。人们对犯罪的看法也影响人们团结在一起的能力。犯罪的发生能让社会上遵纪守法、奉行规范的成员变得不信任他人，也就不愿意同他人进行各种层次的合作。借助各种正式和非正式的社会纽带所形成的精微的关系，可能会因为媒体对某一个距离遥远的地方的犯罪活动的报道而产生断裂，从而扰乱了诸如邻里关系、团体互助等，使社会瓦解。社会成员只盘算自己的安危得失，共同的事业变得举步维艰。城市当中的社会失序对社会资本的影响相当大。大量调查显示，城市当中的中产阶层搬出城中心最重要的一个原因是社会失序而不是严重犯罪。政府放松对社会失序行为的管制促使人们纷纷离开他们原本居住的邻里街区，留下来的是那些没有能力搬走的较为贫困的、犯罪倾向更强、受教育程度更低的居民，当他们所占的比例越来越大时，构成社会资本基础的社区价值观便开始急剧败落，邻里守望、互帮互助的社区伦理被破坏，最终导致社区瓦解。

3. 社会性根源与伦理道德精神分裂

（1）原子化个人与社会国家分离

个人主义文化的盛行使个体渴望从传统社会规范和道德准则束缚中摆脱出来并付诸实际行动。大众心理学的发展，人类潜能运动以及重视自尊的趋势，都是力图将个体从令人压抑的社会期许中解放出来。家庭小型化、非婚生子女的增多，以及各种依附于传统规则的社会联结网被撕开，加注于个体的各种团体关系、亲缘关系等断裂开，个人变成一个真正"自由"的人——原子人。家庭的同一性被解构，也颠覆了人的最初的安身立命的基地。"市民社会把个人从这种联系中揪出，使家庭成员相互之间变得生疏，并承认他们都是独立自主的人。……这样，个人就成为市民社会的子女，市民社会对他得提出要求，他对市民社会也可主张权利。"[①] 不过，人们很快发现，不受约束的个人主义文化存在严重的问题，因为从某种意义上说，在这一文化里，破坏规则成为唯一可以存在的游戏规则。极端的个人主义最终会导致社群形成基础的丧失。

原子化个人的出现成为西方社会现代化过程中的产物，同时，贯穿于现代化过程当中的还有国家与社会的分离。个人主义文化的盛行构成

---

① [德]黑格尔：《法哲学原理》，范扬、张企泰译，商务印书馆1979年版，第241页。

了西方社会国家与社会分离的显著过程——一种由社会自身孕育形成的自然历史过程。在分离过程中，社会是分离的动力源，是积极的推动者，国家则是分离的阻碍力量，是消极被动的方面。分离过程始终遵循一条由下而上的路径，最后，强大的市民社会摧毁了旧的国家和政府，并且按照自己所要求的结构功能构造出了一个现代性的国家和政府。西方的"国家与社会的分离"，更准确的说法应当是"社会与国家的分离"，是社会主动脱离国家的过程。[1] 自发形成的市场经济成为社会变迁的牵引力量，其影响逐渐向社会的政治、法律、文化和价值观念等各个领域渗透和扩散，导致了整个社会的结构分化和功能转变，最终实现了向现代社会的转型。分离过程十分清楚地显示了"路径"的自发、内发、早发以及自下而上的特征。以个人主义为核心的各种解放运动，分化和瓦解了旧的权威和习俗惯例，本土社会赖以整合和控制的传统体系分崩离析。

（2）精神分裂症的发生

适应能力危机。旧规则被打破、束缚被冲破的同时，新的世界扑面而来，但是人们还未学会怎样面对这个新的世界。价值观的冲突、人际关系的冲突、生活事件的增多和人的心理承受能力之间的冲突等，让人对这个世界又爱又恨。世界各国的经验表明，社会的现代化程度越高，发展速度越快，人类的心理健康问题的意义也就越突出。在现代化的过程中，社会生活方式和社会关系体系发生了一系列重组和变革，从而影响着人的心理与行为的改变与适应。在这前所未有的巨大的社会生产力，极其丰富的物质产品和丰富多彩的文化背后，现代人也感受到了巨大的压力和危机感。这势必会使人类的心理活动和行为方式发生极大变化和强烈震荡。美国未来社会学家阿尔温·托夫勒指出：由于现代工业社会中科学技术的迅速发展和社会的急剧变革，人类面临着有史以来最为瞬息万变的境况，这种境况给人类带来了无所适从的紧张情绪和迷茫感，使社会上所有的人和组织越来越窘于应付，因而产生了适应能力的危机。[2]

对不确定性的恐惧。心理学行为主义学派的创立首先撼动了基督教

---

[1] 杨敏：《后发现代化的发展逻辑与现实悖论——从国家与社会的分离看社会现代化》，《贵州社会科学》2000年第4期，第46—57页。

[2] ［美］阿尔温·托夫勒：《未来的震荡》，四川人民出版社1985年版。

认为的人生而有罪的那种观念,并进而论证对人民行为加以严格的社会控制并非维持社会秩序所必需。弗洛伊德和他创立的精神分析学派认为,神经官能症缘于整个社会对于性冲动的过度压抑。20世纪对心理学的重视为人们合法地追求个体的愉悦和满足做出了相当的贡献。当代生活的这种"心理化"(psychologization)特征导致出现了社会学家詹姆斯·诺兰所说的"治疗性国家",即政府致力于满足公民内在的心理需要,且政府的合法性也来自它使民众感觉更加良好的能力。[1] 整个社会弥漫着极端个人主义文化,极端个人主义最终导致社群形成基础的丧失。一个真正的社群世界是由共享的价值观、规范和经历而形成的。他们所持有的共同价值观越是深厚和坚定,社群也就越稳定。当人们从夫妻、家庭、邻里、工作单位、教会等这类传统的社会纽带中解放出来后,他们发现自己还可以拥有一些社会连接,比如兴趣团体、志愿者组织等,并且完全依赖自己的兴趣和喜好进行连接。但随即他们就认识到,要想和他人建立更加持久的社会关系,这种靠着兴趣和自身喜好而选择进入和退出,在拥有更多的自由度的同时,也是不稳定、靠不住的,只会让他们产生更孤独和更迷茫的感觉。

公共政策的不当。在大断裂之前,美国以及大多数发达国家都把酗酒闹事、无家可归、街头乞讨等类似行为视为非法。但是在20世纪八九十年代,大多数上述行为在美国已经合法化,其依据是对这些行为的刑事制裁侵犯了个人的言论自由权,破坏了正当的司法程序等。因而,社会失序行为被逮捕的比例在1992年大幅下降(从60%下降至12%);公共场合的酗酒闹事、无家可归、街头乞讨等形形色色的行为数量剧增。此外,20世纪70年代大批曾被收容的精神病患者被收容机构释放,虽然其本义是为他们提供更富人情味的环境,但是结果却是为城市街道增添了许多无家可归的精神病人。英国也发生过类似的情况,在"社区关怀"政策指引下,精神严重失常的人被释放到社会中。这也造成了人们感官上的这种认知:精神病人越来越多。

市民社会与生俱来的冲突。因为人的精神、伦理存在的现实形态,

---

[1] James L. Collier, *The Rise of Selfishness in America* (New York: Oxford University Press, 1991), pp. 141–142.

是一个辩证结构和辩证过程,具体地说,是"家庭、民族—国家权力、财富—德性"的辩证发展过程,所以国家权力和财富作为伦理存在者本性的遮蔽或异化,将导致人的精神和社会生活的断裂,从而产生深刻的精神危机和社会危机,形成被肢解的碎片化的人和人格,导致人的精神的病态和变态。市民社会虽然是一个现代性的概念,但它只是家庭与国家之间的过渡环节,它解构了家庭,但又未达到国家,它的形式普遍性绝不意味着合理性,也不意味着现实性。家庭是人的精神的家园,家庭具有一种特殊的伦理功能和伦理形态意义:照顾个人需要的特殊性,为个人提供基本生活保障。问题在于,市民社会是一种形式普遍性的法权状态,充满着冲突,也内含着精神分裂的可能。市民社会不仅与人的特殊亟须疏隔,而且其本身就是制造冲突的舞台。市民社会不仅制造了贫困,而且滋生了与贫困相联系的态度和情绪,并由此导致产生恶与罪的可能。

(二) 伦理断裂逻辑下的中国现象:相似与差异

在改革开放后的二三十年间,中国同样面临着经济的快速发展和道德滑坡并存的社会现象。一些用来描述西方"大断裂"指标的症状也出现在中国社会。中国社会是否发生了伦理断裂?通过对调研数据的分析[①]发现,在伦理社会结构并没有发生根本变化的前提下,中国社会并没有发生西方意义上的伦理断裂。这一结论根植于对中国伦理社会的认识变化和发展中,表现为家庭伦理有效遏制了原子式个人的产生;"无伦理"的市民社会并没有成为现实;伦理社会有机体仍然相互关联、贯通。也即是说,伦理社会虽然受到冲击,但并没有解体。

1. 问题症状的发生学相似与数据类似

总体来看,个人主义和外来文化以及传统文化的崩塌成为对中国社会伦理和道德风尚影响的重大因素。

---

① 研究报告采用2007年和2017年的调研数据。

(1) 犯罪

改革开放 40 年来，不论是日常感受还是权威统计数据均表明，中国总体犯罪率持续上升。① 全国以及分省区的数据表明，在不同类型的犯罪中，侵犯财产性的犯罪率上升最为迅速。② 在社会转型初期（1978—1987年）：犯罪率有一定的增长与波动，但幅度并不是很大。从 1978 年开始，刑事立案率以每年 10—12 件/10 万人的速度持续递增，到 1981 年达到峰值。在转型深化期（1988 年至今）。犯罪率大幅度增长，在波动中呈上升走势。这一时期具体又可分为三个段落：1988—1991 年；1992—1997 年；1998 年至现在。其一，从 1988 年起刑事立案率持续大幅度上升，到 1991年达到最高值。其二，1992 年刑事立案率似乎有一个明显的回落，此后直至 1997 年刑事立案率基本上波动不大。1992 年立案率下降是由于公安部门修订了盗窃案刑事立案标准：将原来的盗窃数额价值人民币城市 80元、农村 40 元即要刑事立案，修订为 1992 年以后的盗窃数额价值人民币一般地区 300—500 元、少数经济发展较快地区 600 元即要刑事立案。而盗窃案件通常占公安机关刑事立案总数的 76% 左右。因此，1992 年刑事立案率总体数值的下降并不意味着社会治安形势的好转。其三，1998 年刑事立案率又有较大幅度的上升，从 1997 年的 133.98 件/10 万人增加到 1998 年的 164.68 件/10 万人。

(2) 家庭

在改革开放以后，中国家庭所面临的问题与西方社会现代化过程中出现的问题相差无几。生产、教育子女、照顾老人、娱乐的功能几乎都能在社会上找到替代品。人们身边的丁克家庭、独身的人越来越多，甚至"离了没"代替了"吃了没"成为人们见面的寒暄。人们更晚结婚，婚姻维持时间变短，结婚率也偏低。但总体而言，并没有出现像西方国家在 1965 年之后所出现的家庭破裂激增的情况，核心家庭较为稳定，非婚生育率非常低。从全国平均水平来看，1979 年离婚率为 4.0%，1999年达到 13.7%，2003 年达到 15.0%，2006—2015 年仍旧保持着逐年上升

---

① 胡联合、胡鞍钢、徐绍刚：《贫富差距对违法犯罪活动影响的实证分析》，《管理世界》2005 年第 6 期。

② 郑筱婷、兰宝江：《犯罪率的增长及其差异：正式与非正式社会支持和保障的视角——基于中国 1998—2006 年省际面板数据的实证研究》，《制度经济学研究》2010 年第 3 期。

的趋势（见图1-9）。

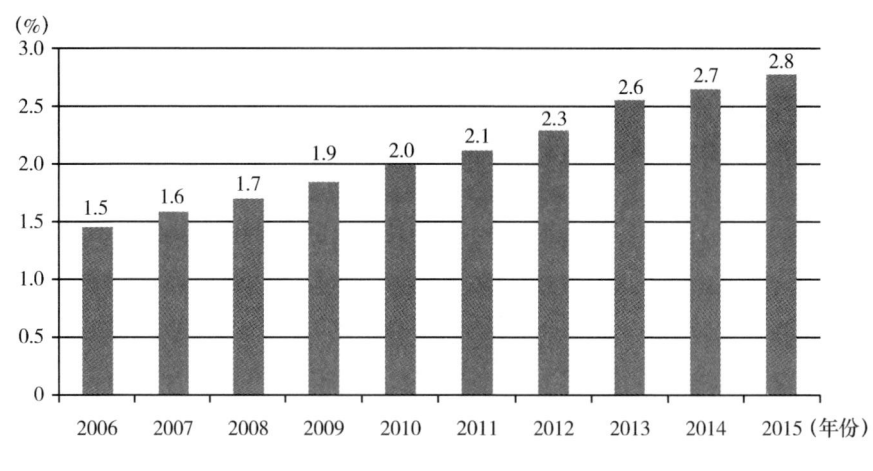

图1-9　2006—2015年中国社会离婚率走势

（3）信任

改革开放以来，伴随着网络的发展，人们获取信息的渠道发生了质的变化。正如黑格尔所说，人的思维天生指向普遍即具有将个别事物普遍化的倾向和能力。人际不信任的个别性经验积累到一定程度，会普遍化或"社会化"为对不道德的个体所承载的社会角色或社会地位的不信任，如从某些商人的不守信演化为对经商职业的不信任，进而得出"无商不奸""为富不仁"的对整个商人群体的盖然论的伦理不信任；从某些官员的腐败得出"无官不贪"的对整个政府官员群体的伦理不信任。在西方，则是从某些政治家的无道德信用，得出对整个政治家群体的不信任，"政治家的话你怎么可以相信"已经成为包括政治家在内所有西方人的伦理信条。由于这种不信任是由个别道德信用行为积累和积聚"社会化"而形成的盖然论推断，因而最终又可能生成诸群体之间的互不信任，从而步入伦理信任的危机。关于政府作为—不作为、正面—负面的信息通过互联网传达至各个社会成员。政府公信力受到威胁，人们对政府的信任程度降低了，尤其是相比较于毛泽东时代。不论是在公共领域还是在私人领域，信任都在减少。2007年调查显示，有48.7%的人认为"效率提高了，但人与人之间情感的真实性降低了"，还有36.7%的人认为

"联系方便了,但人与人之间的亲密度降低了",还有诸如伦理感削弱、情感沟通困难等也是信息技术和网络技术带来的坏处(见图1-10)。2007年的调查还显示:超过一半的人认为现在的人与过去相比,"更缺少人情味"(59.6%)、"更加自私贪婪"(50.2%)、"更为精明"(54.8%)(见图1-11)。

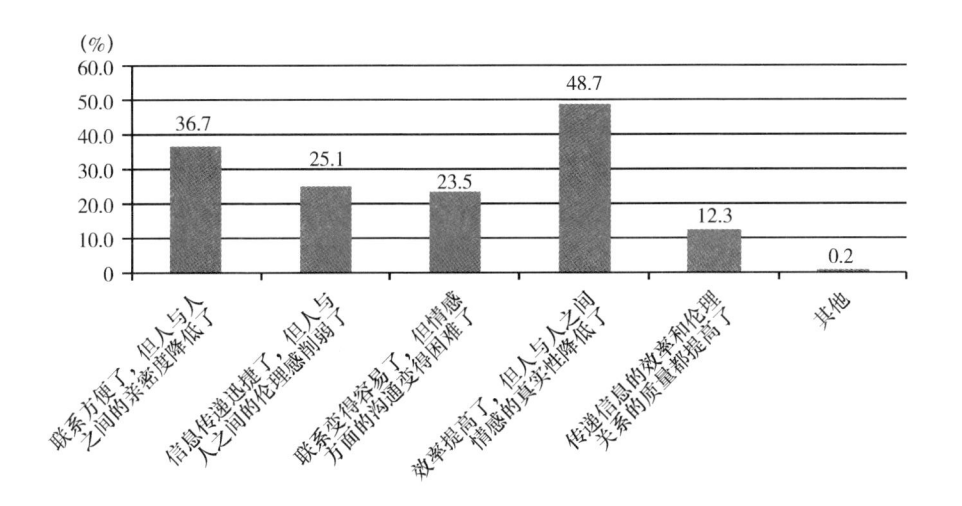

图1-10 信息技术、网络技术对人际关系的影响(2007)

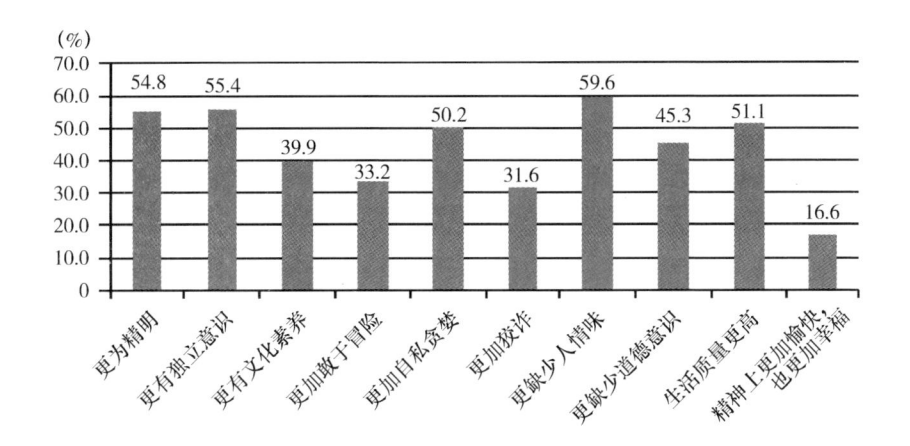

图1-11 与过去相比,现在的人如何

对人与人之间关系的判断也不容乐观,有 27.5% 的人认为现在的人与过去相比,"更加重视自己的利益并根据利益和契约进行合作";有 23.1% 的人认为现在的人"更加冷漠或事不关己高高挂起"。10 年后的 2017 年,状况依旧没有好转,有 47.5% 的人担忧的是"人与人之间互不信任,相互提防,没有安全感",有 24.3% 的人担忧"可信任的人很少,遇到问题难以找到人倾诉和帮助",有 27.1% 的人担心"坑蒙拐骗,不守信用"(见图 1 – 13)。

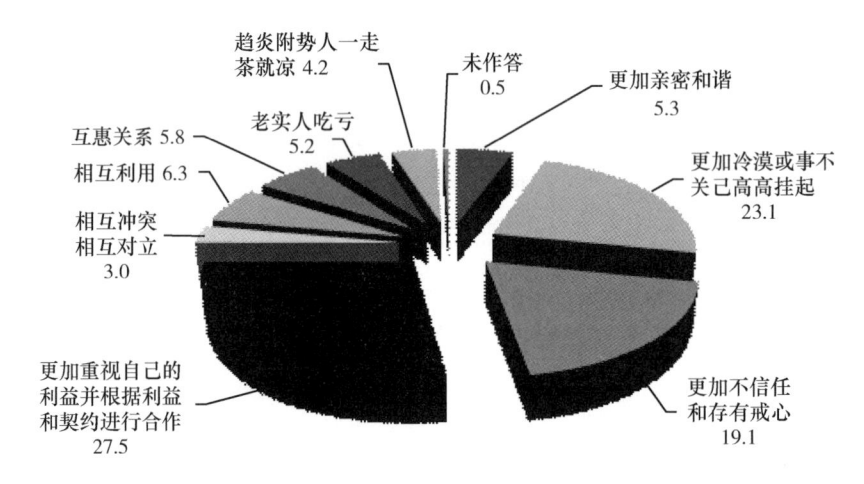

图 1 – 12 当前社会人与人关系同过去相比(2007)(%)

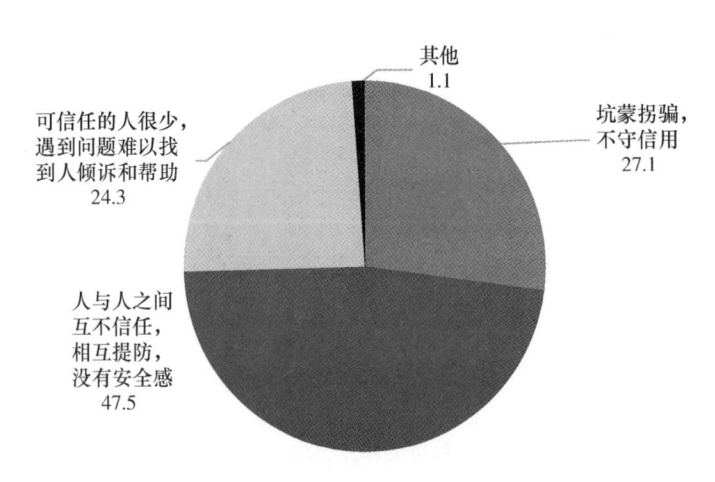

图 1 – 13 被访者对中国社会的担忧(2017)(%)

2. 实质性的差异：理论与现实

在某些工业化国家并没有出现大断裂的诸多表现，或者说即使有程度也不深。在《大断裂：人类本性与社会秩序的重建》一书中，福山指出：亚洲的高收入社会——日本、韩国、新加坡、中国台湾和香港地区——与其他发达世界构成有趣的对照，因为它们看起来避免了许多大断裂的影响。强调服从集体权威、辛勤工作、家庭、储蓄和教育这些文化因素都对战后亚洲地区经济高速且前所未有的增长具有决定性作用。亚洲地区的犯罪、吸毒、贫困和家庭破裂的比例都低于存在此类典型问题的美国，也低于此类问题日益严重的其他西方发达国家。这一事实表明大断裂并非经济和技术变迁的必然结果，也反映了文化和公共政策在塑造社会规范方面发挥的重要作用。文化和公共政策使社会多少能对大断裂的发生速度和程度有所控制。

（1）家庭伦理有效遏制原子式个人的产生

第一，中国人十分看重家庭伦理和血缘关系伦理，一个人不会那么情愿脱离家庭，也不那么容易。在 2007 年的全国道德伦理调查中，有 91.4% 的人认为重要的伦理关系是"父母与子女"，"夫妇"占 74.1%，"兄弟姐妹"占到 66.3%，接下来才是家庭之外的"朋友""同事或同学"等（见图 1-14）；在 2017 年的调查中，排在前两位的依旧是父母子女和夫妇（见图 1-15）。这表明，无论是有血缘纽带的纵向关系，还是无血缘纽带的夫妻关系，都是人们普遍看重的伦理关系。2007 年的调查显示，有 40.6% 的人认为对社会秩序和个人生活最具有根本意义的伦理关系是家庭伦理关系或血缘伦理关系（见图 1-16）。在 2017 年的调查中，关于社会秩序的根本性意义调查再次显现了人们的这种选择，家庭伦理关系或血缘关系对社会秩序最具根本性意义的是个人与社会的关系（46.7%），对个人生活最具根本性意义的仍旧是家庭伦理关系或血缘伦理关系（54.3%）。

第二，对于家庭、父母子女的责任和义务是大多数人遵从的道德伦理，核心家庭乃至大家庭的稳定性有着较为强烈的心理意愿和文化背景。

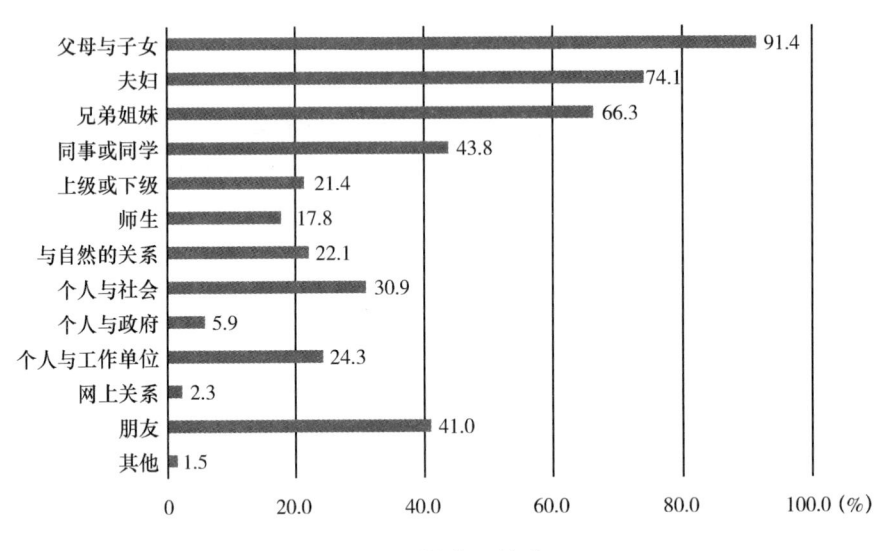

172　上　诸社会群体伦理道德发展状况及其共识与差异

伦理关系	百分比
父母与子女	91.4
夫妇	74.1
兄弟姐妹	66.3
同事或同学	43.8
上级或下级	21.4
师生	17.8
与自然的关系	22.1
个人与社会	30.9
个人与政府	5.9
个人与工作单位	24.3
网上关系	2.3
朋友	41.0
其他	1.5

图 1-14　重要的伦理关系（2007）

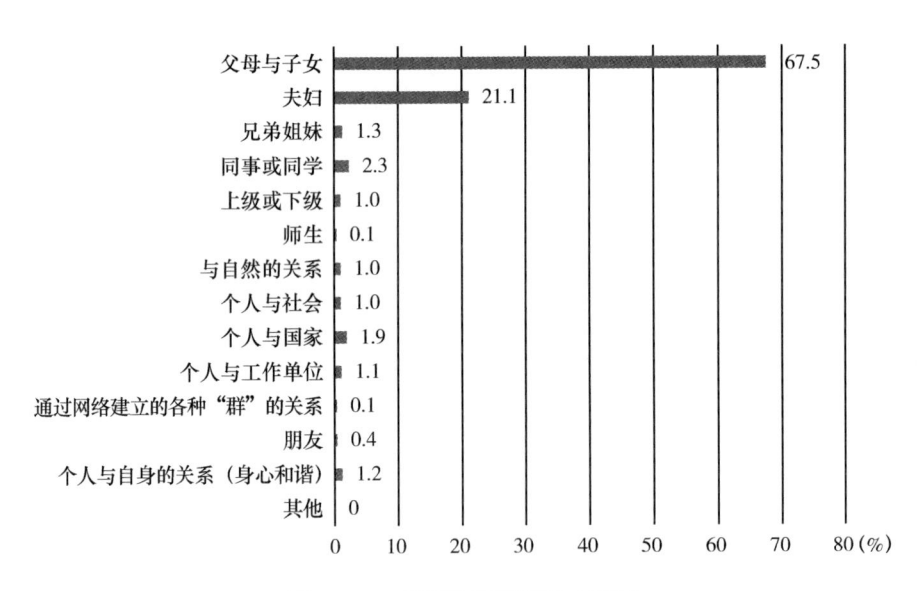

伦理关系	百分比
父母与子女	67.5
夫妇	21.1
兄弟姐妹	1.3
同事或同学	2.3
上级或下级	1.0
师生	0.1
与自然的关系	1.0
个人与社会	1.0
个人与国家	1.9
个人与工作单位	1.1
通过网络建立的各种"群"的关系	0.1
朋友	0.4
个人与自身的关系（身心和谐）	1.2
其他	0

图 1-15　重要的伦理关系（2017）

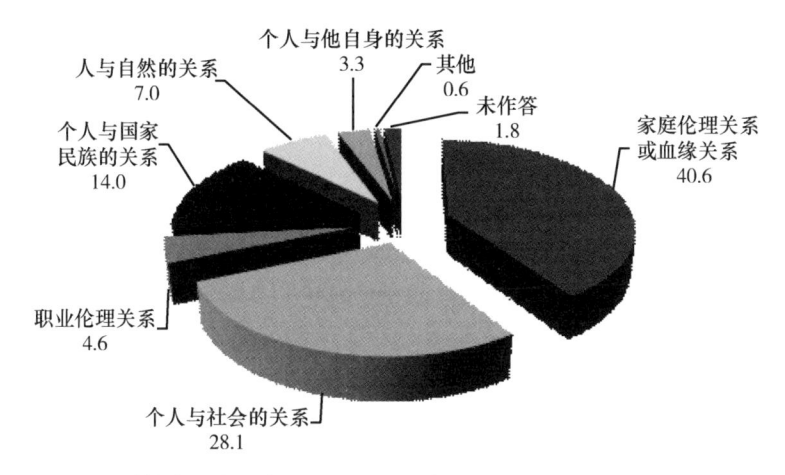

第一编 中国伦理道德发展状况及其影响因子 173

图1-16 对社会秩序和个人生活最具根本性意义的伦理关系（2007）（%）

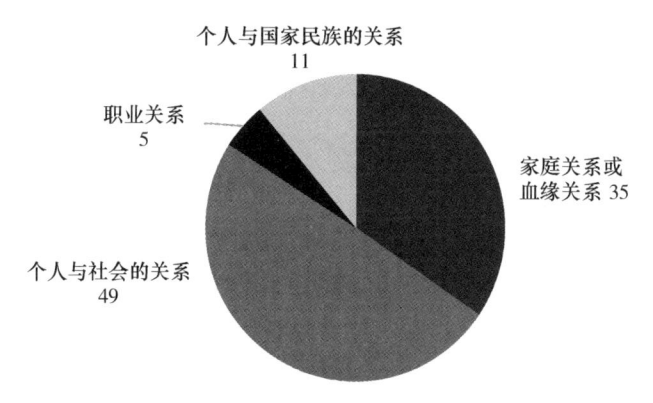

- 个人与他自身的关系 3.3
- 人与自然的关系 7.0
- 其他 0.6
- 未作答 1.8
- 家庭伦理关系或血缘关系 40.6
- 个人与国家民族的关系 14.0
- 职业伦理关系 4.6
- 个人与社会的关系 28.1

图1-17 对社会秩序最具根本性意义的伦理关系（2017）（%）

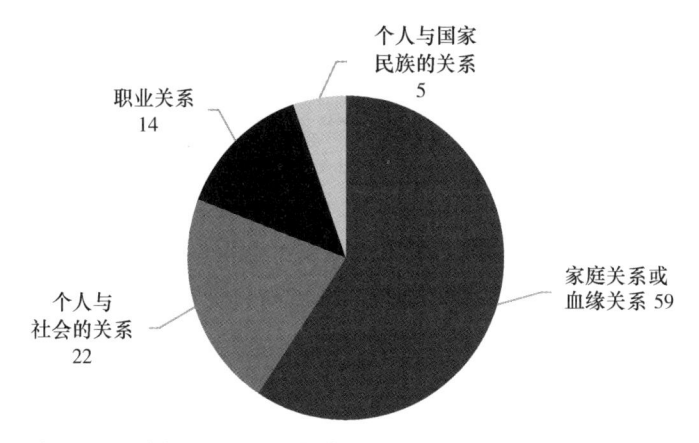

- 个人与国家民族的关系 11
- 职业关系 5
- 家庭关系或血缘关系 35
- 个人与社会的关系 49

图1-18 对个人生活最具根本性意义的伦理关系（2017）（%）

- 个人与国家民族的关系 5
- 职业关系 14
- 家庭关系或血缘关系 59
- 个人与社会的关系 22

2007年的调查显示，当父母一方生活长期不能自理时，有47.2%的人认为应当由子女来照顾，有35.2%的人认为应该由父母当中的另一个来照顾；只有不到10.0%的人会选择社会养老机构。在对个人养老方式的选择方面，53.3%的人认为应当同子女同住。有80.0%以上的人并不认为老人有义务帮着带孩子，但如果老人帮忙带孩子也能享受天伦之乐，子女应该感恩。关于是否生养后代，有90.0%以上的人认为生孩子是一种必需的责任，只有5.9%的人觉得生不生孩子凭自己快乐而定。有70.0%的人反对丁克家庭，有27.0%的人持中立态度。对婚外恋有90.0%的人反对。有50.0%以上的人反对不婚，有近40.0%的人持中立态度。有近90.0%的人认为家庭是幸福的，少数人，即有0.4%的人觉得很不幸福，希望逃离。有78.0%的人认为孝敬等优良传统什么时候都不能丢。

2017年的调查显示，有92.0%的人认为"无论父母对自己如何，都应当尽赡养义务"，有65.7%的人不同意"是否离婚主要考虑自己的感受和利益"，有85.3%的人认为"应该从家庭整体（包括子女）"来考虑，有67.3%的人认为"婚姻是社会的事，应当兼顾社会评价和社会后果"，有77.9%的人并不同意"婚姻应当是自由的，如果有满意的或更合适的人就与现在的配偶离婚"，有88.1%的人认同"婚姻意味着责任，要考虑给对方造成什么后果，不能轻率地选择离婚"这一观点。

由此看来，工业化和现代化所带来的冲击并没有动摇中国人坚守传统家庭价值观的信念，尽管离婚率有所增加，但大家庭和核心家庭的维系有着深厚和广泛的社会心理基础，家庭生活带来的幸福感是普遍的，更多的人愿意生活在家庭中。同时，与家庭有关的伦理，比如对父母的责任和义务，对下一代的养育，甚至是否组成家庭等观念牵绊着一个人想要成为原子人的脚步。传统的家庭价值观在中国人心目中的地位远远超过个人主义，这防止了社会原子化，同时节省了某些社会成本。在中国，家庭伦理的直接实体性强有力地遏制着原子个人的产生，意味着这种实体性有效地渗透并贯穿伦理性质的社会，并且还意味着这一社会与国家的未曾分离，其间保有特殊的实体性的联系。

(2)"无伦理"的市民社会并没有成为现实

首先,与西方国家不同的是,我国市场经济和市民社会的形成与发展具有建构理性主义的特征。西方国家市民社会的确立和市场经济的发展有着很大的进化理性主义的特点,而在我国市场经济的发展过程、市民社会的构建进程中,政府(国家)扮演了非常重要的角色,这就决定了我国的市场经济和市民社会的形成与发展具有建构理性主义的特征。我国的现代性启蒙在很大程度上需要在与市场经济的互动中获得发展。西方国家通过启蒙运动确立自由、人权、平等、法治等观念,而我国长期以来传统观念非常浓厚。我们每个人都生活在传统当中,"传统是我们成为文化人的主要依据,每个人都凭借着传统在社会里成长。"有60.1%的人最向往的伦理关系和道德生活内容是传统的(见图1-19),传统道德也是,有50.4%的人所认为的当前中国社会道德生活中最重要的内容(见图1-20),传统道德观念也是用来判断一个人的行为是否符合伦理或者道德重要的标准(见图1-21)。中国传统文化的深刻影响以及国家主导的自上而下的现代化过程决定了其运行过程有着内在的逻辑规范和伦理体系,无伦理的市民社会并没有成为现实。

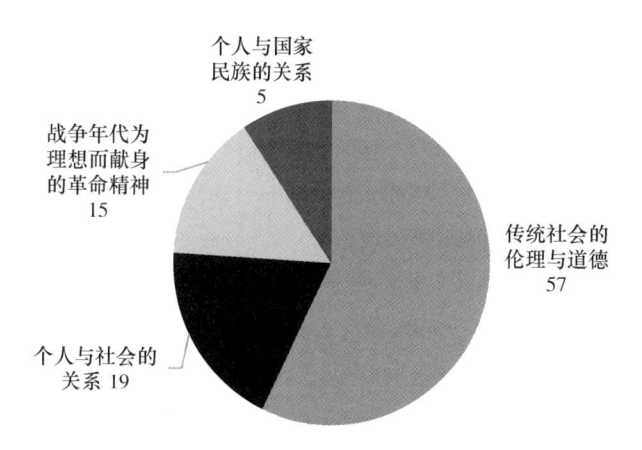

图1-19 最向往的伦理关系和道德生活内容(2017)(%)

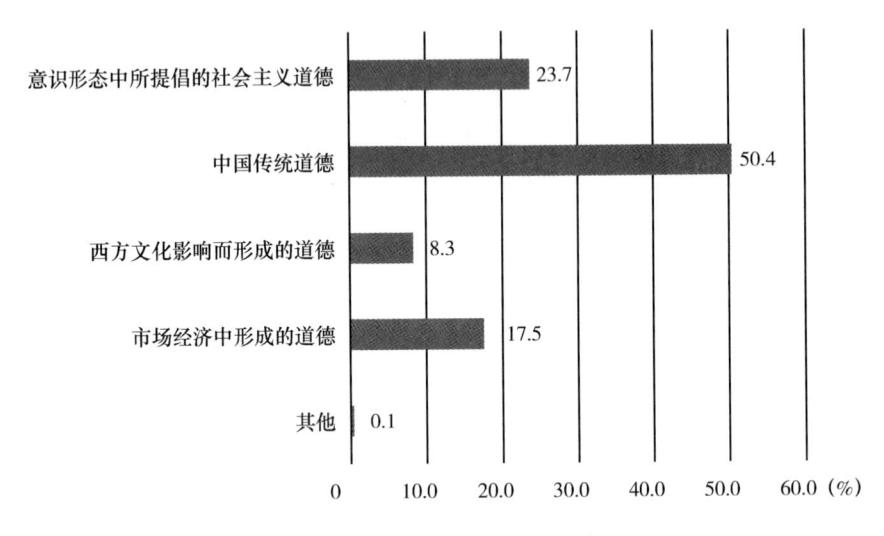

图1-20 社会道德生活中的重要内容(2017)

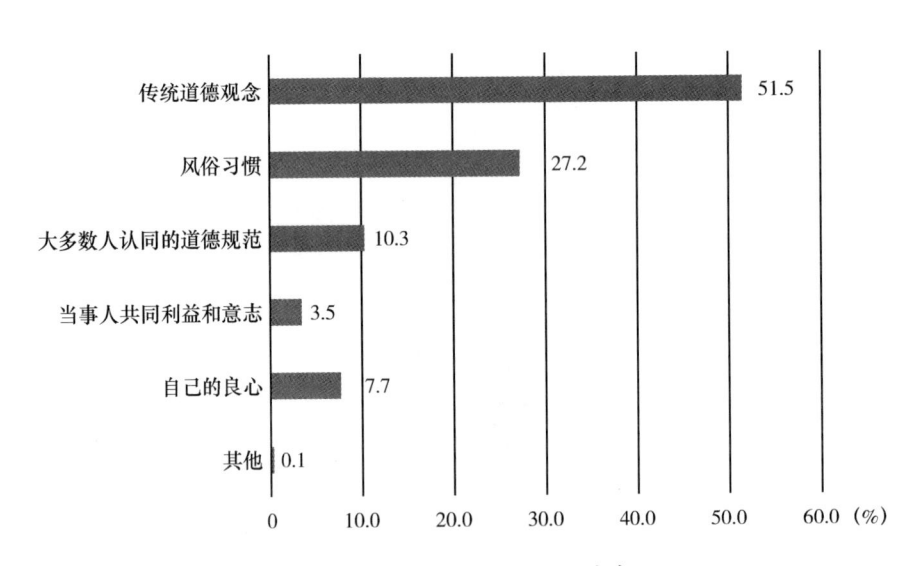

- 意识形态中所提倡的社会主义道德 23.7
- 中国传统道德 50.4
- 西方文化影响而形成的道德 8.3
- 市场经济中形成的道德 17.5
- 其他 0.1

图1-21 社会道德生活中最重要的内容(2017)

- 传统道德观念 51.5
- 风俗习惯 27.2
- 大多数人认同的道德规范 10.3
- 当事人共同利益和意志 3.5
- 自己的良心 7.7
- 其他 0.1

其次，中国社会并未形成市民社会，而是伦理社会。① 黑格尔的法哲学指出，无论是抽象法还是主观法（道德），立足其上的广义的社会领域乃是"伦理"世界，而这个世界被区分为家庭、市民社会和国家。但是，这一架构的成立需要两个基本前提：原子个人的产生和社会与国家的分离。只有在这样的前提条件下，市民社会才能处在伦理领域的中心。按照黑格尔的理解，市民社会乃是"一切人反对一切人的战争"。只有在这样的基本态势下，伦理世界的构成方能被表述为"家庭—市民社会—国家"。也就是说，家庭原则的解体意味着市民社会的产生，而市民社会的成立，又依赖于它同政治国家的决定性分离。但中国的家庭原则并没有解体到产生原子个人的程度，而伦理社会又直接与国家相贯通、相关联。② 中国传统伦理社会当中的个人基本上是被消解在"家—国"的伦理整体当中，个人要受到各种伦理纲常的规制和约束。"家"和"国"在中国人的伦理生活中占据着非常重要的地位。有75.7%的人认为"国家最重要，是我们的安身之地，国家富强个人才能过得好"（见图1-22），而对于国家、社会、个人重要性的选择，也说明"家""国"的重要地位以及"社会"发展得不充分（见图1-23）。

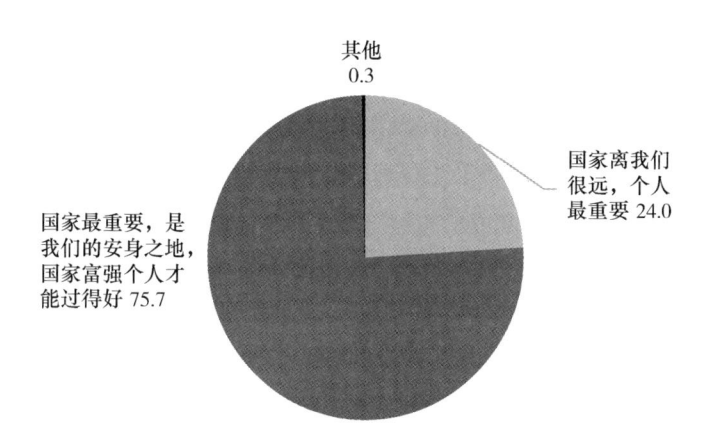

图1-22 国家对于个人的意义（2017）（%）

---

① 谢遐龄：《中国社会是伦理社会》，《社会学研究》1996年第6期，第71—80页。
② 吴晓明：《马克思的政治经济学批判与辩证法》，《中国社会科学报》2018年1月25日。

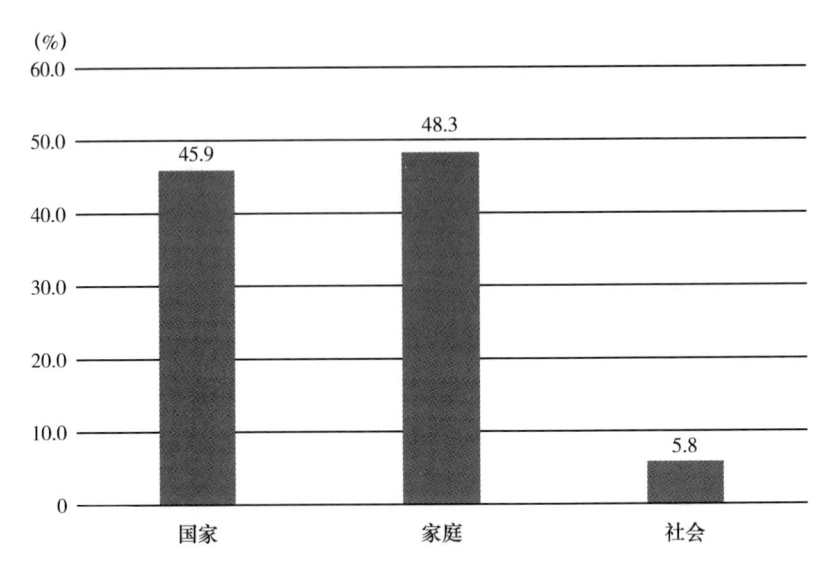

图1-23 对个人而言，国家、家庭和社会的重要性（2017）

国家 45.9　家庭 48.3　社会 5.8

3. 伦理社会有机体仍然相互关联、贯通

第一，"后单位"时代的"家—国"联结并未断裂。自古以来，中国文明的基本构造是家国一体，由家及国，所谓"国家"，家和国是两个基本和重要的伦理实体，如何由家的伦理实体向国家的伦理实体过渡，也是中国文明研究的基本课题。计划经济体制的重要贡献，是在家与国之间建构起所谓"单位"，"单位"是由"家"向"国"过渡的中介，是中国式的"社会"。"单位"既具有"家"的伦理功能，又具有"国"的政治功能，因而既是伦理的也是政治的实体，是伦理政治的实体。由此，人的道德信用和伦理信任不仅处于"家—单位—国"的完整系统中，而且处于"单位"的严格和严厉的监督中。市场经济使中国进入"后单位制"，准确地说是"无单位制"时代，各种各样的NGO发展起来，并且有着较高的满意度（见图1-24），代替了"单位"作为家与国之间的联结，在一定程度上履行着对个体进行教育督察等政治功能。企业、事业、学校等林林总总的传统"单位"和新近发展的各种各样的团体、组织各自承担着不同的经济社会和文化使命，但无一例外都必须具有伦理与政治的两个基本功能。

社会中各种团体的参与度在上升，尤其是凭借爱好、兴趣而组织起

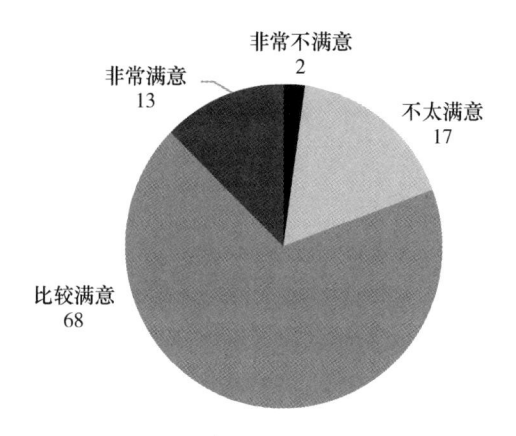

图 1-24 对当地的 NGO 组织的满意度（%）

非常不满意 2
非常满意 13
不太满意 17
比较满意 68

来的各种小团体，借助互联网的便利，为社会提供着丰富充盈的规则、规范和价值观。大多数大型组织的权威在下降，而从人们日常生活中生长出来的小型社团的重要性则增加了。人们不再为自己是某个强大的联盟的成员、某个大公司的职员或者在军队为国家效力而感到自豪，而代之以在本地健身操班、新生代同龄班、互助小组或是网络聊天室中发展社交能力。人们置身于由志趣相投的人所组成的小型社团里，并根据每个人的不同情况来选择他们信奉何种价值观。

第二，社会信任程度较高。福山曾对欧美、日本、中国、韩国等地的经济社会发展及文明发展水平同其社会信任状况的关联度进行了比较研究，得出这一结论："一个国家的福利以及它参与竞争的能力取决于一个普遍的文化特性，即社会本身的信任程度。"个体遵从集体规则，虽然以牺牲个人选择自由为代价，但是他们能彼此交流、协调行为，从而令个体的能力和能量都得到增强。诚实、互惠、守诺这些社会美德不仅作为伦理价值得遵从，而且具备有形的价值，能帮助机体实现共同的目标。如果群体中的成员希望其他成员的所作所为诚实可靠，那么他们就会开始建立彼此间的信任。信任就像润滑剂一样，使机体和组织的运转更加有效。

调查显示，在当今中国，无论是公共领域还是私人领域，信任程度都较高。有 62.0% 的人认为，在遭遇重大公共事件时，政府公布的信息和采取的措施"大都是可靠的，比网络流传得可靠"（见图 1-25）。

图 1-26 反映了人们对不同人的信任度，其中有 74.6% 的人选择了对同事同学"比较信任"，接下来是警察、法官，只有少部分人表示对陌生人和外地人"比较信任"。有 37.0% 的人认为大多数人都是可信的，43.4% 的人选择了中间态度，认为既不可信，也不用防备（见图 1-27）。人们对于影响信任的社会负面问题的看法也有所改观。例如，有近 80.0% 的人认为，与前几年相比，目前官员的腐败现象有很大或者较大改善（见图 1-28）。

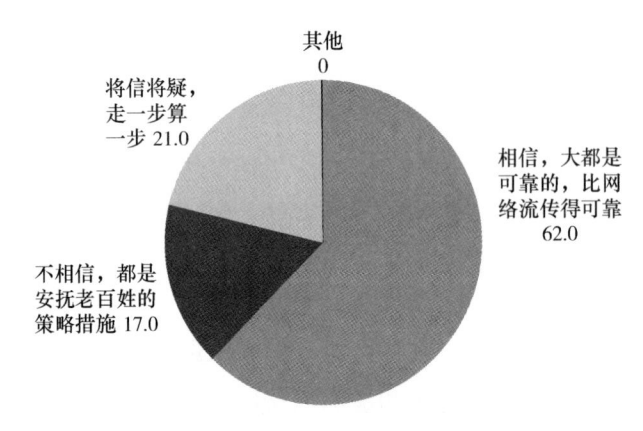

图 1-25　对政府公布信息的信任度（%）

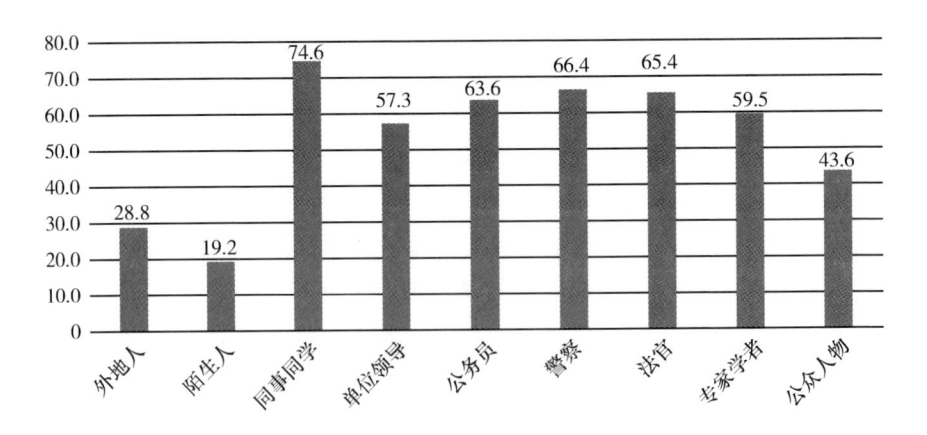

图 1-26　对各种人群的信任度（%）

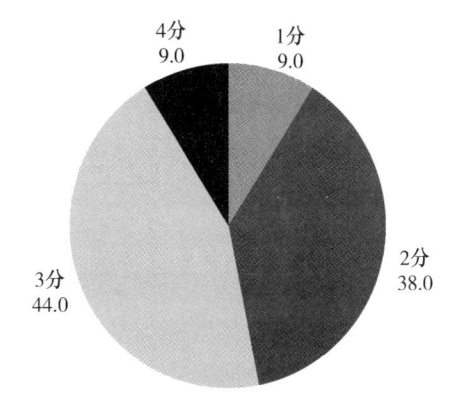

图 1-27 对大多数人的信任程度（%）

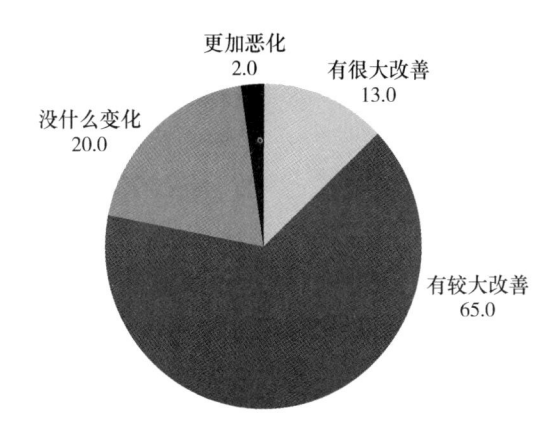

4分 9.0
1分 9.0
3分 44.0
2分 38.0

图 1-28 对官员腐败问题的看法（%）

更加恶化 2.0
有很大改善 13.0
没什么变化 20.0
有较大改善 65.0

4. 结论：中国社会并未发生伦理断裂

对于中国来说，尽管自改革开放以来出现了诸多看似与西方发达国家相同的"大断裂"症状，但从现代化的发生机制、中国绵延几千年的传统文化以及中国共产党领导的公共政策实施来看，其都与"大断裂"最终形成的影响机制有着本质的区别，并没有形成"断裂"。

(三) 当代中国伦理断裂发生的诱发性问题及其对策

中国伦理社会没有解体并不是说没有影响。当今中国社会面临着伦理断裂的诱发性问题，比如"道德贱民"的发生、市场契约—信用的盛行、国家意识形态层面的伦理精神亏空等问题。因而，随着社会的现代转型，当代中国社会同样受到现代性伦理道德问题的冲击，对此，只有立足于伦理型社会的伦理道德发展规律基础之上才能给出恰当的对策。

1. 当前的挑战：伦理断裂发生的诱发性问题

（1）"道德贱民"的产生

"贱民"的概念及其理论第一次出现在黑格尔的《法哲学原理》中。在现代化进程中，家庭的解散、社会分工和等级的形成以及贫富不均，必然导致一部分人陷入贫困。贫困使人丧失自尊和正义，由"贫民"向"贱民"的转化是一种精神过程，它表现为一种对财富和权力的反抗与对立的情绪和态度。贫困和贫富不均必然产生贱民，而贱民的出现又会加深贫富不均。[①] 市民社会不仅制造了贫困，而且滋生了与贫困相联系的态度和情绪，并由此导致产生恶与罪的可能。内在于市民社会的这种危机决定了它必须向国家过渡。国家作为"国"之"家"，应当是"公众家庭"的现实。对个体及其利益来说，国家一方面是外在必然性和最高权力，另一方面是它们的内在目的，这是国家的力量所在。在国家中，精神的自为形态是爱国心，而爱国心作为一种政治情绪，本质上是一种信任，是对国家普遍目的和个人特殊利益的统一，或个人的特殊利益包含于国家普遍目的中的信任和信念。

改革开放 40 年来，中国面临着两大深刻的社会问题：一是分配不公；二是干部腐败。调查显示，有 53.0% 的人认为和前几年相比，社会的分配不公、两极分化现象"没有什么变化"，有 13.5% 的人认为"更加恶化"了（见图 1-29）。有 19.0% 的人认为社会财富分配不公，贫富悬殊的程度非常严重，有 48.5% 的人认为"比较严重"（见图 1-30）；分配不公被认为是当今社会最重要的伦理冲突（见图 1-31）。有 38.1% 的人认为当前社会干部贪污受贿，以权谋私的现象"比较严重"，有 17.8% 的人认为"非常严重"（见图 1-32），腐败能不能根治也成为大家最担忧的社会问题（见图 1-33）。

---

① 樊浩：《伦理病灶的癌变》，《道德与文明》2010 年第 6 期，第 5—11 页。

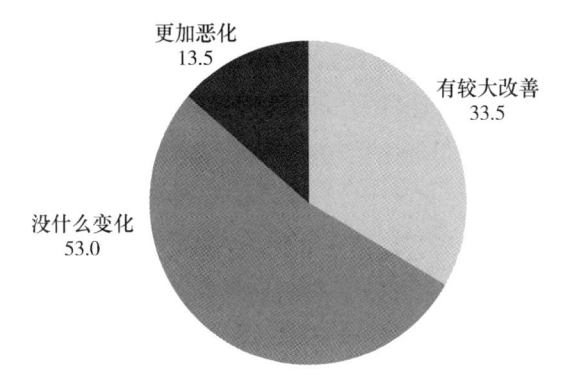

第一编 中国伦理道德发展状况及其影响因子 183

图 1-29 社会的分配不公和两极分化变化程度（2017）（%）

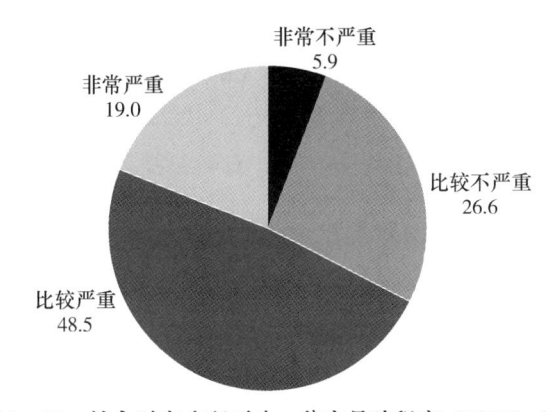

- 更加恶化 13.5
- 有较大改善 33.5
- 没什么变化 53.0

图 1-30 社会财富分配不公，贫富悬殊程度（2017）（%）

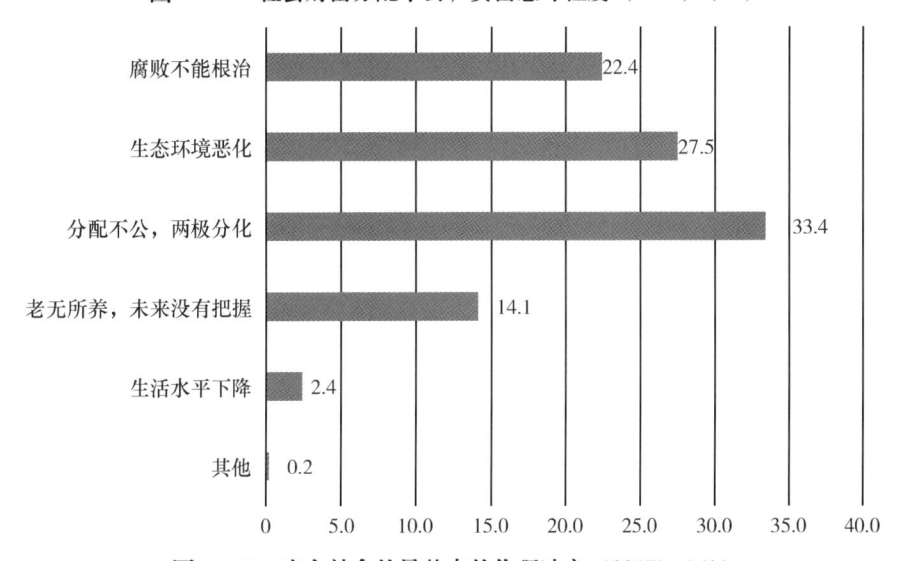

- 非常不严重 5.9
- 非常严重 19.0
- 比较不严重 26.6
- 比较严重 48.5

图 1-31 当今社会的最基本的伦理冲突（2017）（%）

- 腐败不能根治 22.4
- 生态环境恶化 27.5
- 分配不公，两极分化 33.4
- 老无所养，未来没有把握 14.1
- 生活水平下降 2.4
- 其他 0.2

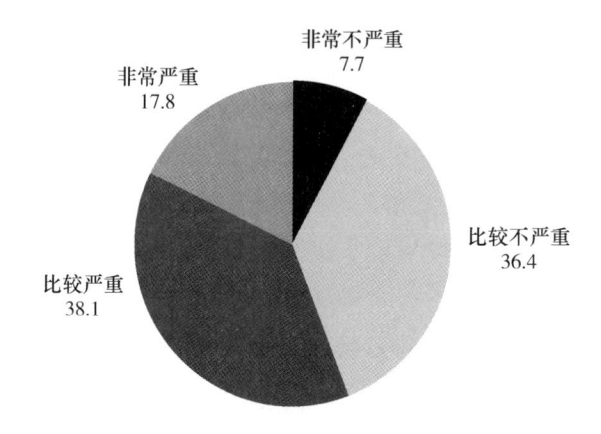

图 1-32　干部贪污受贿，以权谋私的严重程度（2017）（%）

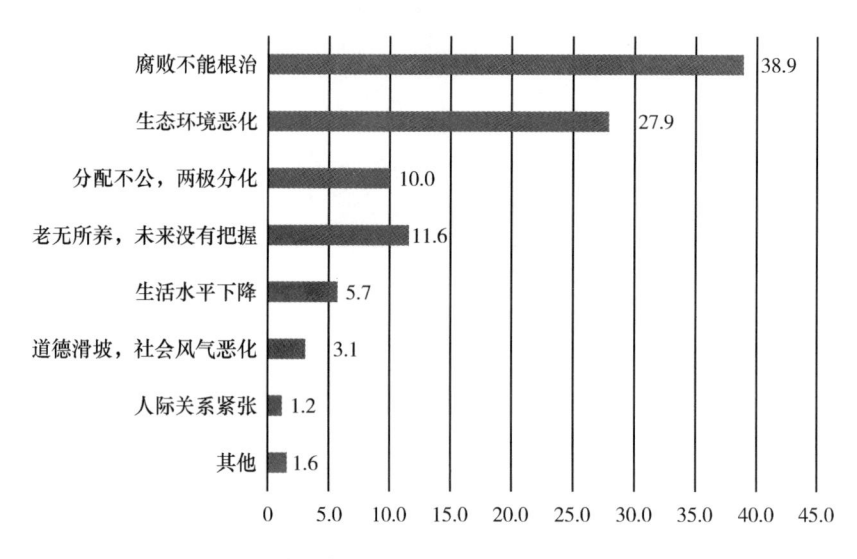

图 1-33　对于中国社会最担忧的问题（2017）（%）

- 腐败不能根治　38.9
- 生态环境恶化　27.9
- 分配不公，两极分化　10.0
- 老无所养，未来没有把握　11.6
- 生活水平下降　5.7
- 道德滑坡，社会风气恶化　3.1
- 人际关系紧张　1.2
- 其他　1.6

非常严重　17.8
非常不严重　7.7
比较严重　38.1
比较不严重　36.4

干部腐败使国家权力成为少数人的战利品，动摇甚至解构其伦理公共性；分配不公直接消解着财富的伦理性。而当这两大问题恶化到一定程度时，国家作为个人利益和普遍目的统一的伦理本性和精神信念，就不可避免地在客观和主观两方面被动摇和颠覆了。国家普遍生活中官员腐败和分配不公两大问题的严重存在，其必然的社会和精神后果，就是使一部分人"伦理出局"，他们事实上被抛出伦理实体之外，至少是市民社会和国家的伦理实体之外,成为缺乏伦理关怀和伦理归宿的"伦理局外人",遭遇忽视、冷落甚至难以生存,从而产生对社会的"内心反抗"。

(2) 市场契约——信用的盛行

无论是契约还是分工与合作,都要依靠信任和信用关系。许多社会学家都把信任视为社会组织的黏合剂、社会凝聚力的基础及社会系统的动力。可以说,正是基于信任和信用关系的合作,人类文明才一步步走到今天,信用是市场经济运行的基础。[①]"没有一些信任和共同的意义将不可能构建持续的社会关系""没有信任我们认为理所当然的日常生活是完全不可能的"。[②] 契约体现的是行为主体在维护自身基本利益与需求上的自主意志。道德是为了保障利益的一种理性契约或理性限制。道德并非与一般的利益相关,更不是与极端的自利相关,而是与理性的自我利益相关:理性的、长远的自利需求构成了人们对道德约定的动因基础,道德恰恰能够使人的理性自利需求达致最大化。当一个人并不打算在任何情况下均追逐利益最大化时,对他来说,从长远来看,从总体而言,则恰恰能够实现利益的最大化。契约主义伦理学将道德理解为人类为了个体自我利益的保障所做出的一种理性的设计或明智的契约,这种契约体现了对行为主体平等地位的顾及和对其自主意志的尊重等价值原则。

在伦理学的规范体系中确有一些内容并非与契约合作相关,而是关涉单向度的纯利他的价值诉求,该诉求明显蕴含着对自利视角的超越。尽管利他行为可能导致自身意欲的满足,但纯利他的初衷并非自利。契约主义伦理学在此的确遭遇到一种困境:一方面,它无法将纯利他的动机和行为排除在道德的视域之外;另一方面,它又无法对纯利他的动机和行为做出有效的解释。[③] 契约主义和信用的盛行往往会产生见利忘义、只要有利益就可以罔顾道德和情感的行为。2017 年的调查显示,有

[①] 石新忠:《信用与人类社会》,《中国社会科学院研究生院学报》2008 年第 5 期,第 67—74 页。

[②] [波兰] 彼得·什托姆普卡:《信任:一种社会学理论》,程胜利译,中华书局 2005 年版,第 1 页。

[③] 甘绍平:《论契约主义伦理学》,《哲学研究》2010 年第 3 期,第 84—94 页。

50.3%的人"比较同意""现在的社会大多数人是见利忘义的",有7.7%的人"完全同意"这一观点(见图1-34),对"金钱至上""物欲横流"的看法也基本上如此。有37.1%的认为现代中国社会奉行的道德价值是"见利忘义,唯利是图"(见图1-35);有10.0%的人所向往的伦理关系和道德生活是"追求个人利益的市场经济下的道德";有46.8%的人认为"个人和工作单位之间是聘用或雇佣关系"。

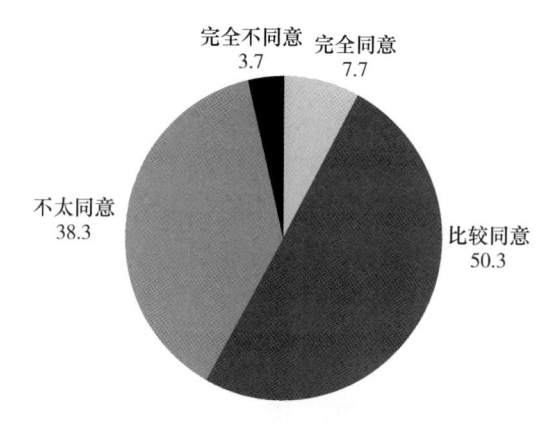

图1-34 对见利忘义的看法(2017)(%)

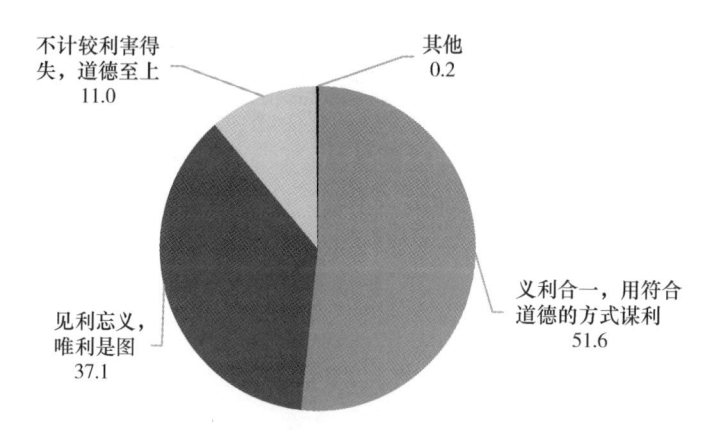

完全不同意 3.7
完全同意 7.7
不太同意 38.3
比较同意 50.3

图1-35 道德价值的奉行(2017)(%)

不计较利害得失,道德至上 11.0
其他 0.2
见利忘义,唯利是图 37.1
义利合一,用符合道德的方式谋利 51.6

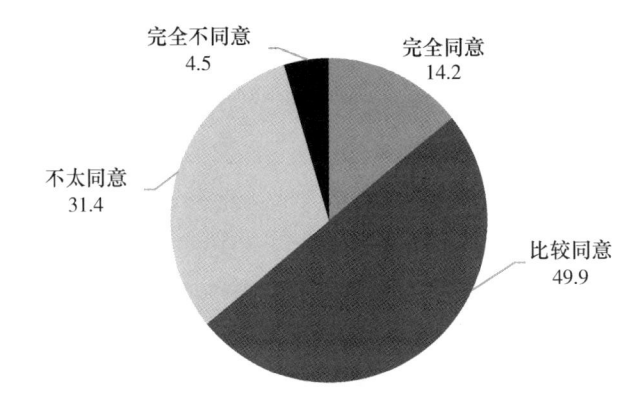

图 1-36　对金钱至上的看法（2017）（%）

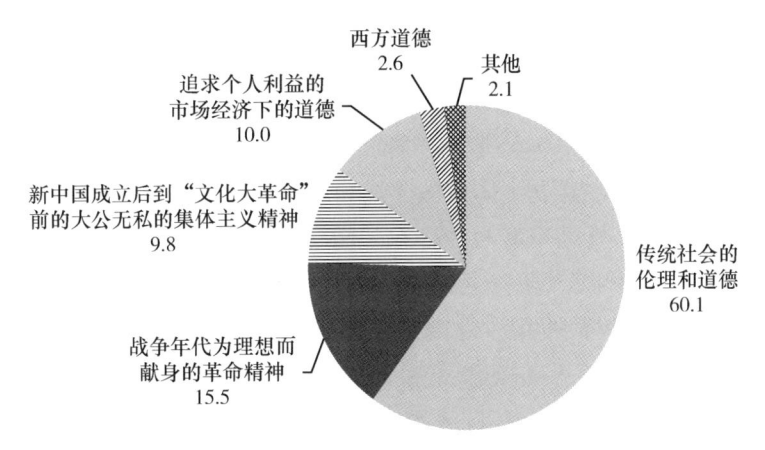

图 1-37　对伦理关系和道德生活的向往（2017）（%）

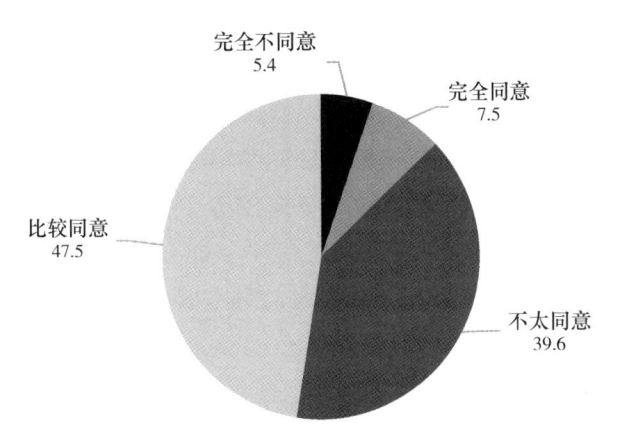

图 1-38　是否同意现在社会是一个物欲横流的社会（2017）（%）

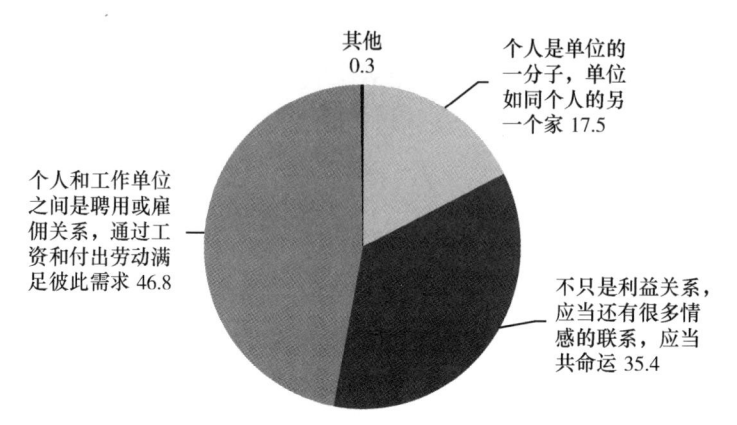

图 1-39　与个人想法的符合度（2017）（%）

- 其他 0.3
- 个人是单位的一分子，单位如同个人的另一个家 17.5
- 不只是利益关系，应当还有很多情感的联系，应当共命运 35.4
- 个人和工作单位之间是聘用或雇佣关系，通过工资和付出劳动满足彼此需求 46.8

（3）国家意识形态的伦理亏空

如何防止由"卑贱意识"向"贱民"、由"贱民"向"暴民"的癌变？问题解决的根本，是在精神上消除"卑贱意识"及其产生的客观基础——贫困，建立个体与国家权力和财富之间的同一性关系——不仅要使这种同一性关系客观地存在，而且要在意识中精神地把握这种同一性关系，从而以"高贵意识"取代"卑贱意识"。解决这一问题的核心，也是伦理学研究、道德哲学研究所必须进行的学术和学科推进，即确立两大理念和概念："伦理安全""精神援助"。伦理安全不仅从理论上讲是一个社会最基本也是最深刻的安全，而且是中国社会最重要、最具基础性的安全。伦理安全，其核心是人际关系和社会关系的状况，如人与人之间的信任度、相互帮助的可能性、人际交往中的危险度、公共生活与日常生活中的危机感，等等。2017年的调查显示，有41.0%的认为"当前社会人际关系冷漠，见危不救的状况""比较严重"（见图1-40）；有47.5%的人担忧的社会问题是"人与人之间互不信任，相互提防，没有安全感"（见图1-41）；有44.6%的人认为"人与人之间缺乏信任，社会安全度低"（见图1-42）。图1-43至图1-45反映了人们对"摔倒老人"等状况的帮助意愿，情况也不容乐观。

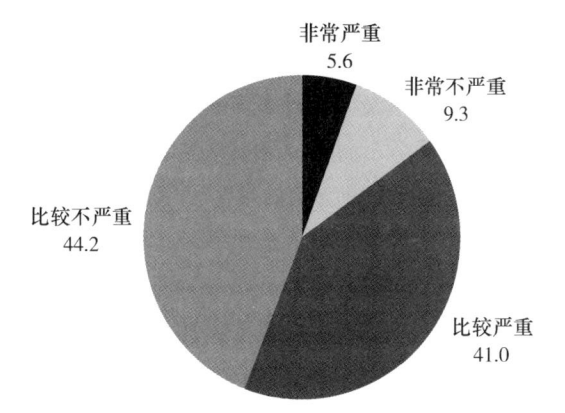

第一编　中国伦理道德发展状况及其影响因子　189

图1-40　当前社会人际关系冷漠，见危不救的严重程度（2017）（%）

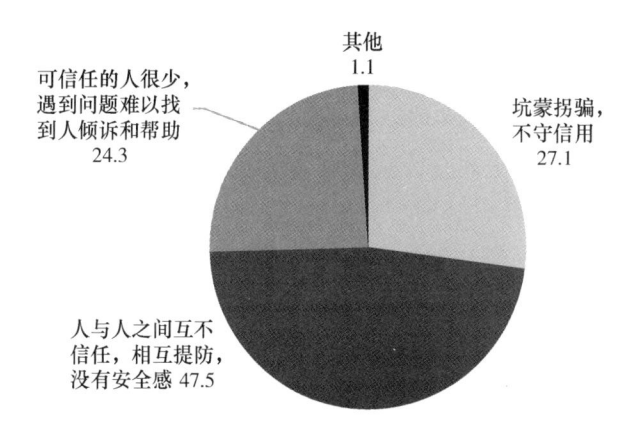

- 非常严重 5.6
- 非常不严重 9.3
- 比较不严重 44.2
- 比较严重 41.0

图1-41　对当今中国社会，更担忧的问题是（2017）（%）

- 其他 1.1
- 可信任的人很少，遇到问题难以找到人倾诉和帮助 24.3
- 坑蒙拐骗，不守信用 27.1
- 人与人之间互不信任，相互提防，没有安全感 47.5

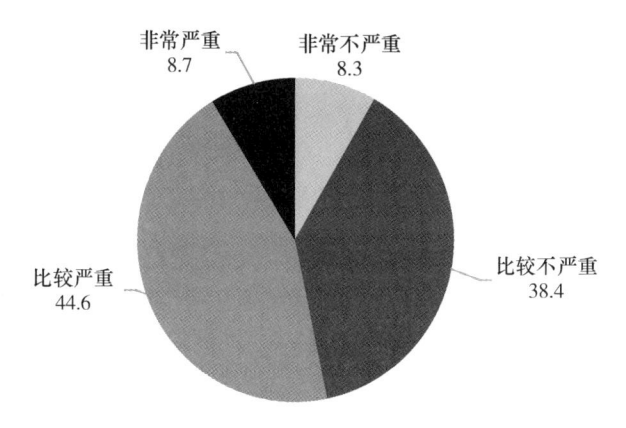

图1-42　当前社会人与人之间缺乏信任，社会安全度低的程度（2017）（%）

- 非常严重 8.7
- 非常不严重 8.3
- 比较严重 44.6
- 比较不严重 38.4

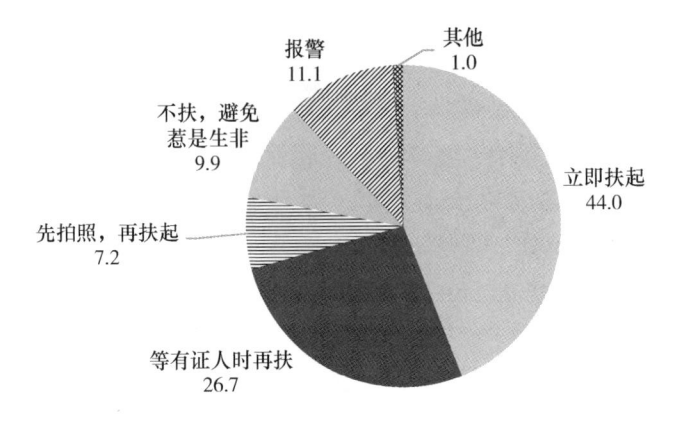

图 1-43　对于摔倒老人的反映（2017）（%）

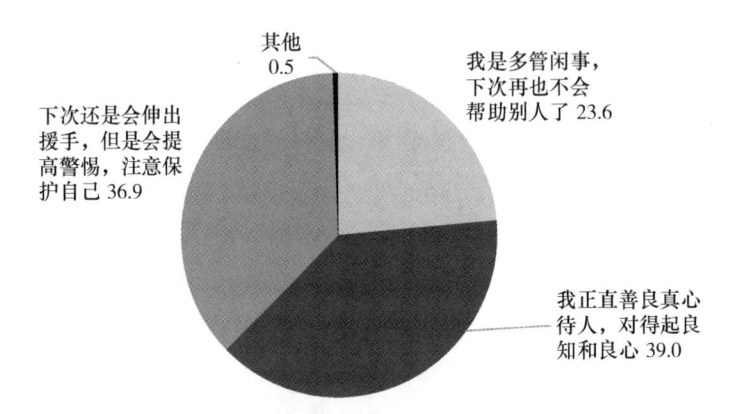

其他 1.0
报警 11.1
不扶，避免惹是生非 9.9
先拍照，再扶起 7.2
等有证人时再扶 26.7
立即扶起 44.0

图 1-44　"假如您好心救助老人却反被诬陷，您会？"（2017）（%）

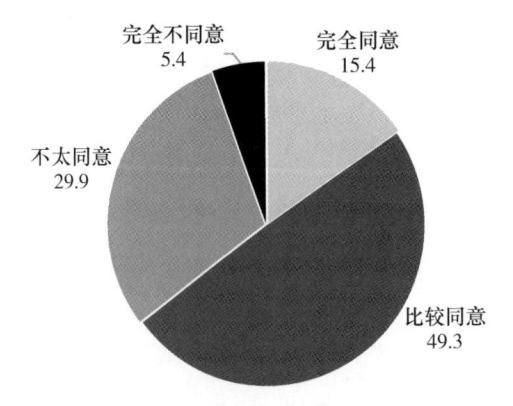

其他 0.5
下次还是会伸出援手，但是会提高警惕，注意保护自己 36.9
我是多管闲事，下次再也不会帮助别人了 23.6
我正直善良真心待人，对得起良知和良心 39.0

图 1-45　对"其他社会成员在需要的时候没有及时给予帮助，因此我们每个人都有责任"的认同程度（2017）（%）

完全不同意 5.4
完全同意 15.4
不太同意 29.9
比较同意 49.3

政府官员的伦理道德状况直接关乎政府伦理属性，对官员伦理道德的满意度在相当程度上标志着政府的伦理合法度。调查显示，关于"官员的勤政作为状况"的评价，有48.8%的人认为当前官员是努力作为的，但是成绩一般，有19.3%的人认为当前官员"行政不作为"，有9.2%的人认为官员"行政乱作为"。对官员当中党员干部的道德状况的评价更是令人担忧，有36.0%的人认为党员"和普通大众没有太大差别"，还有21.7%的人认为党员干部的道德状况"普遍比较差"。有20.0%—30.0%的人对公务员和官员的整体伦理道德状况表示不满意。

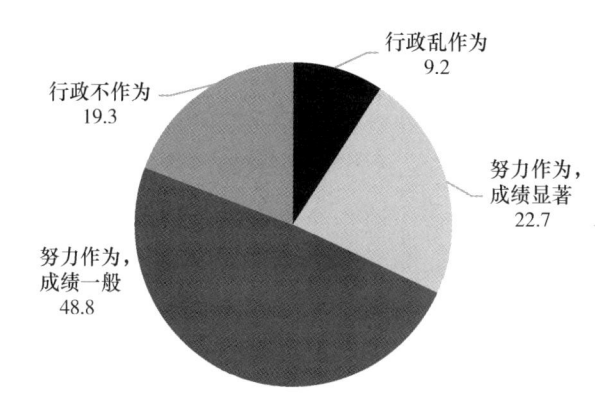

图1-46 对当前官员的勤政作为的看法（2017）（%）

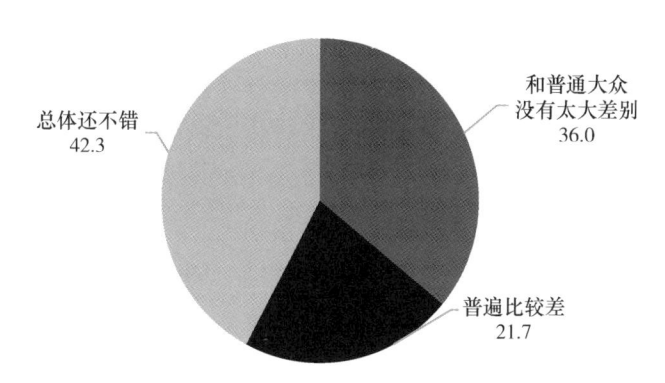

图1-47 对周围党员干部道德状况的评价（2017）（%）

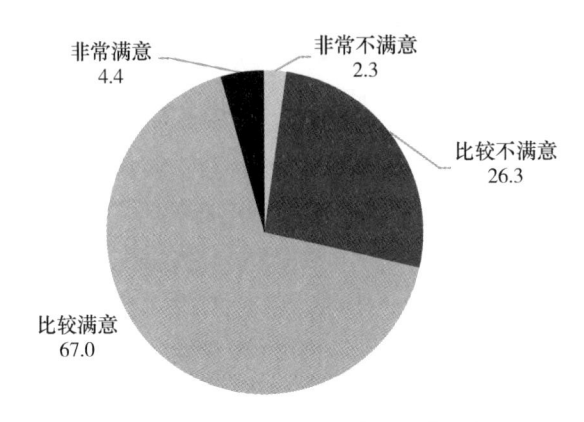

图 1-48　对一般公务员伦理道德整体状况的满意度（2017）（%）

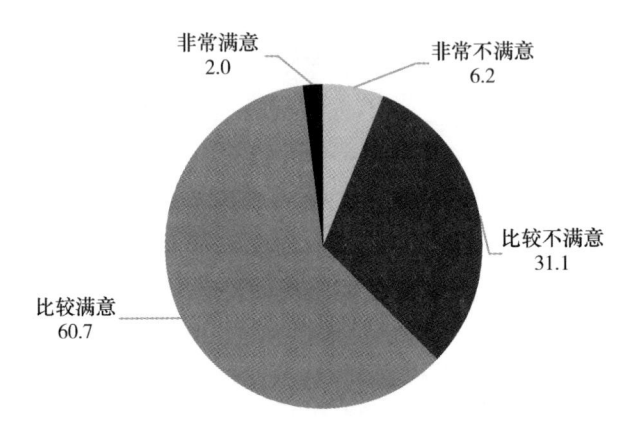

- 非常满意 4.4
- 非常不满意 2.3
- 比较不满意 26.3
- 比较满意 67.0

图 1-49　对政府官员伦理道德整体状况的满意度（2017）（%）

- 非常满意 2.0
- 非常不满意 6.2
- 比较不满意 31.1
- 比较满意 60.7

没有伦理公正，就没有群众对国家的信任；没有信任，就不可能培育爱国主义的政治情绪。而政府公信力的缺失形成了国家意识形态的伦理亏空。所谓"公信力"，其要义是政府公共权力在道德上的信用度和伦理上的信任度，二者生成公民对政府的信赖度。政府决策与公共政策的伦理含量，不仅表现在一些建设与投资的重大决策上，而且城市盲道、无障碍通道、公共汽车的踏脚板高度，到老龄人政策等，都体现着公共政策的伦理含量，其中弱势群体的生存状况和伦理关怀是标志性指标。人们对国家政策的评价如图 1-50 和图 1-51 所示，虽然有 50.8% 的人认为党中央出台的一系列治国理政新举措给社会带来了积极正面的影响，能够让人们对未来生活更有信心，但是还有 19.1% 的人表示"解决不了什么问题",有21.4%的人认为没什么影响;有28.1%的人认为政府在制定政策和决策时只是口头上说说关于伦理道德的事情,而没有实质性的行动,有10.4%的人认为政府制定政策都是从政绩和富人的利益考虑的。从调研结果来看,政府公信力建设不容乐观。

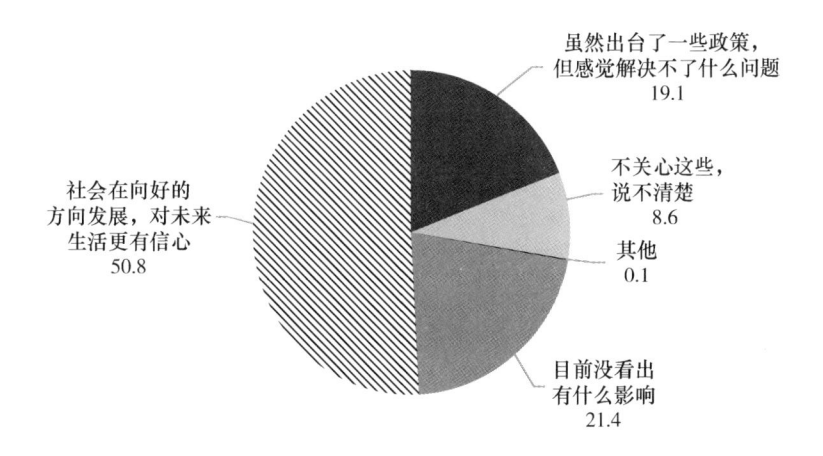

图1-50 政策对生活的影响(2017)(%)

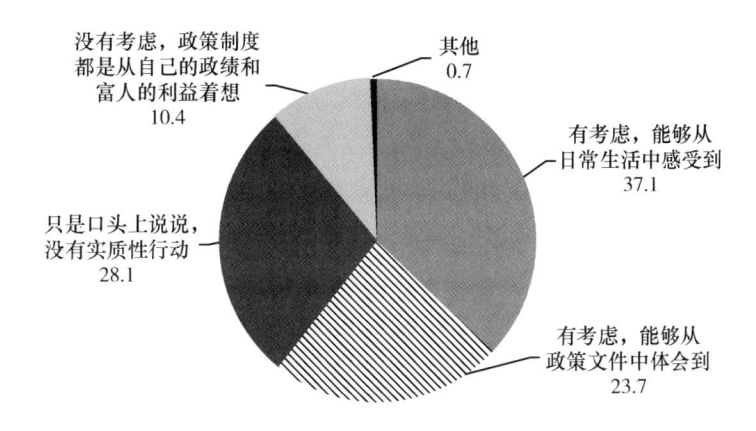

图1-51 政策制定时的伦理道德考虑(%)

2. 防止伦理断裂的中国式策略

福山认为,"20世纪90年代开始的价值观重建,以及未来可能发生的任何社会规范的重塑,都来自规范分类的四个象限:政治的、宗教的、自组织的和自然的。"① 社会重新创造社会资本的过程不仅复杂而且往往艰难。在很多情况下,这一过程要历经数代人,而且在社会资本虚弱期,旧的合作规范被摧毁,又缺乏任何能够代替它们的东西。但是社会资本的流失不会自动完成自我纠正,对于中国社会来说,可以从以下几个方面入手,防止伦理断裂的发生。

(1) 对"道德贱民"的伦理救助

只要贫困存在,就有道德存在的必要和"精神援助"的需求。按照马克思的政治经济学理论,贫困有相对贫困和绝对贫困两种,即便消灭绝对贫困,相对贫困总是难以消除,而相对贫困恰恰是产生精神问题和幸福感匮乏的重要土壤。"精神援助"绝不只是一种教育,而是一种精神建设和"精神照顾",帮助人们从道德的孤岛上回归社会,让他们克服成为和可能成为贱民的那些恶习。重要的是社会如何透过精神与文化建设,帮助人们建立超越各种人生和人伦矛盾的安身立命的精神基地。"精神援助"之所以必需,还是因为国家与市民社会的伦理存在,只有转化为个体内在的伦理存在,才可能能动地防止"贫民"向"贱民"、"贱民"向"暴民"的转化。但公共政策对社会秩序的重建必须有明确清晰的边界,要通过警察力量以及通过促进教育来实现其作为。社区警务类似监狱的重建和罪犯被收监的创新能够明显地降低犯罪率。如此,社区警务就给生活在城市地区的人们创造出一种更为强烈的社会秩序感。在某些方面,政府则不可作为,比如补贴私生子或者在学校系统中福利多余元、多文化教学。完善国家作为伦理实体的本性,通过对官员腐败与分配不公两大社会问题的解决,重建社会对于国家"普遍目的与个人福利同一"的信念和信心,也重建对国家的伦理信心和爱国政治情绪。建立市民社会中的伦理共同体,使人们在经济博弈的同时有情感上的归宿,填补"单位制"的"公众家庭"解体之后的社会伦理真空。最基本也是最后的防线,是建立成熟的家庭伦理,保持家庭的基本稳定性与安全度,因为一旦在家庭中有不安全感,或者没有家庭的安全感,人便在伦理上彻底地不安全了,就彻底地丧失伦理安全感了。

---

① 福山:《大断裂:人类本性与社会秩序的重建》,唐磊译,广西师范大学出版社 2015 年版,第 280—281 页。

(2) 促成信用到信任的转化

市民社会绝不是理想社会,正因为如此,黑格尔才指出市民社会一定要过渡到国家,在国家中实现个体性与普遍性的结合。弗兰西斯·福山提出"信任半径"的概念,以此作为解释信任与繁荣关系的重要框架。[①] 他认为,家族本位的中国文化的最大缺点是不信任外人,虽然在家庭内部有很高的信任度和依赖性,信任的伦理半径却很小,最多拓展到成为"朋友"的所谓"熟人"。信任半径的狭小严重影响繁荣的可持续性,使"富不过三代"成为华人企业的诅咒,因为不信任外人的直接后果是家庭式经营和亲子遗产继承,它很难形成现代意义上的企业制度,而遗产平均分配又使资本规模在代际传递中呈几何级数缩小。但是,中国文化以家庭为本位不仅无可争议,甚至也无可非议,因为中国文化具有一种特有的从家族走向社会的伦理机制。最狭小的信任半径是家庭,其次是自己认识的人即所谓"熟人",更大的半径是社区的其他成员,最大的半径是"人"这个类,所谓"不在场的他者",在想象中建立起一个真实的集体或共同体。[②] 社会学家发现,信任的发展要经过三个阶段,即信任反思、信任冲动、信任文化。信任反思可能是关于信任必要性的理性认知,也可能是对信任风险与信任利益的理性权衡,这种理性的最大缺陷是它可能会使信任成为"优美的灵魂",只向往而不行动,甚至构筑只要求他人信任的"伦理高地"。于是,在任何具有高信任度的社会尤其是在一些风尚质朴的社会中,信任都是一种不加反思的冲动,而在文明社会里,这种冲动的基础应当是信念,当信任由冲动上升为信念时,信任便成为文化。在信任缺失的社会里,破冰之旅从哪里开始?从彻底的人文精神开始,从彻底的伦理精神开始。

(3) 构建完整的国家意识形态伦理有机体

意识形态是对社会、政治乃至人生作出根本规定的思想和价值体系。黑格尔把道德和伦理有机地联系为一个伦理有机体。他认为,支配共同体、国家的法则来源于共同的政治生活,是人的规律;支配个体、家庭

[①] [美] 弗兰西斯·福山:《信任——社会道德与繁荣的创造》,李宛蓉译,远方出版社1998年版,第116页。

[②] [波兰] 彼得·什托姆普卡:《信任:一种社会学理论》,程胜利译,中华书局2005年版,第56—57页。

的法则来源于共同的祖先，是神的法则。黑格尔的伦理有广义和狭义之别，广义的伦理包括风俗礼教、传统习惯、法律制度、道德、家庭伦理、公共伦理、民族精神等方面。狭义伦理有两个含义：一是指风俗礼教和传统习惯；二是指绝对伦理。[①] 个体乃至群体不是在所有时候都能保持理性，要认清不同群体间存在着长远的共同利益，因此更多的时候要靠意识形态保持政治团结和社会稳定，使政治体系不至于毁灭于利益分歧的争斗中。当前的中国需要在社会范围内确立这些共同价值，以进行良好的社会整合，弥合因利益分歧而引发的诸多矛盾，调和各阶层之间的关系，造就共享价值基础上的社会团结。共产主义理想、社会主义道路正包含了为人类解放，为人的真正自由平等而奋斗等内容。自由、平等这样的价值具有普遍的吸引力。声明我们的事业是为实现这些价值而行动的，能够增加主流意识形态的吸引力，获得广泛的支持与信仰。在主流意识形态的建设中，应该有意识地吸收和弘扬业已形成的社会普遍心理和情感元素，例如国家认同和爱国主义，不失时机地将有利于促进政治认同和社会整合的情感心理因素推广、加深。例如，利用举办奥运会、举行国庆庆典等契机，推动社会成员的爱国情绪和政治认同。吸收已经得到广泛认可的文化、心理因素，可以增强主流意识形态自身的道德感召力。对主流意识形态所倡导的价值的普遍信仰，就是对政治稳定的最有力支持。

（王　强）

[①] 任丑：《简析黑格尔的伦理有机体思想》，《武汉大学学报》（人文科学版）2005 年第 11 期，第 724—731 页。

第二编

诸群体的伦理道德发展状况

六 医务群体的伦理道德现状

（一）引言

悬壶济世，医者仁心。自古以来，救死扶伤是医生的天职，正因为医生与每个人的生命息息相关，所以医生这个职业才承载着太多的伦理道德内涵。在今天，医务人员的伦理道德状况更是受到社会各界的广泛关注。特别是在网络自媒体快速发展的今天，医疗事件往往在网络上引起广泛的关注，比如温岭杀医案、湘潭产妇之死、榆林产妇跳楼案等，医患关系更是引起全社会的关注。在这种舆论环境下，我们更应该对医务人员伦理道德的真实情况展开调查，将医务人员的伦理道德状况客观公正全面地呈现给全社会。

没有调查就没有发言权，进行社会调查是掌握真实情况的重要手段。截至2017年年底，东南大学道德发展研究院（含东南大学伦理学学科团队，江苏省"道德发展智库"，江苏省"公民道德与社会风尚协同创新中心"，江苏省"道德国情调查研究中心"，江苏省"道德国情与道德哲学前沿"创新团队）独立或与江苏省委宣传部、中国人民大学、北京大学等合作，分别于2007年、2013年、2017年进行了三轮全国道德国情大调查。三次调查的规模宏大，内容细致，受访对象广泛，2007年收回有效问卷1149份，2013年收回有效问卷5666份，2017年收回有效问卷8755份。

本节仅以2017年的调查数据为基础进行分析，以期全面真实地反映当前医务人员伦理道德的状况。只选择2017年的调查数据，有两个方面的原因：其一，在三次调查中，只有2013年和2017年的调查内容详细涉及医务人员的伦理道德问题，而这两次的调查数据显示，关于医务人员伦理道德状况的数据具有很大的相似性，这反映出人们对医务人员的道德评价比较稳定，医务人员的伦理道德状况变化不大。因此，详细地比较这两次调查数据之间差异的意义不大，若要描绘医务人员伦理道德发展轨迹的话，那就是一条近乎水平的直线。其二，2017年的数据是目前最新最全的，最能反映当下的情形。更重要的是，2017年的调查具有相当的广泛性和代表性，因为这次全国伦理道德发展状况调查与研究旨在通过概率抽样的方式，了解全国城乡居民当前的道德状况、伦理水平，以期为有关部门决策提供参考。为覆盖流动人口，采用GPS/GIS辅助的地址抽样法构建住宅抽样框，取代传统的户籍抽样框。调查采用多阶段、分层、概率与规模成比例的方法抽取样本，项目要求至少完成有效样本8488个，实际收回有效问卷8755份，分布在全国76个区县级行政单位内。因此本节只选择2017年调查数据作为分析对象，目的不是描绘近十年（2007—2017年）医务人员伦理道德的变化轨迹，而是力求全面客观地呈现当前医务人员的伦理道德状况。

在新闻界有句名言——"狗咬人不是新闻，人咬狗才是新闻"，此话透露出新闻的一个特点：异常性、新鲜性、猎奇性。特别是在网络媒体如此发达的今天，大部分人习惯于从网络上获得社会资讯，而有些网站为了吸引眼球，更愿意报道医务人员的负面新闻，即便偶尔报道一下医务人员的正面新闻，往往也不容易引起人们的关注。于是给我们造成了这样一种印象：曾经在我们心目中无比圣洁的"白衣天使"似乎一夜间都变成了"白衣恶魔"，不再救死扶伤，而是趁火打劫，要钱要命。这是不是医务人员的真实状态？民众对医务人员的评价是否都是负面的？由于网络的虚拟性和匿名性，有的网民为了显示自己的特立独行，喜欢发表一些"惊人"的言论。那么，网民的观点是否代表社会的主流观点？抛开网民的网上言论，现实中的民众如何评价医务人员的伦理道德？对这些问题的回答，有利于我们全面评价当前医务人员的伦理道德状况。本节的研究视角就是聚焦于医务人员的伦理道德现状，致力于呈现一个真实、全面、客观的医务人员形象。

在研究方法上，本节的分析既基于调查数据，又不局限于调查数据。

因为通过调查问卷的方式掌握医务人员的伦理道德状况有利也有弊：好处是客观、简洁，便于分析对比；不足之处是容易让问题表面化、简单化，难以全面反映问题的深层本质。因此，本节在对调查数据加以解读之后，还分析了问题产生的深层原因。特别是抓住民众普遍关心的医患关系紧张这一问题，寻找深层的原因和可行的解决途径。

从调查数据上看，人们对医务人员道德状况的满意度比较高，大部分人对医务人员的好感与信任，使得医患关系总体上比较融洽，在受访者中仅有极少数人曾经与医生（医院）发生过矛盾或纠纷。至于导致医患关系紧张的原因，受访者都倾向于将主要原因归结为制度原因，将次要原因归结为人（医生）的原因。当出现医患纠纷时，人们倾向于采取的解决方式既有理性的方式也有非理性的方式。这才是民众对医务人员伦理道德状况的真实评价，这才是真实的医患关系现状。

为了避免得出的结论过于笼统，本节通过交叉数据分析，寻找这些评价在不同类型（户口、年龄、收入、受教育程度、职业）的受访者身上所存在的细微差别，从而更深入地掌握各类民众对于医务人员伦理道德状况的不同评价。我们发现，就不同户口类型的受访者而言，非农业户口的人普遍比农业户口的人对医务人员道德状况的满意度要高一些；就不同年龄段的受访者而言，年龄越大，对医务人员伦理道德状况的满意度越低；就不同收入水平的受访者而言，无收入者对医务人员道德状况的满意度最高，而在有一定收入的受访者中，呈现出随着收入的增加其满意度也增加的趋势；就不同受教育程度的受访者而言，受教育程度越高的人对医生道德状况的满意度也越高；就不同职业的受访者而言，享受越多医疗保障福利的职业的人对医务人员道德状况的满意度越高。鉴于此，消除城乡差异，促进职业平等，加快经济发展，提升国民收入水平，健全社会保障体系，提高国民教育水平，都有助于提升民众对医务人员道德状况的满意度，增进民众与医务人员的伦理和谐。

从调查结果来看，虽然总体情况比较乐观，但涉及对医务人员伦理道德情况评价、影响医患关系的一些负面因素也绝对不容忽视。况且，从本次调查的目的而言，绝不仅仅限于了解医务人员的伦理道德现状，更重要的是找出存在的不足，下一步如何改善问题。所以，深入分析目前医务人员道德状况还不令人完全满意的原因，寻找改善医患关系的途径,便成为本节研究的一个主攻方向。通过分析我们发现,人们对医务人员道德状况不满意的原因主要有医务人员自身的素质有待提高、医患之间缺乏应有的信任、制度设计有待完善。为此,今后应该着重在提升医务人员的素质、确定医患双方利益的边界、完善相关制度等方面下功夫。

(二) 调研信息

1. 总体数据

在 2017 年调查的 8755 名受访者中,就性别而言,女性有 4660 名,占 53.2%;男性有 4095 名,占 46.8%。就年龄而言,18 岁以下,有 167 名,占 1.9%;18—25 岁,有 942 名,占 10.8%;26—35 岁,有 1755 名,占 20.0%;36—50 岁,有 2762 名,占 31.5%;51 岁以上,有 3129 名,占 35.7%。就受教育程度而言,初中及以下,有 5232 名,占 59.8%;高中,有 2112 名,占 24.1%;大专,有 614 名,占 7.0%;本科,有 661 名,占 7.5%;研究生及以上,有 105 名,占 1.2%。

根据调查的数据我们发现,人们对于医务人员道德状况的满意度比较高(见表 2 - 1),如果将"非常满意"与"比较满意"的比例加起来的话高达 69.3%。当然我们也应该注意,选择"非常满意"的仅占 6.3%,大部分人(63.0%)选择的是"比较满意",这说明医生的道德状况还有待进一步提高。况且,还有 27.0% 的受访者选择了"不太满意"。

表 2 - 1　　　　　　　　对医生道德状况的满意度

		频数	百分比	有效百分比	累计百分比
有效	1. 非常满意	523	6.0	6.3	6.3
	2. 比较满意	5194	59.3	63.0	69.3
	3. 不太满意	2227	25.4	27.0	96.3
	4. 非常不满意	304	3.5	3.7	100.0
	合计	8248	94.2	100.0	

续表

		频数	百分比	有效百分比	累计百分比
缺失	5. 不理解题意	7	0.1		
	6. 不知道	484	5.5		
	7. 拒绝回答	16	0.2		
	合计	507	5.8		
合计		8755	100.0		

具体到医生的职业道德（见表2-2），一方面应该看到大部分受访者对医生职业道德是肯定的，有65.3%的人认为医生不守职业道德的情况不严重，也就是说，大部分人认为医生是遵守职业道德的。正因为如此，人们对医生的信任度也比较高（见表2-3），高达76.9%的受访者是信任医务人员的。在日常生活中，绝大部分人愿意跟医生做邻居（见表2-4），其中有26.2%的受访者表示"非常愿意"、有65.7%的受访者表示"比较愿意"跟医生做邻居。另一方面，我们也要看到还有不够完美的地方，毕竟还有29.6%的人认为医生不守职业道德的程度比较严重（见表2-2），有20.5%的人不太信任医生（见表2-3），这个比例也不算低。

表2-2　　　　　　　　医生不守职业道德的严重程度

		频数	百分比	有效百分比	累计百分比
有效	1. 非常不严重	1138	13.0	13.8	13.8
	2. 比较不严重	4253	48.6	51.5	65.3
	3. 比较严重	2445	27.9	29.6	94.9
	4. 非常严重	418	4.8	5.1	100.0
	合计	8254	94.3	100.0	
缺失	5. 不理解题意	36	0.4		
	6. 不知道	427	4.9		
	7. 拒绝回答	38	0.4		
	合计	501	5.7		
合计		8755	100.0		

表 2-3　　　　　　　　　　对医生的信任程度

		频数	百分比	有效百分比	累计百分比
有效	1. 完全信任	1134	13.0	13.3	13.3
	2. 比较信任	5406	61.7	63.6	76.9
	3. 不太信任	1742	19.9	20.5	97.4
	4. 根本不信任	222	2.5	2.6	100.0
	合计	8504	97.1	100.0	
缺失	5. 不理解题意	11	0.1		
	6. 不知道	228	2.6		
	7. 拒绝回答	12	0.1		
	合计	251	2.9		
合计		8755	100.0		

表 2-4　　　　　　　在多大程度上愿意和医生成为邻居

		频数	百分比	有效百分比	累计百分比
有效	1. 非常愿意	2227	25.4	26.2	26.2
	2. 比较愿意	5580	63.7	65.7	92.0
	3. 不太愿意	615	7.0	7.2	99.2
	4. 很不愿意	67	0.8	0.8	100.0
	合计	8489	96.9	100.0	
缺失	5. 不理解题意	5	0.1		
	6. 不知道	233	2.7		
	7. 拒绝回答	28	0.3		
	合计	266	3.0		
合计		8755	100.0		

大部分人对医务人员的好感与信任，使得医患关系总体上比较融洽（见表 2-5），绝大部分人（95.5%）跟医生（医院）没有发生过矛盾或纠纷，在受访者中仅有 4.5% 的人曾经与医生（医院）发生过矛盾或纠纷。

表 2-5　　　　　　　是否与医生（医院）发生过矛盾或纠纷

		频数	百分比	有效百分比	累计百分比
有效	1. 是	390	4.5	4.5	4.5
	2. 否	8290	94.7	95.5	100.0
	合计	8680	99.1	100.0	
缺失	3. 拒绝回答	75	0.9		
合计		8755	100.0		

在看到大部分人对医务人员的高度评价的同时，我们还应该看到医患关系的复杂性。特别是近几年出现的一些引起全社会关注的重大医患纠纷案例，使得医患关系成为调查中非常重要的话题。在涉及医患关系调查时，人们的态度就比较复杂了。那么，导致医患关系紧张的原因是什么呢？受访者都倾向于将主要原因归结为制度原因——"医疗制度不合理，看病难看病贵"（见表2-6），将次要原因归结为人的原因——"医生缺乏职业道德，对病人不负责任"（见表2-7）。

表 2-6　　　　　　　导致当前医患关系紧张的主要原因

		频数	百分比	有效百分比	累计百分比
有效	1. 医生缺乏职业道德，对病人不负责任	2604	29.7	33.8	33.8
	2. 医疗制度不合理，看病难看病贵	3488	39.8	45.3	79.1
	3. 医生腐败，不送红包不认真看病	991	11.3	12.9	91.9
	4. "医闹"，病人蓄意闹事	597	6.8	7.7	99.7
	5. 其他	25	0.3	0.3	100.0
	合计	7705	88.0	100.0	
缺失	6. 不理解题意	10	0.1		
	7. 不知道	1005	11.5		
	8. 拒绝回答	35	0.4		
	合计	1050	12.0		
合计		8755	100.0		

表2-7 导致当前医患关系紧张的次要原因

		频数	百分比	有效百分比	累计百分比
有效	1. 医生缺乏职业道德，对病人不负责任	2651	30.3	35.9	35.9
	2. 医疗制度不合理，看病难看病贵	2333	26.6	31.6	67.5
	3. 医生腐败，不送红包不认真看病	1342	15.3	18.2	85.6
	4. "医闹"，病人蓄意闹事	1047	12.0	14.2	99.8
	5. 其他	16	0.2	0.2	100.0
	合计	7389	84.4	100.0	
缺失	6. 不理解题意	9	0.1		
	7. 不知道	1258	14.4		
	8. 拒绝回答	99	1.1		
	合计	1366	15.6		
	合计	8755	100.0		

当出现医患纠纷时，人们倾向于采取的解决方式也多种多样（见图2-1）。有44.1%的受访者选择"与医院协商"的方式来处理，有23.4%的受访者选择"寻求卫生局的调解或介入"。在看到大部分人都能理性解决医患纠纷的同时，我们也应该注意到，紧随其后的则是"直接找医生或医院算账"，高达19.2%的人选择了这种非理性的解决方式。这也能很好地解释现实中"医闹"、暴力维权层出不穷的现象了。

在实际的医患交往中，"送红包"是一个绕不开的话题，特别是在进行大型的手术前，患者及其家属总是要在给医生送不送红包问题上思虑再三（见表2-8）。患者及其家属给医生送红包的占55.5%，其心态千差万别，有24.3%的人是基于"不相信医生能平等地对待每个病人，送红包能提高关注度，必须送"的心理；有13.7%的人是认为"医生很辛苦，送红包是表示尊敬和感谢"；17.5%的人是觉得"大家都送，我不送会吃亏，不送心里不踏实"。患者及其家属不给医生送红包的占44.5%，其理由也各种各样，有18.0%的人尽管知道"送红包能让医生对我更用心，但我不会这么做"；有18.3%的人是考虑到"大家都送红包，事实上

与医院协商 44.1
寻求卫生局的调解或介入 23.4
医学鉴定 12.5
司法诉讼 18.2
寻求媒体曝光 10.0
信访 4.7
寻求第三方医疗纠纷调解委员会调解 13.2
直接找医生或医院算账 19.2

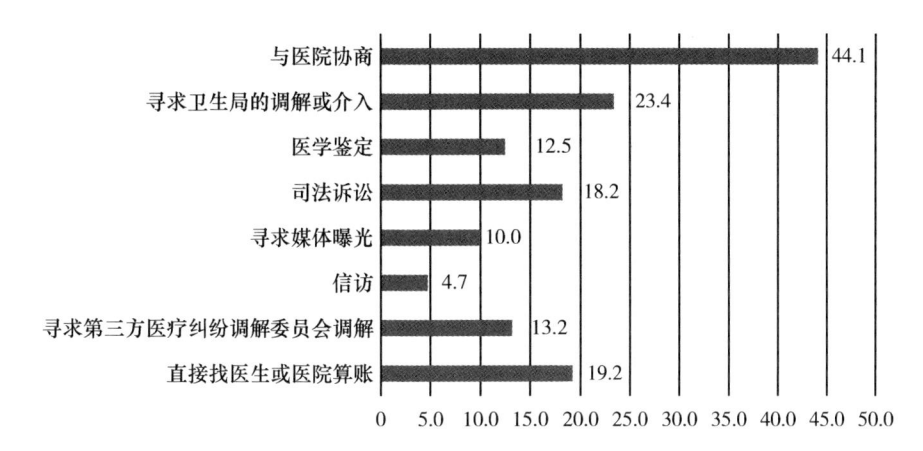

图 2-1　采取哪些方式来解决医患纠纷（%）

无助于提高治疗效果，我不会这么做"；有 8.2% 的人是由于"想送，但我没有能力送"。

表 2-8　某些患者会在手术前给医生红包，送红包的主要理由

		频率	百分比	有效百分比	累计百分比
有效	1. 不相信医生能平等地对待每个病人，送红包能提高关注度，必须送	1646	18.8	24.3	24.3
	2. 医生很辛苦，送红包是表示尊敬和感谢	930	10.6	13.7	38.0
	3. 大家都送，我不送会吃亏，不送心里不踏实	1186	13.5	17.5	55.5
	4. 送红包能让医生对我更用心，但我不会这么做	1219	13.9	18.0	73.4
	5. 大家都送红包，事实上无助于提高治疗效果，我不会这么做	1244	14.2	18.3	91.8
	6. 想送，但我没有能力送	558	6.4	8.2	100.0
	合计	6783	77.5	100.0	

续表

		频率	百分比	有效百分比	累计百分比
缺失	7. 不知道/说不清楚	1943	22.2		
	8. 不理解题意	2	0.0		
	9. 拒绝回答	27	0.3		
	合计	1972	22.5		
合计		8755	100.0		

2. 交叉分析

除了掌握受访者对于医务人员伦理道德情况的总体评价，还应该掌握这些评价在不同类型的受访者身上所存在的细微差别，了解这些细微差别有利于更深入地掌握民众对于医务人员伦理道德状况的评价。

（1）户口

如果把户口划分为农业户口与非农业户口两大类的话，不同户口类型的人对医务人员伦理道德的评价是不一样的（见表2-9）。非农业户口的受访者对医生道德状况满意度的评价普遍较高，而农业户口的受访者对医生道德状况满意度的评价普遍较低。农业户口的受访者中选择"非常满意"的仅占5.5%，非农业户口的受访者中选择"非常满意"的占7.9%；农业户口的受访者中选择"比较满意"的占62.7%，非农业户口的受访者中选择"比较满意"的占63.7%。可见，非农业户口的受访者对医生的道德状况更"满意"一些。自然，农业户口的受访者对医生的道德状况更"不满意"一些：农业户口的受访者中选择"不太满意"的占28.0%，非农业户口的受访者中选择"不太满意"的占24.9%；农业户口的受访者中选择"非常不满意"的占3.8%，非农业户口的受访者中选择"非常不满意"的仅占3.4%。

这可能与不同户口性质的人享受到的医疗保障条件不同有关，国家应该进一步提高农民的医疗保障条件，使全体国民享受平等的医疗保障条件。也可能与不同户口性质的人对医学知识的了解程度不同有关，农业户口的人知识水平往往偏低，对医学知识、医疗中可能出现的问题认识不足，进而对医生的行为容易产生不解或误解，导致对医生的满意度较低。因此，提升农民的医学知识水平有助于加深其对医务人员的理解。

表 2-9　　　　　　　　对医生道德状况的满意度 * 户口

	农业户口	非农业户口	均值
非常满意（%）	5.5	7.9	6.4
比较满意（%）	62.7	63.7	63.1
不太满意（%）	28.0	24.9	26.9
非常不满意（%）	3.8	3.4	3.7
总计（%）	100.0	100.0	100.0
列总计（人）	5407	2797	8204

说明：其中 Chi-square test：df = 3，卡方值为 24.348a，Sig = 0.000 < 0.05，所以居民在"对医生道德状况的满意度"这一问题的回答上因户口差别有显著差异。

（2）年龄

不同年龄段的受访者对医务人员道德状况的满意度也有比较显著的差异。调查的数据显示（见表 2-10），年龄越大，满意度越低。这个规律在选择"非常满意"的人群中显得十分明显，18—29 岁的人中选择者占 9.1%，30—39 岁的人中选择者占 8.2%；40—49 岁的人中选择者占 5.3%；50—59 岁的人中选择者占 4.5%；60—65 岁的人中选择者占 4.4%，占比一路下滑。

在"医生不守职业道德的严重程度"的回答中，年龄越轻的选择"非常不严重"的占比越大（见表 2-11），18—29 岁的人中选择者占 17.5%，30—39 岁的人中选择者占 14.6%；40—49 岁的人中选择者占 13.2%；50—59 岁的人中选择者占 12.3%；60—65 岁的人中选择者占 10.6%，占比也是一路下滑。

由此决定了不同年龄段的人对医生的信任度也就不一样，年龄越轻的人选择"完全信任"医生的占比越高（见表 2-12），18—29 岁的人中选择者占 16.6%，30—39 岁的人中选择者占 15.4%；40—49 岁的人中选择者占 13.1%；50—59 岁的人中选择者占 11.2%；60—65 岁的人中选择者占 10.0%，占比仍然是一路下滑。

表2-10 对医生道德状况的满意度 * 年龄

	18—29岁	30—39岁	40—49岁	50—59岁	60—65岁	均值
非常满意（%）	9.1	8.2	5.3	4.5	4.4	6.3
比较满意（%）	63.5	62.1	62.9	62.7	63.9	63.0
不太满意（%）	24.3	25.6	28.4	28.8	27.9	27.0
非常不满意（%）	3.1	4.1	3.4	4.0	3.9	3.7
总计（%）	100.0	100.0	100.0	100.0	100.0	100.0
列总计（人）	1723	1600	1777	1827	1321	8248

说明：其中Chi-square test：df = 12，卡方值为63.406a，Sig = 0.000 < 0.05，所以居民在"对医生道德状况的满意度"这一问题的回答上因年龄差别而有显著差异。

表2-11 医生不守职业道德的严重程度 * 年龄

	18—29岁	30—39岁	40—49岁	50—59岁	60—65岁	均值
非常不严重（%）	17.5	14.6	13.2	12.3	10.6	13.8
比较不严重（%）	51.6	50.7	52.4	50.6	52.4	51.5
比较严重（%）	26.4	28.2	30.2	31.7	31.9	29.6
非常严重（%）	4.4	6.5	4.1	5.4	5.0	5.1
总计（%）	100.0	100.0	100.0	100.0	100.0	100.0
列总计（人）	1739	1610	1789	1819	1297	8254

说明：其中Chi-square test：df = 12，卡方值56.279a，Sig = 0.000 > 0.05，所以居民在"医生不守职业道德严重程度如何"这一问题的回答上因年龄差别有显著差异。

表2-12 对医生的信任程度 * 年龄

	18—29岁	30—39岁	40—49岁	50—59岁	60—65岁	均值
完全信任（%）	16.6	15.4	13.1	11.2	10.0	13.3
比较信任（%）	64.2	62.3	64.3	63.7	63.2	63.6
不太信任（%）	16.7	20.3	20.4	22.3	23.2	20.5
根本不信任（%）	2.6	2.0	2.2	2.8	3.6	2.6
总计（%）	100.0	100.0	100.0	100.0	100.0	100.0
列总计（人）	1776	1632	1824	1881	1391	8504

说明：其中Chi-square test：df = 12，卡方值为66.801a，Sig = 0.000 < 0.05，所以居民在"您对下面群体的信任程度如何？（医生）"这一问题的回答上因年龄差别而有显著差异。

这可能是随着年龄的增长，身体越来越不好，自己的病越来越难治愈，与医生打交道的机会增多，自然产生的矛盾也会增加，对于自己久治不愈的病症，认为是医生不守职业道德，没有尽职尽责，而不认为是目前的医疗技术水平有限等客观原因导致的。

（3）收入

经济基础决定上层建筑，一个人的经济收入状况在一定程度上也影响着他对人和事的评价。不同收入的受访者对于医生道德状况的满意度就有着显著的差异（见表2-13和表2-14）。无收入者对医生道德状况的满意度最高（见表2-13），对医生也最为信任（见表2-15），非常愿意与医生成为邻居（见表2-16）。而在有一定收入的受访者中，呈现出随着收入的增加满意度、信任度也增加的趋势。收入在1—1999元区间的受访者满意度最低，选择"非常满意"的仅占3.6%（见表2-13），对医生最不信任，选择"完全信任"的仅占10.6%（见表2-15），最不愿意与医生成为邻居，选择"非常愿意"的仅占21.5%（见表2-16）。收入在2000—3999元区间的受访者在以上选项的占比中居中，4000元及以上的受访者在以上选项的占比中最高。

经济收入越高的人，为健康支付的能力越强，越能够享受到更好的医疗服务，自然对医务人员的满意度越高。这说明了提高民众的收入水平在提升医患关系方面的重要性。

表2-13　　　　　　　对医生道德状况的满意度 * 收入　　　　　　　（%）

	无收入	1—1999元	2000—3999元	4000元及以上	均值
非常满意	8.7	3.6	6.9	7.9	6.4
比较满意	63.0	64.0	62.2	62.2	62.9
不太满意	25.5	29.3	27.1	25.3	27.1
非常不满意	2.7	3.1	3.9	4.6	3.6

说明：其中 Chi-square test：df = 9，卡方值为59.758a，Sig = 0.000 < 0.05，所以收入在"对医生道德状况的满意度"这一观点上有显著差异。

表 2-14　　　　　医生不守职业道德的严重程度 * 收入　　　　　（%）

	无收入	1—1999 元	2000—3999 元	4000 元及以上	均值
非常不严重	14.3	9.0	13.8	17.8	13.3
比较不严重	53.8	52.7	51.5	49.4	51.8
比较严重	28.4	33.3	29.3	26.1	29.7
非常严重	3.4	4.9	5.4	6.7	5.2

说明：其中 Chi-square test：df = 9，卡方值为 91.307a，Sig = 0.000 < 0.05，所以收入对"医生不守职业道德的严重程度"这点上有显著差异。

表 2-15　　　　　　　对医生的信任程度 * 收入　　　　　　　（%）

	无收入	1—1999 元	2000—3999 元	4000 元及以上	均值
完全信任	16.2	10.6	13.2	15.7	13.5
比较信任	62.4	63.8	64.7	61.2	63.3
不太信任	18.8	22.5	20.0	20.4	20.6
根本不信任	2.5	3.2	2.1	2.6	2.6

说明：其中 Chi-square test：df = 9，卡方值为 41.426a，Sig = 0.000 < 0.05，所以收入在"对医生的信任程度"这点上有显著差异。

表 2-16　　　　　在多大程度上愿意和医生成为邻居 * 收入　　　　　（%）

	无收入	1—1999 元	2000—3999 元	4000 元及以上	均值
非常愿意	27.1	21.5	26.9	29.0	25.8
比较愿意	65.4	68.6	65.8	62.9	66.0
不太愿意	6.9	9.0	6.5	7.2	7.4
很不愿意	0.6	0.9	0.9	0.9	0.8

说明：其中 Chi-square test：df = 9，卡方值为 42.341a，Sig = 0.000 < 0.05，所以收入在"在多大程度上愿意和医生成为邻居"这点上有显著差异。

（4）受教育程度

一个人受教育的程度决定着个人的素养，决定着他的世界观、人生观、价值观，决定着对人和事的看法与评价。调查发现，受教育程度不同的受访者对医生的道德评价有显著差异。从选择"非常满意"的受访者来看，很明显地体现出受教育程度越高的人对医生道德状况的满意度也越高（见表2-17）：初中及以下的受访者中选择"非常满意"的仅占5.7%，高中、中专及职高的选择者占6.0%，大专的选择者上升到7.5%，本科及以上的选择者高达9.8%。自然，受教育程度越高的受访者也更倾向于信任医生（见表2-18），越愿意跟医生做邻居（见表2-19）：初中及以下的受访者选择"非常愿意"的仅占25.2%，高中、中专及职高的选择者占26.0%，大专的选择者上升到26.9%，本科及以上的选择者高达32.0%。

表2-17　　　　　　对医生道德状况的满意度*受教育程度

	初中及以下	高中、中专及职高	大专	本科及以上	均值
非常满意（%）	5.7	6.0	7.5	9.8	6.3
比较满意（%）	62.6	63.7	65.4	59.2	63.0
不太满意（%）	27.2	27.3	23.3	27.4	27.0
非常不满意（%）	4.5	3.0	3.8	3.5	3.7
总计（%）	100.0	100.0	100.0	100.0	100.0
列总计（人）	3249	3654	584	733	8220

说明：其中Chi-square test：df=9，卡方值为35.537a，Sig=0.000<0.05，所以居民在"对医生道德状况的满意度"这一问题的回答上因受教育程度差别而有显著差异。

表2-18　　　　　　对医生的信任程度*受教育程度

	初中及以下	高中、中专及职高	大专	本科及以上	均值
完全信任（%）	12.4	13.6	16.2	14.2	13.3
比较信任（%）	62.5	63.9	64.5	66.1	63.6
不太信任（%）	22.0	20.2	17.2	16.6	20.5
根本不信任（%）	3.1	2.2	2.0	3.1	2.6
总计（%）	100.0	100.0	100.0	100.0	100.0
列总计（人）	3368	3761	598	747	8474

说明：其中Chi-square test：df=9，卡方值为28.165a，Sig=0.001<0.05，所以居民在"对医生的信任程度"这一问题的回答上因受教育程度差别而有显著差异。

表 2-19　在多大程度上愿意和医生成为邻居 * 受教育程度

	初中及以下	高中、中专及职高	大专	本科及以上	均值
非常愿意（%）	25.2	26.0	26.9	32.0	26.3
比较愿意（%）	66.6	66.1	65.3	60.6	65.7
不太愿意（%）	7.3	7.4	7.3	6.2	7.2
很不愿意（%）	1.0	0.6	0.5	1.2	0.8
总计（%）	100.0	100.0	100.0	100.0	100.0
列总计（人）	3362	3755	602	741	8460

在"导致当前医患关系紧张的主要原因"和"导致当前医患关系紧张的次要原因"这两个问题上，尽管受访者都认为主要原因是"医疗制度不合理，看病难看病贵"这一制度性的原因，次要原因是"医生缺乏职业道德，对病人不负责任"这一人为原因，但是受教育程度越高的受访者，选择这一制度性原因的人越多（见表 2-20、表 2-21），而选择这一人为原因的人越少（见表 2-20、表 2-21）。这也反映出受教育程度不同的人在看待同一问题时的侧重点不同、看待问题的深度不同。

受教育程度越高的人，往往对医学知识有一定的了解，能够认识到医学技术的有限性，医生不是万能的，不可能包治百病。受教育程度越高的人，往往看问题比较全面和深刻，能够透过现象看到本质，能够分清哪些是医生自身原因造成的，哪些是客观制度原因导致的。因此，提升国民的受教育程度，有利于医患关系的和谐。

表 2-20　导致当前医患关系紧张的主要原因 * 受教育程度

	初中及以下	高中、中专及职高	大专	本科及以上	均值
医生缺乏职业道德，对病人不负责任（%）	34.6	34.0	32.5	30.2	33.8
医疗制度不合理，看病难看病贵（%）	43.4	45.8	45.1	51.3	45.3
医生腐败，不送红包不认真看病（%）	14.4	12.5	10.8	8.7	12.8

续表

	初中及以下	高中、中专及职高	大专	本科及以上	均值
"医闹",病人蓄意闹事(%)	7.1	7.4	11.2	9.7	7.8
其他(%)	0.4	0.3	0.4	0.1	0.3
总计(%)	100.0	100.0	100.0	100.0	100.0
列总计(人)	3035	3392	563	692	7682

表2-21　　导致当前医患关系紧张的次要原因＊受教育程度

	初中及以下	高中、中专及职高	大专	本科及以上	均值
医生缺乏职业道德,对病人不负责任(%)	36.1	35.9	34.4	35.9	35.9
医疗制度不合理,看病难看病贵(%)	32.3	31.3	31.4	30.1	31.6
医生腐败,不送红包不认真看病(%)	19.2	18.5	18.0	11.3	18.1
"医闹",病人蓄意闹事(%)	12.3	14.0	15.6	22.7	14.2
其他(%)	0.1	0.3	0.6	—	0.2
总计(%)	100.0	100.0	100.0	100.0	100.0
列总计(人)	2906	3259	544	657	7366

(5)职业

人们往往会从自己的立场看待人和事。不同职业的人对医生的评价也不一样。若把受访者区分为"官员、企业家、专业人员、工人、农民、企业员工、做小生意者、无业失业下岗人员"等类型的话，不同职业的受访者对医生道德状况的满意度也有明显的差异（见表2-22），官员选择"非常满意"的最多，占到13.0%，而农民选择"非常满意"的最少，仅有3.9%。自然，各种职业群体在对医生的信任度上（见表2-23），农民对医生的信任度最低；农民也最不愿意与医生做邻居（见表2-24）。这反映出职业间的隔阂和不平等。

由于种种原因，在诸多职业群体的医疗保障体系中，农民能够享受到的福利是最少的，长期以来农民只能自己承担所有的医疗费用，只是近年来，随着农村合作医疗等制度的推行，农民才逐渐享受到一定的医疗保障，但目前这种医疗保障的力度还是极其有限的。而那些能够享受到更多医疗福利保障的群体，对医务人员的满意度则明显较高。这说明，促进职业平等，健全社会保障体系，有助于医患伦理关系的和谐。

表 2-22　　对医生道德状况的满意度 * 职业　　（％）

	官员	企业家	专业人员	工人	农民	企业员工	做小生意者	无业失业下岗人员	均值
非常满意	13.0	—	7.5	5.6	3.9	12.0	5.1	8.6	6.3
比较满意	65.2	66.7	64.8	63.9	63.5	60.1	61.9	62.3	63.0
不太满意	17.4	26.7	22.9	27.4	28.3	24.3	29.3	26.2	27.0
非常不满意	4.3	6.7	4.8	3.2	4.3	3.6	3.7	2.9	3.7

表 2-23　　对医生的信任程度 * 职业　　（％）

	官员	企业家	专业人员	工人	农民	企业员工	做小生意者	无业失业下岗人员	均值
完全信任	12.1	18.8	14.8	13.3	10.6	15.1	14.2	16.3	13.3
比较信任	69.7	65.6	66.9	64.9	62.7	64.0	62.1	61.9	63.6
不太信任	13.9	15.6	17.4	20.0	23.3	18.7	21.0	18.6	20.4
根本不信任	4.2	—	1.0	1.7	3.4	2.3	2.7	3.2	2.6

表 2-24　　多大程度上愿意和医生成为邻居 * 职业　　（％）

	官员	企业家	专业人员	工人	农民	企业员工	做小生意者	无业失业下岗人员	均值
非常愿意	27.4	24.2	31.3	27.9	21.0	28.6	26.2	30.4	26.3
比较愿意	63.4	69.7	62.3	65.2	69.2	63.9	66.4	61.8	65.7
不太愿意	7.9	6.1	5.9	6.2	9.2	6.4	6.3	6.9	7.2
很不愿意	1.2	—	0.5	0.7	0.6	1.1	1.1	0.9	0.8

(三) 原因分析

从调查结果来看,社会各界对医务人员的伦理道德状况是比较满意的,评价是比较高的。虽然总体情况比较乐观,但人们对医务人员伦理道德情况的负面评价、影响医患关系的一些负面因素也绝对不容忽视。下文将重点分析这些因素。

1. 医务人员自身的素质有待提高

他人对医务人员的评价是与医务人员自身的素质密切相关的,人们对医务人员的伦理道德现状还有不满意的地方,与医务人员自身的某些素质有待提高有关。

(1) 服务意识有待提高

有些医务人员缺乏服务意识,服务态度恶劣,对患者缺乏必要的人道关怀,缺乏起码的责任心和同情心,使者及其家属无法感受到医生的关切和医院的温暖。某些医生没有将患者当成一个有血有肉、有情感的人,而是将患者看作一个冰冷的等待被修理的物件。在治疗中盛行的是技术理性,突出追求最佳手段和最佳效率,而把人的感受和价值置于一旁。正如有学者指出的:"综观目前许多医院,医生过度依靠治疗设备,大量缩减问诊时间,甚至出现以仪器代替人工,以检查取代诊疗的不良趋势。患者在医院感受到的是冷冰冰的仪器设备和一张张的化验单据,感受不到医生的存在与交流。医务人员在治疗过程中缺少热情与真诚,忽视患者的心理感受和复杂情感,是导致医患矛盾和纠纷激增的内在原因。"[①] 在目前医疗诊断越来越依赖设备仪器的情况下,医院存在着重医疗技能提高,轻医德建设的倾向,对医务人员的继续教育往往更多地集中在专业技能方面,很少涉及职业道德教育的内容。岂不知,没有良好道德的护佑,再高超的医疗技能也可能用错地方,变成害人的技能。

[①] 张爱林、张前德:《医务人员职业道德建设的困境与对策》,《南京医科大学学报》(社会科学版) 2012 年第 1 期。

(2) 不择手段的谋利行为

受市场经济、利益交换等观念的不良影响,某些医务人员将市场经济原则完全引入医疗卫生事业领域,导致医疗活动违背人道主义精神和为人民服务的工作宗旨,把医疗活动视为单纯的谋取私利的手段。于是,为了私利,有的医务人员或明或暗地索要、收受患者的"红包"。尽管这不是普遍现象,但少数人的此种行为,其社会影响却是非常恶劣的,严重摧毁了医务人员应有的高尚形象,这也是医务人员被社会各界强烈诟病的现象之一。为了私利,有的医务人员故意开"大处方",诱导患者做不必要的"昂贵检查"。由于在诊疗过程中,医患双方存在着严重的信息不对称,患者对自己的病情、需要的药品和必要的检查缺乏了解,这时只能完全依赖医生的判断和选择,患者处于完全被动的状态,这就给医生提供了"诱导需求"的机会。这种机会一旦被自私的医生所利用,"开大处方""做昂贵检查"就成为某些医务人员的惯用伎俩。为了私利,有的医务人员在采购或使用药品、医疗器械、医用耗材的过程中收取高额的回扣,不仅加剧了医疗行业的不正之风,而且由此产生的成本最终也会转嫁到患者身上,加剧"看病贵"的状态,进一步恶化医患关系。

一般情况下,个体谋取更多的私利是无可厚非的,趋利避害是大多数人行为选择的原则。但医疗行业却是一个具有双重属性的领域。"一方面,作为独立核算的医疗卫生机构和有衣食之需的医务工作者,其谋利行为和凸显必要的物质福利是正当需求,这也是社会得以发展进步的重要原因。另一方面,医疗行为又是民生行为,关系群众切身利益,涉及社会和谐稳定,应体现尊重患者意识、人道博爱传统和无私奉献精神,每个医务工作者都要力争成为济世苍生的精诚大医。"[1] 医务人员的职业特点及其服务对象的特殊性,决定了其行为不能单纯以利益算计为出发点,而应以治病救人为出发点。那种为了谋利而不顾自身职责及患者承受力,索要红包、开大处方、过度重复检查,甚至因为患者没钱就放弃

---

[1] 张爱林、张前德:《医务人员职业道德建设的困境与对策》,《南京医科大学学报》(社会科学版) 2012 年第 1 期。

治病救人的社会职责①，致使职业精神丧失、职业形象受损、医德医风滑坡的行为，必然会受到全社会的恶评。

2. 医患之间缺乏应有的信任

目前的医患矛盾、医疗纠纷主要集中在治疗效果和治疗费用两个方面，即低于患者预期的治疗效果（包括患者的健康结局、诊治过程的知情选择、医治程序、医方行为规范及服务态度）和高于患者预期的治疗费用。具体而言，一方面，对患者而言，常常对医生怀有过高的期望，以为不管什么疑难杂症，只要到了医院，医生就能治好，就应该给治好，对当前医学技术的有限性和治疗中存在的高风险认识不足，一旦没有达到预期的治疗效果，很容易产生期望和实际之间的心理落差，进而怀疑是医生或者院方在工作中存在瑕疵，于是出现医患对立与冲突。另一方面，对医生而言，为了更好地保护自己，防止不必要的纠纷和矛盾，在诊断中往往采取开具更多的检查项目，借助客观性的仪器而不是自身的诊断来确定病情，在治疗方案的选择中，医生倾向于选择中规中矩的防御性治疗方案，而不愿也不敢去尝试使用治疗结局不确定性更大的新特治疗手段，以此规避潜在风险和冲突而求得自保。由此必然导致治疗效果的不理想和治疗费用的增加，进一步加深医患之间的猜疑。

医患之间缺乏信任。双方都对对方充满着戒备和不信任，于是双方都暗中采取措施来预防不测。患者每次看病前都会戴着有色眼镜去看待医生，总觉得医生的任何做法都是在骗自己的钱，一旦医生有不符合自己认知的行为就认为是医生错了，出了问题就怪罪医生。而医生为了防止承担这类责任，就过分地依赖医疗仪器的检查，避免出现误判。这样不仅浪费了医疗资源，而且恶化了医患关系，极易引起医患纠纷和冲突。正如有学者指出的："医患关系的疏离恶化源于双方缺乏道德互信。虽然以契约和法律来规范医疗秩序可以保护双方的正当权利，规避

---

① 例如：2011年8月5日，湖北仙桃小伙小曾不慎割伤手指来到武汉市第三医院缝合伤口，因无法付足医药费而发生争执。在争执后，医生应小曾及其同伴的要求，将缝合好的手指又拆了线，被称作"拆线事件"，此事引起社会各界的强烈关注。

争议和冲突的发生，但如果法律义务成为医患关系的全部则未免令人扼腕。毕竟，医疗机构是一个特殊的场域，关乎人的生死，是最应该展现人文关怀的场域，可如今却充斥着怀疑、提防和对抗。"① 法律只能约束人的外在行为，而涉及人的内心信任问题，再完备的法律也往往无能为力，治病救人这种"良心活"最需要道德的保障，最需要医患之间的相互信任。

3. 制度设计有待完善

正如调查数据所显示的，受访者把导致医患关系紧张的主要原因归结为制度原因，说明制度性因素的重要性。制度是什么？诺思认为，制度是人为设计的各种约束，它由正式约束（如规则、法律、宪法）和非正式约束（如行为规范、习俗、自愿遵守的行为准则）所构成②；罗尔斯把"制度理解为一种公开的规范体系，这一体系确定职务和地位及它们的权利、义务、权力、豁免等"③。不论学者们怎样理解制度，制度追根究底是一种人为的设计，是在一定历史条件下形成的正式规范体系及与之相适应的通过某种权威机构来维系的社会活动模式。制度的客观稳定性可以摆脱人的主观随意性。

在科斯、布坎南等新制度经济学家看来，任何一个与社会相悖的现象出现，其终极原因都应该从制度本身存在的缺陷中去寻找，而不应该仅仅从个人行为中去寻找。具体到医患问题，如果社会中偶尔出现一两桩医患纠纷事件，我们可以归结为这样或那样的主观原因。一旦现实生活中经常发生各式各样的医患矛盾，我们就不得不从更深一层次上追问制度原因了，是不是某些制度允许甚至变相鼓励人们这样做？因为在既定的制度下，每个人都被允许的行为方式是一定的。一种不合理的行为在特定的制度环境下没有受到惩罚，反而获利颇丰，民众必然会群起效

---

① 严予若、万晓莉、陈锡建：《沟通实践与当代医患关系重构——一个哈贝马斯的视角》，《清华大学学报》（哲学社会科学版）2017 年第 3 期，第 172 页。

② [美] 道格拉斯·C. 诺思：《经济史中的结构与变迁》，陈郁、罗华平等译，上海三联书店、上海人民出版社 1997 年版，第 373 页。

③ [美] 约翰·罗尔斯：《正义论》，何怀宏、何包钢等译，中国社会科学出版社 1988 年版，第 54 页。

仿。一种道德的行为在特定的制度环境下没有获得社会的赞誉，反而自身损失惨重，民众必然唯恐避之不及。在稳定的制度环境下，人们能够对自己或他人的行为作出符合制度的预测和选择，并产生特定的结果。在这种情况下，制度的公正与否就显得尤为重要。因为社会公正优先于个体善，个体的美德只有在一个公正的社会中才能形成。反观当下的一些制度，我们发现有的制度需要进一步完善。

（1）法律制度建设滞后

目前调节医患关系更多地依靠伦理道德规范，而有针对性地、精细化地规范医患关系的法律法规比较缺乏。我国现行的法律制度对解决医患纠纷并没有明确的界定标准，在规定的内容上，法律制度之间存在不一致，致使医患纠纷立法不明，依法不清；在医事司法过程中，如何采信鉴定结论，医方举证到什么程度才是完全尽到举证义务，医疗损害赔偿适用《医疗事故处理条例》还是《民法通则》和最高法院关于人身损害赔偿的司法解释等，存在诸多困惑。[①] 就连医疗事件是否构成事故、应否赔偿、怎样赔偿等基本问题在医学界和法学界都没有取得共识，由于我国法律的缺位和制度的不完善，医患关系的法律属性众说纷纭，解决医患纠纷的法律适用没有明确界定。在法律供给不足的情况下，部分道德自律能力不强的医务人员存在侥幸心理，认为法律有隙可钻，从而导致医疗腐败现象屡禁不止。加之医患信息的不对等、救治方案的不透明又给了医院及其工作人员很大的操作空间，为其虚抬医疗服务价格，赚取灰色收入提供了温床。

（2）医院的身份定位模糊

在我国医疗服务体系中，公立医院是主体，也是患者就医的首选。公立医院是指政府举办的纳入财政预算管理的医院，也就是国家出钱办的医院。公立医院是体现公益性、解决基本医疗、缓解人民群众看病就医困难的主体，关系到人民群众的生活水平和健康水平。按理说，公益性较强的公立医院应由政府组织向全体公民免费提供或按成本收费提供基本医疗服务，但由于财政拨款极少，医院和医务人员为了生存就必须创收，"以药养医""开大处方""吃回扣"现象自然难以根绝。大多数

---

① 黄长久：《医患纠纷及法治化处理的探讨》，《中国医院管理》2007年第5期，第22—23页。

公立医院徒有"公立"的外壳,在经费上需要自负盈亏,结果必然是争相创收,有的甚至将创收指标层层分解到每位医生。若是将公立医院定位成企业单位,又缺乏人事权、定价权,缺乏独立法人应有的责任和义务。医院最终在追求盈利与体现公益之间徘徊,结果变成口号是公益的,实际是追求盈利的。

这种身份的尴尬经常导致医患双方的误解和不满,医方更多地将医疗活动理解为营利性质,患方更多地将医疗活动理解为公益性质。一旦遇到一些极端情况,比如患者无钱支付紧急抢救费的情况,医院该不该救治?如果不救治必然遭到社会舆论的谴责,而如果救治,医院必定赔本。明确医院的身份定位迫在眉睫。

(3) 城乡差距过大

一方面,这种差距体现在医疗资源配置的不平等性上。绝大多数的医疗卫生资源,特别是高水平的医疗卫生资源集中在城市,特别是大城市。农村和社区基层卫生资源严重短缺,医疗水平有限。这导致人们一旦有病就倾向于直接去大城市,使得农村和基层的医疗机构难以为继,而大城市的高水平医院又人满为患,难以为每位患者提供耐心、细致、周到的医疗服务,这就给远道而来的患者及其家属带来强烈的心理落差,患者甚至会产生、传播、扩大悲观绝望仇视情绪,乃至陷入"求医生—怕医生—恨医生"的怪圈。

另一方面,这种差距体现在不同群体的医疗报销比例不一样上。由于历史和现实的种种原因,在很长的一段时期内,农民是享受不到医疗费用报销福利的,只能个人承担全部的医疗费用。而有的高级干部却享有公费医疗、住在条件很好的干部病房而仅仅需要承担少量医疗费用,企业员工一般也可以享受医疗保险。原本收入最低的广大农民却承担着绝大部分以至全部的医疗费用,享受到的医疗补贴极其有限。这种不公平的医疗保障制度是导致医患纠纷的重要根源。在发生医患纠纷时,农民也最容易采取非理性的方式去解决。如何提高农民的医疗保障条件,特别是建立农村贫困人口医疗费兜底保障机制,是亟须解决的问题。

（四）对策措施

1. 提升医务人员的素质

（1）加强道德教育，提升道德素质

道德教育是指生活于现实社会关系中的有道德知识和道德经验的人，依据一定的道德准则和要求，对其他人有组织有计划地施加系统影响的一种活动。道德教育是一个系统的多环节相互联系的过程，主要包括提高道德认识、陶冶道德情感、锻炼道德意志、确立道德信念、养成道德习惯等环节。道德教育不同于一般的科学教育，道德教育诸环节具有同时性或兼进性、道德教育的起点具有多端性、道德教育的进程具有重复性和渐进性、道德教育具有强烈的实践性等特征。这就提醒我们，在对医务人员进行道德教育的时候一定要采取立体、多面的方法，从道德认识、情感、意志、信念和习惯等各个方面入手，建立长效教育机制，避免那种"运动式""一阵风式"的教育方式。根据受教育者的特点因材施教，采取灵活多样的教育方式，与医疗实践紧密结合，避免纸上谈兵。

在教育内容方面，要注重最高标准与底线道德相结合。一直以来，我们对医务人员进行的职业道德教育都是强调按"最高标准"行事，但在现实中真正达到"最高标准"的人微乎其微，这种道德教育必然给人一种假大空的印象。这就需要在道德教育中增加"底线道德"的内容，让医务人员在工作中首先恪守"底线道德"，不能突破底线，然后再鼓励他们向上追求，去追求那种作为道德理想和道德境界的"最高标准"。"最高标准"与"底线道德"的有机结合，让医务人员在工作中既信奉道德的最高标准，又恪守最低的道德底线，这样即使其在为利益驱动的时候也会有所顾忌，从而最大限度地阻止不良事件的发生。

当然，外在的教育到底能起多大作用，最终取决于教育内容被主体接受的程度，内因是事物变化的根本原因。所以，在强调加强外在教育的同时，还应该强调医务人员内在道德良心的养成。为此，医务人员要加强自律，培养道德良心，在工作中能够自觉约束自己，换位思考，多从患者的角度考虑问题，发扬救死扶伤、以人为本、人道主义的职业精神,提升为病人服务的意识,细心诊疗、耐心沟通、尽职尽责。

(2) 坚持终身学习,提升专业技能

任何职业都需要职业技能和职业道德的有机统一。医务人员的本职工作是服务患者的临床实践,医务人员高尚道德的发扬最终要通过医学技术和临床技能体现。对患者而言,治好疾病是其最根本的诉求。医务人员需要抓住这个"牛鼻子",不断提升自己的专业技能,让患者觉得让你治疗他放心,花了这么多钱是值得的。在当今时代,考虑到疾病的不断变异和医疗科技的日新月异,医务人员更应该不断地提升专业技能,树立终身学习的理念。终身学习能使医务人员克服工作中不断涌现的新问题,解决临床实践中所遇到的新病症,掌握医疗领域出现的新科技,能使医务人员得到更大的发展空间,更好地实现自身价值,在医术上精益求精。因此,医务人员应通过终身学习,用自己高超的医术和高尚的品德赢得患者的信任和尊重。

2. 确定医患双方利益的边界

众所周知,伦理学的基本问题是道德和利益的关系问题,这个问题包括两个方面:一方面是经济利益和道德的关系问题,即是经济关系决定道德,还是道德决定经济关系,以及道德对经济关系有无反作用的问题;另一方面,就是个人利益和社会整体利益的关系问题,即是个人利益服从社会整体利益,还是社会整体利益从属于个人利益的问题。[①] 伦理学的一切问题,都是围绕上述问题的两方面展开的,同时也是在解决上述基本问题的过程中发展的。利益是道德的基础,利益的损益生成了道德的恶善。

医患冲突的实质是医患之间利益冲突。尽管医患双方总的目标都是为了恢复健康或促进健康,但在具体要求上二者存在利益差别。"从医方来讲,其动机是治愈患者的同时使自己的利益最大化……但患方恰恰相反,他们只想花最少的钱,经受最小的损伤治好病。"[②] 医患双方都

---

① 罗国杰:《伦理学》,人民出版社1989年版,第11—12页。
② 杜萍:《公立医院医务人员职业道德建设工作机制论析》,《医学与社会》2012年第3期,第40页。

是生活在现实社会中的普通人，我们不应回避利益，而应把利益问题摆在道德法庭面前，医生也需要通过自己的劳动获取报酬以维持生计，不能以"圣人"的标准否定、忽视医生合理的个人利益问题。对于医务人员谋取合理利益的行为应给予支持，对于医务人员以非道德方式谋取利益的行为应给予坚决打击。患者也应该转变观念，正确看待治疗成本，不应将治疗成本仅仅等同于药物成本，还应该看到医生的技术成本。为了解决医患纠纷，消除医患矛盾，我们必须设置利益的道德界限。任何利益都有其边界和限度，无边界、无限度的利益是不存在的。当今医患间的利益差别演变为利益冲突，就是因为医患双方都突破了"利益边界"。医方为了避免利益损失而对患者戒备森严，更有个别医生以损害患者利益的方式谋取私利；而患方带着不信任的心理来就医，对于医方任何不符合自己预期的做法都怀疑医生在"谋财害命"。这样的结果就是双方都在进行利益算计，两败俱伤，医生体会不到职业价值和治愈患者后的成就感，患者体会不到治愈后的喜悦和对医方的感激之情。

因此，和谐的医患关系应该设立合理的利益边界，每个人的自我利益都必须以他者的利益为最后的边界。在医疗实践中坚持利益互惠，医方行为不能损害病人及其家属的利益，病人及家属的行为也不能损害医方的利益。基于目前的情况，一方面，应该确保医务人员合法权益和积极性。医生作为一个高技术、高风险、高强度的职业，在世界范围内都是有着较高收入的群体。但是，目前中国医务人员的收入远没有体现其技术含量和所承担的风险。我国医生收入普遍偏低，技术服务的劳动价值没有得到合理体现，今后应该适当调整医务人员的收入。另一方面，应该确保患者的合法权益不受侵害。患者权利意识在不断增强，患者的知情权、自主权必须得到保障。

3. 完善相关制度

（1）解决德法之间的不协调

道德规范与法律规范的要求若不统一，就会让人无所适从。比如被患者深恶痛绝的"红包""开大处方"等问题，在医德规范的框架内是被谴责的不道德行为，但是，道德毕竟是一种软约束，对于某些"不要脸"

的医生而言，只靠道德谴责是不够的，这种情况下就需要具有强制约束力的法律来发挥惩戒作用。但是，我们发现，现有的法律对"红包""开大处方"等问题却鲜有涉及。因为长久以来，医疗系统的自我保护倾向和社会对医疗行业特殊性的片面认识，使本应用来规范和调整医疗行为和医患关系的法律手段却始终未能落实。法律制度的缺失，使得在一般的商业领域被视为犯罪活动的行为在医疗界却能逍遥法外。因此有必要完善相关法规，惩治这种类似于收受贿赂和欺诈的行为。

（2）完善医事法律制度

鉴于医学科学的复杂性以及医疗行为的特殊性，医疗机构和医务人员因为救治而致患者人身损害的情况时有发生。患者因为疾病而求助于医疗机构和医务人员，双方的权利和义务都应有别于一般的法律判罚和赔偿标准，在实践中仅凭借现有的民法、刑法等法律制度难以恰当地调节极具特殊性的医事活动，国家立法机关应该专门制定符合医患双方权利和义务的医事法律体系，内容应涉及与医疗卫生有关的一系列法律法规，在这些法律法规中要"明确医患关系的法律性质、医患双方的权利和义务、医疗损害与赔偿的因果关系、赔偿标准以及举证责任、诉讼时效等内容"[①]。没有规矩不成方圆，法律上的明文规定，对医患双方都是一种保护。不论是医务人员行医还是患者就医，都有了可以依循的明确的法律制度，医务人员在行医时就可以在法律的框架内大胆行事，不必因担心产生医患纠纷而额外采取过分自保的措施，增加患者的负担；患方在遇到医患纠纷时也可以凭借法律维护自身合法的权益，不至于因自身医疗知识的缺乏而导致利益受损。公正合理的法律制度有利于形成双赢的良性的医患关系。

（3）改善宏观社会环境

医患关系问题的实质不仅仅是医方和患方之间互动关系问题，也是医患双方互动背后的宏观制度和社会环境的体现。从调查数据的交叉分析中我们可以清晰地发现，不同户口性质、不同受教育程度、不同收入水平、不同职业分工的受访者对待同一人或事的评价和反应是不一样的。

---

① 王跃光：《我国医患纠纷相关法律问题现状研究与对策分析》，《中医药管理杂志》2017年第8期。

这就提醒我们，解决医患矛盾、改善医患关系，需要社会各界共同努力，深化改革，理顺机制，完善制度设计。为此，以下改善宏观环境的努力是必要的：从根本上消除城乡差异，大力提升农民的医疗保障幅度，加强农村基层的医疗水平，力求医疗资源的公平分配；提升全民的受教育程度，增加民众的医学知识和法律知识，加强医事法律法规的宣传教育，倡导和弘扬医疗法治精神，增进医患双方的理解与互信；提高居民收入水平，增强民众的医疗支付能力，满足人民群众对健康的需求；改善医务人员的工资待遇，建立合理的薪酬制度，让他们感受到劳动的成就感和职业的荣誉感；促进职业平等，让各行各业的人平等享受社会医疗福利；完善社会保障体系，避免因病致穷而做出极端行为；建立医疗责任保险制度，为医务人员购买医疗责任保险，当出现医疗纠纷时，由保险公司来分担医疗损害的赔偿风险，由此，一方面，可以减轻医院及医务人员的工作压力，便于他们大胆进行医疗创新。另一方面，可以保障患者及时获得合理的赔偿，避免采取过激的"医闹"行为。

（赵庆杰）

七　企业家伦理道德发展状况

　　2018年是改革开放40周年，改革开放推动中国走向社会主义市场经济的新道路。40年的砥砺前行不仅使中国一跃成为"世界第二大经济体"，也使得企业家成为这个社会的主干群体。企业家群体的特殊性在于其将科技进步与经济效益直接挂钩，在推动科技发展与经济腾飞的同时，也便利了民众的日常生活。在社会现象层面，2017年，高铁、扫码支付、共享单车和网购一并成为中国的"新四大发明"。新旧四大发明的巨大差异在于，旧四大发明主要是人们对生产生活中的实践经验进行归纳、反思、创新所得，而新四大发明主要是企业家主导的科技创新与资本运作的"合力"结果。新旧四大发明的遥相呼应似乎宣示着：由企业家引领的时代正在到来！在社会价值层面，企业家的一言一行牵动着人们脆弱而敏感的神经，假冒伪劣、员工自杀、欺诈消费者等恶性事件屡见报端。因此，对企业家群体进行伦理道德的审视显得刻不容缓。而审视不仅需要"扶手椅"上的思辨，更需要切实的社会调查与深入的数据分析。故本节基于东南大学道德发展研究院提供的"道德国情数据库"，对近五年来中国企业家的伦理道德状况进行探究，而此探究的创新点在于将学理探讨与实证研究、伦理学与社会学辩证地结合起来。本节的分析逻辑链是常见的"What—Why—How"形式。具体而言，首先，我们试图用调查数据对企业家的伦理道德状况进行"现象呈现"，而伦理道德状况具体展开为两点：伦理认知与道德素质。其次，本节基于调查数据对影响企业家伦理道德状况的背后原因进行"学理剖析"。最后，我们提出了提高企业家伦理道德状况的几点建议或对策。

(一)企业家伦理认知以"利益诉求"为主导

何为伦理认知？首先看"伦理"，《说文》曰："伦，辈也"[①]；"理，治玉也。"[②]"伦"是指辈分与序列，"理"是指规律与规则。因此，"伦理"是指辈分之间所内生的规律或应当恪守的规则。以此推之，伦理便可以看作个体基于不同位分所应当遵守的规律与规则。正因为是伦理的存在，人才可以将自我与他者有效地联结起来，进而与之共处于稳定的实体中。换言之，人对自身伦理本性的设计使得人走出了"无亲戚兄弟夫妻男女之别，无上下长幼之道，无进退揖让之礼"[③]的混沌无序之境，从而进入文明阶段。在中国古代社会中，君臣、父子、夫妇、兄弟、朋友是主要的伦常关系，即"五伦"。因此，"父子有亲，君臣有义，夫妇有别，长幼有序，朋友有信"成了中华民族最直接的家庭伦理与民族伦理。另外，由于古代中国是"家国一体"的社会形态，伦理又深深地渗透到国家的政治设计之中而绵延千年。可以说，伦理是家庭、民族的精神，而家庭、民族是伦理的承载。再看"认知"，在心理学上，认知（cognition）是指"人对客观事物的认识过程中对感觉输入信息的获取、编码、操作、提取和使用的过程，是输入和输出之间发生的内部心理过程，这一过程包括知觉、注意、记忆及思维等"[④]。简言之，认知就是人认识客观世界的心理过程，认知与情感、意志一起构成人的主观世界的三原色。综上，伦理认知便是指人对伦理的认知，既包括对"伦"（伦理实体或伦理关系）的认知，又包括对"理"（人伦的内在规律或规则）的认知。质言之，伦理认知就是道德主体对某种人伦秩序及其内在规律的认知。

根据2017年全国道德国情大调查，对于问题"您认为目前我国人与人之间的关系受什么影响？"有52.9%的企业家选择了"利益"；有

---

① 《说文解字·卷八·人部》。
② 《说文解字·卷一·玉部》。
③ 《吕氏春秋·恃君》。
④ 恽晓平主编：《康复疗法评定学》，华夏出版社2014年版，第444页。

32.4%的企业家选择了"情感";有11.8%的企业家选择了"国家倡导的主流价值观";有2.9%的企业家选择了"中国传统价值观"。为了更加清晰地呈现数据,我们不妨据此画一幅简易图(见图2-2)。

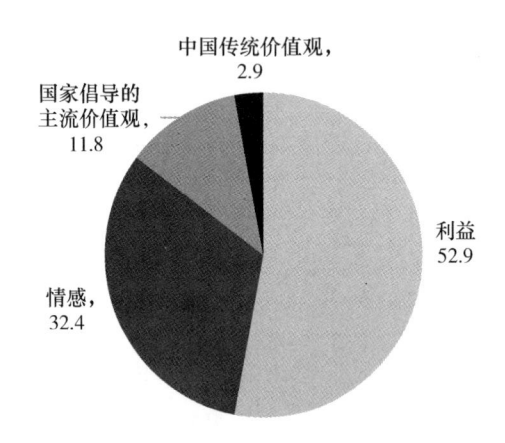

图2-2 目前我国人与人之间的关系影响因素(%)

分析扇形图,我们可得到以下三点结论:

其一,超半数的企业家(52.9%)认为,利益是决定人与人关系(伦理关系)的第一要素。由此可见,企业家的伦理认知是以利益为主导的。当然,这既符合人之本性又符合现代企业的基本理念。早在先秦时期,法家已将人"趋利避害"的自然本性揭露得淋漓尽致。法家认为,人先天地具有功利算计的本能。因此,人会"自然而然"地做出利己行为,而规避害己行为。在此,试引下文:

> 民之情,莫不欲生而恶死,莫不欲利而恶害。(《管子·形势解》)
> 夫安利者就之,危害者去之,此人之情也。(《韩非子·奸劫弑臣》)
> 父母之于子也,产男则相贺,产女则杀之。此俱出父母之怀衽,然男子受贺,女子杀之者,虑其后便,计之长利也。故父母之于子也,犹用计算之心以相待,而况无父子之泽乎?(《韩非子·六反》)

无疑,法家理论具有跨时空的正确性。人是一种普通的生物,而生物的本能就是趋利避害。正是由于具有趋利避害的本性，人才获得了生存、发展的条件与基础。考古学已经证明，人能够从自然界脱颖而出，并最终站上食物链的顶端，离不开人多次趋利避害的选择。企业家也是人，因此其思维认知与意志行为显然无法跳脱人之自然本性。同时，当代企业家将"赚取利润"作为企业经营的首要目的，这既是残酷的市场竞争所迫，又是企业维持运转、立足市场丛林的必要法则。正如芝加哥经济学派代表、诺贝尔经济学奖获得者弗里德曼所言："在这种经济中，企业仅具有一种而且只有一种社会责任——在法律和规章制度许可的范围之内，利用它的资源和从事旨在于增加它的利润的活动。"① 值得强调的是，企业家以"趋利避害"为原则进行合法经营活动并赚取利润的行为是"非道德行为"（unmoral behaviour）而不是"不道德行为"（immoral behaviour）。这两者完全不同且容易混淆，故必须厘清。从后果主义出发，不道德行为是行为结果损害了他者利益的行为，如偷窃他人合法财产；而非道德行为就是个体行为结果对他者利益没有造成正负影响的行为，如使用自己的钱财。从义务论出发，不道德行为是行为本身就违反了道德义务的行为，如撒谎；而非道德行为是指不关涉道德义务的行为，如日常的吃饭饮水等。可以看出，不管是从后果主义还是从义务论来看，赚取利润本就是企业家创立企业的初衷，又是企业家从事经营活动的根本动力。诚如伊川先生曰："人无利，直是成不得，安得无利？"② 若企业家合法经营、如期纳税，且并未出现欺老瞒少、违规生产等道德劣行，那么企业家的盈利行为便是合乎情理的非道德行为。因此，我们对于企业家正当的盈利行为，就不能持有仇视、嫉妒、埋怨等不良心态，更不能对其进行道德谴责，正如《慎子·逸文》曰："匠人成棺，不憎人死，利之所在，忘其丑也。"

其二，情感原则是影响当代企业家伦理认知的第二要素。相较于"利益"选项的52.9%，"情感"选项以32.4%居于第二位。这说明，当代企业家作为"理性经济人"去计算利弊的同时，也将情感原则纳入了为商之道，这既符合人的良知良能又符合现代企业管理的基本理念。一

---

① ［美］弗里德曼：《资本主义与自由》，商务印书馆1986年版，第128页。
② 《二程遗书》卷十八。

方面，企业家作为人，除了有趋利避害的自然本性，还有成贤成圣的先验良心，而情感则是良心的"自然而发"。孟子曰："恻隐之心，仁之端也；羞恶之心，义之端也；辞让之心，礼之端也；是非之心，智之端也。人之有是四端也，犹其有四体也。"① 在孟子看来，人与禽兽的根本差异仅仅在于只有人才有先验良心，即"人之所以异于禽兽者几希；庶民去之，君子存之。"② "良心"概念过于抽象，孟子便将良心解释为"四心"——恻隐之心、羞恶之心、辞让之心、是非之心。在这"四心"中，除了是非之心指向"理性"外，其余"三心"均指向"情感"——恻隐之情、羞恶之情、辞让之情。由此观之，只有在心中常怀先验良知——"见父自然知孝，见兄自然知悌，见孺子入井，自然知恻隐"③，并充沛着道德情感的企业家，才能算是真正的"人"。在西方，亚当·斯密也表达了同样的观点。在亚当·斯密看来，人的趋利避害与同情怜悯促成了人类两个伟大的行为目标——维持个体的生存与种族繁衍。因此，我们也就不难理解《国富论》与《道德情操论》为何同时出现在亚当·斯密的学术设计中了。④ 再看现代企业管理，企业家对于员工的管理需要有明确、公正的规章制度与奖罚措施，这样才能提高员工的工作积极性，如《韩非子·有道》曰："是故诚有功，则虽疏贱必赏；诚有过，则虽近爱必诛。疏贱必赏，近爱必诛，则疏贱者不怠，而近爱者不骄也。"同时，企业家也需要关怀企业员工的生活状况与心理状况。换言之，企业家不仅需要以理"服"人，还需要以情"感"人。无数成功的企业家都证明着这一点。京东创始人刘强东出生在宿迁农村，因此，他深感农民工兄弟生活的不易。他不仅履行着为企业员工缴纳五险一金这样的基本义务，还为京东员工"量身定制"了一系列福利：比如抚养因救人去世的快递员的子女到22岁；为工作5年以上的老员工提供医疗补助；为员工提供公寓式宿舍等。阿里巴巴创始人马云，除了为员工提供每年一次的公费

---

① 《孟子·公孙丑上》。
② 《孟子·离娄下》。
③ 《传习录·上卷》。
④ 在1759年出版的《道德情操论》中，亚当·斯密基于人性本善，将人的同情心看作道德行为的动机。到1767年出版的《国富论》中，亚当·斯密基于人性本恶，把利己主义的利益追逐看作经济行为的动机。

体检，还为员工父母提供免费体检。另外，阿里巴巴还制订了"iHome 计划"，给员工提供 30 万元无息贷款，用于购房首付，以解决员工的"住房难"问题等。

其三，国家主流价值观与中国传统价值观是影响当代企业家伦理认知的第三要素。党的十九大报告提出："必须坚持和完善我国社会主义基本经济制度和分配制度，毫不动摇巩固和发展公有制经济，毫不动摇鼓励、支持、引导非公有制经济发展，使市场在资源配置中起决定性作用，更好发挥政府作用，推动新型工业化、信息化、城镇化、农业现代化同步发展，主动参与和推动经济全球化进程，发展更高层次的开放型经济，不断壮大我国经济实力和综合国力。"[①] 对此，不少企业家通过微博、知乎、微信公众号等自媒体平台响应党的十九大报告的精神。可见，国家主流价值观对当代企业家的伦理认知依然有着重要影响。另外，社会主义核心价值观对当代企业家精神的塑造亦有着重要作用。"法治"要求企业家按照法律法规开展经营活动，绝不越雷池半步；"爱国"要求企业家常怀一颗爱国心，努力增进社会财富，促进就业，以及始终维护好国家形象，在国家需要时慷慨解囊；"敬业"要求企业家认真对待自己的工作并经营好企业，照顾好员工；"诚信"要求企业家诚实经商、讲求信用、不弄虚作假等。同时，中国传统价值观也深刻影响着当代中国企业家。《易传·象上》言："有孚挛如，不独富也。"这是教导人不能"独富"，而要带着周围人一起致富。这与改革开放设计师邓小平所提出的"让一部分人、一部分地区先富起来，先富带动后富，最后实现共同富裕"的思想不谋而合。《论语·里仁》曰："富与贵是人之所欲也，不以其道得之，不处也。"朱熹曰："正其义则利自在，明其道则功自在。专去计较利害，定未必有利，未必有功。"[②] 若将上述箴言用于商界，孔子、朱子是在劝诫商人，经商要出于道义，不义之财不可取。一味地计较利害、不顾道义未必会带来真正的利益。传统儒家的义利观深刻影响了当代中国企业家的为商之道。国家需要的是既能够充分涌动社会资源、创造社

---

① 参见习近平《决胜全面建成小康社会 夺取新时代中国特色社会主义伟大胜利——在中国共产党第十九次全国代表大会上的报告》，http：//www.chinanews.com/gn/2017/10－27/8362199.shtml.2017－10－27.

② 《朱子语录》卷三十七。

会财富，又能够坚守道义、秉持"儒商"精神的当代企业家。为此，企业家必须把国家主流价值观与中国传统价值观融通于其经营哲学与经营智慧中，最终做到王阳明在其《传习录拾遗》中所言的为商境界——"虽终日做买卖，不害其为圣为贤"。

通过上述分析，我们可以得出结论：在当代中国，"利益诉求"依然是影响企业家伦理认知的主导因素。质言之，在面对"人—人"关系或者将自我向外界敞开时，企业家考虑的第一因素仍是利益。对此，我们不能对其扣上"利己主义"的帽子，而应该看到其"现实"的合理性。与此同时，情感、国家倡导的主流价值观以及中国传统价值观也对当代企业家的伦理认知产生着重要的影响。

（二）企业家道德素质得到稳步提高

如果说，伦理认知指向的是企业家如何看待、权衡外在的人伦关系，那么，道德素质指向的便是企业家自身的内在品性。这两者具有逻辑上的先后关系：个体的伦理认知影响着道德素质。何为道德素质？首先看"道德"，《说文》曰"道，所行道也"[1]；"德，升也"[2]。因此，"道德"是指一种能够提升自我生命境界的方法。至现代道德哲学里，道德一般具有两层含义：一是社会的道德规范；二是人的良善品性。值得强调的是，这两者并不是"绝缘"的，而是相依而生的。一方面，现实的道德规范依赖于人的良善品性。正如《论语·八佾》所曰："人而不仁，如礼何？人而不仁，如乐何？"另一方面，人的良善品性只有在道德规范的约束下，才能外化为切实德行以彰显自身，即"克己复礼为仁"[3]。再看"素质"，素质（Quality）是指人通过后天的学习、生活等客观实践而逐渐形成的品德、思维方式、气质等方面的水平。综上所述，道德素质就是指个体在道德品性或思想品德上的水平与修养。

---

[1] 《说文解字·卷二·辵部》。
[2] 《说文解字·卷十四·彳部》。
[3] 《论语·颜渊》。

企业家是社会的主干群体，企业家的道德素质在很大程度上可以反映整个社会的道德素质。在学理上，对企业家进行道德素质的测评有"自评"与"他评"两种方式。"自评"是指让企业家对自我道德素质进行评价（调查员可通过问卷、采访、情景模拟等方式进行必要的引导）。"他评"是指让非企业家对企业家的道德素质进行评价。在本次调查中，调查组采取了他评的方式。其优点在于能够客观、真实地反映企业家群体的道德素质情况，正如俗语所言："群众的眼睛是雪亮的。"对于企业家伦理道德状况，调查组进行了两次全国范围的大调查（2013年、2017年）。受调查者的分类标准有年龄、户口、受教育程度、收入情况四种。

其一，以年龄为标准。在2013年全国道德国情调查中，我们将抽样对象分为30岁以下、30—39岁、40—49岁、50—59岁、60—65岁。对于问题"您对企业家群体的伦理道德状况的满意度如何"，30岁以下的受访者中有76.5%选择了"一般或满意"；30—39岁的受访者中有78.2%选择了"一般或满意"；40—49岁的受访者中有75.4%选择了"一般或满意"；50—59岁的受访者中有76.5%选择了"一般或满意"；60—65岁的受访者中有77.4%选择了"一般或满意"。而到了2017年，数据发生了细微变化。30岁以下的受访者中有79.4%选择了"一般或满意"；30—39岁的受访者中有80.1%选择了"一般或满意"；40—49岁的受访者中有79.7%选择了"一般或满意"；50—59岁的受访者中有81.2%选择了"一般或满意"；60—65岁的受访者中有81.1%选择"一般或满意"。数据显示：随着时间的推移，不管是哪一年龄层，对企业家伦理道德状况选择"满意（总体还不错）"或者"一般（和普通群众没有太大差别）"的比例均有所上升（见图2-3）。

其二，以户口为标准。在2013年全国道德国情调查中，我们将抽样对象分为农业户口与非农户口。对于问题"您对企业家群体的伦理道德状况的满意度如何"，调查发现，有79.7%的农业户口者选择了"一般或满意"；有73.4%的非农户口者选择了"一般或满意"。到了2017年，数据发生了变化。有80.1%的农业户口者选择了"一般或满意"；有80.4%的非农户口者选择了"一般或满意"（见图2-4）。可以发现：随着时间的推移，不管是农业户口者还是非农户口者，对企业家伦理道德状况选择"满意（总体还不错）"或者"一般（和普通群众没有太大差别）"的比例均有所上升。

(%)	30岁以下	30—39岁	40—49岁	50—59岁	60—65岁
2013年	76.5	78.2	75.4	76.5	77.4
2017年	79.4	80.1	79.7	81.2	81.1

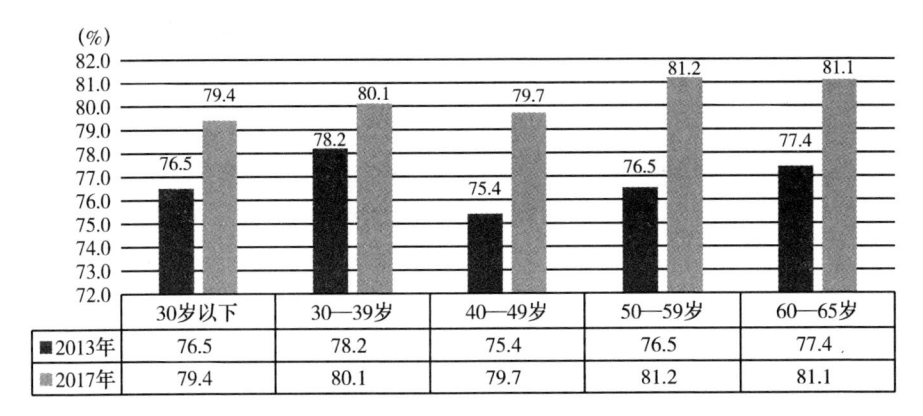

图 2-3　对企业家伦理道德状况选择"一般或满意"的情况（不同年龄）

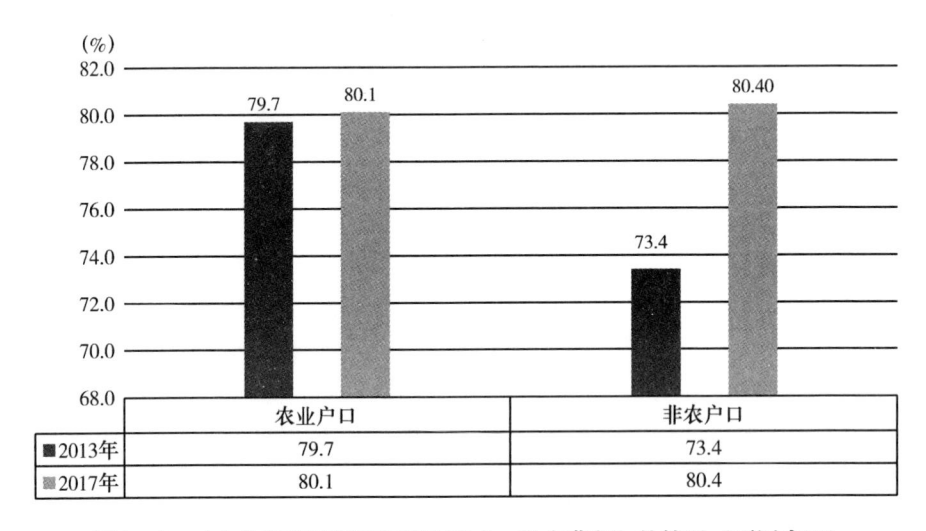

(%)	农业户口	非农户口
2013年	79.7	73.4
2017年	80.1	80.4

图 2-4　对企业家伦理道德状况选择"一般或满意"的情况（不同户口）

其三，以受教育程度为标准。在 2017 年全国道德国情调查中，我们将抽样对象分为初中及以下；高中、中专及职高；大专；本科及以上。对于问题"您对企业家群体的伦理道德状况的满意度如何"，初中及以下受访者中有 73.1% 选择了"满意或非常满意"；高中、中专及职高受访者有 75.2% 选择了"满意或非常满意"；大专受访者有 77.3% 选择了"满意或非常满意"；本科及以上受访者有 75.6% 选择了"满意或非常满意"。数据显示，四种教育阶层对企业家群体的道德素质状况均比较满意（见图 2-5）。

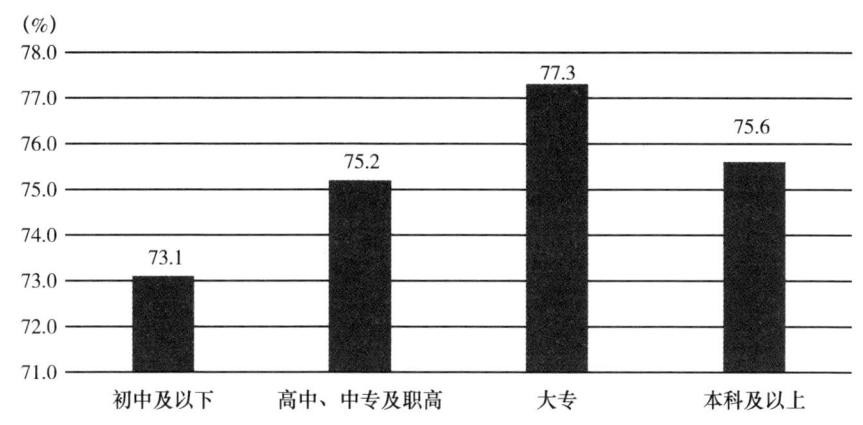

图 2-5　对企业家的伦理道德状况选择"比较满意或非常满意"的情况
（不同受教育程度）

其四，以月收入情况为标准。在 2017 年全国道德国情调查中，我们将抽样对象分为无收入、1—1999 元/月、2000—3999 元/月、4000 元以上/月。对于问题"您对本地的或自己熟悉的企业家的道德状况怎么评价？"无收入者中有 80.7% 选择了"一般或满意"；月收入为 1—1999 元者中有 82.1% 选择了"一般或满意"；月收入为 2000—3999 元者中有 81.4% 元选择"一般或满意"；月收入为 4000 元以上者中有 76.7% 选择了"一般或满意"。数据显示，四种收入阶层对企业家群体的道德素质状况均比较满意（见图 2-6）。

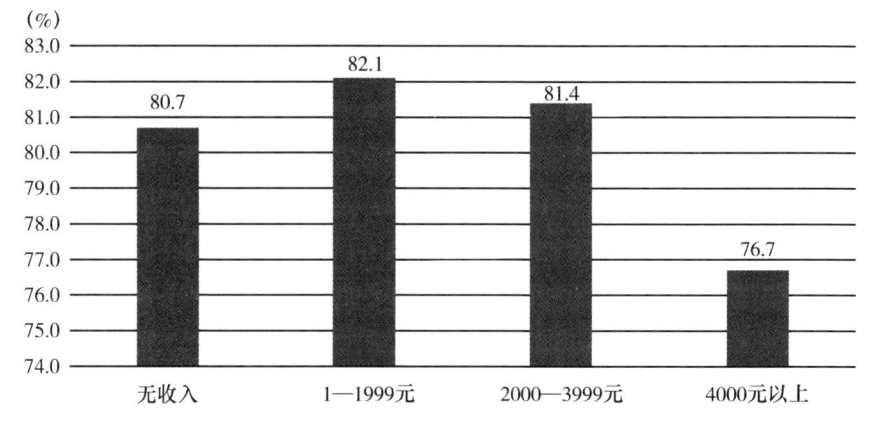

图 2-6　对本地的或自己熟悉的企业家的道德状况
选择"一般或满意"（不同收入）

通过以上结合四种因素的分析，我们可得出结论：从 2013 年到 2017 年，社会大众对企业家群体的道德状况整体评价较高，这也从侧面反映了当代中国企业家的道德素质有了稳步提高。

（三）影响企业家伦理道德发展的主要因素

调查组在对企业家的伦理认知与道德素质进行调查后，随即对"影响企业家伦理道德发展状况的主要因素"展开了调查。2017 年全国道德国情数据库显示，对于问题"对伦理关系和道德生活，您最向往的是什么？"63.6% 的企业家选择了"传统社会的伦理和道德（如仁、义、礼、智、信）"；有 12.1% 的企业家选择"战争年代为理想而献身的革命精神（如革命烈士无私献身精神）"；有 6.1% 的企业家选择"新中国成立后到'文化大革命'前的大公无私的集体主义精神"；12.1% 的企业家选择"追求个人利益的市场经济下的道德"；另外有 6.1% 的企业家选择"其他"。（见图 2-7）

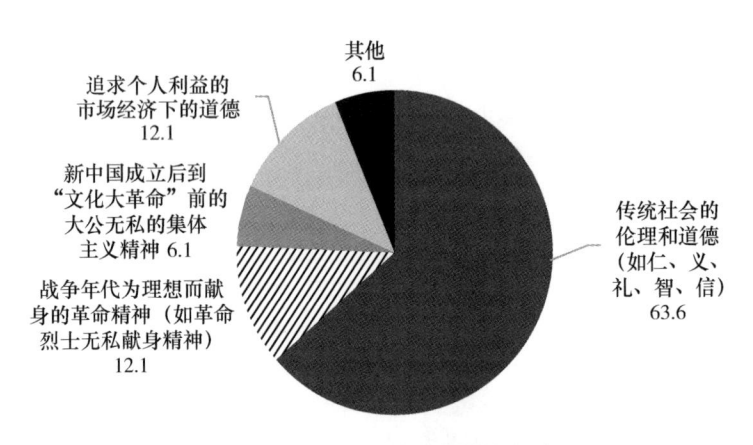

图 2-7　最向往的伦理关系和道德生活（%）

由图 2-7 可知，超半数的企业家将传统社会的伦理和道德作为影响其道德生活的第一要素。同时，选项"为理想而献身的革命精神"与"大公无私的集体主义精神"也有众多企业家青睐。对此，我们不妨一一进行分析。

其一，传统社会的伦理和道德对当代企业家的道德生活起到重要影响作用。在西汉实行"罢黜百家，独尊儒术"后，中国传统社会走向以儒家为官方意识形态的道路。在儒学基本思想中，义利观是其中的重点，正如程颢曰："天下之事，唯义利而已。"① 儒家的义利观②呈现出"酝酿—发展—成熟"的逻辑进路。先秦时期是儒家义利观的酝酿期；汉代至宋代时期是儒家义利观的发展期；而到了明清时期，儒家的义利观便走向了理论成熟。当代学者杨树森曾指出："（儒学义利观）在提出阶段，以孔子为代表，认为义利并不排斥，赞成'义然后取'，实际上是'重义而不轻利'；发展阶段，以董仲舒为代表，虽承认义与利二者于人皆不可少，但反对'仁人'、'谋利计功'，是'重义而轻利'。"③ 笔者赞成杨先生的观点，先秦儒家秉持"重义而不轻利"的观点。如孔子一方面提出"君子喻于义，小人喻于利"④"不义而富且贵，于我如浮云"⑤。与此同时，他依然认为"富与贵，是人之所欲也"⑥；"富而可求也，虽执鞭之士，吾亦为之，如不可求，从吾所好"⑦。孔子尽管将坚持道义看作为人君子的底线要求，但是当义利不悖时，人依然有追求个人利益的权利与自由。由此，我们可将先秦儒学义利观看作"重义而不轻利"。到了汉代官儒时代，董仲舒一方面在人性论上提出"义利两养"，即欲利与好义都是人先天所具备的本能。"义"是养心而具，"利"是养身而备。"天之生人也，使之生义与利，利以养其体，义养其心，心不得义不能乐，体不得利不能安。"⑧ 另一方面，他又秉持"重义而轻利"的社会价值观。

---

① 《二程遗书》卷十一。
② 笔者在这里所提的"义利观"切合程颐所言"义利云者，公与私之异也"（《二程粹言·论道篇》），即义利关系是指社会正义与个人私利的关系。其中，"利"不包括惠及大众的公利。
③ 杨树森：《论儒家义利观的历史演变及现代意义》，《社会科学辑刊》2001 年第 2 期，第 18 页。
④ 《论语·里仁》。
⑤ 《论语·里仁》。
⑥ 《论语·为政》。
⑦ 《论语·述而》。
⑧ 《春秋繁露·身之养重于义》。

"夫仁人者，正其谊不谋其利，明其道不计其功，是以仲尼之门，五尺之童，羞称五霸，为其先诈力，而后仁义也。"① 不言而喻，董仲舒在义利观上对个人私利进行了无情绞杀，认为人在做事时应全然不考虑个人利益，而只顾道义。到了宋明理学时期，理学家又重回孔孟，提出"仁义为利"的观点。如朱熹提出："正其谊，则利自在；明其道，则功自在。"② "惟仁义，则不求利而未尝不利也。"③ 他认为，坚守道义、讲求道德本身就会带来利益。反之，若泯灭良心、违背道德，反而不一定会带来利益。从逻辑上讲，朱熹依然把义放在了首位。换言之，当义利发生冲突时，朱熹会选择以义为先。到了明清时期，随着资本主义的萌芽与商品经济的发展，学者逐渐看到了"利"的巨大历史作用，提出了"以义为利"的进步观点。如颜元提出，"以义为利、圣贤平正道理也。……义中之利，君子所贵也""正其义以谋其利，明其道而计其功"④。颜元的义利观与我们今日所提倡的社会主义儒商精神已经相当接近，即在符合社会道德要求的基础上，追求私利的最大化。

其二，为理想献身的革命精神对当代企业家的道德生活亦起着重要影响。尽管革命年代已经离我们远去，但是革命精神依然活在当下，这或许与当今一流企业家集中于"60后""70后"有关。根据数据，有12.1%的企业家将"战争年代为理想而献身的革命精神（如革命烈士无私献身精神）"作为影响其道德生活的第一要素。当代企业家精神表现为"两感"——"使命感"与"勇气感"，这与革命时期的革命精神有着某种不言而喻的精神契合。一方面，当今企业家为社会创造财富、推动时代进步的使命感与革命精神相契合。著名企业家、小米公司CEO雷军曾在接受采访时表示："企业家精神，就是企业家除了要将自身企业做好，还要有明确的使命感，去推动行业与社会进步。"⑤ 马克斯·韦伯在《新教伦理与资本主义精神》中将新教伦理看作资本主义的精神之源，并提

---

① 《汉书·董仲舒传》。
② 《朱子语类》卷三十七。
③ 《四书章句集注·孟子集注》。
④ 《四书正误》。
⑤ 雷军：《企业家要有明确使命感，推动行业和社会进步》，http://tech.ifeng.com/a20170928/44702157_0.shtml. 2017-09-28。

出"追求利润"是上帝赋予新教徒的义务与责任,"人们可以为上帝劳动而致富,但不能为肉体的罪孽而致富"①。当今部分企业家似乎也有一种宗教式的崇高感并自觉承担起创造社会财富的重任。这与革命年代共产主义者为理想信念奋斗终生,甚至献出生命的革命精神是相契合的。另一方面,当今企业家勇于革新技术的勇气感与革命精神相契合。在市场经济背景下,企业家的经营行为本身就是存在巨大风险的。如果再进行新产品研发、新工艺生产、新模式运营等革新,那么其所承担的风险就会更大。但是,当今中国企业家依然勇于站在时代的风口浪尖上,大胆创新、不畏挑战、激流勇进,努力实现从"中国制造"到"中国创造"的跨越。以阿里巴巴为例,阿里巴巴公司从创业之初的 18 人团队发展到如今的电商巨头,其中经历了多次转型与创新。如在 1999 年创业时,阿里巴巴避开国内电子商务市场而转战欧美市场;2004 年"支付宝"的推出极大地改变了中国人民的网购付款方式;2015 年"蚂蚁花呗"的推出使得"提前消费"成为"80 后""90 后"的日常等。阿里巴巴的商业勇气与革命者为了理想信念"抛头颅、洒热血"的革命勇气都是弥足珍贵、值得嘉赏的。

其三,追求个人利益的市场经济下的道德对当代企业家的道德生活同样起着重要影响。进入改革开放的新征程后,我国开创性地走上社会主义市场经济道路,其开始的标志是党的十四届三中全会通过的《中共中央关于建立社会主义市场经济体制若干问题的决定》。市场经济制度的根本是把社会资本交由市场("看不见的手")把控,这样经济主体便可以自由地参与社会竞争与资源争夺。市场经济与计划经济相对立,两者都是社会资源的配置方式,而二者的根本区别在于生产资料所有制的不同。市场经济的最大益处在于其鼓励个人积极参与市场竞争、追求个人财富,以推动社会财富的涌流。但是,以追求个人利益为核心的市场经济的弊端也是明显的:易导致唯利是图、拜金主义、坑蒙拐骗等道德乱象。因此,我们需要大力提倡社会主义市场经济下的道德,其以公平、责任、诚信为主要内容。第一,企业家需要坚持公平竞争。莱斯特·瑟

---

① [德] 马克斯·韦伯:《新教伦理与资本主义精神》,黄晓京、彭强译,陕西师范大学出版社 2002 年版,第 154 页。

罗说:"我们的社会已经发展到了这一步,即只要求其有所发展,首先就必须作出明确的、公正的抉择。"① 公正,顾名思义,便是公平与正义。在社会正义的背景下,企业家需要坚持公平竞争、抵制不正当竞争。相反地,若企业家通过非法垄断、官商勾结等不公平手段参与市场竞争,就必然会遭到社会的鄙弃。为此,一方面,政府需要制定相关法律法规与奖惩机制以创造与保护公平的市场环境(他律)。另一方面,企业家更需要做到严于律己,自觉履行社会义务、坚守个人良知以实现自我与他者的"和谐双赢"(自律)。第二,企业家需要具备充分的社会责任意识。一方面,企业家在为社会提供产品或服务时,应该高悬责任的"达摩克利斯之剑",坚持抵制危害社会的不道德行为,如污染与破坏生态环境、偷税漏税、制造假冒伪劣产品等。另一方面,在社会主义市场经济时代,社会为企业家的从商提供了巨大的便利与机会。因此,企业家也需要怀着回馈社会的感恩意识与责任意识。当国家需要、社会需要甚至人民需要时,企业家应该积极站出来并贡献自我力量。第三,企业家需要诚信为商。在中国古代道德思想中,诚信是做人之本。

人而无信,不知其可也(《论语·为政》)

知之曰知之,不知曰不知,内不自以诬,外不自以欺。(《荀子·儒效》)

诚者,天之道也。诚之者,人之道也(《中庸》)

社会主义市场经济在本质上是信用经济,它打破了自然经济中"一手交钱、一手交货"的直接性与计划经济"国家统一分配"的计划性,而出现了一系列预付、赊销、担保等信用交易。为了维护信用交易的进行,经济主体需承担一定的经济风险与道德风险。由此可见,当今社会经济是建立在诚信基础上的,企业家需要诚信经营、保质保量、童叟无欺;消费者也需要诚信消费、实事求是、信守诺言。

通过上述分析,我们可以得出结论:在当今中国,影响企业家伦理道德发展的主要因素是传统社会的伦理和道德(如仁、义、礼、智、

---

① 转引自何建华《经济正义论》,上海人民出版社2004年版,第5页。

信);与此同时,"战争年代为理想而献身的革命精神(如革命烈士无私献身精神)"以及"追求个人利益的市场经济下的道德"依然对中国企业家的伦理道德发展有着重要影响。

(四)结论

综上所述,本研究报告基于"图表呈现—数据分析—学理探讨"的基本理路,对当代企业家的伦理道德状况与近五年的发展轨迹(2013—2017年)进行了细致探讨。本报告以"伦理认知—道德素质—伦理道德发展的影响因素"作为逻辑链条,在伦理与道德的学术交融、学理与实践的学术碰撞、道德国情调查与道德哲学研究的学术交汇中,得出三点结论:其一,当今中国企业家的伦理认知以"利益诉求"为主导,这既符合"人"趋利避害的自然本性,又符合现代企业管理、市场竞争的基本理念。对此,我们需要对企业家的营利行为予以客观、公正的评判,对合理正当的经营行为予以鼓励并加以宣传,对不正当的经营行为予以坚决抵制。其二,近五年来,中国企业家的道德素质得到稳步提高以及社会大众对企业家的整体评价较高。对此,我们需要通过宣传教育等方式引导企业家做到"克己修身",并积极发挥社会大众对企业家的监督责任。在他律与自律、外部监督与自我监督的双重作用下,争取进一步提升中国企业家的道德素质,以为社会主义市场经济发展做出更大贡献。其三,影响当今企业家伦理道德发展状况的第一因素是传统社会的伦理和道德(如仁、义、礼、智、信)。此外,"革命精神"以及"市场经济下的道德"也对中国企业家的伦理道德发展有着重要影响。对此,我们一方面需要深入挖掘传统文化中的精神养分,并与当代国情积极结合起来,以企业家易于接受的方式引导其学习吸收。对于革命年代培养的革命精神,我们需要将其与当代的企业家精神相结合,努力打造兼具使命感与勇气感的"儒商"精神。另外,我们需要发挥市场经济道德对企业家的积极影响,培养具有公平意识、责任意识以及诚信意识的新时代企业家。

(沈宝钢)

八 演艺群体伦理道德发展状况

(一) 引言

近年来,演艺群体的道德状况及其对社会整体道德风气的影响成为舆论关注的焦点。虽然该群体在总人口中所占比重很小,但其影响不容小觑。随着现代化的深入,现代传媒产业对社会生活的影响不断加大,演艺群体的言行举止备受关注,他们在舞台上乃至私生活中进行各种"表演",其中蕴含的"正能量"或"负能量"在人群中很容易迅速传播,因此具有举足轻重的正面或负面示范效应。近些年各类"明星"的隐私和丑闻的频频披露,将这一群体推到社会舆论的风口浪尖上,其甚至承受着应对社会伦理道德和社会风气"败坏"负责的批评。

借助社会学理论穿透道德义愤的表象,我们或许可以揭示出批评背后更深层的社会事实。社会学家戈夫曼的"拟剧论"认为,每个普通人都为迎合"观众"(他人、群体、社会)的期望而在生活中时刻进行着"表演",很少以真面目示人。虽然"演员"作为一种职业意味着"以表演为志业",必须迎合观众的期望而展演那些在现实中少见的"剧情",但是人们通常期望演艺群体成为展演社会道德理想的典范,不仅在舞台上而且在现实中也必须具备那些理想的品质,对其提出了高于普通人的要求——为何会有这种要求?

历史或许可以给我们启示。在传统社会,演艺群体所承担的社会角色充满着张力,其展演的戏剧,一方面体现着自上而下的道德教化进而维护了礼治秩序,另一方面迎合广大民众的期望而反抗着名教纲常。在现代传媒所催生的大众社会里，演艺群体从"下九流"一跃成为万众瞩目的人物，其对社会的影响也被放大，不再局限于舞台和荧屏，其私生活也成为"舞台"。社会舆论对演艺群体道德状况的敏感，可能暗含着借此议题反思社会自身的存在状态和道德风气的功能。因此演艺群体在道德上的问题很可能被夸大，以凸显社会自身的"秩序"与"越轨"的张力。但关于演艺群体的真实道德状况，其成因以及其产生社会影响的路径，却少有实证研究，这正是本研究试图加以补充的。

本研究借助CGSS 2017年和2017年江苏省道德国情调查所获得的数据，参照"拟剧论"展开分析，试图对下述问题进行回答：第一，当前演艺群体的道德状况是否"败坏"？若是，其"败坏"程度如何？第二，在演艺群体眼中，社会上其他群体的道德状况如何？社会整体的道德风气如何？第三，演艺群体如何对照其他群体和社会整体，评判自身的道德状况？第四，演艺群体如何根据这种评判建构道德自我，进而开展道德行动、影响社会道德风气？第五，江苏省与全国的演艺群体在上述方面存在何种差异？

本研究的对象为江苏省和全国从事演艺行业的所有人群（总体）。在CGSS 2017年问卷和江苏省调查问卷中设置问题"A10. 您目前的具体职业是？"回答"11. 文化、艺术、体育从业人员"的受访者构成代表的总体样本。在回收的问卷中，江苏省调查收集到33个样本，CGSS 2017年收集到46个样本，均小于50，因而都是小样本。相比于超过300的大样本，小样本受随机误差的干扰较大。但是，考虑到演艺群体在总人口中所占的比重很低（江苏省为0.76%，全国为0.53%），小样本符合真实分布状况，而且这些样本是按照严格的科学的比例概率抽样（PPS）方法筛选的结果，因此得出的结论具有一定的参考价值。只不过，由于样本量过小，并不适用诸如内部差异比较、相关、回归等深度分析法，只能进行整体的描述性分析。

根据研究问题，本报告内容分为三个方面：一是"基础统计变量"，描述的是该群体的客观状况（"客观的自我"）；二是"媒体使用状况""对家庭伦理的看法""对各类道德主体的道德风气的评价""对社会道德的评价""对社会风气的评价""人际信任和制度（群体）信任状况"，描述的是该群体对其所处的社会道德环境的看法；三是"自评幸福""自评风气与自评信任""对未来的信心",描述的是该群体道德自我的建构。在每一主题中我们分别对比江苏省和全国的状况,最后进行总结性评述和讨论。

(二)基础统计变量:演艺群体的客观状况

样本在性别比例上基本做到了男女均衡,全国和江苏省的演艺群体男女从业比例接近1∶1,女性略多于男性,与总人口中的男女比例基本吻合。

在年龄上,演艺群体在总人口中偏年轻,江苏省和全国样本的平均年龄分别为34.5岁和38.3岁,均低于平均年龄(在本次调查中,江苏省平均年龄为43.8岁,全国平均年龄为43.5岁)。但具体到年龄段分布上,以5年为间隔将18—65岁的区间分为9个年龄段,考察演艺群体人数集中的前三个年龄段,则江苏省为25—29岁(24.2%)、30—34岁(21.2%)、18—24岁(12.1%),全国为18—24岁(28.3%)、60—65岁(15.2%)、30—34岁(13.0%),显然江苏省的分布更接近于演艺事业"黄金年龄"(25—29岁)的"正态分布",而全国则呈现出少年、青年和老年的三个集中分布区间。这种差异是否会对其他方面造成影响(比如对问题"B15.对伦理关系和道德生活,您最向往的是?"的影响),需要更多的数据收集和进一步的分析。

在学历上,演艺群体的文化程度在总人口中偏高,多为高中或大专以上,平均受教育年限为12.4年(江苏省)和13.7年(全国),均高于总人口的平均水平(江苏省为9.6年,全国为9.3年)。学历高可能导致其道德知识水平更高,也可能导致其对个人和社会的道德评价标准更高,其影响需要进一步分析。

在户籍上,"本市非农户口"占绝大多数(江苏为54.6%,全国为67.4%),很明显高于平均水平(江苏为38.6%,全国为31.6%)。考虑到演艺行业的性质,其必须与大众传媒保持紧密合作,因此"城市"色彩更浓是不难理解的。从出生地看,出生于城市的比例也明显高于平均水平,江苏省为33.3%对19.3%,全国为52.2%对15.6%,可为验证。

在婚姻状况上,演艺群体未婚的比例高于平均水平,江苏省为 27.3%对 11.1%,全国为 39.1%对 13.2%。这与该群体的工作性质有关。

在收入状况上,演艺群体明显高于平均水平,江苏省和全国都是如此,而且江苏省演艺群体的收入要高于全国演艺群体(具体如表 2-25 所示):

表 2-25　　演艺群体相对月收入水平(江苏与全国)　　(%)

月收入	江苏省 总体	江苏省 文、艺、体	全国 总体	全国 文、艺、体
无收入	14.4	9.1	14.9	17.4
1—999 元	9.1	—	9.3	8.7
1000—1999 元	12.8	6.1	17.9	6.5
2000—3999 元	34.0	36.4	29.5	19.6
4000—5999 元	18.0	42.4	13.2	21.7
6000—8999 元	4.6	—	4.2	13.0
9000—12999 元	1.8	—	1.0	4.4
13000—20000 元	0.6	—	0.4	—
20000 元以上	0.4	—	0.2	—
不知道或拒绝回答	4.3	6.1	9.6	—
总数(人)	4362	33	8755	46

在政治面貌上,演艺群体中党员的比例均高于平均水平,江苏省为 12.1%对 8.4%,全国为 32.6%对 6.5%。江苏省的比例低于全国,可能与前述年龄段分布上集中于年轻人有关。

综合以上方面,我们发现:第一,演艺群体在社会阶层中处于偏上的位置;第二,从户籍、出生地、学历上看演艺群体更具有"现代都市文明"的特征;第三,江苏省和全国的演艺群体的基础统计变量存在一定差异,在年龄段上尤为明显。

(三) 演艺群体对道德环境的看法

1. 媒体使用状况

在现代社会里，媒体是民众获悉社会道德风气状况的主要渠道之一，对演艺群体而言，媒体也是他们传播自我形象的主要途径。因此，分析其媒体使用情况可能有重要发现。

如表2-26所示，江苏省演艺群体比全国同行更多地使用各种媒体以获取信息，如纸质媒体、纸质杂志、电视、社交媒体和新媒体。广播的使用是例外，但考虑到江苏省现代化水平更高，网络和新媒体对广播可能有替代作用，这点也不难理解。值得特别关注的是使用政府官网的比例，江苏省演艺群体显著高于全国同行（选择"很少使用"的为36.4%对26.1%），说明对于政府机构的网上信息公开，江苏省的演艺群体比全国同行给予更高的评价，从侧面反映了江苏省在这方面做得更好。

表2-26　　　　　演艺群体媒体使用状况　　　　　（%）

媒体类别	江苏省	全国
纸质媒体		
从不	42.4	54.4
很少	39.4	26.1
有时	9.1	10.9
经常	6.1	6.5
非常频繁	3.0	—
纸质杂志		
从不	39.4	60.9
很少	27.3	17.4
有时	24.2	13.0
经常	6.1	6.5
非常频繁	3.0	2.2

续表

媒体类别	江苏省	全国
广播		
从不	57.6	45.7
很少	27.3	32.6
有时	3.0	10.9
经常	6.1	8.7
非常频繁	6.1	—
电视		
从不	3.0	6.5
很少	6.1	17.4
有时	39.4	34.8
经常	39.4	41.3
非常频繁	12.1	—
各种政府网站		
从不	48.5	54.4
很少	36.4	26.1
有时	9.1	8.7
经常	3.0	6.5
非常频繁	3.0	2.2
社交媒体（微博、微信、博客、播客等）		
从不	6.2	17.4
很少	—	6.5
有时	15.2	10.9
经常	39.4	39.1
非常频繁	39.4	26.1
新媒体（如数字报纸、移动电视等）		
从不	18.2	50.0
很少	15.2	10.9
有时	39.4	15.2
经常	9.1	15.2
非常频繁	18.2	6.5
总数（人）	33	46

为进一步考察演艺群体了解社会事件的渠道，我们设计了问题"B6. 社会上发生的一些事情，您一般是从什么渠道最先知道？（出示答案卡，限选两项）"。统计发现，首要渠道为电视（江苏的比例为45.5%，全国45.7%），次要渠道为微博微信等社交媒介（江苏39.4%，全国39.1%）。在这方面，江苏省和全国并无明显差异。作为印证，在对问题"B24.1.1. 信息技术、网络技术的发展对伦理道德的影响"的判断，以及在问题"B7. 与传统的报纸/电视相比，从网络中获得的信息（文字、图片、视频等）对您的思想行为有多大程度的影响"上，江苏省与全国也无明显差异。

但在问题"B26. 如果朋友圈的消息与国家主流媒体的报道不一致，您会相信哪一个"上，江苏省的演艺群体更倾向于"3. 都不相信，自己比较判断"（江苏省的比例为42.42%，远高于全国的28.26%）。结合前面年龄段上的差异，江苏省的演艺群体更集中于青年，或许对此提供了解释：青年独立思考的倾向更强。

小结这部分内容可知，江苏省演艺群体了解社会事件（含社会伦理事件）的渠道与全国相比并不存在明显差异，但媒体使用更频繁，且更具现代特征。

2. 对家庭伦理的看法

家庭伦理受社会道德风气的影响，但家庭承担着"个体社会化"的功能——将个体培育成社会规范所要求的人，包含社会需要的道德主体——因此家庭伦理成为社会道德反思所关注的焦点之一。作为有社会影响力的群体之一，演艺群体如何看待家庭伦理呢？

表2-27 演艺群体对现代家庭关系中最令人担忧的问题的看法　　　　（%）

	看法	江苏	全国
现代家庭关系中最令人担忧的问题	只有一个孩子，对家庭的未来没把握	24.2	19.6
	独生子女难以承担养老责任，老无所养	3.0	23.9
	年轻人不愿结婚，或不愿生孩子，家族传承危机	30.3	17.4
	婚姻不稳定，年轻人缺乏守护婚姻的意识和能力	27.3	10.9
	子女尤其是独生子女缺乏责任感，孝道意识薄弱	3.0	2.2

续表

	看法	江苏	全国
现代家庭关系中最令人担忧的问题	代沟严重，父母与子女之间难以沟通	12.1	10.9
	婆媳关系紧张	—	4.3
	"啃老"现象严重	—	4.3
	父母只培养孩子的知识和技能，忽视良好品德的养成	—	4.3
	不知道	—	2.2

如表2-27所示，江苏省和全国演艺群体在对一些家庭问题的看法上存在差异。对"独生子女难以承担养老责任，老无所养"的担忧程度，江苏省远低于全国（3.0%对23.9%），说明在该群体眼中，江苏省相应的社会保障做得较好。但江苏省演艺群体对于"年轻人不愿结婚，或不愿生孩子，家族传承危机""婚姻不稳定，年轻人缺乏守护婚姻的意识和能力"的担忧程度比全国更高，说明在其眼中，江苏省传统家庭生活受现代生活方式和观念的冲击更大。

表2-28　　　　演艺群体对现代新兴的一些婚恋现象的态度　　　　（%）

	态度	江苏	全国
不婚	完全赞同	—	4.3
	比较赞同	9.1	4.3
	中立	57.6	47.8
	比较反对	15.2	21.7
	强烈反对	18.2	10.9
	不知道	—	10.9
试婚	完全赞同	—	2.2
	比较赞同	3.0	10.9
	中立	48.5	41.3
	比较反对	18.2	26.1
	强烈反对	30.3	10.9
	不知道	—	8.7

续表

	态度	江苏	全国
同居	比较赞同	9.1	4.3
	中立	39.4	54.3
	比较反对	36.4	19.6
	强烈反对	15.2	13.0
	不知道	—	8.7
同性恋	比较赞同	3.0	4.3
	中立	39.4	28.3
	比较反对	24.2	30.4
	强烈反对	33.3	30.4
	不知道	—	6.5
婚外恋	比较赞同	3.0	2.2
	中立	12.1	15.2
	比较反对	42.4	26.1
	强烈反对	42.4	54.3
	不知道	—	2.2
丁克家庭	完全赞同	—	2.2
	比较赞同	3.0	4.3
	中立	48.5	34.8
	比较反对	9.1	21.7
	强烈反对	39.4	30.4
	不知道	—	6.5
代孕	比较赞同	—	4.3
	中立	39.4	28.3
	比较反对	33.3	23.9
	强烈反对	21.2	34.8
	不知道	6.1	8.7
假离婚	完全赞同	2.2	3.0
	比较赞同	17.4	18.2
	不太赞同	43.5	45.5
	坚决反对	23.9	30.3
	不知道	13.0	3.0

如表 2-28 所示，在对一些现代新兴的婚恋现象的看法上，江苏省和全国演艺群体存在差异：一方面，对于不婚、同性恋、婚外恋、代孕的态度，江苏省演艺群体持赞同的比例高于全国同行，说明其观念更偏向现代；另一方面，对试婚、同居、假离婚的态度，江苏省演艺群体持反对的态度高于全国同行，说明其观念更偏向传统。两方面对比，说明江苏省演艺群体婚恋观念中传统与现代的冲突更大，其对丁克家庭的两极分化的看法提供了进一步的证据：有近一半的人保持"中立"，有39.4%的人表示"强烈反对"，只有9.1%的人选择"比较反对"；而全国演艺群体选择这三项的比例分别为34.8%、21.7%、30.4%，分布较为平均。鉴于江苏省的现代化程度高于全国，上述对比或许暗示我们，在社会生活和观念的现代化程度日益加深的背景下，人们仍未放弃努力维持传统的家庭伦理，至少在江苏省演艺群体身上有所体现——该群体对于育儿和养老的看法对此提供了例证（见表 2-29）。

表 2-29　　　　　　演艺群体对育儿和养老的态度　　　　　　（%）

	看法	江苏	全国
生育孩子是否是一种人生义务	是，如果大家都不生育，人种会灭绝	21.2	21.7
	是，不生孩子家族延传会中断	42.4	26.1
	不是，但没有孩子将老无所养也过于孤独	18.2	39.1
	不是，自己觉得快乐就行，有孩子负担过重	18.2	13.0
老人是否有义务帮子女带孩子	有，天经地义的	12.1	15.2
	没有，老人帮助带孙辈，子女应感恩	54.5	45.7
	没有义务，不过带孙辈也是天伦之乐，应该帮助带	30.3	28.3
	没想过	3.0	10.9

如表 2-29 所示，演艺群体选择"不生孩子家族延传会中断"和"老人帮助带孙辈，子女应感恩"的比例，江苏省均高于全国，而且是各选项中最高的。而这两个选项相较于其他选项显然更符合传统观念。

3. 对各类道德主体的道德风气的评价

演艺群体对各类道德主体的道德风气如何评价？对其他主体的评价

是高于抑或低于其对自身风气的评价？对我们设置了问题"F13. 您认为当前社会下列状况的严重程度如何？"，对企业界、娱乐界、传媒、教师、医生等主体进行全面评价，统计结果如表2-30所示：

表2-30　　　　演艺群体对各道德主体道德风气的评价　　　　（%）

各主体风气	水平	江苏	全国
企业损害社会利益，如污染环境、以虚假广告误导公众等的严重程度	非常不严重	9.1	6.5
	比较不严重	30.3	23.9
	比较严重	45.5	41.3
	非常严重	12.1	21.7
	不知道	3.0	6.5
娱乐界以丑闻、绯闻炒作，污染社会风气的严重程度	非常不严重	3.0	2.2
	比较不严重	30.3	17.4
	比较严重	48.5	45.7
	非常严重	18.2	28.3
	不知道	—	6.5
媒体缺乏社会责任，炒作新闻的严重程度	非常不严重	3.0	4.4
	比较不严重	15.2	26.1
	比较严重	63.6	39.1
	非常严重	18.2	23.9
	不知道	—	6.5
社会财富分配不公，贫富差距过大的严重程度	非常不严重	6.1	4.4
	比较不严重	12.1	21.7
	比较严重	57.6	47.8
	非常严重	24.2	21.7
	不知道	—	4.4
教师不尽职的严重程度	非常不严重	18.2	13.0
	比较不严重	36.4	56.5
	比较严重	30.3	26.1
	非常严重	15.2	2.2
	不知道	—	2.2

续表

各主体风气	水平	江苏	全国
医生不守职业道德的严重程度	非常不严重	3.0	10.9
	比较不严重	60.6	43.5
	比较严重	30.3	30.4
	非常严重	6.2	2.2
	不知道	—	13.0
公众人物用知名度攫取财富的严重程度	非常不严重	9.1	6.5
	比较不严重	27.3	21.7
	比较严重	42.4	41.3
	非常严重	18.2	17.2
	不知道	3.0	13.0
两性关系过度开放导致婚姻不稳定的严重程度	非常不严重	—	10.9
	比较不严重	33.3	23.9
	比较严重	36.4	37.0
	非常严重	27.3	13.0
	不知道	3.0	15.2
年轻人缺乏责任感，不孝敬父母的严重程度	非常不严重	6.1	10.9
	比较不严重	48.5	41.3
	比较严重	39.4	37.0
	非常严重	3.0	6.5
	不知道	3.0	4.4

先看与演艺群体关系十分密切的三个问题——"娱乐界以丑闻、绯闻炒作，污染社会风气的严重程度""媒体缺乏社会责任，炒作新闻的严重程度""公众人物用知名度攫取财富的严重程度"——他们选择最多的是"比较严重"，说明演艺群体反思了自身在风气上所存在的问题。而将这三个问题中"非常严重"与"比较严重"的比例相加，江苏省分别为66.7%、81.8%、60.6%，全国分别为74.0%、63.0%、58.5%。作为对比，分别对"企业损害社会利益，如污染环境、以虚假广告误导公众等的严重程度""教师不尽职的严重程度""医生不守职业道德的严重程度"这三个问题施加同样的操作，考察演艺群体对企业界人士、教师、

医生这三个群体的风气的看法,则其数值均低于前述与演艺群体相关的问题(无论江苏省还是全国均如此),说明在演艺群体眼中,自身的道德风气问题确实比企业界、教师、医生这三个群体更为严重。

再看江苏省和全国的差异。在演艺群体对"企业损害社会利益,如污染环境、以虚假广告误导公众等的严重程度""娱乐界以丑闻、绯闻炒作,污染社会风气的严重程度""公众人物用知名度攫取财富的严重程度"的评价上,江苏省好于全国。在对"医生不守职业道德的严重程度""年轻人缺乏责任感,不孝敬父母的严重程度"的评价上,江苏省与全国基本持平。

但是,江苏省在有些方面不及全国:其一,演艺群体评价"媒体缺乏责任,炒作新闻的严重程度",江苏省明显比全国严重得多(将"比较严重"和"非常严重"的比例相加,江苏省为81.2%,全国仅为63.0%),而且这是演艺圈群体自评的结果,不得不引起重视;其二,演艺圈对教师群体的风气评价,"教师不尽职的严重程度",江苏省比全国严重得多(将"比较严重"和"非常严重"的比例相加,江苏省为45.5%,全国为28.3%);其三,演艺群体对"社会财富分配不公,贫富差距过大的严重程度"和"两性关系过度开放导致婚姻不稳定的严重程度"的评价,江苏省也略高于全国,或许是随着现代化的发展而出现的必然趋势。这些都值得反思。

小结这部分可知,当前舆论认为演艺群体的道德风气不理想,这一判断属实,因其自评不理想,且低于对其他群体的评价;江苏省在有些方面比全国更严重。江苏省演艺群体对其他某些群体的道德风气的评价低于全国。

4. 人际信任和制度(群体)信任状况

"信任"涉及个体展现给他人的可信品质以及他人对这种品质的相信,诚实无欺、信守承诺、言行如一等道德品质被包含在这种品质中,因此"信任"可视为社会伦理道德和社会风气发展的风向标,人们对他人、群体和制度信任程度高,可从侧面印证社会道德风气状况良好。为此我们设置了问题"F29. 您对下面这些人的信任程度如何?"江苏省和全国的演艺群体回答的统计数据如表2-31、表2-32、表2-33、表2-34所示。

(1) 家人

表2-31　　　　　　　演艺群体对家人的信任水平　　　　　　　（%）

信任水平	江苏省	全国
完全信任	87.9	78.3
比较信任	9.1	19.6
不太信任	3.0	2.2
根本不信任	—	—
不知道	—	—

(2) 邻居、朋友

表2-32　　　　　演艺群体对邻居与朋友的信任水平　　　　　（%）

	江苏省		全国	
	邻居	朋友	邻居	朋友
完全信任	15.2	18.2	13.0	13.0
比较信任	63.6	75.8	73.9	76.1
不太信任	18.2	6.2	13.0	8.7
根本不信任	—	—	—	—
不知道	3.0	—	—	2.2

(3) 同事与同学、上司与领导

表2-33　　　演艺群体对同事与同学、上司与领导的信任水平　　　（%）

	江苏省		全国	
	同事与同学	上司与领导	同事与同学	上司与领导
完全信任	15.2	15.2	4.4	2.2
比较信任	57.6	54.6	71.7	63.0
不太信任	21.2	15.2	21.7	26.1
根本不信任	3.0	12.1	2.2	4.4
不知道	3.0	3.0	—	4.4

(4) 外地人、陌生人

表2-34 演艺群体对外地人与陌生人的信任水平 (%)

	江苏省		全国	
	外地人	陌生人	外地人	陌生人
完全信任	6.1	3.0	2.2	—
比较信任	9.1	9.1	23.9	21.7
不太信任	63.6	48.5	52.2	47.8
根本不信任	15.2	36.4	17.4	26.1
不知道	6.1	3.0	4.4	4.4

可见，无论江苏省还是全国的演艺群体，其最信任的是家人（选择对家人"完全信任"的比例，江苏省为87.9%，全国为78.3%），其次是朋友（选择对朋友"比较信任"的比例，江苏省为75.8%，全国为76.1%），第三是邻居（选择对邻居"比较信任"的比例，江苏省为63.6%，全国为73.9%），第四为同学或同事（选择对同学或同事"比较信任"的比例，江苏省为57.6%，全国为71.7%），第五为上司或领导（选择对上司或领导"比较信任"的比例，江苏省为54.6%，全国为63.0%），排序上不存在明显差异。而在不信任的人群中，演艺群体普遍不信任外地人、陌生人、外国人，江苏省和全国在排序上也不存在明显差异。这种信任程度排序，意味着费孝通所说的中国传统的"差序格局"仍然在演艺群体的社会关系中占有重要地位，人们普遍信任关系亲密的人、熟人，而不信任陌生人。

但若考察信任程度的绝对量，则江苏省演艺群体对家人、邻居、外地人、陌生人、外国人的信任程度低于全国，对上司、朋友、同学、同事的信任程度高于全国。这表明伴随着江苏省的经济社会发展领先于全国，一种具有现代、都市特征的信任类型正在建立——基于"同"，即共同的职业、追求、爱好、利益——至少对江苏省的演艺群体来说是如此。社会学巨匠涂尔干曾指出，随着社会的现代化，人与人之间相互团结的类型，由传统的基于熟识和情感依恋的"机械团结"，转为现代的基于理性和利益连带的"有机团结"，这一理论可以解释上述信任类型的变化——缺乏联系的人们之间难以产生信任,信任通常伴随着一个内部团结的共同体的成员身份,因此团结类型的转变会带来信任类型的转变。

我们进而将各个社会群体进行分类,考察演艺群体对他们(包括演艺群体自身)的信任程度(如表 2-35 所示)。

表 2-35　　　　　演艺群体对各社会群体的信任水平　　　　　　(%)

社会群体	信任水平	江苏省	全国
商人	完全信任	—	—
	比较信任	48.5	56.5
	不太信任	48.5	39.1
	根本不信任	3.0	4.4
	不知道	—	—
单位领导/社区(村)干部	完全信任	—	—
	比较信任	54.6	52.2
	不太信任	33.3	37.0
	根本不信任	9.1	6.5
	不知道	3.0	4.4
公务员	完全信任	6.2	2.2
	比较信任	51.5	54.4
	不太信任	27.3	30.4
	根本不信任	12.1	6.5
	不知道	3.0	6.5
教师	完全信任	6.1	4.4
	比较信任	60.6	78.3
	不太信任	27.3	13.0
	根本不信任	6.1	2.2
	不知道	—	2.2
警察	完全信任	24.2	13.0
	比较信任	48.5	60.9
	不太信任	18.2	13.0
	根本不信任	6.1	2.2
	不知道	3.0	10.9

续表

社会群体	信任水平	江苏省	全国
医生	完全信任	9.1	6.5
	比较信任	54.6	71.7
	不太信任	24.2	10.9
	根本不信任	12.1	2.2
	不知道	—	8.7
法官	完全信任	15.2	10.9
	比较信任	69.7	63.0
	不太信任	9.1	6.5
	根本不信任	6.1	4.4
	不知道	—	15.2
农民	完全信任	15.2	8.7
	比较信任	60.6	63.0
	不太信任	18.2	19.6
	根本不信任	3.0	2.2
	不知道	3.0	6.5
工人	完全信任	15.2	6.5
	比较信任	60.6	58.7
	不太信任	18.2	26.1
	根本不信任	—	2.2
	不知道	6.1	6.5
专家学者	完全信任	18.2	—
	比较信任	48.5	58.7
	不太信任	18.2	28.3
	根本不信任	12.1	6.5
	不知道	3.0	6.5
演艺娱乐圈	完全信任	3.0	2.2
	比较信任	27.3	15.2
	不太信任	39.4	41.3
	根本不信任	27.3	26.1
	不知道	3.0	15.2

续表

社会群体	信任水平	江苏省	全国
公众人物	完全信任	6.1	—
	比较信任	42.4	28.3
	不太信任	39.4	41.3
	根本不信任	12.1	19.6
	不知道	—	10.9
总数（人）		33	46

综上有以下发现：

第一，演艺群体对自身并不信任，因为他们对于"演艺娱乐圈"选择最多的是"不太信任"（江苏省为39.4%，全国为41.3%），证实社会舆论对演艺群体的指责确有实据——他们自己也不信任自己。从信任程度（"完全信任"和"比较信任"的比例相加）看，演艺群体对自身的信任低于对商人、单位领导社区（村）干部、公务员、教师、医生、法官、农民、工人和专家学者，以及一般而言的"公众人物"，印证了对自身的不信任。不过，江苏省的情况要好于全国，江苏省演艺群体选择"比较信任"的比例为27.3%，而全国只有15.2%。

第二，"公众人物"与演艺群体有很大的重合，演艺群体对其信任的选择，在江苏省比例最大的是"比较信任"（42.4%），在全国比例最大的是"不太信任"（41.3%），从侧面印证了江苏省的演艺群体伦理道德发展状况要好于全国。

第三，关于演艺群体对商人、单位领导/社区（村）干部、公务员、农民、工人的信任比例，江苏省与全国未见明显差异。对于教师、警察、医生、专家学者，江苏省演艺群体所给予的信任在绝对量上低于全国平均水平，个中原因值得我们深思。而演艺群体给予法官的信任，江苏省要好于全国（选择"完全信任"的比例为15.2%对10.9%，选择"比较信任"的比例为69.7%对63.0%），从侧面反映出江苏省法治建设走在全国前列，至少其演艺群体可能更多地受益于此。

小结这一部分，我们发现演艺群体具有反思能力，认识到了自己在信任上所存在的不足；江苏省演艺群体对他人的信任类型更偏向现代，给予其他职业群体的信任在绝对量上比全国低。

5. 对社会道德的评价

在前述分析中,演艺群体的信任和风气自评不理想,而且在有些方面江苏省比全国更严重;演艺群体对其他社会群体的道德评价也有高有低。那么他们对社会整体道德状况的评价又如何呢?其对自身道德状况的评价又如何呢?统计数据分析如表 2-36 所示。

表 2-36　　　　　　　演艺群体对社会道德的评价　　　　　　　(%)

类别	评价	江苏省	全国
对社会道德状况的总体满意度	非常满意	6.1	6.5
	比较满意	60.6	69.6
	不太满意	30.3	17.4
	非常不满意	3.0	6.5
对自己道德状况的总体满意度	非常满意	30.3	15.2
	比较满意	60.6	73.9
	不太满意	9.1	10.9
对社会道德状况的预期	越来越差	3.0	8.7
	不变	24.2	13.0
	越来越好	63.6	71.7
	不知道	9.1	6.5

可见,演艺群体普遍对社会道德的总体状况"比较满意",对其未来发展的预期也是"越来越好"。但从满意程度的绝对量上说,江苏省低于全国的平均水平(对社会道德的总体状况"比较满意"的评价,江苏省为 60.6%,全国为 69.6%;对社会道德未来发展预期"越来越好"的评价,江苏省为 63.6%,全国为 71.7%),说明江苏省在社会道德状况建设上还有很大的提升空间。

而对自己的道德状况,演艺群体普遍表示"满意"(含"非常满意"和"比较满意"),其比例江苏省要好于全国(两个选项相加,江苏省为 90.9%,全国为 89.1%,基本持平;但江苏省选择"非常满意"的为

30.3%,全国为15.2%,江苏省远高于全国)。但从前述"信任"和"风气"的情况来看,这种"满意"可能更多地源于该主体自身的主观判断,而缺乏实际依据。

我们再将道德状况加以细化分析。中国有漫长的历史传统,又经历过30年集体化时期,改革开放后市场经济发展、西方思想观念传入,因此传统道德、集体主义道德、个体主义道德相互交织,此消彼长。这一问题如何在演艺群体身上体现呢?(如表2-37所示)

表2-37 演艺群体对于伦理关系和社会道德的向往 (%)

类别	江苏省	全国
传统社会的伦理和道德(如仁、义、礼、智、信)	45.5	71.7
战争年代为理想而献身的革命精神(如革命烈士无私献身精神)	24.2	13.0
新中国成立后到"文化大革命"前的大公无私的集体主义精神	12.1	8.7
追求个人利益的市场经济下的道德	9.1	2.2
西方道德(如个人主义,实用主义,功利主义)	6.1	2.2
其他	3.0	2.2
总数(人)	33	46

可见,越是历史悠久的伦理道德,越容易成为演艺群体所向往的,江苏省和全国均呈现出同样的迹象。不过从绝对量上看,江苏省演艺群体对"传统社会的伦理与道德(如仁、义、礼、智、信)"的向往比例明显低于全国(江苏省45.5%对全国71.7%),对现代以来的伦理道德(战争年代的、集体主义的、市场经济的、西方的)更为向往,说明江苏省演艺群体的伦理道德更加偏向于现代类型。这与社会学家阎云翔发现的"个体化"趋势(独立个体的发展、生活向私人关系转型、个人主体性的形成)是吻合的。

再进一步考察,问题"B17. 您认为目前我国社会中伦理道德对人际关系的调节能力如何?"江苏省和全国演艺群体选择最多的都是"一般",并无明显差异(江苏省为62.5%,全国为58.7%)。问题"C1. 您认为当前中国社会个人道德素质的主要问题是?"江苏省和全国演艺群体选择最多的是"有道德知识,但不见诸行动"(江苏省为75.8%,全国为

76.1%），也无明显差异。

但在问题"C4. 您认为当今中国社会最重要和最需要的德性是"上出现明显差异（如表2-38所示）。

表2-38　　演艺群体认为中国社会最需要的德性　　　　（%）

中国社会最需要的德性	江苏省	全国
爱（仁爱、博爱、友爱）	36.4	34.8
义（道义、义务）	3.0	6.5
宽容	—	2.2
责任	6.1	4.4
公正	9.1	15.2
诚信	6.1	17.4
忠恕（将心比心）	6.1	2.2
理智	3.0	2.2
节制	9.1	2.2
善良	9.1	2.2
孝敬	12.1	8.7
总数（人）	33	46

很明显，选择"爱（仁爱、博爱、友爱）"的比例最大，江苏省和全国并无明显差异（相差不到2个百分点）。但观察其他选项，选择"公正"与"诚信"的比例相差很大，全国比江苏省分别高出约6个和11个百分点——比例越高，说明当前越缺乏——这从侧面印证了江苏省的"公正"和"诚信"建设领先于全国，至少在演艺群体看来是如此。而选择"孝敬"的比例，江苏省比全国高出约4个百分点，证明在现代化程度提高以后，人们反而更怀念传统道德的某些要素，至少在演艺群体看来是如此。

小结这部分可知，在演艺群体眼中，江苏省的伦理道德发展的现代化程度更高，但并不是所有方面都让人满意，我们仍旧不应失去传统伦理道德的某些要素。

6. 对社会风气的评价

"社会风气"是一个抽象的概念，体现在很多方面。在问题"F11. 您认为当前社会下列状况的严重程度如何"中，我们将其操作化为12个小问题来测量，统计结果如表2-39所示。

表2-39　　　　　　　演艺群体对社会风气的评价　　　　　　　（%）

社会风气	水平	江苏省	全国
当前社会坑蒙拐骗现象的严重程度	非常不严重	12.1	10.9
	比较不严重	36.4	30.4
	比较严重	27.3	50.0
	非常严重	21.2	8.7
	不知道	3.0	—
当前社会诚信缺乏，不讲信用的严重程度	非常不严重	—	10.9
	比较不严重	42.4	34.8
	比较严重	36.4	41.3
	非常严重	21.2	8.7
	不知道	—	4.4
当前社会人与人之间缺乏信任，社会安全度低的严重程度	非常不严重	3.0	8.7
	比较不严重	36.4	32.6
	比较严重	45.5	41.3
	非常严重	15.2	13.0
	不知道	—	4.4
当前社会人际关系冷漠，见危不救的严重程度	非常不严重	—	15.2
	比较不严重	45.5	30.4
	比较严重	42.4	50.0
	非常严重	12.1	4.4
	不知道	—	—
当前社会缺乏公德，如公共场所大声喧哗、随地吐痰等的严重程度	非常不严重	3.0	8.7
	比较不严重	24.2	32.6
	比较严重	51.5	47.8
	非常严重	21.2	10.9
	不知道	—	—

续表

社会风气	水平	江苏省	全国
当前社会自私自利，损人利己的严重程度	非常不严重	6.1	10.9
	比较不严重	33.3	34.8
	比较严重	48.5	47.8
	非常严重	12.1	4.4
	不知道	—	2.2
当前社会缺乏公正心和正义感的严重程度	非常不严重	6.1	8.7
	比较不严重	36.4	32.6
	比较严重	39.4	47.8
	非常严重	18.2	4.4
	不知道	—	6.5
当前社会私欲膨胀，物欲横流的严重程度	非常不严重	6.0	10.9
	比较不严重	30.3	28.3
	比较严重	60.6	52.2
	非常严重	3.0	4.4
	不知道	—	4.4
当前社会缺乏羞耻感的严重程度	非常不严重	9.1	10.9
	比较不严重	33.3	30.4
	比较严重	33.3	47.8
	非常严重	24.2	4.4
	不知道	—	6.5
当前社会干部贪污受贿，以权谋利的严重程度	非常不严重	3.0	8.7
	比较不严重	33.3	23.9
	比较严重	42.4	37.0
	非常严重	18.2	19.6
	不知道	3.0	10.9
当前社会生活奢侈，铺张浪费的严重程度	非常不严重	3.0	13.0
	比较不严重	39.4	15.2
	比较严重	39.4	41.3
	非常严重	15.2	21.7
	不知道	3.0	8.7

续表

社会风气	水平	江苏省	全国
当前社会干部不作为，扯皮推诿的严重程度	非常不严重	6.1	4.4
	比较不严重	21.2	28.3
	比较严重	42.4	37.0
	非常严重	27.3	19.6
	不知道	3.0	10.9

可见，这12个问题无论在江苏省还是在全国均普遍存在着，但在演艺群体眼中其严重程度不一致。大体而言，关于"坑蒙拐骗现象""诚信缺乏，不讲信用""干部贪污受贿，以权谋利"等问题，就演艺群体的回答来看江苏省的严重程度低于全国，江苏省在改善这些方面的努力值得肯定。而"人际关系冷漠，见危不救""人与人之间缺乏信任，社会安全度低""缺乏公德，如公共场所大声喧哗、随地吐痰等""自私自利，损人利己""缺乏公正心和正义感""私欲膨胀，物欲横流""缺乏羞耻感""干部不作为，扯皮推诿"的严重程度，江苏省均高于全国，值得重视。

存在争议的是"当前社会生活奢侈，铺张浪费"的严重程度（如表2－40所示）。

表2－40　　演艺群体认为"当前社会生活奢侈，铺张浪费"问题的严重程度　　（%）

当前社会生活奢侈，铺张浪费的严重程度	江苏省	全国
非常不严重	3.0	13.0
比较不严重	39.4	15.2
比较严重	39.4	41.3
非常严重	15.2	21.7
不知道	3.0	8.7
总数（人）	33	46

如果只分严重/不严重，而不区分程度，则江苏省的严重程度要低于全国。但在选择"不严重"的样本中，对比"非常不严重"和"比较不

严重"选项，则发现江苏省演艺群体几乎一致选择"比较不严重"，全国演艺群体选择"非常不严重"和"比较不严重"比较平均，似乎在严重程度上江苏省更高。为谨慎起见，我们可作出如下判断：在演艺群体看来，"当前社会生活奢侈，铺张浪费"这一问题，江苏省不如全国严重；但全国各地区的差异很大，不排除有些地区的严重程度小于江苏省。在这方面江苏省仍要继续努力。

（四）演艺群体道德自我的建构

1. 自评风气和自评信任

如前文表 2-30 所示，演艺群体眼中自身的道德风气并不理想，至少低于企业界人士、教师、医生这三个群体（他们与演艺群体类似，都是有社会影响力的群体）。又如前文表 2-33 所示，演艺群体对同行并不信任，且信任程度低于对其他众多群体的信任。这样一个对自身道德状况评价不高的群体，若被社会公众寄予道德上的很高期待——这种期待甚至从舞台展演延伸到私人生活中——自然难以兑现，进而引发公众的心理落差。这种落差若经现代传媒的放大和夸大，可能会引发公众对社会道德状况偏离实际的负面评价，并且演艺群体很可能成为对之负责的"替罪羊"。

2. 自评幸福

对样本的统计表明，与 5 年前相比，演艺群体普遍感受到自身的社会经济地位提高了，江苏省提高的程度略高于全国（57.6% 对 52.2%）。与之相应，对未来 5 年的生活水平，江苏省演艺群体预期的提升高于全国演艺群体（选择"上升很多"的比例为 36.4% 对 21.7%，选择"略有上升"的比例为 51.5% 对 56.5%）。建立在这种对自身发展的积极评判上，江苏省演艺群体的生活满意度明显高于全国平均水平（如表 2-41 所示）。

表2-41 演艺群体生活满意程度和生活幸福程度（江苏与全国） （%）

	江苏省	全国
生活满意程度		
非常满意	12.1	13.0
比较满意	72.7	65.2
不太满意	15.2	21.7
非常不满意	—	—
不知道	—	—
生活幸福程度		
非常不幸福	—	2.2
不太幸福	9.1	8.7
谈不上幸福不幸福	18.2	15.2
比较幸福	48.5	54.4
非常幸福	24.2	19.6
总数（人）	33	46

但在生活幸福程度上，江苏省和全国的演艺群体基本持平（选择"比较幸福"和"非常幸福"的比例相加，江苏省为72.7%，全国为74.0%），原因有待进一步分析。

总体而言，在自评幸福上，江苏省演艺群体的状况要好于全国。得益于江苏社会经济总体发展水平和发展速度领先于全国，江苏演艺群体关于自身发展有更多的积极感受，因而自评幸福程度更高。

3. 对未来的信心

从统计数据上看，江苏省演艺群体对将江苏省建设成"百姓富、社会文明程度高的新江苏"普遍"很有信心"，与江苏省全体的差距并不大（考虑到江苏省全体"拒绝回答"的比例比演艺群体高得多，影响"没有信心"的比例），如表2-42所示：

表 2-42　　江苏省样本对把江苏省建设成"百姓富、社会文明
程度高的新江苏"的态度　　　　　　　　　　　（％）

建设"新江苏"	全体	演艺群体
很有信心	69.7	66.7
没有信心	4.2	12.1
说不清楚	15.4	15.2
拒绝回答	10.7	6.1
总数（人）	4362	33

尽管就当前而言，江苏省演艺群体对自身的道德状况评价不高，但关于自身发展有更多积极的感受，对未来的社会文明建设充满信心，那么有理由推断通过其自身和整个社会的努力可以做出改变。

（五）结论与讨论

当前人们对演艺群体的伦理道德和风气有很多指责，尤其是新闻每每曝出"明星丑闻"时，负面评价充斥着整个社会舆论。本研究用实证数据说明，这些指责不仅是主观的义愤，而且有着客观依据，最直接的证据就是演艺群体对自身的"信任"和"风气"状况的评价普遍较低。虽然该群体对自身的道德状况"比较满意"，但经不住事实的检验，或许每个群体都会倾向于更高的自我评价。

江苏省演艺群体的伦理道德和风气的发展与全国存在差异。他们在"信任"的很多方面的绝对量低于全国，但"信任"的类型更偏向现代，证明其发展程度更高；在包括演艺群体自身在内的"各道德主体"的风气，和社会整体的"社会风气"上，江苏省在有些方面所存在的问题比全国更严重，但在法治、公正、诚信、干部作风等涉及公众根本权益的方面，江苏省的状况要好于全国。

造成江苏省伦理道德状况在有些方面不如全国的原因，很可能是传统与现代的张力。随着江苏省现代化和经济社会发展水平走在全国前列，其伦理道德的转型程度也比全国更深。当传统的伦理道德逐步失去影响

力，现代的伦理道德还未确立起影响力，且传统和现代的伦理道德类型存在冲突时，社会中的越轨行为所受到的道德约束就会减弱，社会的"失范"（失去道德规范）的程度就会更高。演艺群体是各社会群体中"现代都市文明"特征更为明显的，失范在其身上有更多的体现；并且在现代传媒的作用下，他们成为社会舆论关注的焦点，其"失范"可能会通过新闻报道而被放大。

但我们也应该看到这种"失范"状况只是暂时的、阶段性的，因为研究数据表明，江苏省的演艺群体相比于全国有着更高的幸福度，更多地受益于经济社会的整体发展，对未来的发展有着更高的期望，对"建设百姓富、社会文明程度高的新江苏"充满信心。我们还要看到，演艺群体有自我反思的能力，他们清楚地意识到自身、其他群体、整个社会在伦理道德和风气上所存在的问题，并认识到当前中国个人道德素质所存在的主要问题是"有道德知识，但不见诸行动"——说明存在一些外在制约因素，导致人们不把道德知识付诸行动——若在制度建设上更多地考虑如何消除这些因素的不利影响，其现状就很有可能会得到大的改观。

（胡　伟）

九　社会大众对教师群体的伦理道德认同

百年大计，教育为本；教育之本，在于教师。教师在学校的任何教学活动都含有教育性，都是具有道德性质的活动，这决定了教师必须是道德主体，不仅要受到道德的约束和规范，而且要具有一定的道德教育的能力。"师者，传道、授业、解惑""学高为师、身正为范"都是自古到今对教师教书育人的基本要求。

从古至今，教师因职业的特殊性而被誉为"人类灵魂的工程师"，成为智慧和神圣的象征。教师群体的伦理道德状况因之对社会大众产生深远影响而备受社会大众的关注。社会大众对教师群体伦理道德水平的认同度可以体现社会大众对一段时期里社会精神文化的认同、评判以及对未来社会精神文明发展的信心和期望。分析新时代社会大众对教师群体伦理道德状况的认同度，一方面需要了解作为处于社会高层和伦理道德制高点的教师群体的伦理道德状况，另一方面要了解大众对这一群体的伦理道德水平的期待，从而提出相应的改进措施。

本次分析研究所用的数据来自江苏省道德发展智库、东南大学道德国情调查中心进行的2017年全国伦理道德发展状况大调查。此次道德国情大调查投放问卷近万份，有效调研对象为8755人，调研对象性别比例女性高于男性6个百分点，覆盖了不同的年龄段、受教育程度、不同民族、户籍、宗教信仰、政治面貌、职业群体。

本报告中的社会大众即为万人大调查中覆盖面广泛的受访对象。教师群体是具体的研究对象，该群体狭义上指在国家学制内担任教书育人工作的教师。我们会根据研究需要对"伦理"和"道德"做学术上的区分。认同感主要是根据调查所得到的数据明确高低之分。本报告从以下三个部分展开：

第一部分是对数据进行整体描述，我们尽量将所涉及的教师群体伦理道德状况的相关数据进行具体呈现，并做简单描述。因为社会大众将教师与学校进行相连式判断，故涉及与学校伦理道德状况相关的数据也在分析的范围里。

第二部分从教师职业道德、教师专业伦理的角度对相关数据进行归因分析，从社会整体伦理道德状况的主观评价、时代发展的变化、教师伦理道德的演变等方面分析大众对教师群体伦理道德的判断，聚焦教师伦理规范的制定。

第三部分从原因分析中提出有针对性且审慎的对策建议。

（一）数据描述：教师群体的伦理道德状况

1. 教师群体的道德水平在大众心中处于领先地位

环境对人的品格形成有着很深远的影响，选择邻居意味着选择自己所认同的家庭文化环境，"凤凰非梧桐不栖""孟母三迁"的典故都反映了人有主观寻求良好居住环境的意愿，这种居住环境主要是人文环境。在调查中，当问及"您在多大程度上愿意和下列群体成为邻居（教师）"时，选择"非常愿意"与"比较愿意"的比例达94.0%，这一比例是诸群体（医生、企业家、政府官员等）中最高的。这组数据说明了大众对教师家庭文化的认同度较高。

教师作为人类灵魂的塑造者，其一言一行都对青少年儿童和社会大众产生着巨大的影响。在调查"您的思想行为受什么人影响最大"时，教师作为第一选项，以34.0%的比例排在诸群体的首位，高于政府官员（20.6%），高于父母（17.4%）。教师对孩子价值观形成的影响也仅次于父母，排名第二。

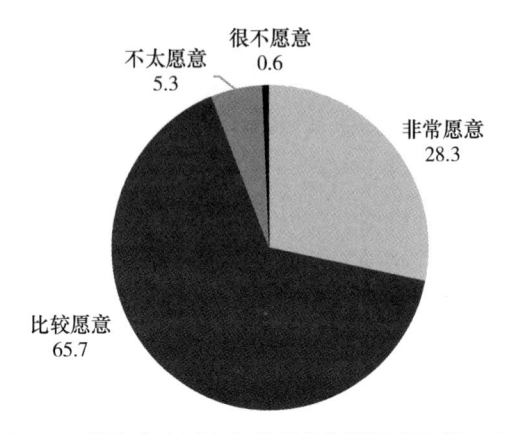

图 2-8　社会大众愿意和教师成为邻居的比例（%）

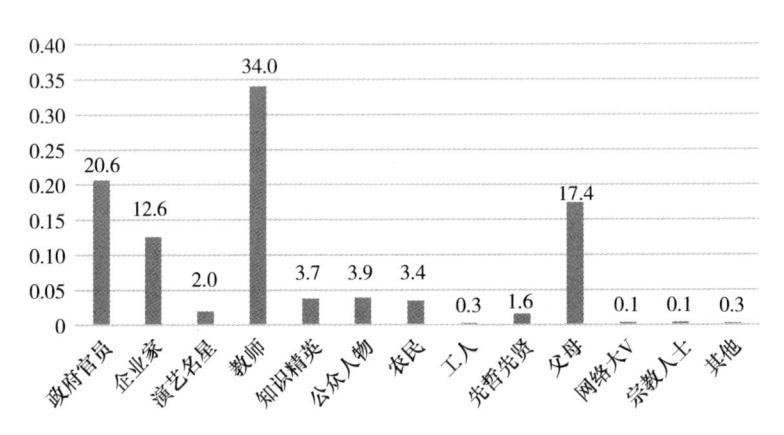

图 2-9　思想行为受什么人影响最大的比例（%）

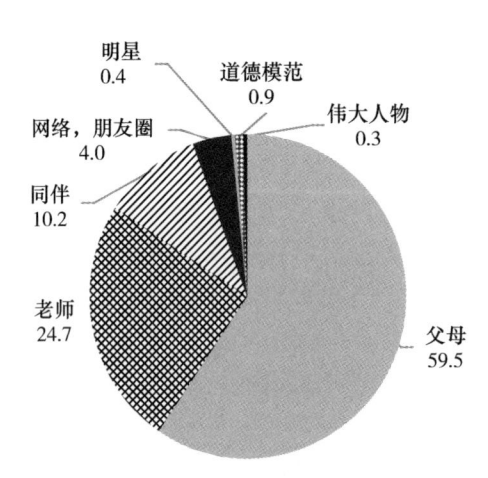

图 2-10　对孩子的价值观影响最大的人群的比例（%）

一个人能否"取信于人",与其自身的伦理道德水平紧密相关。道德品质高的人,能得到他人的认可和尊重,更能得到别人的信任。在对教师群体的信任程度调查中,表示"完全信任"和"比较信任"的占调查总数的84.3%,表示"根本不信任"的只有1.7%,说明教师群体在大众心中的可信度比较高。

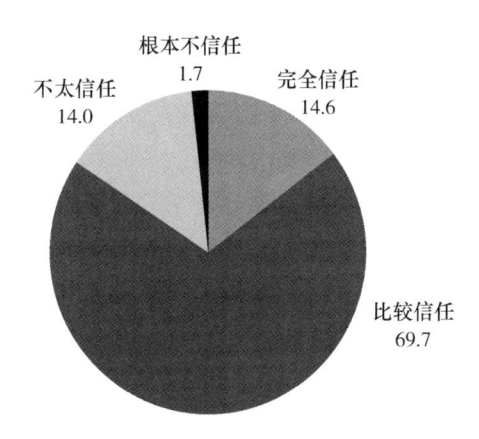

图 2-11 对教师信任程度的比例(%)

这一组数据传递的直接信息是:当前中国教师群体的伦理道德水平仍然得到绝大多数人的肯定和信任。教师群体仍然是当前中国伦理道德的引领者和传播者,仍处于社会伦理道德的最高水平。虽然近些年对教师群体的质疑和负面报道使得大众对教师群体产生了一定的质疑,但不信任程度并不像人们所感知或想象中的那么大。社会大众对教师群体的整体认同,也表明了社会大众对整个社会的伦理道德仍然保有较强的信心。

2. 大众对教师群体伦理道德认同感有下降的趋势

虽然从横向层面上与社会的其他群体相比,教师的伦理道德水平在大众心中的认同度仍然较高,但是从历史维度的纵向上比较则呈现出下降的趋势,且存在一些较为严重的问题。

在问及"您在多大程度上愿意和下列群体成为邻居(教师)"时,虽然选择"非常愿意"与"比较愿意"的比例很高,但这一问题的选择因年龄差别而呈现出显著差异。如"非常愿意"这一选项，随着年龄的增加，其选择比例呈现出递减趋势：18—29岁的选择率达33.8%，30—39岁下降到31.2%，而60—65岁的被调查人群，此数据仅为23.0%（见表2-43）。

表2-43　不同年龄人群愿意和教师成为邻居的比例　　　　　　　　　　　（%）

	18—29岁	30—39岁	40—49岁	50—59岁	60—65岁	均值
非常愿意	33.8	31.2	27.3	25.6	23.0	28.3
比较愿意	61.1	63.3	66.6	68.7	69.4	65.7
不太愿意	4.2	4.9	5.6	5.3	7.0	5.3
很不愿意	1.0	0.5	0.6	0.4	0.6	0.6
总计	100.0	100.0	100.0	100.0	100.0	100.0
列总计（人）	1777	1638	1842	1880	1381	8518

说明：其中 Chi-square test：df = 12，卡方值为73.939a，Sig = 0.000 < 0.05，所以居民在"您在多大程度上愿意和下列群体成为邻居（教师）"这一问题的回答上因年龄差别而有显著差异。

在对"教师不尽职的程度"的调查中，不同年龄阶段呈现出的显著差异同样可以佐证这一判断。有22.1%的18—29岁的人群认为教师不尽职的程度"比较严重"，60—65岁的调查对象中有26.4%的人选择"比较严重"，年龄大的人更倾向于认为教师不尽职程度比较严重。在对教师道德状况的满意度上，18—29岁的人群选择"非常满意"的比例为13.5%，而60—65岁的人群选择这一选项的比例为6.3%，不到其一半。由此看出，相比于年轻人，年龄大的人更不满意当下的教师道德状况（见表2-44）。

表2-44　不同年龄人群认为教师不尽职的严重程度的比例　　　　　　　（%）

	18—29岁	30—39岁	40—49岁	50—59岁	60—65岁	均值
非常不严重	18.4	17.4	14.5	13.8	11.5	15.3
比较不严重	55.4	55.1	56.6	57.8	58.2	56.6

续表

	18—29岁	30—39岁	40—49岁	50—59岁	60—65岁	均值
比较严重	22.1	22.5	25.2	24.7	26.4	24.1
非常严重	4.0	5.0	3.7	3.7	3.9	4.1
总计	100.0	100.0	100.0	100.0	100.0	100.0
列总计（人）	1746	1607	1791	1813	1286	8243

说明：其中 Chi-square test：df = 12，卡方值为 47.103a，Sig = 0.000 < 0.05，所以居民在"教师不尽职严重程度如何"这一问题的回答上因年龄差别而有显著差异。

表2-45　　　　不同年龄人群对教师道德状况满意度的比例　　　　（%）

	18—29岁	30—39岁	40—49岁	50—59岁	60—65岁	均值
非常满意	13.5	11.5	8.9	7.6	6.3	9.7
比较满意	62.9	62.4	66.1	67.6	69.2	65.5
不太满意	20.1	21.9	20.8	21.3	21.8	21.1
非常不满意	3.5	4.2	4.2	3.5	2.8	3.7
总计	100.0	100.0	100.0	100.0	100.0	100.0
列总计（人）	1735	1603	1794	1817	1323	8272

说明：其中 Chi-square test：df = 12，卡方值为 72.510a，Sig = 0.000 < 0.05，所以居民在"对教师道德状况的满意度"这一问题的回答上因年龄差别而有显著差异。

对教师伦理道德状况调查呈现出显著的年龄差别，说明年龄越大的人，越会倾向于通过比较进行判断，其将现在的教师道德状况与其所经历过的进行比较，从而认定现阶段教师的道德状况有所下降。由此可以说明，部分倾向于历史比较的人群对教师的道德水平虽仍具有比较高的认同度，但认为其道德水平呈现出下降的趋势。

认同度的年龄差异也导致了对教师道德状况不满意比例的增加，如在"对教师道德状况的满意度"调查中，有24.8%的人选择"不太满意"和"非常不满意"，这一数据表现出的问题也比较严重，有近1/4的人对教师道德状况不满意，说明当下教师的道德状况有很大的提升空间。

3. 社会大众表现出对教师的工作单位——学校的不信任

教师群体的伦理道德状况在社会大众心中虽呈现出下降的趋势，但总体仍处于领先地位，得到社会大众的高度认同。但教师的工作场所、伦理道德精神的重要策源地——学校，却受到社会大众的高度质疑。

社会大众对学校功能、本质提出质疑。学校作为公共组织，其职能是国家主导的教书育人机构。然而，市场经济引起的利益冲突，私立、民营学校的兴起，各种培训班、乱收费现象的存在，在一定程度上冲击了老百姓对学校这一特殊组织的认知。在调查"学校越来越以营利为目的"时，有49.6%的人选择"完全同意"和"比较同意"，即近一半的人对学校的基本功能提出了质疑。同时选择"不太同意"这一温和答案的有41.2%，仅有9.2%的人选择"完全不同意"。这一数据是令人震惊的，这表明学校在市场经济冲击下，其公共性、神圣性已经受到强烈的质疑。学校作为象牙塔式的精神存在已经在市场经济的冲击下开始祛魅，呈现出十分严重的信任危机。

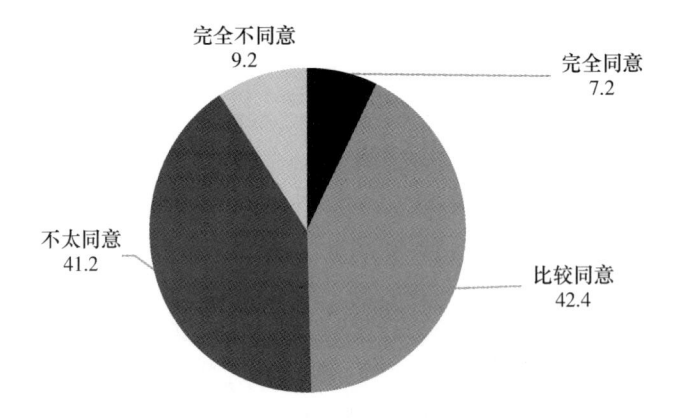

图 2-12 对"学校越来越以营利为目的"的认同比例（%）

社会大众对学校功能和本质的质疑也引发了对学校尽职程度的质疑。社会大众开始将青少年行为不端归责于学校，这一激进的看法虽然没有成为主流，但仍然足够引起人们的警惕。例如有16.1%的人选择"完全同意"和"比较同意""青少年儿童行为不端，主要是学校没教好"这一论断。

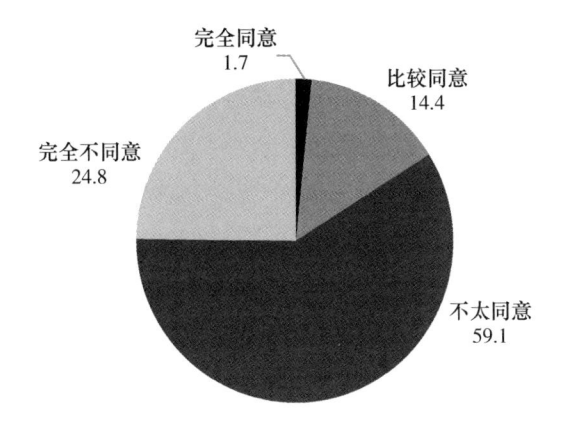

完全同意 1.7
比较同意 14.4
完全不同意 24.8
不太同意 59.1

图 2-13　对"青少年儿童行为不端，主要是学校没教好"的认同比例（%）

最为极端的是有些受访对象将学校、教师的神圣性解构，将学校完全看成了利益交换的场所，将教师看成了利欲熏心、全无道德可言的人。在调查中，"要想孩子培养得好，就要多给老师送礼"，居然有 2.0% 的受访对象选择"完全同意"，有 12.5% 的选择"比较同意"。这种对学校本质的极度质疑，是对教师职业的严重不信任和极度鄙视，这应该引起高度重视。

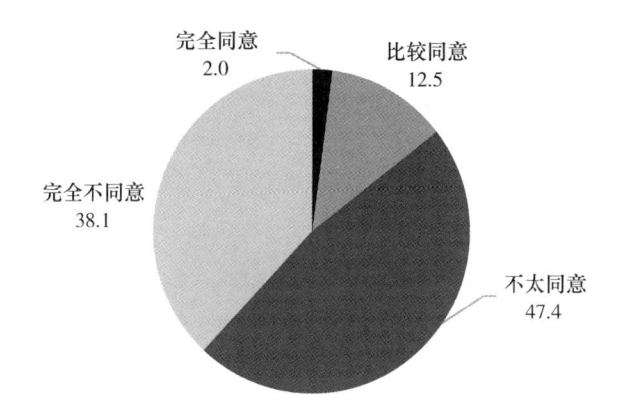

完全同意 2.0
比较同意 12.5
完全不同意 38.1
不太同意 47.4

图 2-14　对"要想孩子培养得好，就要多给老师送礼"的认同度（%）

（二）当前教师群体伦理道德存在问题的归因

社会大众对教师群体的伦理道德状况整体满意，但是暴露出很多问题，严重的是对教师不尽职的指责以及对学校作为教育组织机构的不满。这些都指向教育伦理和教师伦理，是由伦理认同危机引发的道德不满，并已经初步显露出对伦理道德策源地和制高点的质疑，对未来社会伦理道德发展的忧虑、悲观。这些都对加强教育伦理准则和师德建设提出预警。

1. 对教师共同体职业伦理的不满意

对教师群体伦理道德状况的满意度，主要关注点是对教师专业价值和专业精神的评判，即对教师在行使教育教学职能时是否符合其身份与职能的要求。在现今社会，市场经济作为主导模式，加之西方教育价值观的入侵，一些教师对传统的师德规范发出了质疑，对教师职业的特殊性和教师职业素养、职业道德的认同感下降，致使其伦理道德水平下降。

社会大众对教师伦理的不满意主要是对教师共同体所承担的教书育人工作的不满意，即认为教师并没有能很好地履行自己的职责。如在对"教师不尽职严重程度"的调查中，有24.1%的人认为"比较严重"，有4.1%的调查对象认为"非常严重"。近1/3的人对教师的尽职程度表示不满，这是对教师伦理道德认同感下降的主要原因。

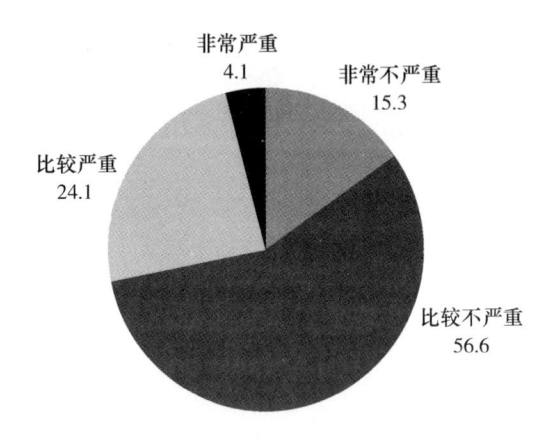

图2-15 对教师不尽职严重程度的看法（%）

教师的不尽职导致社会大众对教师群体的认同感下降，而教师过于看重学生的学习成绩而忽视对学生精神、品德等的关心呵护，是导致师生伦理关系紧张的主要原因。如在调查中，教师道德状况的满意度呈现出显著的性别差异，男性对教师道德状况的满意度低于女性。有26.1%的男性受访对象对教师的道德状况表示"不太满意"和"非常不满意"，同样的选项，女性的选择比例为23.7%。同时，选择对教师道德状况"非常满意"和"比较满意"的男性比例也是低于女性的。之所以造成这一结果，是因为在基础教育阶段女性的智力发展水平总体上比男性高，因而学业成绩也更好些；女性乖巧听话、守纪律，这也有利于教师的管理。而男性相对来说，由于比较调皮、不守纪律，其智力发展相对迟缓，在学校教育体制内受到教师的表扬、鼓励和肯定比较少。男性在对师德评判时，将其归为"不公"对待，这必然会影响男性对教师道德状况的满意度。

表2-46　　　　不同性别对教师道德状况满意度的比例　　　　（%）

	女性	男性	均值
非常满意	10.0	9.3	9.7
比较满意	66.3	64.7	65.5
不太满意	20.4	21.9	21.1
非常不满意	3.3	4.2	3.7

受教育程度不同的群体对教师伦理道德的满意度同样存在显著差异，这也是因为教师过于看重学生的学习成绩而导致的师生伦理关系紧张。有25.6%的初中及以下学历的受访对象认为教师不尽职现象比较严重，而本科及以上学历的受访对象这一选项的数据为20.5%。本科及以上学历受访者对教师伦理道德的满意度为86.6%，而初中以下学历的受访者的比例只有82.9%；本科及以上学历受访者对教师群体的信任程度（完全信任+比较信任）达87.4%，初中以下学历受访者只有83.2%。可见，在分数和升学率面前，我国《中小学教师职业道德规范》规定的"关心爱护全体学生，尊重学生人格，平等公正对待学生"这些师德要求，教师并没有做到。

2. 对整个教育制度的伦理质疑

对教师的伦理道德认同感的判断与对学校的认知紧密相关，社会大众对学校作为教育机构所遵循的伦理道德并不满意。在社会大众心中，学校不是一个世俗的功利性的存在，而是一个公正的、具有神圣性的存在。学校一旦丧失了"公平公正""友爱平等"，其神圣性就会丧失，社会大众就会认为整个学校的伦理道德水平在降低，其信任度也就下降了。

学校组织的伦理下降也在一定程度上受到整个教育风气的影响。"您如何认识名牌大学里农村学生急剧减少的现象"，选择"农村教育的落后"和"教育不公平"的占68.1%，选择"有钱人和有权人特权的表现"的占12.0%，选择"代际不公，社会不公的延续和加剧"的占6.6%，非农业户口这一比例达6.4%。这说明教育不公平、教育资源分配不均等问题比较严重，已经影响到社会大众对教育、学校、教师的信任。而认为"名牌大学里农村学生急剧减少"是"有钱人和有权人特权的表现"，更是比较极端地表示出对其他群体的不信任，这一不信任的前提是教育已经失去了其独立、公正的特质，学校教育的神圣性和精神性被解构，沦为权力、利益交换的场所。当然，这与整个社会的分配公平和教育公平的制度保障也有很大关系。

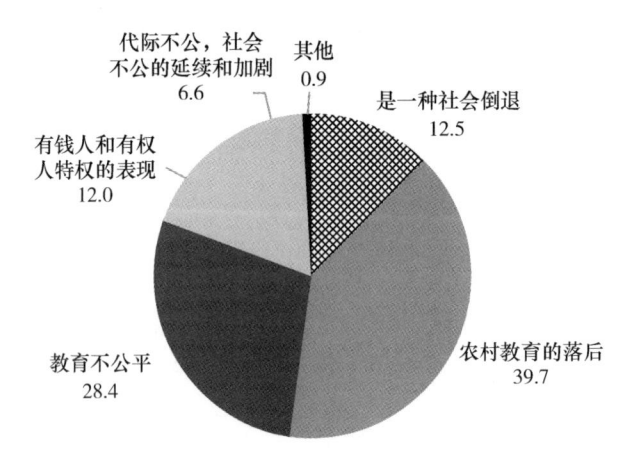

图2-16 对名牌大学里农村学生急剧减少现象的归因比例（%）

对教育不公的质疑还体现在对读书是否能改变命运的看法上。一直以来，读书（接受教育）是社会代际流动、阶层流动的重要途径。这一途径的存在，让芸芸众生看到了改变命运的希望，因而对学校教育信任、崇拜。然而，一旦阶层流动的路被阻止，接受教育不再能改变命运，社会大众必然会对学校教育极度失望。在调查中，关于"您认为在当前的中国，读书还能不能改变命运"这一问题，有12.4%的人认为"读书是改变命运的唯一路径"；有9.2%的调查对象认为，读书"不再是改变命运的路径，没权势的人读了书照样穷"；有42.5%的人认识到"读书是改变命运的主要路径"；有35.7%的人认识到读书只是改变命运的一个路径，想要改变命运，还有比读书更为有效的其他路径。总之，只剩下极少部分人还认同教育对阶层流动的作用，大部分的人已对受教育以促进阶层提高的这个功能比较失望。

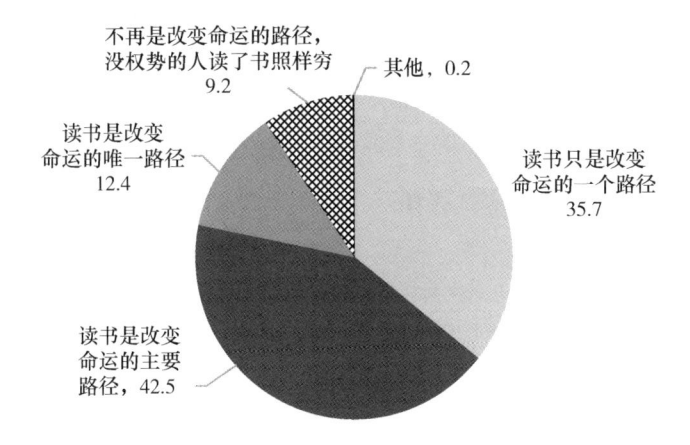

图 2-17 对读书能否改变命运看法的比例（%）

3. 对学校、对教师的认识比较传统

虽然在新时代学校、教师的伦理道德准则都发生了比较大的变化，然而，社会大众对学校的功能认识、对教师共同体伦理要求的认识仍然比较传统，认为学校、教师理所当然地要承担对学生的道德品格的培养任务，而学校教育自身、教师自身也必须是道德的。

在调查中，对于"学校主要传授知识和技能，培养道德不重要"这一观点，有近90.0%的人表示不同意。教育发展至今，确实有各方面的要求，在学校看来，社会大众也许对升学率等更为重视，但这一调查说明，在民众心中，学校必须重视对受教育者道德品格的培养，否则就是不尽职。

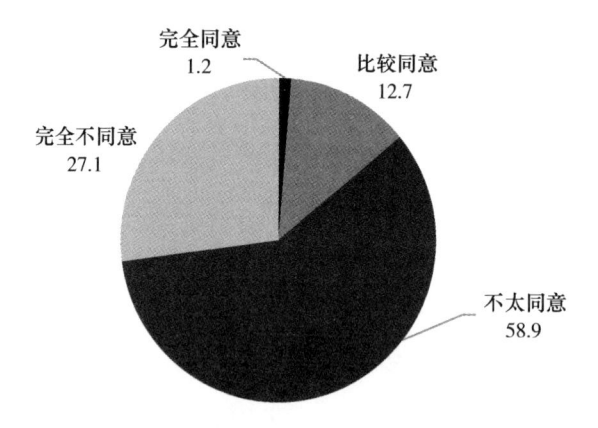

图 2 - 18　对学校主要传授知识和技能，培养道德不重要的认同比例（%）

同样，在实际调查中，只有15.2%的普通民众认为"学校升学率比素质教育更重要"，在民众看来，学校应该负责学生的全面发展，而不仅仅是追求升学率，进行应试教育。

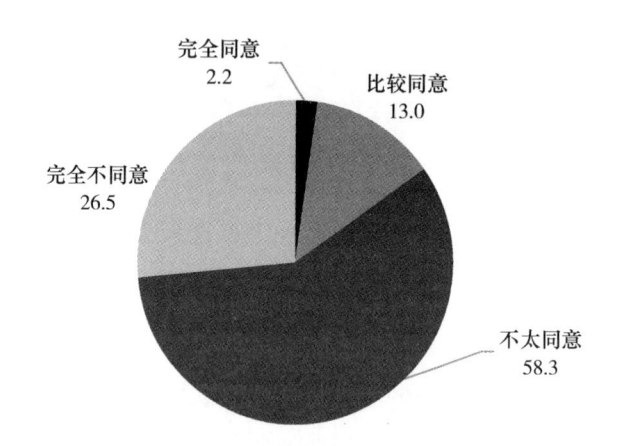

图 2 - 19　对学校升学率比素质教育更重要的认同比例（%）

由此可见，社会大众之所以对学校教育、教师伦理存在不满意，是因为坚持了我国传统的对教育的认知，这就如韩愈所论及的"道之所存，师之所存"，教师、教育与道德伦理必须是同一存在的，没有教育性，不重视价值教育和品德培养的学校和教师，必定得不到社会大众的支持和认同。

在此，我们也看到了传统的教师身份是一种拔高的、理想型的教师身份，社会大众将教师看作"灵魂的工程师"和"辛勤的园丁""燃烧的蜡烛"，认为教师理所当然应成为道德楷模和道德标兵，一旦达不到这样的要求，社会的指责就会让教师的压力增大。加之在信息时代，媒体为了营利、吸引人的眼球，对各种伦理事件，尤其是教育伦理事件故意夸大其词，有的甚至歪曲事实，都在一定程度上加剧了社会大众对教育的不满。

（三）对策与建议

教书育人作为教师的本职工作决定了教师是代表社会风气、正气的群体。教师的工作对象是青少年学生，这也决定了教师的伦理道德水平影响着未来社会的伦理道德发展状况。提高社会大众对教师群体伦理道德的认同，必须认真落实以下几点。

1. 加强师德建设

师德建设是最为有效的提高教师伦理道德水平的途径。道德的核心构成是规范，加强教师道德建设首先要求教师形成对道德规范的认同，并自觉践行。新中国成立以来，尤其是改革开放以后，国家颁布了一系列法律法规和专门性文件，强调加强师德建设。尤其是近些年来颁布的相关师德建设意见，有着很强的针对性和时代性。如 2013 年教育部发布了《关于建立健全中小学师德建设长效机制的意见》，2014 年发布了《中小学教师违反职业道德行为处理办法》《严禁教师违规收受学生及家长礼品礼金等行为的规定》，2015 年发布了《严禁中小学校和在职中小学校教师有偿补课的规定》等。加强师德建设，就需要教师认真学习这些文件，并努力践行其要求。

当前师德建设主要是针对在职教师，要提高整个教师队伍的道德水平，必须从源头——师范生培养上重视师德建设。这不仅要在师范院校开设相关课程，加强师范生的职业认同，提高师范生的师德水平，还要在教师资格证考试和新教师招聘中增加师德考察的内容，更新师德考察的方法，对品行恶劣的师范生要一票否决。

当前亟待出台由政府、学校和社会共同制定的完备、科学的师德评价体系。要确立学生是师德评价的主体，完善可操作的师德评价标准，重视师德分类建设，明确有效的考核方式。尤其是要确立师德问责制，明确问责主体、规范问责程序。

2. 出台教育伦理守则

师德建设最终还要依靠教师的主观认同。当前必须加强教师共同体的伦理责任教育，使教师的职业道德要求变得明确和具体，这样才能提高教师对职业的伦理认同，使师德建设长期有效。当前师德建设的世界经验都是从伦理的角度明确教师的责任。早在 1975 年，美国全国教育协会就通过了《教育专业伦理守则》，该守则强调"教育工作者承担了维护最高伦理标准的责任"，使教师真正成为代表自己职业身份的道德主体，即成为由道德所主宰的人。该守则由 16 个操作性强的条目组成，内容非常具体、针对性强，强调了教师职业的专业性和特殊性。当前我国需要尽快出台《教育伦理守则》《教师伦理规范》。只有明确了教师的伦理准则，才能让师德建设落到实处，也才能让教师将对规则的认同真正付诸行动。

3. 为教师教书育人提供环境和制度保证

杜威早就提出了这一论断，即只有学校机构、课程、教学都建立在伦理的基础上，学校的道德目的才有可能实现。教师的伦理道德表现，虽然是其与职业、社会、自身等多种关系的综合表现，但师生关系是核心。2000 年，教育部印发的《关于加强中小学教师职业道德建设的若干意见》明确划定了 16 条师德底线，其中很多都是明确规定师生关系的。而这些指向又主要聚焦到如何处理学习上的后进生问题。如不讽刺、挖苦、歧视学生；不体罚或变相体罚学生；不单纯以学习成绩评价学生。2008年修订的《中小学职业道德规范》将"不以分数作为评价学生的唯一标准"列为师德底线。但在应试教育的大环境下，很多教育行政部门对学校的考核仍然只是升学率和名校录取比例。相应地，学校和教师都只能将考试成绩作为衡量学生的重要标准，甚至是唯一标准，缺少对学生心灵的关怀和品德的培养，缺少对后进生的耐心和关心。

相关部门要尽快落实高考改革方案，促进考试制度的改革，通过相关规章制度培养创新性人才，鼓励多元评价，实现从关注分数到关注人的全面发展的转变，尤其要关注创新能力和良好道德品格的养成。为教师提供教书育人的制度保障，还需要减轻教师的负担，减少不必要的繁杂工作，增加教师培训的投入，增强小班化教学的推进力度，做到教育资源的合理配置。总之，整个社会尤其是教育行政部门要为教师的教书育人提供制度性的保证和支撑。

4. 提升学校德育工作的实效性，提高教师的德育能力

育人是教师的伦理使命，是否履行了育人的使命是社会评判教师的重要标准。教书育人是教师的基本职业要求和职业道德，但当前很多教师具有教书的能力，但缺乏育人的意识和没有育人的能力。"育人"在很大程度上取决于教师行为能力的潜移默化的影响，需要教师时刻作为学习的道德榜样，因为其行为具有很强的示范性，但当下很多教师符合"学高为师"的标准，却不满足"身正为范"的要求。

教育本身就意味着道德，教学本身就必须以道德上可以接受的方式进行。一方面，教师要提高自身的道德修养，处处做学生的道德楷模，在潜移默化中对学生进行道德教育；另一方面，需要教师不断学习，接受德育培训，以提高德育能力。要提高教师的德育能力首先要转变德育理念，教之以空洞的说教和强制的灌输，学生不仅不能接受，而且会对教师产生厌恶感。要以协商民主为原则，尊重、倾听学生的想法，做学生德育工作的引导者。其次，要在社会实践中提高学生的道德水平。通过社会实践，让学生在真实的交往情境中提高其各方面素养。最后，要对学生的道德水平以发展的眼光给予肯定，而不是简单粗暴地对成长中的青少年给予定性的否定性评价。教育行政部门要对提升教师的德育能力有相关培训经费的投入和时间的保障,要联合高校、师培中心等制订可供学校和不同学科背景、不同教龄、不同职称的教师选择的菜单式的培训方案,并由学校、教师自主选择。

5. 对社会教育机构进行师德监管

在近些年媒体报道的负面的教师伦理道德事件中,很多当事人都不是体制内的教师,而是冠以教师之名的校外教育机构的工作人员。校外机构的性质有别于正规学校,是以营利为目的的企业。这些企业的员工虽然履行了传授知识、技能的职能,被冠以"老师"的称号,但是缺乏师德,因而出现了很多负面的伦理事件。这些败坏教师声誉的失德行为经由媒体的宣扬,均为民众理解成教师群体的失德行为,使得社会大众对教师群体的伦理道德认同度下降。

首先,当前要加强对社会培训机构的管理力度,尤其要对工作对象是青少年学生的机构,提高准入的门槛,规范管理制度;其次,政府要指导从事教育培训的机构在人事招聘上进行师德把关;再次,要与相关机构、高校和企业等部门开展合作培训以提高校外教育机构教师的职业素养,提升其师德水平;最后,要对校外教育机构的教师在师德上提出严格的要求。培训机构的教师出现失德行为也要严格按照国家相关法律法规进行包括劝诫、严肃处理、撤销教师资格并予以解聘等的处罚。

6. 对社会大众进行宣传教育,使其对学校形成正确的认知

调查显示,第一,当前社会大众对学校这一组织缺少伦理信任,学校与社会之间缺少沟通,并由此产生了很多误解。因而,学校要加强家校沟通,避免出现信息不对称现象。2014年教育部连发《中小学教师违反职业道德行为处理办法》《严禁教师违规收受学生及家长礼品礼金等行为的规定》两部文件规范师德行为,已明确要求严禁教师接受家长、学生财物,严禁组织或者参与针对学生的经营性活动等。这些文件出台得及时,所取得的效果明显,执行到位,需要向社会大众积极宣传,使社会大众了解、理解这些政策文件,并予以积极支持和监督。第二,主流媒体要对国家的教育政策和法规进行全面宣传,让社会大众了解国家教育政策,对学校形成正确的认知,避免对学校认知的以偏概全。第三,

要提升社会教育力，对离开学校的公民进行相关的教育，提升全民素养，尤其是在信息时代，提升公民获取信息、传播和使用信息的能力。只有使社会公众对学校这一重要教育场所和教育机构有正确而全面的认识，解除公众对学校的认识误区，才能提升社会大众对教师群体的认同感。

（刘　霞）

第三编

诸群体伦理道德发展的共识与差异

十　诸职业群体伦理道德发展的共识与差异

自 2007 年以来，以樊浩教授为首席专家的国家哲学社会科学重大招标项目组在全国进行了三轮道德国情大调查（2007 年、2013 年、2017 年），其中，不同职业群体的伦理道德发展状况是其关注的焦点之一。而之所以将职业分类作为调研的一个重要切入点，既是因为操作上的便利，也是基于理论研究的结果。在当代社会，职业身份的分类是一种最基本的社会性区分，从事不同职业的人，往往在教育、收入、声望、权利、思想观念等方面存在着差异，因而，职业的分类与伦理道德领域的发展和分化紧密相关。同时，在调查数据的采集和分析方面，个人职业信息较易获得，也便于加以分类处理，因此，以职业分类为基础展开研究无论是在逻辑上还是在实践上都是非常必要的。关于不同职业的划分，在 2007 年全国伦理道德状况调查中，我们将其具体细分为公务员、企业家、知识分子、中小学生、农民、进城务工人员、新社会群体以及企业职工八大群体，而 2013 年和 2017 年的调查，则在 17 类具体职业的基础上，采取了高级白领、低级白领、工人/做小生意者、农民、无业失业下岗人员六大类的划分标准，分别就当前中国的伦理关系、道德生活、伦理道德素质、伦理道德发展的影响因子及其所遭遇的新问题进行了大规模调研，以期了解和刻画近十年来我国不同职业人群伦理道德发展的总体状况。调查采取问卷、座谈、访谈三种形式，三次调查均遵循严格的社会学抽样程序，确保样本的代表性，调查员接受过专业的培训并由专业的高校教师带队，确保数据的翔实可靠。本报告的主要目的是借助 2007 年、2013 年、2017 年三次全国道德国情大调查的数据，初步考察当前我国社会不同职业群体近十年来伦理道德发展的基本状况，尤其是对 2013 年和 2017 年两年的数据进行分析和对比，从历时与共时维度上勾勒出诸职业群体在伦理道德发展方面所存在的共识与差异，为未来的伦理道德发展和建设提供某种启示。

（一）不同职业伦理认同的共识与差异

关于伦理道德的理念，存在着"建设"与"发展"两种不同的视角。"'建设'是被动态，是对'建设者'能动性的突显；'发展'是主动态，是对伦理道德自身规律的尊重，必须以'发展'看待伦理道德。"[①] 如果不是基于"建设"而是基于"发展"的理念看待伦理道德，进而对伦理道德自身进行"发展评估"的话，那么，我们便不能将"建设者"或主管部门所推行的价值观和行为规范的落实程度或建设者的意志对伦理道德的影响程度作为测评指标，而应将重心放在对伦理道德自身发展所达到的实际水平的评估上。一般而言，伦理道德的发展水平主要体现在伦理关系、道德生活、个体的伦理道德素质、伦理道德发展的影响因子等方面。其中，诸职业群体的伦理关系、伦理范型、伦理观与伦理方式以及伦理行为，是反映其伦理发展水平的基本元素和基本结构。

1. 伦理实体及其排序

伦理关系或个体与实体的关系问题是伦理调查的基本问题。关于伦理关系，与一般认识不同的是，在道德哲学意义上的伦理关系并不是或者并不仅仅是原子式的单个人与单个人之间的人际关系，而是个别性的"人"与普遍性的"伦"之间的"人伦"关系，它体现了个体性的人对各种伦理实体的造诣，包括个体与自身、家庭、所在单位或组织、公民社会、国家、民族、政府、自然之间的关系等。按照黑格尔精神哲学理论，个别性的"人"与普遍性的"伦"同一而形成的伦理性的实体，在生活世界中主要有三种存在形态：家庭、社会、国家。其中，家庭是自

---

① 樊浩：《伦理道德，如何才是发展》，《道德与文明》2017 年第 3 期，第 6 页。

然的伦理实体,国家是制度化的伦理实体,而社会则是二者过渡的中介,这三大伦理实体对于个人显然具有明显不同的意义。2017年伦理关系调查的首要任务是把握诸职业群体关于个人与家庭、社会及国家的关系及其排序。调查结果是:不同职业群体关于家庭—社会—国家关系的主流观念存在显著差异,低级白领、工人/做小生意者、农民和无业失业下岗职业群体更为重视家庭,而高级白领的国家伦理意识明显高于其他职业群体。在对"家庭、社会和国家三者的重要性程度"进行排序时,如表3-1所示,高达54.2%的高级白领将国家置于首位,将家庭排于第二位;而其他群体则无论在选择第一重要还是第二重要时,排序结果都非常一致,次序都是家庭、国家、社会,在两次调查中第一选择都是家庭,足见家庭对于低级白领、工人/做小生意者、农民和无业失业下岗群体的重要性。但同时值得注意的是,这些群体无论在取舍第一重要还是第二重要时,"国家"的选择率都占相当的比例。这组数据一方面说明我国当今关于家庭—国家—社会关系的主流观念,是家庭、国家高于社会,另一方面说明各职业群体尤其是高级白领的国家伦理实体感和国家伦理意识近年来不断增强,对个体与国家密不可分的实体意识和归宿意识不断提升。

表3-1　　　　　　关于职业劳动的看法(2017年)　　　　　　(%)

	高级白领	低级白领	工人/做小生意者	农民	无业失业下岗人员	均值
职业劳动是个人和家庭谋生的手段	40.6	51.0	57.0	60.0	51.5	55.0
职业劳动是为社会创造财富	27.3	24.9	25.0	25.9	23.8	25.3
职业劳动是个人兴趣和价值实现的方式	31.8	23.6	17.7	13.9	24.4	19.4
其他	0.4	0.6	0.3	0.2	0.3	0.3
总计	100.0	100.0	100.0	100.0	100.0	100.0
列总计(人)	752	726	3394	2438	1309	8619

表 3－2　　　　目前大多数人将职业当作谋生的手段，
缺乏责任感和奉献精神（2017 年）　　　　　　（%）

	高级白领	低级白领	工人/做小生意者	农民	无业失业下岗人员	均值
完全不同意	7.0	5.2	4.8	4.1	6.1	5.0
不太同意	28.0	27.1	28.8	27.4	27.6	28.0
比较同意	51.8	53.2	54.0	59.8	55.6	55.5
完全同意	13.3	14.5	12.5	8.7	10.7	11.4
总计	100.0	100.0	100.0	100.0	100.0	100.0
列总计（人）	732	709	3273	2211	1195	8120

表 3－3　　对单位常常体验到自己身上有一种"伦理感"的存在
（2017 年）　　　　　　　　　　　　　（%）

	高级白领	低级白领	工人/做小生意者	农民	无业失业下岗人员	均值
没有，只感受到自己实实在在的生活	17.6	18.8	23.7	32.6	31.2	26.4
偶尔有，但主要是因为那种情况下我的利益与它高度一致	28.4	35.2	39.0	30.6	30.1	34.0
偶尔有，是在受某种作品或生活情境的影响之后	32.7	31.6	27.7	24.2	25.1	27.1
时常有，它是一种内在的信念	21.3	14.3	9.6	12.6	13.7	12.5
总计	100.0	100.0	100.0	100.0	100.0	100.0
列总计（人）	750	711	3265	2412	1171	8309

在社会公共生活领域，有 68.6% 的人对遵守社会公德持"从实体出发"的伦理态度，但是，对于个体遵守社会公德的理由，不同职业群体之间存在显著差异。选择"个人是社会的一分子，应当遵守道德"和"遵守道德社会才能有序和美好"两项理由的群体总和由高到低的排序是：高级白领的占比为 75.7%、低级白领的占比为 71.8%、工人/做小生

意者的占比为69%、无业失业下岗人员的占比为67.7%、农民的占比为65.2%，在所有群体中，高级白领和低级白领的社会公德意识总体上是十分强烈的。选择"遵守道德有利于自身利益的实现"和"不遵守道德会被别人议论或谴责"两项理由总和的群体由低到高的排序是：高级白领占23.8%、低级白领占28.2%、工人/做小生意者占30.7%、无业失业下岗人员占32.1%、农民占34.6%。从以上数据可以看出，在社会公德领域，诸群体的主流伦理观念是"从实体出发"，但是，约有1/3的人对此持否定态度，可见从个体出发的"原子式观点"已经受到相当程度的认同。

表3-4　无论父母对自己如何，都应当尽赡养义务（2017年）　（%）

	高级白领	低级白领	工人/做小生意者	农民	无业失业下岗人员	均值
完全不同意	1.6	1.8	1.0	.9	1.8	1.2
不太同意	7.2	8.9	6.6	6.4	6.5	6.8
比较同意	34.3	38.7	37.2	41.3	32.5	37.5
完全同意	57.0	50.6	55.3	51.4	59.2	54.5
总计	100.0	100.0	100.0	100.0	100.0	100.0
列总计（人）	741	716	3353	2414	1285	8509

表3-5　是否离婚应该从家庭整体（包括子女）考虑（2017年）　（%）

	高级白领	低级白领	工人/做小生意者	农民	无业失业下岗人员	均值
完全不同意	3.6	1.9	1.6	1.2	2.4	1.8
不太同意	10.5	14.9	12.1	14.4	12.3	12.8
比较同意	52.1	48.6	54.7	57.3	52.8	54.4
完全同意	33.7	34.6	31.6	27.1	32.5	30.9
总计	100.0	100.0	100.0	100.0	100.0	100.0
列总计（人）	721	693	3285	2326	1197	8222

表3-6 遇到困难的时候，兄弟姐妹通常都会给予力所能及的帮助（2017年） （%）

	高级白领	低级白领	工人/做小生意者	农民	无业失业下岗人员	均值
完全不同意	1.8	1.1	0.9	0.9	1.5	1.1
不太同意	8.8	13.7	9.1	6.8	9.0	8.8
比较同意	45.2	42.7	50.4	51.8	47.6	49.3
完全同意	44.2	42.5	39.6	40.5	41.9	40.8
总计	100.0	100.0	100.0	100.0	100.0	100.0
列总计（人）	736	709	3354	2412	1273	8484

表3-7 在公共生活中，个人要遵守道德的原因（2017年） （%）

	高级白领	低级白领	工人/做小生意者	农民	无业失业下岗人员	均值
遵守道德有利于自身利益的实现	19.7	24.1	23.8	21.9	21.7	22.6
个人是社会的一分子，应当遵守道德	42.9	41.5	42.5	39.7	40.7	41.4
遵守道德社会才能有序和美好	32.8	30.3	26.5	25.5	27.0	27.2
不遵守道德会被别人议论或谴责	4.1	4.1	6.9	12.7	10.4	8.6
其他	0.5	—	0.2	0.2	0.2	0.2
总计	100.0	100.0	100.0	100.0	100.0	100.0
列总计（人）	751	723	3386	2446	1314	8620

2. 伦理行为中的矛盾与伦理冲突

家庭成员与社会公民，是两个既相互贯通又相互矛盾的身份存在。家庭与社会、国家的关系问题，或者说家庭伦理向社会伦理、国家伦理的移植和扩展问题，在家庭本位的中国社会一直是一个伦理难题，也是当今许多社会问题的症结所在。不过，以下几组2017年测评家—国关系之维的数据传递出的信息令人感到些许欣慰,那就是,在两个涉及国家利益与家庭利益关系或公私关系的问题,即是否"为了家庭利益可以在一定程度上牺牲国家利益"以及"为了国家利益可以在一定程度上牺牲家庭利益"问题的回答上,如表3-8和表3-9所示,不同职业群体在家与国之间都选择了国家利益至上。而对于国家之于个人存在的意义,不同职业群体中有超过70%的人都表示"国家最重要,是我们的安身之地,国家富强个人才能过得好"。相比之下,在不同职业中,高级白领的国家伦理意识更加强烈,有高达82.7%的高级白领认同国家之于个人和自己小家的重要性,这与高级白领所受的教育程度更高不无关系。

表3-8　为了家庭利益可以在一定程度上牺牲国家利益(2017年)　(%)

	高级白领	低级白领	工人/做小生意者	农民	无业失业下岗人员	均值
完全不同意	23.6	19.1	17.6	18.9	23.8	19.5
不太同意	48.8	48.1	52.3	53.7	48.5	51.4
比较同意	21.7	24.6	24.2	22.8	23.0	23.4
完全同意	5.9	8.1	5.9	4.6	4.7	5.6
总计	100.0	100.0	100.0	100.0	100.0	100.0
列总计(人)	692	675	3088	2158	1158	7771

表3-9　为了国家利益可以在一定程度上牺牲家庭利益(2017年)　(%)

	高级白领	低级白领	工人/做小生意者	农民	无业失业下岗人员	均值
完全不同意	10.1	8.7	10.1	10.7	8.9	9.9
不太同意	25.0	28.5	32.2	31.4	25.6	30.0
比较同意	44.2	48.2	42.2	44.9	44.7	44.0
完全同意	20.8	14.6	15.5	13.0	20.8	16.0
总计	100.0	100.0	100.0	100.0	100.0	100.0
列总计(人)	684	666	3060	2099	1140	7649

表 3-10　　　　　　　国家对于个人存在的意义（2017 年）　　　　　　（%）

	高级白领	低级白领	工人/做小生意者	农民	无业失业下岗人员	均值
国家离我们很遥远，个人最重要	17.0	28.5	27.2	22.5	20.4	24.0
国家最重要，是我们的安身之地，国家富强个人才能过得好	82.7	71.3	72.6	77.4	79.0	75.7
其他	0.3	0.3	0.3	0.1	0.6	0.3
总计	100.0	100.0	100.0	100.0	100.0	100.0
列总计（人）	753	727	3392	2447	1315	8634

从以上关于诸职业群体伦理状况的分析中可以发现以下规律：第一，家庭依然是现代中国社会最为坚挺的伦理基石和最为可靠的精神家园，特别是对于低级白领、工人/做小生意者、农民和无业失业下岗人员群体而言，家庭以及家庭伦理关系都具有非同寻常的意义，这构成中国伦理精神的特殊标识和文化胎记。但与此同时，调查中传递出的一个不可忽视的信息是，家国关系远不如人们所预料的那么紧张，诸职业群体尤其是高级白领的国家伦理实体意识近年来明显提升。第二，"旧五伦"中除传统的君臣关系退隐外，其余四伦仍被诸职业群体视为重要的伦理关系，其他关系中只有同事或同学关系得到高级白领的普遍认同，被诸职业群体一致认可的"新五伦"的出现仍尚需时日。第三，在家庭生活内部和社会公共生活领域，诸职业群体依然高度认同甚至坚守"从实体出发"的伦理思维方式，但在职业活动领域，却对自己的职业以及所在单位或组织严重缺乏认同感与归属感，从个体出发的"原子式观点"在相当程度上依旧盛行，成为"后单位制时代"伦理发展的突出难题。

（二）不同职业道德认知的共识与差异

道德部分的调查旨在了解当代中国社会诸职业群体的道德精神状况。因为道德世界有其自身独特的构成元素与基本结构，如基德或母德、道德观念结构、道德素质影响场域、道德选择能力等，所以，道德调查主要关注的是，在当代中国社会，哪些德目得到诸职业群体的广泛认同？不同职业群体的道德观念在受古今中外多元道德思想以及受家庭、学校、社会、国家等场域影响方面有何差别？在冲突情境下的道德选择是否因职业不同而不同？

1. "新五常"

道德生活调查的基本任务是发现对诸职业群体十分重要和其十分需要的五种德性，即"新五常"。众所周知，传统中国社会的基德或母德是仁、义、礼、智、信之"五常"，它们作为一个有机联系的德性体系，与五伦一同构成了两千多年来中国传统伦理道德的基础。那么，在当今中国社会是否也存在被不同职业人群所广泛认同的德目？以及如果存在的话，诸群体在这方面达成哪些共识？德目是否因职业不同而呈现出差异？

调查发现，与传统"五常"相比，现代中国社会的基德或母德从元素到结构都已发生根本性的变化，不同职业群体对于极重要和极需要的前五位德目的选择不尽相同，呈现出显著的差异。2007 年和 2013 年的调查数据显示，在现代社会所存在的诸种德性的多项选择中，得到极大认同的五种德目依次是：爱、诚信、责任、正义、宽容。而 2017 年的调查排序则是：爱、诚信、宽容、责任、孝敬。总体而言，近五年来，五者之中爱、诚信、责任、宽容四个元素没有发生变化，但是排序有变：宽容由第五位上升为第三位，责任下降为第四位，而正义只被低级白领列于第二位，被挤出新五常之外，为孝敬所取代。具体而言，如表 3-11 所示，关于 2017 年"您认为当今中国社会极重要和极需要的五大德性"这一问题，高级白领、农民和无业失业下岗人员三大群体的选择相同，它们依次是：爱、诚信、宽容、责任、孝敬，而低级白领的选择依次是：爱、公正、诚信、责任/诚信、孝敬，工人和做小生意者的选择依次是爱、诚信、责任、宽容、孝敬。可以看出，不同职业群体之间的差异主要体现在对第二、三位德目的认同上。而"爱""责任""孝敬"三大德目得到了各职业群体十分广泛的认同，分别居于首位、第四位和末位。除此之外，尽管在各群体中的排序不同，"诚信"也受到了各群体尤其是低级白领的高度认同，而"责任"最被工人/做小生意者所重视，位于第三位。由此，如果忽略排名顺序，可以从多样选择中发现对于各职业群体极为重要和极为需要的五大德目分别是：爱（28.8%）、诚信（15.8%）、宽容（16.0%）、责任（14.5%）、孝敬（13.6%）。与传统"五常"相比，"新五常"中只有"爱"和"诚信"在基本内容方面与"仁""信"相接，其他三德都发生了变化，尤其是"责任"和"宽容"，具有非常明显的现代特征。而传统美德"孝敬"被列入"新五常"中，则与近些年来诸群体在伦理关系方面对家庭血缘关系的高度重视趋向一致。

表3-11　　当今中国社会极重要和极需要的德性（2017年）　　（%）

	高级白领	低级白领	工人/做小生意者	农民	无业失业下岗
第一位	爱 33.2	爱 35.4	爱 27.6	爱 25.9	爱 31.2
第二位	诚信 17.5	公正 13.7	诚信 16.1	诚信 16.5	诚信 14.0
第三位	宽容 16.8	诚信 16.6	责任 16.4	宽容 16.0	宽容 17.1
第四位	责任 18.4	责任/诚信 11.7/11.7	宽容 14.5	责任 14.1	责任 14.7
第五位	孝敬 12.2	孝敬 14.1	孝敬 14.1	孝敬 13.7	孝敬 12.8

2. 道德生活的组成元素

道德生活调查的另一核心任务是，在传统与现代、西方与民族多元文化交织和博弈的现代背景下，当代中国社会各职业群体的道德观念主要由哪些内容或元素构成？中国传统道德、社会意识形态所提倡的社会主义道德、市场经济催发的新道德、西方文化影响而形成的本属于西方社会的道德以及其他道德对当前中国社会诸职业群体道德生活的影响到底如何？

如果将2017年"您认为当前我国社会道德生活中最重要的内容是什么"和2013年"您认为当前我国社会道德生活中最重要的元素是什么"两大问题进行对比可以发现，近五年来我国社会诸职业群体的道德元素及其主导元素并未发生结构性改变，中国传统道德、社会主义道德、市场经济道德一直稳居前三位，但是，这三大元素所占的比重却发生了较大的变化，传统道德虽然仍是我国道德观念的主流，在我国的社会生活中一直处于主导地位，社会主义道德、市场经济道德和西方道德三者的总和，才与传统道德大抵相当，但近年来，传统道德在各群体中所持的比例均下降了10.0%左右，其中，在工人/做小生意者和无业失业下岗人员中的降幅尤为显著，工人/做小生意者从2013年的63.1%下降到47.4%，无业失业下岗人员从2013年的68.4%下降到52.2%（见图3-2）。与中国传统道德形成鲜明对比的是，意识形态所提倡的社会主义道德在各群体中均有所上升，尤其是低级白领从16.7%上升为26.6%，高级白领从原来的19.6%上升为27.8%，无业失业下岗人员从18.1%上升为26.8%，涨幅均在8.0%以上（见图3-1）。这说明意识形态日益发挥着更大的作用，但显然还没有达到主导和引领社会道德的水平。而市场经济道德则有升有降，总体呈现出上升趋势。除了高级白领由2013年的18.5%降为15.6%，其他群体均有不同程度的上升。不难发现，市场经济道德对于工人/做小生意者和农民两大群体的影响较大，分别从12.2%、8.2%上升到21.7%和14.0%。此外值得关注的是，近年来西方道德虽然在我国各职业群体中的影响越来越大，有非常多的人对西方文化之于我国伦理道德的影响持一种乐观的态度，但是其实际影响远不如人们预想或主观感知的那么强势。由此可以推断，现代中国社会的伦理道德问题大多仍是内生性的，不能将之归结于外来文化或所谓全球化的冲击，更多地需要从中国自己的文化内部入手寻找症结。

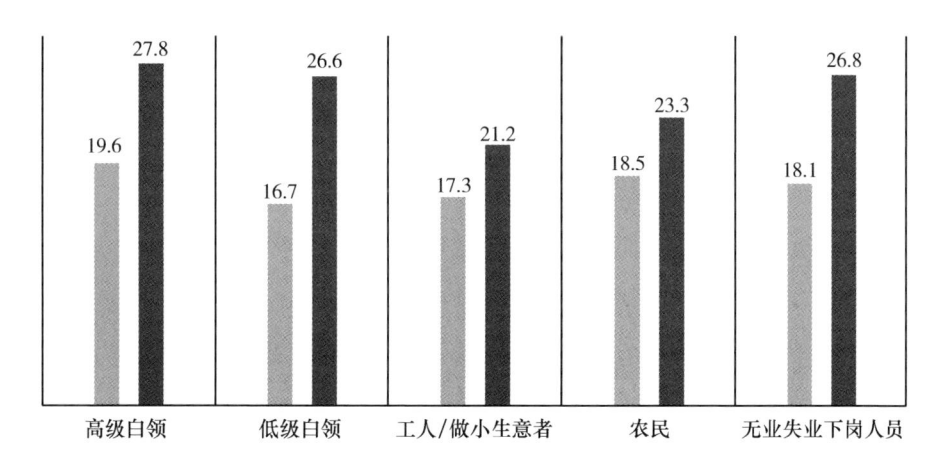

图3-1 意识形态中所提倡的社会主义道德（2013/2017）（%）

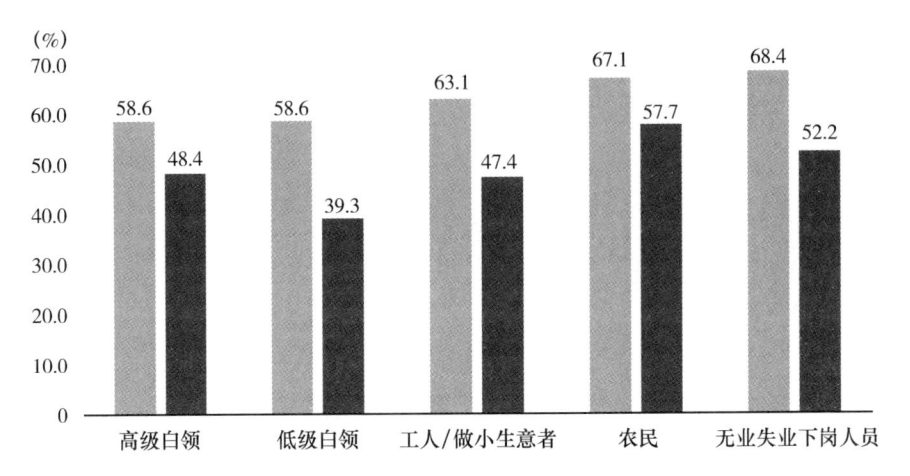

304　上　诸社会群体伦理道德发展状况及其共识与差异

图3-2　中国传统道德（2013/2017）

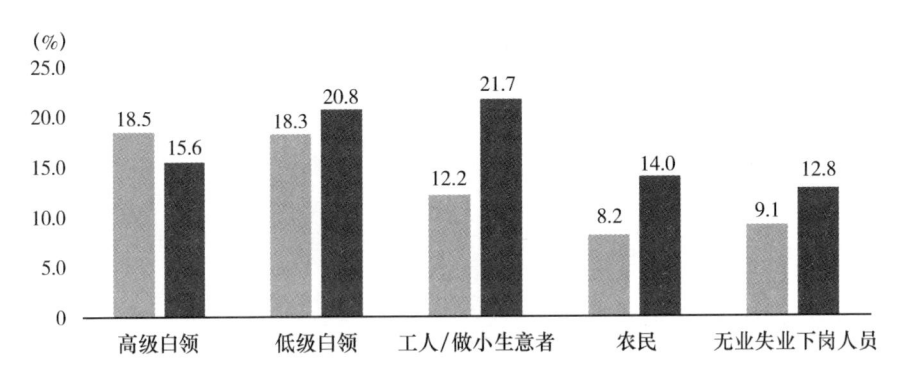

群体	2013	2017
高级白领	58.6	48.4
低级白领	58.6	39.3
工人/做小生意者	63.1	47.4
农民	67.1	57.7
无业失业下岗人员	68.4	52.2

图3-3　市场经济中形成的道德（2013/2017）

群体	2013	2017
高级白领	18.5	15.6
低级白领	18.3	20.8
工人/做小生意者	12.2	21.7
农民	8.2	14.0
无业失业下岗人员	9.1	12.8

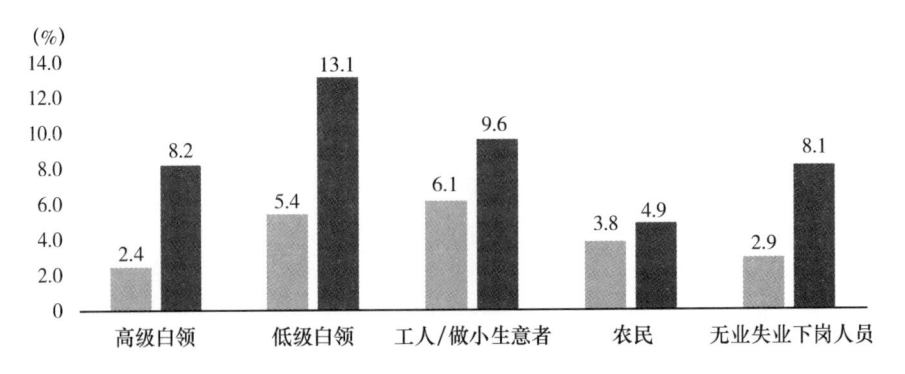

图3-4　西方文化影响形成的道德（2013/2017）

群体	2013	2017
高级白领	2.4	8.2
低级白领	5.4	13.1
工人/做小生意者	6.1	9.6
农民	3.8	4.9
无业失业下岗人员	2.9	8.1

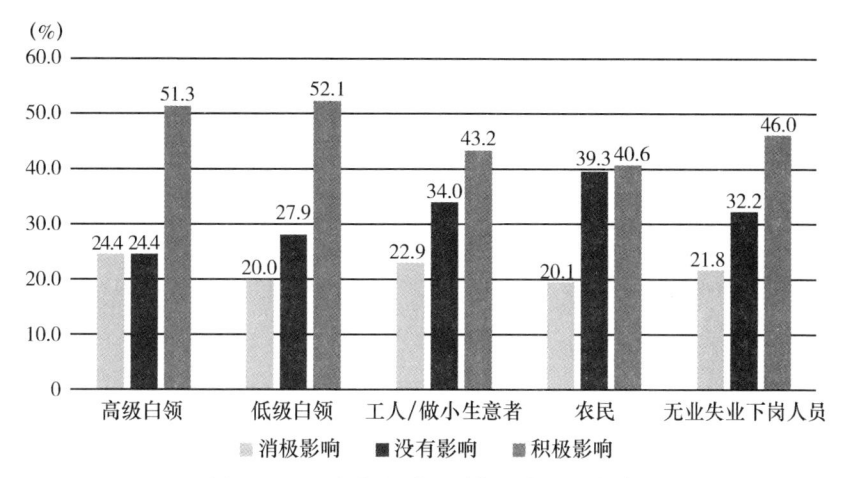

图3-5 西方文化对我国伦理道德的影响

（柱状图数据：高级白领 消极影响24.4、没有影响24.4、积极影响51.3；低级白领 20.0、27.9、52.1；工人/做小生意者 22.9、34.0、43.2；农民 20.1、39.3、40.6；无业失业下岗人员 21.8、32.2、46.0）

3. 道德素质的受益场域

如果以发展的眼光看待道德，道德素质是动态发展的，那么，在道德部分的纵向调查中还有一个问题至关重要，那就是：近年来家庭、学校、社会（如工作单位、社区等）、国家或政府诸场域对各职业群体道德观念的形成和发展的影响有何差别？

调查发现，当今中国社会各职业群体道德素质的受益场域结构近五年来发生了很大的变化。在对"您认为在自己的成长中得到道德训练的最重要场所或机构"的选择上，与2013年相比，2017年呈现出非常显著的变化。2013年，各职业群体不仅对前三位道德受益场所的选择非常一致，而且其重要性排序也高度一致，依次是：家庭、社会、学校。然而，2017年，虽然与其他场域相比，家庭、社会、学校作为各职业群体三个重要的道德策源地没有发生改变，但排序却呈现出很大的职业差异。总的发展态势是，家庭的影响力明显下降，学校的影响力稳中有升，而社会的影响力则有升有降。总体而言，家庭对农民和无业失业下岗人员的影响极为显著，对低级白领和工人/做小生意者的影响次之，对高级白领的影响最低。社会对低级白领和工人/做小生意者的影响极为显著，对高级白领和农民的影响次之，对无业失业下岗人员的影响最为薄弱。而学校对高级白领的影响最为显著，对无业失业下岗人员的影响次之，对低级白领、工人/做小生意者、农民的影响较低。所有群体中只有农民一个群体的选择排序没有发生变化，仍然是家庭、社会、学校，但很显然，对于农民而言，家庭影响的重要程度已然今非昔比，和五年前相比下降了 24.2%，而学校和社会的影响度则分别增长了 9.4% 和 14.4%。此外，家庭对于无业失业下岗人员的影响力也最大，对于无业失业下岗人员而言，家庭仍然是最重要的伦理道德策源地，但家庭的影响度五年来也下降了 12.1%，同时，学校的重要程度上升了 16.0%，跃居第二位，而社会的影响度则相对比较稳定。低级白领和工人/做小生意者的影响力结构比较一致，排在前三位的依次是社会、家庭、学校，其最大变化是社会的影响从第二位上升至首位。而高级白领选择的变化最大，学校的影响力从五年前的末位跃居首位，而家庭的影响力则从五年前的首位跌至末位，排序与五年前正好完全相反。

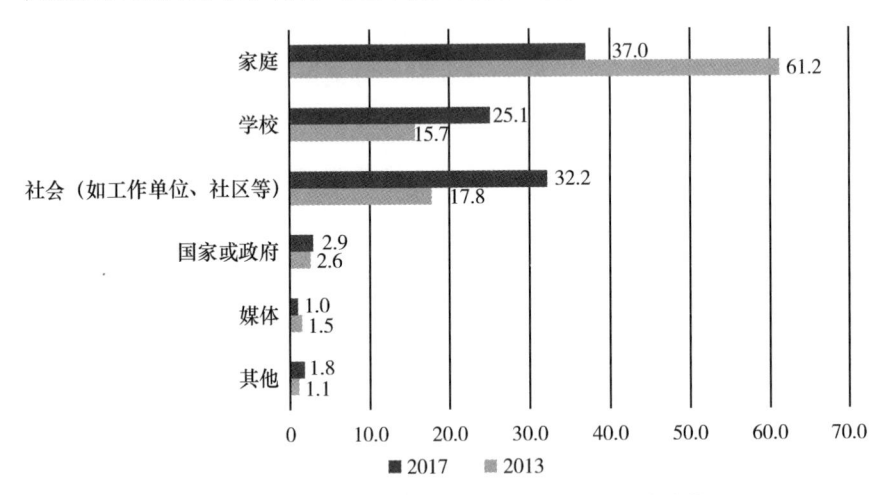

图 3-6 农民在成长中得到道德训练的最重要场所或结构（%）

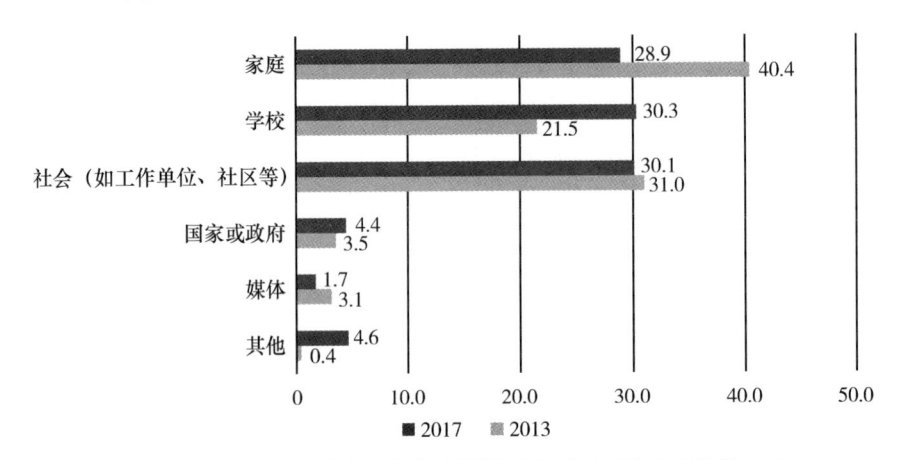

类别	2017	2013
家庭	37.0	61.2
学校	25.1	15.7
社会（如工作单位、社区等）	32.2	17.8
国家或政府	2.9	2.6
媒体	1.0	1.5
其他	1.8	1.1

图 3-7 高级白领在成长中得到道德训练的最重要场所或结构（%）

类别	2017	2013
家庭	28.9	40.4
学校	30.3	21.5
社会（如工作单位、社区等）	30.1	31.0
国家或政府	4.4	3.5
媒体	1.7	3.1
其他	4.6	0.4

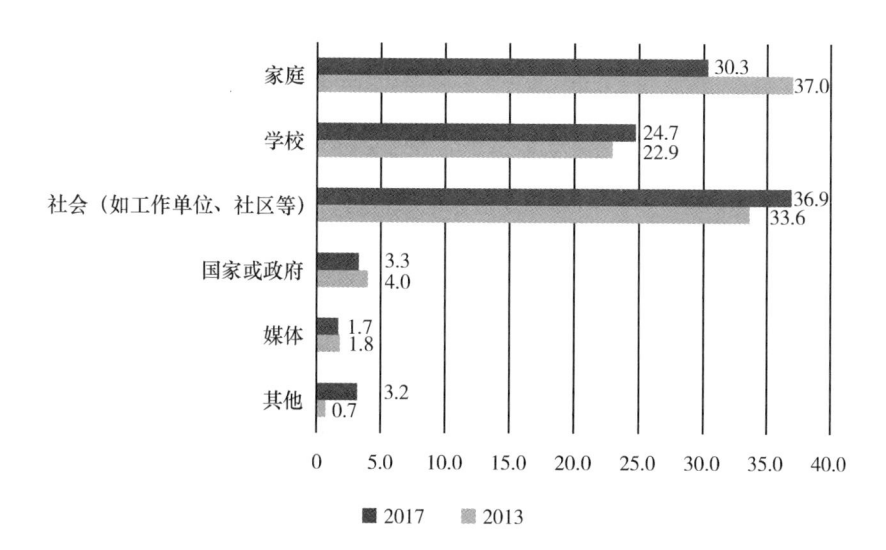

图 3-8　低级白领在成长中得到道德训练的最重要场所或结构（%）

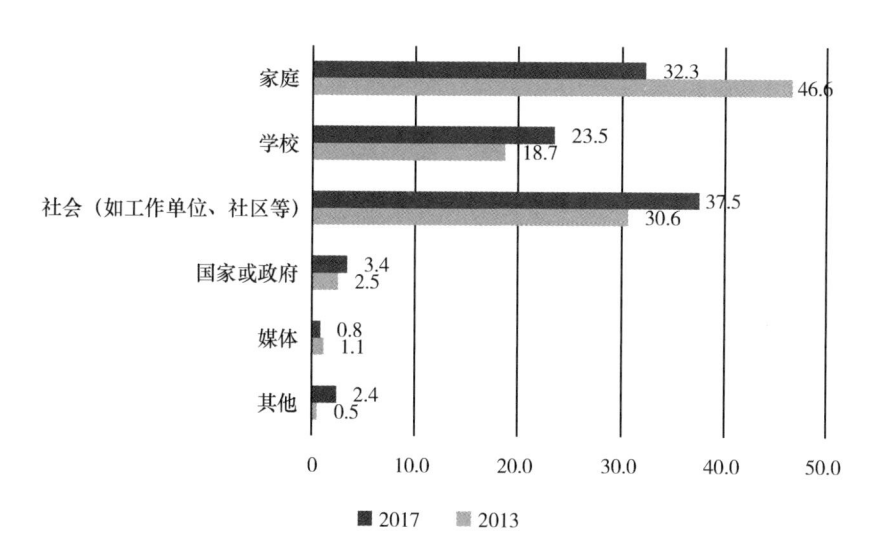

图 3-9　工人/做小生意者在成长中得到道德训练的最重要场所或结构（%）

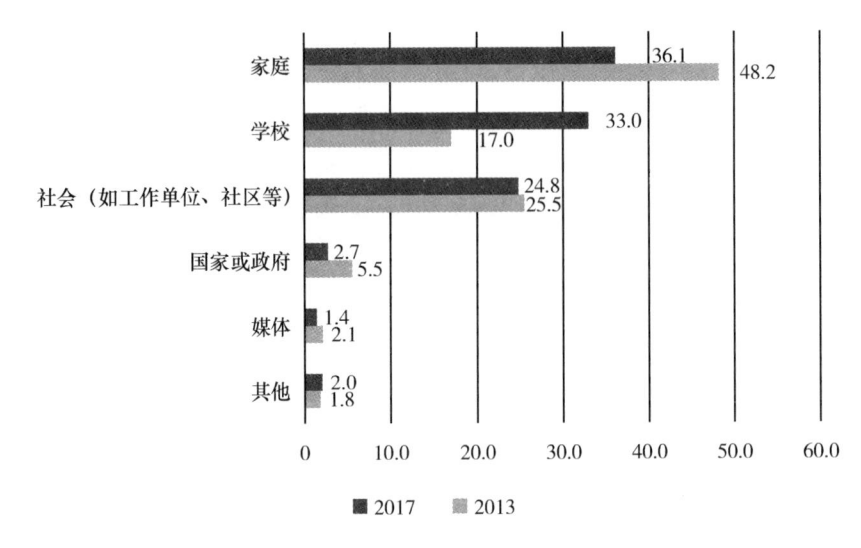

308　上　诸社会群体伦理道德发展状况及其共识与差异

图3-10　无业失业下岗人员在成长中得到道德训练的最重要场所或结构（%）

表3-12　在自己的成长中得到道德训练的最重要场所或机构

（2017）　　　　　　　　　　　　　　　　　　　　　　　　　　　　（%）

	高级白领	低级白领	工人/做小生意者	农民	无业失业下岗人员
第一位	学校 30.3	社会 36.9	社会 37.5	家庭 37	家庭 36.1
第二位	社会 30.1	家庭 30.3	家庭 32.3	社会 32.2	学校 33
第三位	家庭 28.9	学校 24.7	学校 23.5	学校 25.1	社会 24.8

表3-13　在自己的成长中得到道德训练的最重要场所或机构

（2013）　　　　　　　　　　　　　　　　　　　　　　　　　　　　（%）

	高级白领	低级白领	工人/做小生意者	农民	无业失业下岗人员
家庭	40.4	37.0	46.6	61.2	48.2
社会（如工作单位、社区等）	31.0	33.6	30.6	17.8	25.5
学校	21.5	22.9	18.7	15.7	17.0
国家或政府	3.5	4.0	2.5	2.6	5.5
媒体	3.1	1.8	1.1	1.5	2.1
其他	0.4	0.7	0.5	1.1	1.8

4. 冲突情境中的道德素质及其突出问题

道德发展水平和境界不仅体现在一般的日常行动上，而且反映在面对冲突情境时对道德的坚持和固守上。调查不同职业人员在面临理与欲、公与私、义与利冲突时的道德选择能力、道德调节能力和自觉自主能力，可以相对客观地反映出当前中国社会各职业人群的道德能力与道德素质的群体差异。在现实生活中存在着很多冲突情境，如发生在个体之间的日常人际冲突，个体与集团行为之间、集团内外以及集团之间的义利冲突等，这些情形往往最能呈现出个体的道德水准和共同体的道德风尚。由于与个人行为相比，集团行为的非道德性极易被其表面的伦理性所遮蔽而常常逃逸于集团内部人员的道德评价和道德规约之外，而且集团行为不道德所造成的社会危害更大，因此历次调查均抽样选取几个典型的个体行为与集团行为的冲突情形。2013年设置的冲突情形之一是，"一些政府机关和大中小学，利用权力让本单位的职工子女在很好的学校读书，或降分、入录"对于这一问题的调查结果是，有61.1%的人认为是"以权谋私，不道德"；有19.8%的人认为是"对社会公众的欺骗，严重不道德"；有7.1%的人认为"符合本单位员工利益和内部伦理，但严重侵蚀社会道德"；有3.7%的人认为是"为本单位人员谋福利，符合道德"。2017年的案例是，"一些政府机关、企事业单位提供特殊政策，您认为这种行为道德吗？"总体而言，有35.4%的人认为这是"以权谋私，不道德"；有30.8%的认为"是对社会公众的不公平，严重不道德"；有10.7%的认为"符合本单位员工利益和内部伦理，但严重侵蚀社会道德"；有16.5%的人认为这是"为本单位人员谋福利，符合道德"。如果将前两项和后两项分别两两相加，可以发现各职业群体的看法存在显著差异，其中农民群体的道德敏感度最高，农民群体认为不道德和严重不道德的人数远远高于其他群体，并且对这一评价按照农民（70.9%）→工人/做小生意者（66.8%）→无业失业下岗人员（63.4%）→低级白领（59.5%）→高级白领（59.4%）呈递减趋势。而白领阶层认为符合单位内部伦理和道德的比例大大超出其他职业群体，这一评价以低级白领（36.0%）→高级白领（35.7%）→无业失业下岗人员（27.7%）→工人/做小生意者（27.2%）→农民（21.8%）呈递减趋势。

310 上　诸社会群体伦理道德发展状况及其共识与差异

- 为本单位人员谋福利，符合道德
- 以权谋私，不道德
- 是对社会公众的欺骗，严重不道德
- 符合本单位员工利益和内部伦理，但严重侵蚀社会道德
- 无所谓道德或不道德

群体	为本单位人员谋福利	以权谋私	是对社会公众的欺骗	符合本单位员工利益但严重侵蚀社会道德	无所谓道德或不道德
高级白领	3.8	57.2	20.5	13.0	5.5
低级白领	3.4	62.3	20.2	8.3	5.8
工人/做小生意者	3.3	62.9	21.9	6.0	5.9
农民	3.9	62.4	16.5	6.0	1.2
无业失业下岗人员	3.9	58.8	21.5	7.3	8.6

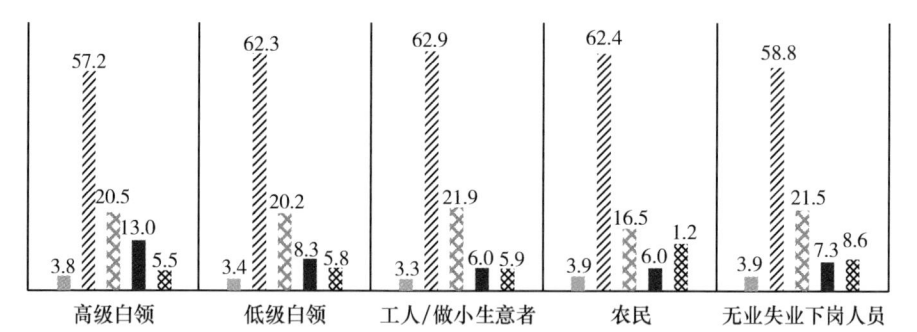

图 3-11　对政府单位利用权力让职工子女上好学校的看法（%）

表 3-14　对于一些政府机关、企事业单位提供特殊政策的看法

（2017）　　　　　　　　　　　　　　　　　　　　　　　　　　（%）

	高级白领	低级白领	工人/做小生意者	农民	无业失业下岗	均值
为本单位人员谋福利，符合道德	19.4	21.5	16.9	13.9	15.8	16.5
以权谋私，不道德	29.5	27.8	35.6	38.8	35.8	35.4
是对社会公众的不公平，严重不道德	29.9	31.7	31.2	32.1	27.6	30.8
符合本单位员工利益，但严重侵蚀社会道德	16.3	14.5	10.3	7.9	11.9	10.7
无所谓道德或不道德	4.9	4.5	6.0	7.3	8.9	6.6
总计	100.0	100.0	100.0	100.0	100.0	100.0
列总计（人）	753	726	3393	2446	1312	8630

表 3-15　对于一些政府机关、企事业单位提供特殊政策的看法

（2017）　　　　　　　　　　　　　　　　　　　　　　　　　　（%）

	高级白领	低级白领	工人/做小生意者	农民	无业失业下岗人员
符合内部伦理和道德	35.7	36	27.2	21.8	27.7

续表

	高级白领	低级白领	工人/做小生意者	农民	无业失业下岗人员
不道德和严重不道德	59.4	59.5	66.8	70.9	63.4

2013 年和 2017 年的调查设计了一个有关集团行为与生态环境的冲突情形:"如果您所在的单位有一项举措可以提高集体福利并使您个人得到利益,但会造成环境污染或社会公害,您会举报吗?"调查数据显示,在面对侵犯公共利益而使自己团体内部获利的"伦理的实体—不道德的个体"的集团行为时,与 2013 年的调查相比,各职业人群选择"会举报"的比例均有不同程度的提高,其中,高级白领的增幅最大,从原来的 57.9% 上升为 70.3%,增幅为 12.4%;农民群体次之,从 54.3% 上升为 66.0%,涨幅为 11.7%。从数据中可以看出,无论是在 2013 年还是在 2017 年,高级白领选择"会举报"的比例都是最高的,这说明高级白领对于集团行为内在的伦理—道德悖论的道德觉悟能力和警惕意识最强。而从整体上看,虽然所有职业群体选择"会举报"的人数总体上有所上升,集团的伦理—道德悖论行为已经为越来越多的人所自觉和警惕,但是选择"不会举报"的人员依然占有相当大的比例,有 1/3 左右的人群对于这一符合内部伦理但不符合社会道德的现象采取了不作为的放任态度。

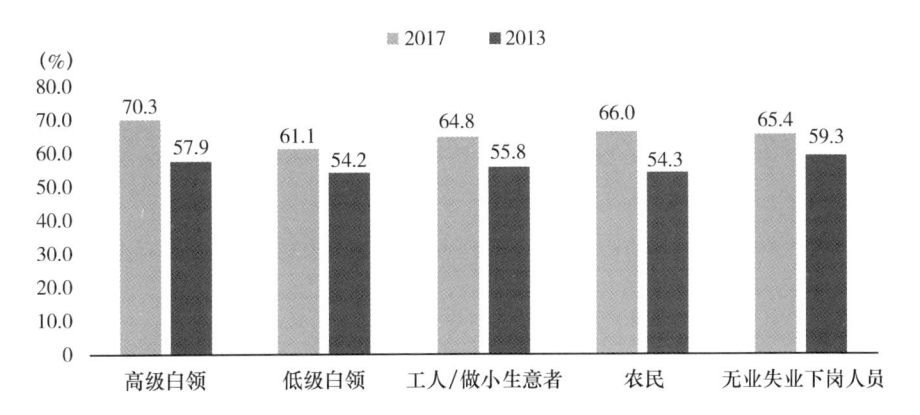

图 3-12 选择"会举报"的比例

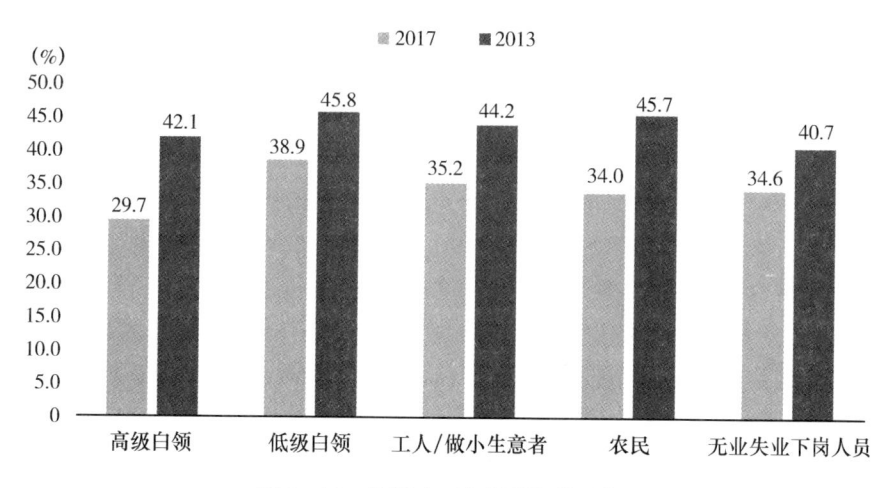

图 3-13　选择"不会举报"的比例

（数据：高级白领 2017年 29.7%，2013年 42.1%；低级白领 38.9%，45.8%；工人/做小生意者 35.2%，44.2%；农民 34.0%，45.7%；无业失业下岗人员 34.6%，40.7%）

从以上关于诸职业群体道德状况的分析中可以发现如下几点：第一，当代中国诸职业群体在道德方面的变化比在伦理方面的变化更为显著，表达也更为多元、多样。与传统五常相比，社会的基德和母德在元素及其结构方面已然发生根本性变化，"新五常"呈现出较为明显的中西古今融合互补的特点。第二，尽管近年来诸职业群体的道德结构及其主导未发生质变，但其各个要素的影响力却发生了嬗变。总体来看，传统道德在各群体中的影响呈下降态势，社会主义道德和市场经济道德总体上呈现出上升趋势，而西方道德的影响实则非常有限。第三，虽然家庭、社会、学校仍是道德的三大主要策源地，但其影响却显现出巨大的职业差异。家庭对农民和无业失业下岗人员的影响较为显著，而学校对高级白领的影响最为显著。总的发展态势是，在诸职业群体中，家庭的影响力总体上明显下降，学校的影响力稳中有升，而社会的影响力则比较稳定。

（三）诸职业伦理境遇的变化与道德气质的分化

以上数据分析显示，当前我国诸职业群体已就伦理道德的很多方面达成基本共识，然而，伴随着现代社会的多元化转型以及经济、政治、文化等基本结构的变化，不同职业群体的部分伦理道德理念存在差异、分歧乃至冲突，已是不争的客观现实。这一方面与诸职业群体于40年改革开放历史进程中在社会关系、经济生活、文化体系中的地位变迁息息相关，另一方面与诸群体对自己和社会现状的当下认识和评价密切相连。历史与现实两大因素构成诸职业群体伦理境遇的差异，由此导致其整体道德气质之间的殊异。

在五大职业群体中，高级白领的伦理境遇与道德气质非常特殊。作为改革开放以来获益最多的阶层，他们在趋于等级分化的社会阶层结构中处于最高等级，是整个社会的精英群体和优势群体。在当今所有职业群体中，他们对自己现状的评价表现为"三高"：对自己目前总体状况的满意率最高，生活幸福度最高，生活状态满意度最高。关于当前状况，有69.6%的高级白领表示"生活富裕，幸福也快乐"或"生活小康，幸福且快乐"，居于所有职业群体的榜首。关于目前的生活幸福度，在被调查的756位高级白领中，对目前生活表示"非常幸福"和"比较幸福"的占总数的81.3%，其中有20.1%的高级白领觉得自己目前的生活非常幸福；关于目前的生活状态满意度，在被调查的744位高级白领中，对自己目前的生活状态表示"非常满意"和"比较满意"的占总数的89.8%，其中表示"非常满意"的占总数的19.5%。作为具有较大社会影响力的主导性阶层，他们在理论上必须也应当是伦理道德的示范群体，从调查数据来看，无论是在国家伦理实体感、职业伦理素养方面还是在社会公德意识方面，高级白领与其他职业群体相比都是最强的。然而，由于民众对这一职业群体的道德期望值普遍比较高，对其伦理态度、道德素养及行动取向和品质特性非常敏感，部分高级白领的一些不端行为如贪污受贿、以权谋私等，极易引发民众比较强烈的不信任感和不满情绪，甚至转化为对社会和政府的不满，因此这一群体又是社会公众好评率最低和最受争议的。虽然近年来有38.8%的公众对高级白领中的部分群体如政府官员的信任度有所改变，满意度也从2013年的51.1%提高到2017年的62.6%，但是与其他职业群体相比，高级白领在总体上依然是最不被信任和最不令人满意的群体。政治、经济、文化资源上的强势与伦理道德方面的弱势，伦理道德自我评价与社会评价的强烈反差，深深地构成高级白领道德气质上的悖论特征。

在某种程度上，低级白领与高级白领的伦理境遇比较相似，这一群体在改革开放以来经历了从传统知识分子到现代知识分子的历史性转型，也是所有职业群体中幸福指数和生活满意度较高的群体。有68.7%的低级白领认为目前的状态是"生活富裕，幸福也快乐"或"生活小康，幸福且快乐"，在被调查的727位低级白领中，有14.7%的认为自己目前生活非常幸福，对目前生活表示非常和比较幸福的人数之和占总数的81.3%，与高级白领的幸福率持平；在被调查的722位低级白领中，对目前生活状态表示"非常满意"的占总数的15.8%，表示"非常满意"和"比较满意"的人数占总数的89.8%，也与高级白领的满意度持平。所不同的是，这一职业群体大多从事较低层次的白领工作，但学历普遍较高，社会地位也较高，是现代社会中间层的重要组成部分，社会对其总体信任度和伦理道德满意度也较高。他们不存在高级白领在伦理道德评价上的巨大舆论压力，是伦理道德表现相对比较稳定的职业群体，在推动社会主导价值体系及意识形态和伦理道德发展新理念的传播方面发挥着重要作用。此外，他们在伦理关系上表现出对传统的某种延续，在低级白领的伦理世界中，父母子女、夫妇、兄弟姐妹、朋友四伦依然处于重要地位，而且家庭、社会、国家的差序格局也未打破，这与高级白领将国家置于家庭和社会之上以及将同事或同学关系视为最重要的伦理关系的现代气质明显不同。但在社会、国家层面，低级白领又呈现出现代性的一面，诸如社会公德意识较强，对社会公共生活领域非常关心等，如在最近一年里，在"积极参加要求解决环境问题的投诉和上诉""从事为环境保护捐款""主动关注环境方面的信息报道和宣传教育"等方面的表现仅次于高级白领，并且十分注重公正、责任等现代道德品质，这说明这一职业群体的道德气质与传统有着较大差别。传统与现代元素交织、传承与断裂并存，成为低级白领职业群体的突出气质标识。

  与白领相比，农民是中国人口规模最大的职业群体，也是整个社会阶层结构中拥有较低收入水平、较低教育水平和较低社会经济地位的弱势群体。同时，受教育水平、技能水平的制约，他们还是近十年来各职业群体（其中包括高达84.3%的农民）公认的获利最少的群体。这一群体的普遍特征是：第一，与白领阶层的高满意度和幸福度正好相反，农民对自己现状的评价表现为"三低"：总体状况满意度最低，只有50.7%的农民觉得生活富裕或小康，幸福且快乐，与高级白领和低级白领的高满意度形成明显对比；目前的生活幸福度最低，认为"比较幸福"和"非常幸福"的农民只有68.7%；目前的生活状态满意度最低，觉得"比较满意"和"非常满意"的占82.6%。第二，由于农民生活在相对比较传统和比较简单的人际圈中，他们是对当前我国社会人际关系和道德状况总体满意度较高的群体，对人际关系持"非常满意"和"比较满意"态度的占75.9%，是所有群体中满意度最高的；对道德状况表示"非常满意"和"比较满意"的占74%，总体满意度仅次于工人/做小生意者的75.4%。第三，引人注目的是，尽管农民是对自我评价最不满意和最不幸福的弱势群体，但他们却是被所有职业群体所公认的伦理道德方面最为满意和最被信任的群体，公众对他们的伦理道德状况满意度和信任度高达85.1%和87.4%，遥遥领先于其他群体。因此在这一意义上，他们又是不折不扣的道德上的"优势群体"和示范群体。伦理地位与道德地位倒置，德福严重分离是农民群体道德气质的鲜明特征。

处于白领和农民之间的是工人/做小生意者和无业失业下岗人员两大职业群体。自改革开放以来，这两大群体的社会经济地位总体上明显下降，是社会变动中的失意和失利人群，也是社会生活中的困难群体。因为很多无业失业下岗人员大多是原国有、集体企业工人及其子女，而做小生意者职业又是吸纳下岗工人和失业待业人员的一个重要渠道，因此他们的伦理境遇与道德气质整体上比较接近。他们对自己目前总体状况的满意度居中，这两大群体的满意度都是58.3%；生活幸福度和生活状况满意度也比较接近，工人/做小生意者的幸福度和满意度分别为73.8%和85.8%；无业失业下岗人员群体的幸福度和生活状况满意度分别为72.5%和84.0%。这两大群体的普遍特征是有着强烈的伦理认同倾向，尤其是家庭伦理归宿感和家庭道德责任感较强，他们具有一定程度的公德意识，富有社会同情心，体现出较强的现代社会的公民意识。相形之下，这两大群体的职业道德水准处于较低层次，现实的伦理境遇使他们很难对职业产生良好而持久的伦理态度，高达57%的工人/做小生意者和51.5%的无业失业下岗人员认为，职业劳动只是个人和家庭谋生的手段，这与高级白领40.6%的选择率形成强烈比照。在这两大群体中，无业失业下岗人员群体由于种种原因沦为社会底层，他们处于贫困境地并缺乏社会保障，长期不受尊重，饱受歧视，对社会现状不满的心态更为突出，因此比其他职业群体更为珍视和青睐宽容的道德品质。这其实从侧面反映了他们对社会道德风尚的要求。总之，对伦理公正的渴求和朴实的道德精神，构成这两大群体道德气质的重要特点。

表3-16　　　　　诸群体对自身状况的满意度排序　　　　　　（%）

	目前状况满意度	生活幸福度	生活状况满意度	社会道德状况总体满意度	人际关系总体满意度
第一位	高级白领 69.6	高级白领和低级白领 81.3	高级白领和低级白领 89.8	工人/做小生意者 75.4	农民 75.9
第二位	低级白领 68.7	高级白领和低级白领 81.3	高级白领和低级白领 89.3	农民 74	高级白领 74.8
第三位	工人/做小生意者和无业失业下岗人员 58.3	工人/做小生意者 73.8	工人/做小生意者 85.8	低级白领 73	工人/做小生意者 74.1
第四位	工人/做小生意者和无业失业下岗人员 58.3	无业失业下岗人员 72.5%	无业失业下岗人员 84	高级白领 71.6	无业失业下岗人员 71.3
第五位	农民 50.7	农民 68.7	农民 82.6	无业失业下岗人员 70.4	低级白领 69.4

表3-17　　　与前几年相比，对政府官员信任度的变化（2017年）　　　（%）

	高级白领	低级白领	工人/做小生意者	农民	无业失业下岗人员	均值
信任度提高了	53.6	40.0	36.3	36.7	40.0	38.8
更加不信任	12.9	11.3	13.4	14.8	13.0	13.5
没什么变化	33.2	48.5	50.0	48.3	46.8	47.5
其他	0.3	0.1	0.2	0.2	0.2	0.2
总计	100.0	100.0	100.0	100.0	100.0	100.0
列总计（人）	750	723	3361	2426	1309	8569

（四）构建新时代和谐职业关系的对策

伦理道德从来都不是在真空中孤立发展的，而是始终伴随着社会经济、政治、文化的变化而变化。改革开放的40年，既是中国社会巨大变革的40年，也是职业分工急剧变迁的40年。在这一时期，受全球化、高科技、市场经济等因素的影响，职业市场呈现出传统职业与新兴职业兴衰更替、多种职业并存与多元发展的态势。在这一历史洪流中，各职业特别是农民、工人、个体工商户和私营企业主的经济社会地位发生翻天覆地的变化，深深地影响着诸职业群体伦理道德观念与行为方式的转型。从五大群体的问卷中所获得的调查数据表明，当前我国诸职业群体在伦理道德方面达成许多价值共识，同一性是其基本方面；但由于诸职业群体的伦理境遇不同，道德诉求多元，伦理表达方式多样，不同职业群体在整体道德气质上存在较大差异，诸职业群体间伦理道德发展不平衡的现象比较突出，各群体之间在一定程度上存在着互不承认、互不认同的伦理危机，尤其是高级白领和农民两大职业之间在伦理上甚至呈现出两极分化与两极对峙的态势，成为当前我国伦理道德发展所面临的突出而深层的难题。

调查发现，分配不公所导致的两极分化，是形成当前诸职业群体伦理道德差异的深刻经济根源。或者说，诸职业群体伦理道德之间的差异，在根本上是由经济上的分配不公和两极分化所引起的，是经济上的两极分化在伦理道德领域的反映和延伸。如表3-18所示，在2017年的调查中，除低级白领将其列为第二位因素外，其他职业群体普遍认为，"分配不公，两极分化"是当今中国社会最基本的伦理冲突。对于当前"社会财富分配不公，贫富差距过大的严重程度"，在被调查的7961人中，只有32.4%的被调查者认为"非常不严重"和"比较不严重"，而有48.5%的人认为"比较严重"，有19.0%的人则认为"非常严重"。持"比较严重"和"非常严重"态度的职业人群所占比例从高到低排列依次是：农民（69.6%）、无业失业下岗人员（68.9%）、工人/做小生意者（68.3%）、高级白领（64.1%）、低级白领（59.0%）。和前几年相比，目前我国社会的分配不公，两极分化现象并无太大改观，总计只有33.5%的人群认为"有较大改善"，而高达57.1%的农民、55.4%的工人/做小生意者、53.3%的高级白领、46.9%的无业失业下岗人员、39.4%的高级白领认为"没什么变化"，此外，另有总计13.5%的群体认为"更加恶化"，可见总体形势并不乐观。

表3-18　　　　当今中国社会最基本的伦理冲突（2017年）　　　　　　（%）

	高级白领	低级白领	工人/做小生意者	农民	无业失业下岗人员	均值
腐败不能根治	24.6	23.4	21.7	21.2	24.3	22.4
生态环境恶化	22.6	31.7	29.6	27.3	23.0	27.5
分配不公，两极分化	39.4	31.0	31.8	33.0	36.7	33.5
老无所养，未来没有把握	12.0	13.0	14.3	15.3	12.2	14.0
生活水平下降	1.5	0.7	2.3	2.8	3.3	2.4
其他	—	0.1	0.2	0.3	0.5	0.3
总计	100.0	100.0	100.0	100.0	100.0	100.0
列总计（人）	749	725	3326	2339	1249	8388

表3-19　　社会财富分配不公，贫富差距过大的严重程度（2017年）　　（%）

	高级白领	低级白领	工人/做小生意者	农民	无业失业下岗人员	均值
非常不严重	5.6	8.1	7.0	4.0	5.6	5.9
比较不严重	30.3	32.9	24.7	26.5	25.6	26.5
比较严重	46.8	45.4	49.7	49.2	47.0	48.5
非常严重	17.3	13.6	18.6	20.4	21.9	19.0
总计	100.0	100.0	100.0	100.0	100.0	100.0
列总计（人）	729	690	3199	2181	1162	7961

表3-20　　和前几年相比，目前我国社会的分配不公、
两极分化现象（2017年）　　　　　　　　　（%）

	高级白领	低级白领	工人/做小生意者	农民	无业失业下岗人员	均值
有较大改善	44.9	34.4	30.6	32.0	36.9	33.5
没什么变化	39.4	53.3	55.4	57.1	46.9	53.0
更加恶化	15.7	12.3	14.0	10.9	16.2	13.5
总计	100.0	100.0	100.0	100.0	100.0	100.0
列总计（人）	693	668	3048	2095	1105	7609

应该说，分配不公，两极分化是任何国家任何文明体系在其发展中都可能会遭遇的难题，但从经济上的两极分化最终演绎为诸职业群体伦理上的分化乃至两极分化，却是中国伦理型文化所特有的现象。其具体演进轨迹是：由个体道德问题到职业群体道德问题，由职业群体道德问题到诸职业群体间的伦理认同危机，由伦理认同危机发展为伦理上的两极分化。这既是一个从量变走向质变的过程，也是一个从道德问题向伦理问题集聚和形变的过程。其中，诸职业群体之间的伦理认同危机，便是道德问题向伦理问题转化的中介和重要质变点，而农民与高级白领两大职业群体之间分化与对峙局面的形成，则是道德问题蜕变为伦理问题的严峻后果。现实社会中农民、无业失业下岗人员等人群中普遍存在的仇官、仇富心态即是对经济上两极分化的文化反映。当然，这极有可能与部分高级白领如政府官员和企业高管的不道德行为被其他职业群体过度放大乃至渲染为整体职业群体的道德问题有关，并不能准确地反映社会现实。但无论如何，伦理道德地位与政治、经济和社会地位之间的严重不对称现象仍然令人深思。而农民被所有职业群体公认为伦理道德方面最为满意和最被信任的群体，一方面是处于社会底层因而对伦理存在最为敏感、伦理良知最为敏锐的职业群体对社会伦理传统的自觉捍卫，另一方面是其他职业群体伦理觉醒的自觉显现和群体表达，反映了人民群众对过去纯朴生活的留恋和对未来美好生活的伦理期待。

与生活世界中经济上的两极分化不同，伦理上的分化是精神世界的分裂和价值世界层面的分道扬镳，极易发展为文化和政治上的对抗乃至两极对峙，是伦理道德问题、社会问题积累到相当程度的危险信号，因此其后果远比经济上的两极分化更深远、更严重，如果处置不当，极易引发群体之间的矛盾和冲突，进而发展为群体性事件，因此必须引起我们的高度警惕。为建构和谐伦理关系，避免诸职业群体之间的伦理冲突，一方面需要在全社会倡导和培育充满伦理关怀的良好氛围，普及尊重他人、平等待人的现代伦理观念；另一方面应当在合理正视和尊重道德价值多元的前提下，引导诸职业群体走向健康的道德观念和理性的道德态度。落实于具体对策，主要包括如下几个方面：

首先，基于以人民为中心的发展思想和价值取向，通过合理的制度建设和制度安排,让改革发展成果更多更公平地惠及全体人民,不断提升诸职业群体尤其是农民、无业失业下岗人员以及工人和做小生意者的获得感、幸福感、安全感,这是从制度伦理层面防止各群体伦理道德差距进一步扩大和德福长期不一致的根本要求。伦理道德地位与政治、经济和社会地位之间的严重倒挂,不仅违背了和谐社会的标准,而且拷问着制度的合理、社会的正义。党的十九大报告指出,当前我国社会的主要矛盾已经转化为人民日益增长的美好生活需要和不平衡不充分发展之间的矛盾。一方面,人民群众在解决温饱问题和进入小康社会之后,不仅对物质文化生活提出了更高的要求,而且在民主、法治、公平、正义、安全、环境等方面的要求日益增长;另一方面,我国社会生产力和生产方式通过改革发展取得了明显进步,但发展不平衡不充分的问题凸显出来,成为满足人民日益增长的美好生活需要的主要制约因素。发展不平衡不充分问题,是当前和今后一个时期制约中国发展的主要问题,是现阶段各种社会矛盾交织的主要根源。发展是动态过程,不平衡不充分现象永远存在,但当发展到一定程度以至于不平衡不充分现象成为社会主要矛盾的主要方面时,就必须加以解决,否则便会引发社会矛盾。公平正义的制度设计就是解决这一问题的有力支撑。系统完备、科学规范、运行有效的刚性制度体系,不仅有助于实现社会公平公正,消除歧视,从而为底层的职业群体改变自身状况提供新的发展机遇,更重要的是,可以通过惩恶扬善,让失德者为自己的不端行为付出应有代价,使遵从和弘扬道德者能够长久地坚持下去,从而在全社会形成扶正祛邪、惩恶扬善、激浊扬清的良好道德风尚。当然,在加强制度体系建设的同时,也必须引导诸职业群体逐步形成对美好生活的正确认知和合理的心理预期,杜绝等、靠、要的消极依赖思想,理性地看待和处理与其他职业群体之间的关系,在全社会培育自尊自信、理性和平、积极向上的社会心态,只有这样才能为超越诸职业群体之间的伦理冲突、建构社会的伦理同一性提供坚实的伦理心理保障。

其次,加强职业道德建设和职业道德教育,凝聚职业共识,从职业群体当中挖掘和寻找伦理道德发展的精神资源,通过职业道德中间机制的作用,实现社会的有机整合。在现代社会,职业分化一方面造就了不同职业群体之间的高度异质性,在一定程度上对社会整合形成威胁,另一方面为职业活动主体实现个人价值，提升自身伦理道德素质提供了社会条件与伦理空间。这是因为不仅任何一种职业活动都内含着分工与协作两种基本要求，而且职业本身便具有超越自身而服务社会与他人的价值指向，个体在自己的职业活动中形成深厚的职业责任感并通过职业义务的践履而与他人、所在单位或组织以及社会、国家建立一种伦理精神联系，进而扬弃自己的个体性，达到与普遍性的统一。我们在调查中发现，目前我国诸职业群体的职业道德意识总体上较为薄弱，只有25.3%的人认为职业劳动是为社会创造财富，各职业群体普遍仅将职业劳动当成谋生手段，职业劳动的伦理意义面临着被消解而工具化的现实危险。对于职业群体和职业伦理在道德建设中的重要性，涂尔干在《论社会分工》和《职业伦理与公民道德》等书中进行了详细阐述。他认为，由社会分工所带来的社会转型是一个巨大的进步，但这同时也往往伴随着集体意识维系力量减弱、社会道德失范等诸多困境。在这个"诸神纷争"的时代，"要想治愈失范状态，就必须首先建立一个群体，然后建立一套我们现在所匮乏的规范体系。无论是整个政治社会还是国家，显然都担负不起这一重任。……满足这些条件的独立群体是由那些从事同一种工业生产，单独聚集和组织起来的人们所构成的，这就是我们所说的法人团体，即职业群体。"[①] 在他看来，由劳动分工所带来的彼此依赖感是实现社会团结的重要纽带，而职业群体本质上是位于社会中间的层次，即社会组织层面重构的一种总体性的社会团结机制，因此，作为现代社会中的一种"集体意识"形态，由职业群体发展而来的职业伦理是重建社会秩序，促进个体道德社会化，实现社会道德整合的重要载体。虽然职业伦理具有种种缺陷，如不同职业群体及其职业伦理本身之间存在的冲突，职业生活只是社会生活的一部分，仅仅仰仗职业伦理难以实现职业领域之外的公共生活空间的道德整合等，但无论如何，职场仍不失为对个体进行伦理训练的重要场域，加强职业道德建设和职业道德教育对现代公民伦理感和道德感的培育乃至社会公德的塑造都具有不可替代的意义。

最后，建构实体伦理精神，拆除诸职业群体之间的精神藩篱，提升

---

① 涂尔干：《社会分工论》，渠东译，生活·读书·新知三联书店2000年版，第17页。

职业之间交往实践的广度与深度,加深社会各职业群体之间的相互理解和相互认同。人类文明的终极问题,不是"应当如何生活"的道德问题,而是"如何在一起"的伦理问题。① 诸职业群体之间的伦理认同危机正是"我们如何在一起"的文明难题。而在诸职业群体伦理认同与信任危机的背后,所凸显的实际上是政府与组织等各种实体的伦理合理性与合法性,因此也是伦理实体之间"如何在一起"的相互认同难题。在当代中国现实境遇中,一个人所从事的职业往往与他的经济地位和社会地位高度相关,以致以技术等级或专业化程度为基础的职业划分体系几乎成为社会学家进行社会阶层划分的基础。而这种类别划分一旦固化到各群体的自我认识中,便会不自觉地形成内群体与外群体之别,成为诸职业群体"在一起"的无形隔膜。因此,职业差异不但有可能加剧诸群体之间的异质性,使得不同群体的人之间很难进行平等接触和深度交往,而且可能会引起对其他职业群体的偏见、歧视、不信任、仇恨甚至道德排挤。于是,在现代社会,"学会在一起"便成为摆在诸职业群体面前的共同难题。这里的"在一起"不仅指经济、政治、法律、制度等外在层面的"在一起",而且在于思想、观念等内在层面的"在一起"。而后一种意义上的"在一起",必须具备两大基本条件:一是伦理,二是精神。从根本上说,"伦理本性上是普遍的东西"②,但这种普遍性还必须是一种"精神",因为"精神"的本性不是以一种总体性压抑、窒息乃至消解个体的个别性,而是将个体性扬弃在自身之中,以达到一种自身的和解。更重要的是,伦理精神不仅意味着实体作为"整个的个体"而行动,而且与道德精神不同,它承认其他伦理实体存在的合法性。此外,伦理精神还具有直接将思想和理念转化为现实和行动的力量。这是以实践作为自身本性的"精神"的内在要求。于是,伦理精神不仅是"从实体出发"的"多"与"一"的统一,还是"从实体间性出发"的此实体与彼实体之间的统一,更是"从实践出发"的"知"与"行"的统一。如此,实体伦理精神的建构和培育,便成为化

---

① 樊浩:《"我们",如何在一起》,《东南大学学报》(哲学社会科学版) 2017 年第 1 期,第 5 页。
② 黑格尔:《精神现象学》(下卷),贺麟、王玖兴译,商务印书馆 1996 年版,第 8 页。

解诸职业群体之间的伦理冲突,增强诸职业群体之间的相互认同感,汇聚公民、社会和国家的多重合力,进而建构社会的伦理同一性以及全民道德共识的极其重要的维度。

(牛俊美)

十一 不同教育水平群体的道德认知与道德判断

（一）引言

党的十九大报告在全面总结过去五年的工作和历史性变革基础上，科学地作出"中国特色社会主义进入了新时代"的重大政治判断。而新时代我国社会主要矛盾是人民日益增长的美好生活需要和不平衡不充分的发展之间的矛盾。新时代的美好生活是不断促进人的全面发展、社会全面进步的生活；是发展成果更多更公平地惠及全体人民，全体人民在共建共享中拥有更多获得感、幸福感、安全感的生活；是幼有所育、学有所教、劳有所得、病有所医、老有所养、住有所居、弱有所扶的生活；是生态环境不断改善、人与自然和谐共生的生活；等等。这样的美好生活，才是新时代人民所追求的幸福生活。美好生活属于应然，属于道德哲学的范围。伦理学属于"形而上学"，它要求"通天贯地"，其研究内容从"象牙塔"式的对宏大叙事的建构和研究，转向了对具体生活世界的关切。

为了彻底弄清"道德发展的'中国问题'到底是什么"[①]，围绕着中国社会发生了哪些伦理关系的变化，中国最重要也是最需要的德行有哪些，当前中国社会存在哪些伦理冲突，个体道德素质出现了什么问题，个体对利益冲突选择什么样的调节机制，个体伦理道德受益和成长的场

---

① 樊浩：《中国伦理道德报告》，中国社会科学出版社2012年版，第1页。

所、政府、企业、医生、教师、新闻媒体的伦理考量，哪些因素对当前新型的伦理关系和道德观念起作用及作用大小，对特权行为的伦理道德评价等主题内容，江苏省"道德发展智库"和东南大学国情调查中心与北京大学中国国情研究中心联合，进行了为期十年的动态调研。2007 年，东南大学"985 国家哲学社会科学基地"伦理学研究所分别在江苏、广西和新疆地区对中国伦理道德状况进行了"万人大调查"，形成了关于我国伦理道德基本状况的详尽的数据库。调查表明，中国伦理道德已经从传统形态转型为市场经济道德形态，处于经济的自然伦理水平阶段，我国的伦理道德问题可概括为"伦理缺陷，精神退隐"①。2013 年，随着中国经济的迅猛发展，以江苏省"道德发展智库"为基础，增补了更多的社会学家队伍，进行了第二次全国 CGSS 调查与江苏省居民生活状况与心态调查。2013 年 CGSS 调查在全国一共抽取了 100 个县（区），加上北京、上海、天津、广州、深圳五大城市作为初级抽样单元，共抽取 80 个居委会，每个居委会调查 25 户家庭，在每个被抽取的家庭里随机访问一人，总样本量达到 12000 个左右。调查结论显示，中国伦理道德发展呈现出三大轨迹，伦理与道德德同行异情伦理型文化人"转型轨迹"；由经济上两极分化到伦理学上两极分化人"问题轨迹"；伦理道德与大众意识形态的"互动轨迹"②。

党的十八大以来，为了开创中国特色社会主义事业更加广阔的前景，统筹推进"五位一体"总体布局，协调推进"四个全面"战略布局，以习近平为核心的党中央提出新形势下治国理政的系列新理念新思想新战略，推动中国共产党和国家事业取得了历史性成就，中国特色社会主义进入新时代。第三次大规模的伦理国情调查正逢其时。2017 年，在前两次调研的基础上，设计了更加全面更加系统的问卷，借助北京大学中国调查研究中心，采用"GPS/GIS 辅助的地址抽样方法"以覆盖流动人口。本调研报告在 2007 年调查（调查一）的基础上，以全国卷 2013 年调查（调查二）和全国卷 2017 年调查（调查三）为主要依据，具体的原始数

---

① 樊浩：《中国伦理道德报告》，中国社会科学出版社 2012 年版，第 5 页。
② 樊浩：《当今中国伦理道德发展的精神哲学规律》，《中国社会科学》2015 年第 12 期，第 33 页。

据如表 3-21 和表 3-22 所示。

表 3-21　　　　　2013 年全国调查教育水平原始数据

	受教育程度	频数（人）	有效百分比	累计百分比
有效	初中及以下	3658	64.6	64.6
	高中	763	13.5	78.1
	大专	788	13.9	92.0
	本科	415	7.3	99.3
	研究生及以上	38	0.7	100.0
	合计（人）	5662	100.0	

表 3-22　　　　　2017 年全国调查教育水平原始数据

	受教育程度	频数（人）	有效百分比	累计百分比
有效	初中及以下	5232	60.0	60.0
	高中	2112	24.2	84.2
	大专	614	7.0	91.2
	本科	661	7.6	98.8
	研究生及以上	105	1.2	100.0
	合计（人）	8724	100.0	

以不同教育水平的道德认知和道德判断为视角，本节力图揭示近十年来我国民众伦理道德发展现状与变化轨迹。

（二）相关的概念界定和理论依据

伦理与道德是中西方文明在建构社会生活秩序和个体生命秩序方面的两种相通相殊的精神形态。

1. 伦理

在古希腊，"伦理"原为灵长类生物长期生存的居留地。居留地之所以被称为伦理,是因为它为人的生存提供了可靠的空间。德国学者劳尔斯·黑尔德的诠释说,"持久生存地"之所以需要伦理,是因为人的世界中存在着一对矛盾:个体自由的意识和行为的交往性质——个体在意识中追求自由,但行动却具有相互性。这一对矛盾导致行为期待的不确定性,进而产生对行为可靠性的期待。这种期待推进了人的行为习惯的发展:那些产生可靠预期的恒久自明、被强化的习惯被称为"德性"而得到鼓励,那些导致可靠性的预期行为被称为"伦理"。《尼各马科伦理学》第2卷开篇说道:"伦理德性是由风俗习惯沿袭约束。""习惯"指个人行为方式、倾向,"风俗"指普遍的行为方式和倾向。大家都这样行为,就成为一个群体的风俗。伦理德性就是指沿袭下来的风俗习惯。

在中国,关于"伦理",其一,东汉郑玄说,"伦,犹类也",意为人是动物的一部分。人尽管与动物同属于"类",但人又在"理"上根本性地区别于动物。"伦"并不是指一般的人际关系,而是指以血缘、宗法、等级为内容的人际关系的网络,是指以血缘关系为起点和核心外推扩散而形成的人际关系。理:从"玉",指治玉。玉是珍贵的石头,含玉的石头被称为"璞",要分离加工成玉,必须遵循它的纹理,即规律。伦理是人类社会特有的人生准则和行为规范。其二,"伦者,辈也"——车舆列分为辈,即排列不同的车,象征着不同的身份等级。区分和秩序是伦理的第一要义,秩序强调普遍性。在中国文化中"伦理"二字合用,原指事物之伦类条理,而用之于人类社会,就是人与人相处的道理,为人的道理,亦即人类社会生活关系中正当行为的道理。宋希仁先生指出,"伦理是一种客观的关系,是一种特定的人和人之间的关系以及对这种关系的领悟和治理。"或者简约地说,伦理即人理。而论述尽性合理的行为规范,以实现人类生命的最高理想或善的目的与理想,乃称为伦理学。中国传统文化是一种伦理型文化。中国伦理是在中国特殊的文化土壤上孕育、生长出来的。蔡元培先生曾指出,伦理学为我国唯一发达的学术。

伦理是个体性和普遍性统一的实体性存在,是客观的和社会的。"伦理体现的是人的实体意识,是个体与实体之间透过精神所建构和表达的不可分享的联系,因而是人精神深处根深蒂固的家园感。"[①]

[①] 樊浩:《"伦理"—"道德"的历史哲学形态》,《学习与探索》2011年第1期,第8页。

2. 道德

黑格尔在《法哲学原理》中对道德与伦理进行了区分。黑格尔的法哲学体系以自由意志的发展为经纬。抽象法是自由意志以直接方式给予自己的直接规定，具有外在的客观性，它借助于外物以实现自身。而道德是"主观意志的法"，是自由意志在内心中的实现，所以，黑格尔是在主体意志的内在状态意义上使用"道德"一词的。伦理是自由意志既通过外物又通过内心的实现，它把外在客观性的法与内在主观性的道德意志统一起来而获得充分的现实性。即伦理具有普遍性和现实性，它是外在客观性的法与内在主观性的道德统一起来的客观精神的表现，而道德只是个体的主观意志，只是伦理的内在环节，没有普遍性和现实性。可见黑格尔认为伦理是群体的规范，道德是个体的主观意志。

道德是伦理精神发展的趋向，是伦理的自在自为阶段。"德毋宁应该说是一种伦理上的造诣。"① 道德是内在化的伦理实体，是客观伦理精神的主观感受和表达。宋希仁教授指出，道德是维系和调节伦理秩序和个人行为的方式，是个人的德操和社会的风尚。"道德是根据伦理的实体性要求所进行的主体性建构，是主观的和个体的。"② 概言之，伦理是他律的，道德是自律的。伦理指向社会，是他律性的客观法。在调研中，其话语体系主要有国家观、人际关系、学校的教育功能、政府的影响、企业的影响等；道德偏重于个体性和主观性，是个体遵循伦理的能力与表达，其话语体系有经济和政治生活中的分配不公、官员腐败等道德问题。

3. 现代性

文艺复兴以来，认知主体成了哲学的出发点。在政治理论中（从洛克到穆勒），个人是合理性的承担者，不管是在市场中，还是在政治或法律中。启蒙了的主体挺身对抗无知和偏见。进步就是科学和启蒙的增长、对自然的技术控制的增长，以及物质福利方面的增长。独立的行动主体

---

① ［德］黑格尔：《法哲学原理》，范扬等译，商务印书馆1996年版，第70页。
② 樊浩：《当今中国伦理道德发展的精神哲学规律》，《中国社会科学》2015年第12期，第35页。

和认知主体的观念，科学和启蒙的观念，以及进步和理性的观念等，这些都是典型的现代性概念。①

现代性与传统相对立。德国社会学家滕尼斯认为，传统社会是一个共同体。共同体 Gemeinschaft 指称的社会关系的全部形式具有如下特征：高度的人际亲近、情感的深度、道德的义务、社会的凝聚力和经久的连续性。这种 Gemeinschaft 的典范是家庭。② 在一种 Gemeinschaft 的关系中，存在着情感的纽带，而不是那种作为社会 Gesellschaft 之特点的非私人的、匿名的关系。在 Gemeinschaft 中，血缘纽带和家庭关系是 Gemeinschaft 的支柱。但是，众多个体也为各种形式的友谊以及他们当地的环境而联合起来。滕尼斯强调，在对 Gemeinschaft 的通俗界定中，道德的方面常常处于重要地位。一个以 Gemeinschaft 关系为特点的社会，常常令我们感到"温暖""亲密"，且以"私人关系"为特征。然而，这些前现代的特征，常常伴随着广泛的腐败、裙带关系以及法规的根本缺陷。③ 滕尼斯指出，欧洲社会已经从 Gemeinschaft 关系转向了以协议和契约为基础的 Gesellschaft 关系了，这个过程创造了人和人之间新的联系，破坏了传统的权威，并代之以新的权威形式。竞争和利己主义变得越来越激烈，因为 Gesellschaft 的核心是理性和经济的计算。"在 Gemeinschaft 中，尽管有一些分裂的因素，人们本质上是联合在一起的，而在 Gesellschaft 中，尽管有一些联合的因素，他们本质上是分裂的。"④ 现代性对中国而言，是由传统的熟人社会向流动性的陌生人社会挺进的历程。

现代性与市民社会。黑格尔的法哲学只是从哲学上认识国家，从国家的理性本质上考察国家。法哲学是对理性国家作为绝对观念发展的一个阶段的理论总结，它不是一门独立的科学。法哲学的对象是理念在客观精神阶段中的运动，它依次表现为抽象法、道德和伦理三个环节。国

---

① ［挪］G. 希尔贝克、N. 伊耶：《西方哲学史 从古希腊到20世纪》（下卷），上海译文出版社2012年版，第728页。
② ［挪］G. 希尔贝克、N. 伊耶：《西方哲学史 从古希腊到20世纪》（下卷），上海译文出版社2012年版，第631页。
③ ［挪］G. 希尔贝克、N. 伊耶：《西方哲学史 从古希腊到20世纪》（下卷），上海译文出版社2012年版，第631页。
④ ［挪］G. 希尔贝克、N. 伊耶：《西方哲学史 从古希腊到20世纪》（下卷），上海译文出版社2012年版，第632页。

家作为客观精神的最高范畴，它必须克服客观精神先前存在的各种局限。因为客观精神在抽象法中表现为对精神主观性的否定，精神有赖于客体存在。当精神在道德领域中重新反省自身时，它又只是局限于精神的主观领域。只有当精神达到伦理阶段，精神才以普遍性和特殊性、主观性和客观性统一的面貌出现，这是国家的理性本质得以实现的根本前提。在国家中，一切系于普遍性和特殊性的统一。在普遍性和特殊性的统一中把握国家的理性本质，使黑格尔逻辑地得出了关于市民社会和政治国家理论。他认为，市民社会是伦理精神的特殊领域，"市民社会是个人私利的战场，是一切人反对一切人的战场。"① 市民社会作为概念有限性领域而存在。市民社会要摆脱这种有限性的束缚而走向国家领域。

近代资本主义发展所取得的一个重大成果，就是完成了国家和社会的二元化过程，即完成了"政治生活同市民社会分离的过程"。在这个过程中，社会把政治管理职能完全交给国家，而国家则把社会经济职能完全归还给社会。马克思指出，资本主义自由经济完全"抛弃了共同体的一切外观并消除了国家对财产发展的任何影响"，同时，"由于私有制摆脱了共同体，国家获得了和市民社会并列的并且在市民社会之外的独立存在"②。国家和社会的二元化，造就了政治经济充分发展的历史条件，社会在经济领域中终于摆脱了封建政治强制而获得了自己运行的权利，并为资产阶级政治法律制度的建立奠定了经济基础。

现代性，"即现代社会的性质或者主要特征"③，既是现代化的过程，又是现代化的结果，也指现代条件下人的精神心态与情感气质。其实质是用理性和科学知识把握世界，让其成为图像的过程。人通过智慧、蓝图、构想、工具、技术以及在这种征服中所日益培育和积淀起来的自以为是来实施他对自然界的改造，并在每次的胜利中进一步确认和彰显他的主体性，并把它作为一切存在者的尺度和准绳，以他主体性的眼光来描绘和看待他的客体世界。顾名思义，现代性超越了一切限制。现代人总是想走得更远，从来不愿接受他的存在的各种限度。他从来不会"走

---

① [德] 黑格尔：《法哲学原理》，商务印书馆1961年版，第309页。
② 《马克思恩格斯全集》（第3卷），人民出版社1960年版，第70页。
③ 许新、岳敏：《现代性的解读：现代社会的特征分析》，《社会研究》2009年第1期，第155页。

累了"并且去追求不朽。他试图超越他的尘世牵连,并已开始在外层空间中计划未来。对于阿伦特来说,这种进步观念是傲慢的一种形式。它表明,现代性是对人类固定限度的反叛。①

中国当今社会正处于传统向现代性转型时期,其伦理道德表现为在传统五伦中,父子、夫妇、兄弟、朋友依然是现代社会十分重要的四伦,只有君臣关系被取代为个人与社会或个人与国家的关系,嬗变率为20.0%;而在道德领域,传统的仁、义、礼、智、信五常被更换为现代新五常:爱、诚信、责任、正义和宽容。除了爱与仁相通,传统熟人社会中的人讲究内在的诚信,与现代流动性社会强调外在约束的诚信相去甚远,其他三种更与契约社会、民主社会息息相关。五常的嬗变率达到80.0%。樊浩先生将现代中国伦理道德的文化走向概括为伦理上守候传统,道德上趋向现代。②

(三)不同教育水平的人们对当前中国社会伦理道德的认知现状

目前中国社会伦理道德的现状如何,影响生活世界中的伦理精神和道德精神有哪些,受不同教育水平的影响,人们对当前生活世界的伦理道德状况及其发展的认知有哪些共识和差异,从10年的变化中,勾勒出一幅"谴责与反思交织,忧虑与憧憬同在"的图景,无论是谴责还是反思,忧虑还是憧憬,都传递着人们对国家和社会的关心,表达着社会公众的善良意识和德性本质,证明我国社会的道德主流是崇德向善的。

1. 国家伦理方面
人们对中国特色社会主义事业充满信心和自豪,伦理实体意识强。

---

① [挪] G. 希尔贝克、N. 伊耶:《西方哲学史 从古希腊到20世纪》(下卷),上海译文出版社2012年版,第736页。
② 樊浩:《当今中国伦理道德发展的精神哲学规律》,《中国社会科学》2015年第12期,第37页。

其具体表现是：认为它可以给中国带来繁荣富强[1]；信任国家主流媒体；肯定政府对志愿活动和反腐倡廉举措的推动效果。其差异性表现是：受教育水平低的公民对国家表现出淡漠、不关心的态度，而知识分子大多关心国家大事。[2]

表3-23 如果国外报道与国家主流媒体的宣传内容不一致，您倾向于相信 * 受教育程度 （%）

受教育程度	初中及以下	高中、中专及职高	大专	本科及以上	均值
主流媒体	72.9	68.1	65.6	53.6	68.5
国外报道	3.2	4.2	5.5	7.3	4.1
谁都不相信，自己判断	23.9	27.7	28.9	39.1	27.3
总计	100.0	100.0	100.0	100.0	100.0
列总计（人）	3157	3500	584	714	7955

表3-24 如果朋友圈的消息与国家主流媒体的报道不一致，您会相信哪一个 * 受教育程度 （%）

受教育程度	初中及以下	高中、中专及职高	大专	本科及以上	均值
主流媒体	62.7	59.5	57.7	47.8	59.6
朋友圈/亲朋圈子	8.7	9.2	10.5	9.7	9.1
都不相信，自己比较判断	27.4	30.6	31.5	42.2	30.4
其他	1.2	0.7	0.3	0.3	0.8
总计	100.0	100.0	100.0	100.0	100.0
列总计（人）	3404	3810	610	761	8585

---

[1] 关于调查三（2017）中的问项"您对于我们正在走的中国特色社会主义道路怎么看？"结果显示：有47.0%的人选择"充满信心，因为它可以给中国带来繁荣富强"；有36.5%的人选择"不太了解，但相信这条路能够让老百姓都过上好日子"。

[2] 调查三（2017）问卷中的问项："过去一年，您对各种政府网站的使用情况是"，选择"从不"的初中及以下的比例为79.2%，高中、中专及职高的比例74.1%，而本科及以上比例只有26.1%；调查三（2017）中的问项："您认为中国梦与您个人、家庭追求美好生活有多大程度的关系？"答案显示：初中及以下认为"关系很大"的占28.2%，而主张"关系不大""根本没有关系""不知道什么是中国梦"的占71.8%；本科及以上认为"关系很大"的占60.8%。

调查显示，在国外报道与国家主流媒体的宣传内容不一致时，虽然随着教育水平的提升，教育水平高的人在"自己判断"一栏中显示出独立思考的能力，但相信国家主流媒体的人数占比，本科及以上为53.6%，初中及以下更是高达72.9%；当朋友圈消息与国家主流媒体报道不一致时，人们也是相信国家主流媒体，占比59.6%，但知识分子（本科及以上）选择"自己比较判断"的达42.2%。

表3-25　　　　　政府推动或倡导的下列活动，效果如何
——志愿服务的倡导和推广＊受教育程度（2017）　　　　（%）

受教育程度	初中及以下	高中、中专及职高	大专	本科及以上	均值
完全没效果	2.4	1.8	2.9	2.8	2.2
效果较差	26.5	23.1	19.4	20.9	23.8
效果较好	59.5	60.6	60.2	58.5	60.0
效果很好	11.6	14.5	17.5	17.8	14.0
总计	100.0	100.0	100.0	100.0	100.0
列总计（人）	2256	2714	480	670	6120

表3-26　　　是否接受高等教育与对反腐倡廉效果的认知交叉表
（2013）　　　　　　　　　　　　　　　　（%）

			是否接受过高等教育		均值
			是	否	
您觉得政府推动或倡导的下列活动，效果如何——反腐倡廉的举措	没效果	计数（人）	372	1784	2156
		是否接受过高等教育（%）	40.2	38.0	38.3
	一般	计数（人）	263	1178	1441
		是否接受过高等教育（%）	28.4	25.1	25.6
	有效果	计数（人）	265	958	1223
		是否接受过高等教育（%）	28.7	20.4	21.8
	没听说过	计数（人）	25	777	802
		是否接受过高等教育（%）	2.7	16.5	14.3
合计		计数（人）	925	4697	5622
		是否接受过高等教育（%）	100.0	100.0	100.0

表 3-27　　　　政府推动或倡导的下列活动，效果如何？
　　　　　　　　——反腐倡廉举措 * 受教育程度（2017）　　　　　　（%）

受教育程度	初中及以下	高中、中专及职高	大专	本科及以上	均值
完全没效果	5.1	4.3	5.3	3.8	4.6
效果较差	25.4	21.2	22.6	18.6	22.6
效果较好	54.7	57.4	54.1	59.2	56.3
效果很好	14.8	17.2	18.0	18.4	16.5
总计	100.0	100.0	100.0	100.0	100.0
列总计（人）	2423	2741	473	681	6318

对于政府推动的反腐倡廉举措，在2013年调查中，认为"没效果"的，受过高等教育和没受过高等教育的分别占40.2%和38.0%，远远超过认为"有效果"的人数。2017年情况正好相反，认为"效果较好"的和"效果很好"的达到72.8%，可见党的十八大以来，把"权力关进制度的笼子""不失时机深化重要领域改革"等反腐倡廉主张取得明显成效，人们对党员干部锐意改革，勇于探索，开拓进取，领导群众干事创业，开创新局面的成绩肯定居多。

2. 社会伦理方面

总体上，一方面，人们对社会道德状况和人与人之间关系总体持满意的态度[1]，其中初中及以下受教育程度者的满意度为73.4%，本科及以下受教育程度中有65.6%的人选择"非常满意"和"比较满意"，说明教育水平越高，人们对社会的批判反思能力越强；人们在日常生活中基本遵守社区公约或村规民约、遵守交通规则，自觉排队、文明游览[2]，人们对未来社会道德状况持乐观态度。[3] 对社会生活而言，人们认为社会公正高于个

---

[1] 调查三（2017）问卷中的问项："您对当前我国社会道德状况的总体满意度是"，回答"非常满意"和"比较满意"的人数占73.7%；调查三（2017）问卷中的问项："您对当前我国社会人与人之间的关系的总体满意度是"，答案为"非常满意"和"比较满意"的人数占73.9%。

[2] 调查三（2017）问卷的回答显示，人们遵守交通规则、自觉排队、文明游览、遵守社区公约村规民约的比例分别为92.3%、95.1%、93.5%和94.6%，可见社会公德秩序总体上良好。

[3] 调查三（2017）问卷中的问项："您觉得今后中国社会的道德状况会变成什么样"，认为越来越好的占71.5%。

体德性。① 另一方面，人们评价当前的社会是人人为自己的自利社会②，人与人之间缺乏信任，社会安全度低③，人们担心社会财富分配不公，贫富差距过大，认为"比较严重"和"非常严重"的比例达67.5%。排在前三位的令人担忧的社会问题分别是：腐败问题，生态环境问题和分配不公所带来的两极分化问题。④

其不同在于：

其一，对中国社会，您最担忧的问题是：本科及以下受教育程度的人将"腐败不能根治"置于首位，初中及以下受教育程度的人选择这一答案的占38.7%，高中、中专及职高占40.4%，大专占38.5%，而本科及以上受教育程度的人认为"生态环境恶化"的比例为33.9%，超过了认为"腐败不能根治"的比例（32.8%）。

其二，"您认为哪一种关系对社会秩序最具根本性意义"，选择"家庭关系"或"个人与社会的关系"的，初中及以下和本科及以上受教育程度的人有显著差异。

其三，对社会坑蒙拐骗现象，2017年调查与2013年调查相比，人们认为严重性有所减弱。⑤

---

① 调查三（2017）问卷中的问项："您认为对社会生活而言，个体德性和社会公正哪个更重要？"，初中及以下受教育程度的人认为"社会公正最重要"（占32.1%），高于认为"个体德性最重要"（占20.3%）；本科及以上受教育程度的人也认为"社会公正最重要"（占21.2%），高于认为"个体德性最重要"（占12.5%）。认为二者应当统一的，初中及以下的受教育程度的人占47.7%，本科及以上受教育程度的人达66.3%。

② 对调查三（2017）问卷相关问项的回答表明，完全同意和比较同意当前的社会是人人为自己的比例为69.2%。

③ 调查三（2017）问卷中的问项："当前社会人与人之间缺乏信任，社会安全度低的严重程度如何"，结果表明，选择"比较严重"和"非常严重"的比例为53.3%。

④ 调查三（2017）问卷中的相关问项显示，三者所占的比重分别为38.9%，27.9%和10%，养老问题既是社会问题，又是一个家庭伦理问题，是介于中国家庭本位的传统文化，本调研报告将之归于家庭伦理问题进行分析。

⑤ 调查二（2013）问卷中关于对"坑蒙拐骗认知"，有28.7%的人选择"一般"，有53.5%的人选择"严重"；而在调查三（2017）中问卷中关于"当前社会坑蒙拐骗现象的严重程度如何？"选择"非常不严重"和"比较不严重"的占51.9%，而选择"比较严重"和"非常严重"的占48.1%。

表3-28　社会财富分配不公，贫富差距过大的严重程度如何＊
受教育程度　　　　　　　　　　　　　　　　　　　　（%）

受教育程度	初中及以下	高中、中专及职高	大专	本科及以上	均值
非常不严重	4.8	6.6 | 7.5	6.1	5.9	
比较不严重	25.9	25.4	31.9	30.2	26.5
比较严重	48.7	49.2	45.3	47.2	48.5
非常严重	20.6	18.8	15.4	16.4	19.0
总计	100.0	100.0	100.0	100.0	100.0
列总计（人）	3129	3550	590	724	7993

表3-29　您认为哪一种关系对社会秩序最具根本性意义＊
受教育程度　　　　　　　　　　　　　　　　　　　　（%）

受教育程度	初中及以下	高中、中专及职高	大专	本科及以上	均值
家庭关系或血缘关系	36.1	31.4	27.1	27.0	32.6
个人与社会的关系	44.3	48.3	49.0	48.0	46.7
职业关系	4.3	4.3	6.4	5.6	4.6
个人与国家民族的关系	10.0	10.4	10.5	12.4	10.5
人与自然的关系	2.0	2.0	2.8	1.7	2.0
个人与自身的关系	3.3	3.6	4.2	5.2	3.7
总计	100.0	100.0	100.0	100.0	100.0
列总计（人）	3439	3834	612	764	8649

3. 职业伦理方面

调查表明：在市场经济下，主体趋利性强，大多数人将职业当作谋生的手段，缺乏伦理责任感和奉献精神。[1] 在调查中，认为职业劳动是个人和家庭谋生手段的初中及以下受教育程度者占58.3%，本科及以上受教育程度者占41.3%，虽然在这一问题的选择上因受教育程度的差别而

---

[1] 调查三（2017）问卷中的问项："目前大多数人将职业当作谋生的手段，缺乏责任感和奉献精神"，表示"完全同意"和"比较同意"的占67.0%。

有显著差异,但总体上有55.0%的人赞同职业劳动是谋生手段。① 具体的诸职场伦理表现如下:

(1) 企业伦理状况:人们并不赞成经济效益是衡量企业成败的唯一标准②,认为企业要讲信用、遵守道德规则,主张企业最重要的社会责任是通过诚信经营提供质量可靠的产品,以满足社会大众的生活需要。③ 而在现实生活中,企业损害社会利益,如污染环境、以虚假广告误导公众等现象比较严重。

表 3-30　　企业损害社会利益,如污染环境、以虚假广告误导公众等严重程度如何＊受教育程度　　　　　　　　　　　　(%)

受教育程度	初中及以下	高中、中专及职高	大专	本科及以上	均值
非常不严重	4.4	4.1	6.3	7.6	4.7
比较不严重	37.5	38.8	44.3	36.1	38.4
比较严重	47.8	48.1	40.9	49.3	47.6
非常严重	10.4	9.0	8.5	7.0	9.3
总计	100.0	100.0	100.0	100.0	100.0
列总计(人)	2928	3396	574	710	7608

(2) 官员伦理状况:一方面,随着党风廉政建设和反腐败斗争的深入推进,社会上领导干部滥用职权,给领导干部送礼、讨好其的现象大大

---

① 调查三(2017)问卷中的问项:"关于职业劳动的说法,您最认同的是?"结果表明:选择"是谋生手段"的,初中及以下、高中中专及职高、大专和本科及以上受教程度的分别为58.3%、55.5%、50.0%和41.3%;选择"是为社会创造财富"的,分别为25.7%、25.5%、23.0%和23.9%;而选择"是个人兴趣和价值实现的方式"的,初中及以下受教育程度的为15.5%,而本科及以上受教育程度的高达34.3%,可见,随着社会生活的发展,知识分子在温饱问题解决之后,更多的人将美好精神生活的追求放在首位。

② 调查三(2017)问卷的调查结果显示,有57.4%的人表示"不太同意"或"完全不同意"经济效益好坏是衡量企业成败的唯一标准。

③ 调查三(2017)问卷中的问项:"您认为企业最重要的社会责任是什么?"选择"为企业和企业股东赚钱"的只有14.2%,选择"通过依法纳税为国家积累财富"的占22.5%,大多数人选择诚信经营、提供质量可靠的产品满足大众生活的需要,占56.6%。

减少①，民众对政府官员的信任度提高了，在受到不公平待遇时，大多选择相信政府，积极寻求相关部门的帮助②；另一方面，人们认为这十年来，政府官员凭借其特殊的地位获利的最多③，贪污受贿和以权谋私是政府官员十分严重的两大问题。

表3-31　与前几年相比，您对政府官员的信任度有什么变化？*
受教育程度（2017）　　　　　　　　　　　　　　　　　　（%）

受教育程度	初中及以下	高中、中专及职高	大专	本科及以上	均值
信任度提高了	38.3	37.4	42.5	45.5	38.8
更加不信任	14.4	13.5	12.5	11.2	13.6
没什么变化	47.0	48.9	45.0	43.1	47.3
其他	0.3	0.2	—	0.3	0.2
总计	100.0	100.0	100.0	100.0	100.0
列总计（人）	3418	3813	609	759	8599

表3-32　您觉得当前我国政府官员道德问题最严重的是？选择一*
受教育程度（2017）　　　　　　　　　　　　　　　　　　（%）

受教育程度	初中及以下	高中、中专及职高	大专	本科及以上	均值
贪污受贿	51.6	49.7	45.1	42.8	49.4
以权谋私	27.2	26.8	28.4	32.0	27.6
生活作风腐败	8.6	10.9	10.6	9.4	9.9
官僚主义	2.7	3.3	5.0	5.8	3.4

---

① 调查三（2017）问卷中的问项："您所工作的单位是否存在如下现象：领导干部滥用职权"，结果显示，初中及以下受教育程度的人中有76.5%未选中，本科及以上受教育程度的人中有84.6%未选中。调查三（2017）问卷中的选项："您所工作的单位是否存在如下现象：给领导干部送礼讨好"，结果显示，初中及以下有68.2%未选中，本科及以上受教育程度的人中有73.8%未选中。

② 调查三（2017）问卷中的问项："受到不公平待遇，应该充分相信政府，积极寻求相关部门帮助"，有80.4%的人选择"完全同意"或"比较同意"。

③ 调查三（2017）问卷中的问项："近10年以来，您认为下列哪一类人获得的利益最多？"认为政府官员获利最多的占31.0%，高居榜首。

续表

受教育程度	初中及以下	高中、中专及职高	大专	本科及以上	均值
平庸，不作为，只保护自己不解决实际问题	6.8	6.6	7.9	7.6	6.8
乱作为，搞政绩工程折腾百姓	1.1	1.3	1.3	1.0	1.2
铺张浪费	0.5	0.3	1.1	0.7	0.5
拉帮结派	0.8	0.7	0.2	0.6	0.7
骄横跋扈，欺压百姓	0.2	0.3	0.4	0.3	0.3
其他	0.4	0.1	0.2	—	0.2
总计	100.0	100.0	100.0	100.0	100.0
列总计（人）	2975	3367	559	713	7614

（3）新闻媒体伦理状况：由于新闻媒体主体的功利性和激烈的市场竞争，新闻媒体伦理失范现象比较普遍，表现为娱乐界和媒体缺乏社会责任感，以丑闻、绯闻炒作，污染社会风气的情况比较严重，人们不信任演艺娱乐圈。[①]

表 3-33　　娱乐界以丑闻、绯闻炒作，污染社会风气严重程度如何 * 受教育程度（2017）　　（%）

受教育程度	初中及以下	高中、中专及职高	大专	本科及以上	均值
非常不严重	5.0	5.9	8.8	5.8	5.8
比较不严重	28.0	27.4	27.9	26.9	27.6
比较严重	54.1	53.9	48.8	49.0	53.1
非常严重	12.9	12.8	14.6	18.3	13.5
总计	100.0	100.0	100.0	100.0	100.0
列总计（人）	2628	3155	570	721	7074

---

① 调查三（2017）问卷是的问项："您对下面群体的信任程度如何？（演艺娱乐圈）"，结果表明：有 46.2% 的人表示"不太信任"，有 18.5% 的人选择"根本不信任"。

表3-34　媒体缺乏社会责任，炒作新闻严重程度如何*
受教育程度（2017）　　　　　　　　　　　　　　　　　　（%）

受教育程度	初中及以下	高中、中专及职高	大专	本科及以上	均值
非常不严重	6.5	6.5	7.7	6.7	6.6
比较不严重	30.6	30.9	33.3	30.6	31.0
比较严重	52.2	50.1	45.6	46.0	50.1
非常严重	10.7	12.5	13.4	16.8	12.3
总计	100.0	100.0	100.0	100.0	100.0
列总计（人）	2645	3169	574	720	7108

（4）公众人物伦理状况：人们对公众人物信任度低[①]，认为公众人物用知名度攫取财富现象比较严重（见表3-35），突出表现为沽名钓誉、抄袭剽窃、低俗炒作等。

表3-35　公众人物用知名度攫取财富的严重程度如何*
受教育程度（2017）　　　　　　　　　　　　　　　　　　（%）

	初中及以下	高中、中专及职高	大专	本科及以上	均值
非常不严重	8.3	8.5	9.0	10.1	8.6
比较不严重	34.5	34.8	36.4	35.0	34.9
比较严重	45.9	44.7	41.0	44.2	44.8
非常严重	11.3	12.0	13.6	10.7	11.7
总计	100.0	100.0	100.0	100.0	100.0
列总计（人）	2546	3025	546	702	6819

（5）教师伦理和医患伦理状况：人们对当地学校的群体道德状况满

---

① 调查三（2017）问卷中的问项："您对下面群体的信任程度如何？（公众人物）"，结果表明：有38.1%的人表示"不太信任"，有13.7%的人选择"根本不信任"。

意度较高①，认为学校是最讲道德的单位，对教师的信任度达到了84.3%②，人们对医生群体的信任度达76.9%。这显示出人们对师德和医德总体上感到满意，认为老师和医生不守职业道德的现象不算严重。③但在问及哪类单位道德水平较差时，医院排第二，列私营企业之后。④

吊诡的是，人们对诸群体的伦理道德整体状况的满意度，除对演艺娱乐界"非常不满意"加上"比较不满意"的比例为51.5%外，选择"比较满意"和"非常满意"的比例加起来只有48.5%，对其余诸群体的满意度分别为：农民，85.0%；工人，84.5%；教师，83.4%；青少年，82.1%；专家学者，79.8%；自由职业者，77.9%；医生，75.4%；企业家，74.6%；商人，72.0%；一般公务员，71.4%；政府官员，62.7%。职业只有分工不同，人们对从事不同职业的人并不存在偏见。然而，鉴于企业家（或商人）、政府官员、演艺娱乐界分别掌握经济、政治、文化领域的话语权，他们对社会的影响巨大，当他们因受利益驱动而集体失范时，污染了社会风气，对社会的负面效应更大，无形中给民众带来了极大的道德压力和心理暗示，人们普遍担忧社会正在逐渐滑向一个低信任度和失德的深渊。

4. 家庭伦理方面

中国传统社会是熟人社会，长期的农耕生产方式使得以血缘为纽带的家庭或家族成为人们生活的依托和一切活动的中心，因而是家庭本位

---

① 调查三（2017）问卷中的问项："对当地学校的群体道德状况的满意度是"，结果表明：有71.5%的人表示满意，有10.8%的人表示非常满意。

② 调查三（2017）问卷中的问项："您对下面群体的信任程度如何？（教师）"，结果表明：有69.7%的人表示"比较信任"，有14.6%的人表示"完全信任"。调查三（2017）问卷中的问项："您对下面群体的信任程度如何？（医生）"，有13.3%的人选择"完全信任"，有63.6%的人选择"比较信任"。

③ 对调查三（2017）问卷中的问项："教师不尽职严重程度如何"，回答"非常不严重"和"比较不严重"的比例分别为15.3%和56.6%；对问卷中的问项"医生不守职业道德严重程度如何"，回答"非常不严重"和"比较不严重"的比例分别为13.8%和51.6%。

④ 调查三（2017）问卷在问及"您觉得下列哪类单位道德水平最差"时，有30%的人选择私营企业，医院和政府机关列第二、三位，分别占18.2%和15.3%。

的伦理社会。调查显示,在现代中国社会里,人们认为家庭的重要性高于国家①,家庭生活依然对个人生活最具根本性意义;在家庭生活中,人们能体验到自己身上存在"伦理感",在夫妻之间,人们有较强的奉献精神,愿意为对方或家庭做出牺牲②;在父母与子女的关系方面,一方面是平等民主,父母在孩子面临重大问题(婚姻、升学、就业)时,不包办,但会积极提出建议③,另一方面传统社会的"孝亲敬长"思想深入人心,年轻人大多孝敬父母④,父母对子女提出的有关人生发展方面的建议,较多被子女采纳⑤;当与家庭成员发生重大利益冲突时,人们多采取伦理的方式进行沟通⑥,人们的幸福感和快乐感随生活水平的提高而普遍提高了,有 58.1% 的人认为生活富裕或小康,幸福且快乐,也有 23.9% 的人认为生活清贫,幸福且快乐。⑦

受现代民主社会思想的影响,人们普遍认同婚恋自主、男女平等,家庭民主氛围更加浓厚。人们主张婚姻意味着责任,婚姻关系主要从家庭整体(包括子女)来考虑,兼顾社会评价和社会后果,不能轻率离婚。⑧ 人

---

① 调查三(2017)问卷中的问项:"对于个人而言,您认为家庭、社会和国家三者的重要性程度如何?"结果显示,选择家庭最重要的占 48.3%,高于选择"国家最重要"的比例(占 45.9%)。

② 调查三问卷中的问项:"如果夫妻中需要一方为对方或家庭做出牺牲,您的态度是?"结果显示,有 76.7% 的人选择"比较愿意"和"愿意,时常这么做"。

③ 调查三(2017)问卷中的问项:"如果孩子面临重大问题时,您的态度是?"调查显示,有 24.5% 的人选择"积极建议,努力说明他们采纳",有 40.2% 的人选择"只提建议,让他们自己选择"。

④ 调查三(2017)问卷中的问项:"年轻人缺乏责任感,不孝敬父母严重程度如何?"结果显示,认为"非常不严重"和"比较不严重"的占 64.5%,认为"比较严重"的占 28.0%,认为"非常严重"的占 5.5%。

⑤ 调查三(2017)问卷中的问项:"您对子女所提出的有关人生发展方面的建议,是否经常被采纳?"结果显示,表示"经常被采纳"和"较多被采纳"的达 81.5%。

⑥ 调查三(2017)问卷中的问项:"如果您与家庭成员之间发生重大利益冲突时,您会?"结果显示,选择"得理让人,适可而止"的达 51.7%,选择"能忍则忍"的占 33.3%。

⑦ 调查三(2017)问卷中的问项:您认为您目前的状况是?"有 11.0% 的人选择"生活富裕,幸福且快乐";有 47.1% 的选择"生活小康,幸福且快乐",有 23.9% 的选择"生活清贫,幸福且快乐"。

⑧ 调查三(2017)问卷中的问项:"是否离婚应该从家庭整体(包括子女)考虑",选择"比较同意"和"完全同意"的达 85.3%。

们对同性恋、婚外恋、丁克家庭、代孕等持反对态度[1]，对不婚、试婚和同居等现象持中立的态度的人越来越多，且文化水平越高，人们越中立。说明在开放的社会里，人们的包容程度受教育文化的影响日益扩大。对家庭关系人们最担忧的是"独生子女难以承担养老责任，老无所养"[2]。人们认为老无所养是中国社会第二大伦理冲突区。

表3-36　　您认为哪一种关系对个人生活最具根本性意义 *
受教育程度（2017）　　　　　　　　　　　　　　　　　　（%）

受教育程度	初中及以下	高中、中专及职高	大专	本科及以上	均值
家庭关系或血缘关系	56.2	53.3	52.5	52.2	54.3
个人与社会的关系	19.5	19.6	21.8	20.8	19.8
职业关系	12.6	13.3	12.3	9.2	12.6
个人与国家民族的关系	4.6	5.0	5.2	5.5	4.9
人与自然的关系	1.9	2.1	1.6	1.2	1.9
个人与自身的关系	5.1	6.9	6.6	11.1	6.5

表3-37　　您认为当今中国社会最基本的伦理冲突是？选择二 *
受教育程度（2017）　　　　　　　　　　　　　　　　　　（%）

受教育程度	初中及以下	高中、中专及职高	大专	本科及以上	均值
生态环境恶化	9.4	10.6	9.6	5.8	9.5
分配不公，两极分化	37.2	34.5	29.2	21.4	33.5

---

[1] 调查三（2017）问卷中的相关内容显示：对同性恋，持"比较反对"和"强烈反对"的占81.1%；对婚外恋，持反对态度的达89.6%；对丁克家庭，反对者占70.8%；对代孕，反对者占78.5%；对不婚现象，初中及以下受教育程度者选择保持中立的占34.1%，而本科及以上受教育程度的持中立态度的达54.1%；对试婚和同居，本科及以上持中立态度的分别为44.1%和52.8%。

[2] 调查三（2017）问卷中的问项："您认为现代家庭关系中最令人担忧的问题是：选择一 * 受教育程度"，列首位的是"独生子女难以承担养老责任，老无所养"，占22.8%；其次是"只有一个孩子，对家庭的未来没把握"，占21.7%，归结为一个问题：独生子女养老问题。

续表

受教育程度	初中及以下	高中、中专及职高	大专	本科及以上	均值
老无所养，未来没有把握	41.0	41.9	47.2	55.4	43.6
生活水平下降	12.3	12.7	14.0	17.4	13.3
列总计（人）	1134	1438	271	379	3222

5. 个体道德方面

多元化的利益追求和多元化的价值观念体系已经成为当代人类社会的基本处境，这使得人们的道德生活变得越来越复杂。由此给人们带来了许多道德困境，人们往往很难找到非常明确的伦理规则来指导自身行为。调查显示，多数人的行为表现为功利性强，过于务实。人们缺乏自己的一套道德观念体系，有的人是心中有自己的道德判断，易受周围环境的影响而做出违背内心道德的事情。在德行关系上显现出知行分裂。

在问及"当前中国社会个人道德素质的主要问题"时，全国卷调查二（2013）有66.7%的人选择"有道德知识，但不见诸行动"，调查三（2017）选择"有道德知识，但不见诸行动"的人更是高达69.3%。[①]

道德是伦理的内化。调查说明，人们并不缺乏基本的道德知识和道德判断，而是将它们留于思想层面，比如在调查"您认为当今中国社会最重要和最需要的德性是"，选择"爱"的居多，但人们在处理人际关系时多秉承利己主义。这种类似的事在社会报道中也屡见不鲜，如人们缺乏扶助老幼和见义勇为的壮举，作为旁观者冷眼旁观的人常常比较多。[②] 人们并没有道德冲动要将"爱"表现出来，转化为行动。这也与陌生人社会所出现的信任危机分不开。

---

① 关于问卷中的问项："您认为当前中国社会个人道德素质的主要问题是"，调查二（2013）在是否接受高等教育项显示：有66.7%的人选择"有道德知识，但不见诸行动"；调查三（2017）的结果表明：选择"有道德知识，但不见行动"的，初中及以下受教育程度者占68.8%，本科及以上受教育程度者占75.7%。

② 调查三（2017）问卷中的问项："当在公交车上遇到小偷正在偷乘客钱包时，您会选择以下哪种做法"，选择"冲上去制止"的只有19.5%，而选择"装作什么也没看到和不敢直接与小偷对抗的"分别为12.1%和60.9%。

(四)不同教育水平认知下当前中国伦理道德状况分析结果与解释

对全国道德发展数据库交互分析表关于不同教育水平的人的认知状况问卷的统计结果显示：当前中国伦理道德状况总体上良好，这首先应归因于近五年来中国经济和社会的迅速进步。正如习近平在党的十九大报告中所说："我们坚持稳中求进工作总基调，迎难而上，开拓进取，取得了改革开放和社会主义现代化建设的历史性成就。"党的十九大报告从经济建设所取得重大成就、全面深化改革所取得的重大突破、民主法治建设迈出的重大步伐、思想文化建设所取得的重大进展、人民生活不断改善、生态文明建设成效显著、强军兴军开创新局面、港澳台工作取得新进展、全方位外交布局深入展开、全面从严治党成效卓著十个方面概括了党的十八大以来所取得的历史性成就，由此带来的国家富强，社会和谐，家庭幸福，是对我国伦理道德的最好推动。其次，近十年来，我国思想道德建设不断进步，从中央到地方党政机关齐抓共管，从城乡社区到大中小学，《辉煌中国》《厉害了，我的国》和社会主义核心价值观等宣传教育活动广泛开展，《光明日报》和中央电视台主办的"家风家教大家谈""感动中国"节目几乎家喻户晓，中国梦、社会和谐、家庭幸福、生态美丽等理念融入城乡居民的日常生活中。

国家伦理、社会伦理、职业伦理和个体德性现状的归因如下。

1. 国家伦理归因

在黑格尔的法哲学理论中，伦理精神是家庭—市民社会—国家三个环节的辩证运动过程。家庭具有直接而自然的普遍性，是人的精神家园，市民社会解构了家庭的同一性，是一种形式普遍化和异化了的精神，是个人利益的战场，属于法权状态的教化世界，其逻辑之一是市场、私有财产的排他性、不平等和控制增长的普遍性。它必然向国家过渡。国家对个体来说，它一方面是外在必然性和最高权力，另一方面是它们的内在目的，这就是国家的力量所在。在国家中，精神的自为形态是爱国心，而"爱国心作为一种政治情绪,本质上是一种信任,是对国家普遍目的和个人特殊利益的统一。"①

国家是伦理实体,对国家伦理来说爱国心和信任在本质上是意识形态的争夺。西方敌对势力与我们之间的渗透与反渗透、颠覆与反颠覆的斗争,是国际上的阶级斗争,对此我们必须加强意识形态工作。在坚持开放、合作、利用、借鉴的同时,把国家主权和安全放在第一位,不能放弃维护国家和人民的权益,更不能放任各种腐朽的、有害于人民的东西自由泛滥。葛兰西的文化霸权理论强调文化领导权的特质:通过大众同意进行统治的方式。他指出,西方具有较高民主程度的资本主义社会,其统治方式已不再是通过暴力,而是通过宣传,通过其在道德和精神方面的领导地位,让广大人民接受社会的一系列的法律制度或世界观来达到其统治的目的。阿尔都塞的"意识形态国家机器"理论认为,统治阶级的统治,如果没有意识形态国家机器的支持,仅靠镇压性国家机器,是难以维持长久的。习近平指出:经济建设是党的中心工作,意识形态工作是党的一项极端重要的工作。

2. 社会伦理现状归因

社会伦理充满正能量的一面在于:在内容上,中国特色社会主义始终与人民同呼吸、共命运、心连心,永远把人民对美好生活的向往作为奋斗目标,让人民有更多的获得感。在方法上,国家与社会民间力量的价值取向一致,齐心协力维护社会稳定和发展。"现代社会,西方的市民社会是作为行政网络的对立面而存在的,且通过批评行政系统来发挥对社会秩序的维护功能,但其结果往往适得其反。中国的公民社会网络虽然也是在市场经济环境中培育起来,但这个网络与行政网络在价值取向上保持相对一致而存在,而且它是通过作为行政网络的重要补充来发挥对社会秩序的维护功能的。从实践来看,其维护社会秩序的效果远比西方市民社会要好。"②

---

① 樊浩:《伦理病灶的癌变:"贱民"问题》,《道德与文明》2010年第6期,第9页。
② 胡键:《争论中的中国模式:内涵、特点和意义》,《社会科学》2010年第6期,第3—11页。

社会伦理危机分析表明，其一，随着市场经济的发展，参与经济活动的每个主体都竭力追求自身利益的最大化，在一些人身上出现了只注重个人利益的弊端。人们的道德观念被物质化、庸俗化、功利化的价值面所取代，出现坑蒙拐骗、贪污受贿、"官二代""富二代"等社会现象。这些不良社会风气和负面信息严重扭曲了人们的三观。其二，传统身份伦理文化和陌生人社会带来了腐败与不信任的叠加效应。在传统"熟人社会"里，人们知根知底，了解和信任是主基调，在做道德选择时，不会出现道德价值观的混乱，易以道德自信和勇气实行道德行为；而在"陌生人社会"里，人们对陌生环境和陌生人不信任，往往需要对新的道德处境进行分析判断，甚至漠视陌生人的困境。社会上产生的道德失范现象往往发生在陌生人身上。在传统社会里，儒家文化基于人性善的预设，强调身份的结构，内圣外王，认为有德行的人能行使好公权力。因此，对公权力的约束就在于选择有德行的人做管理者，即以德治国。美国社会学家韩格理认为韦伯的官僚制研究不适合中国，其主要区别是西方的官僚制体现的是命令结构，而中国体现的是身份结构。身份结构的最主要特点是官吏角色的自主性。这种自主性的规范更多地来自礼制对和谐和秩序的要求，而较少来自上级的指令。由此观点推演下去，那么下级对上级的效忠更多的也是一种道德和义务的约束，而非行政管理上的一种责任。在这种架构下，官吏（包括皇帝自己）的作用并非管理（但不是不管理），而是被要求在他所管辖地区起表率楷模作用：严于律己，清正廉洁，大公无私，一心为民；但角色的自主性却极容易导致权力的放任或滥用。中国人理解的"混个一官半职"意味着一个个体因此可以任意享用手中的权力。① 波兰的什托姆普卡指出，在腐败广泛传播的社会里，社会联系的网络被行贿者和受贿者之间的互惠、"关系"、交易、病态的"伪礼俗社会"的网络所代替。因而，腐败是信任缺失的"替代品"②。

---

① 翟学伟：《中国人的关系原理：时空秩序、生活欲念及其流变》，北京大学出版社2011年版，第144页。

② ［波兰］什托姆普卡：《信任：一种社会学理论》，中华书局2005年版，第155页。

3. 职业伦理分析

诸职场的目的性价值缺位，形成了物化的职场。随着新媒体时代的到来，产生了人类以技术理性看待世界的视角，即机械、冷漠、片面、功利的视角，这是技术理性化的工具性货币体现。[①] 物化一方面表现为生产体系的机械化和合理化，另一方面体现为消费主义的生产方式。在市场经济世界，资本主义生产体系日益机械化、专业化和合理化，人的创造性劳动不得不服从机器生产体系运行的规律，破碎化为机械的操作活动，人成为机械化生产体系的一个原子、一个零件。从劳动过程来看，这种合理性一方面使整个劳动过程分解为一些抽象合理的局部操作，将工作机械化、碎片化，同时也使之更合乎合理的计算过程，"在物化关系中，关键或基本的东西是建立在被计算和能被计算的合理化原则，即形式合理性或科学理性。"[②] 这是劳动过程本身的合理化原则的确立，也是其自身存在合法化的证明。由于物化，人们的主体性消失了，成为人造物的被控制者，主宰着人们的意识和行为。消费主义生活方式使人把幸福的体验寄托在对商品的占有和享受上，它使西方社会一方面出现了整个社会生产生活一体化趋势和个人个性化自由发展要求之间的矛盾，另一方面出现了全社会的纵欲主义、个人主义、自我的迷失和生命意义的失落。

商业诚信缺失一方面与市场经济条件下经济活动的复杂性提升，生产、流通、消费时间延长、环节增多、层次叠加相关。在生产环节，粮食成为现代化流水线的原材料，加工产品五花八门；在交换环节，间接订货取代即日交易，支票结算、支付宝结算、微信结算成为新的结算方式，网络交易、期货交易令时空分离；在消费环节，各种添加剂的使用，复杂的加工，消费者个人难以充当质量监督者。在这种复杂的经济活动中，能够制假贩假的链条全方位延伸，诚信缺失的风险空前放大。此外，经济生活中诚信的缺失和我国的信息披露共享机制不完善、信息不对称

[①] 赵建军、曹欢荣：《技术理性化的困境与超越》，《自然辩证法研究》2005年第12期，第53—57页。

[②] ［匈］卢卡奇：《历史和阶级意识》，重庆出版社1989年版，第98页。

有很大关系。交易双方在选择是否给予对方信用时采取十分慎重的态度，导致了我国当前失信行为的大量发生。另一方面在于企业界责任伦理的缺失。韦伯关注现代人如何在社会中共处，提出了"责任伦理"一词。中国企业对内承担了员工福利，对外承担了向国家纳税，发展经济，稳定社会的责任。这只是企业责任，企业责任要向社会责任扩展。企业社会责任指企业最大化其对社会的积极影响，同时最小化其负面影响的义务。调查显示，在看待企业做公益和慈善上，有17.8%的人认为是在作秀，有24.1%的人认为是在做广告，把弱势群体当作宣传自己的工具，只有26.5%的人承认是在做善事。① 这未免有伪善之嫌。

官员职场设租寻租。当前官员腐败主要表现为围绕配置资源的权力展开的寻租博弈。改革开放后，我国实行的是中国政府主导下的经济发展模式，权力高度集中在政府官员手中，这为官员权力干预市场提供了便利。由于长期掌握国家公共权力，绝对的权力导致绝对的腐败，其长期控制国家资源和利益的分配，拥有较大的腐败机会和便利。在物化的世界，一些官员借政策"调控"之名，行权力设租寻租之实。

新闻媒体职场侧重新媒体的工具性价值，忽视其目的性价值，弱化乃至忽视其情感、意志性和伦理道德性。新闻媒体为追求广告利益和高收视率，节目商业化、低俗化，过度报道和传播一些负面消极的信息，热衷于炒作，追求耸人听闻效应。汶川地震中发生的"范跑跑"事件，一家公共媒体竟然找一名社会学教授和"范跑跑"做辩论，最后，大部分的观众认为"范跑跑"赢了，媒体的职业道德缺位可见一斑。虽然舆论不具强制性，但它往往代表人们的意志和社会发展动向，因而在社会发展过程中具有不可或缺的作用。我们要重视网络媒体对道德问题的放大效应，因为有些民众对新闻媒体的报道从不加反思和批判，不能独立思考，易把道德失范的个案视为社会的普遍状态。

4. 家庭伦理现状分析

中国社会由传统向现代转型过程中，家庭伦理对个人生活依然最具

---

① 调查三（2017）问卷中的问项："您怎么看待一些企业做公益和慈善"，选择"是做善事，把赚的钱还给社会"的只有26.5%，选择"是在作秀""是做广告"和"做总比不做好，随他去吧"的分别占17.8%、24.1%和31.0%。

根本意义。中国传统主流文化注重宗法家族关系的伦理道德意义,将血缘亲情作为确立宗法伦理规范的内在依据,儒家认为,血亲伦理规范是一切道德行为的本根基础。家是中国文化不可颠覆的堡垒。费孝通在《乡土中国》中认为,中国人的家是一种"事业社群"。家的事业就是延续后代。为了完成这个首要任务,一个个体既无法在家庭中以自我为中心,又无法独立于他的家庭,这就导致中国人不可能"为了己,牺牲家",而是"为了家,牺牲己"[①]。调查显示:血缘关系依然是当前中国社会最具根本意义的伦理关系,人们十分重视的伦理关系依次为父子、夫妻和兄弟姐妹,可见亲情是人们不可究诘、不能颠覆的神圣元素。

人们处理婚姻关系的主导因素是家庭整体,人们对同性恋、婚外恋、丁克家庭、代孕等持反对态度说明,社会对两性关系的伦理性坚持和严肃的态度居主流,知识分子对不婚、试婚和同居持中立态度,认为是个人私事,说明西方的个人主义和性解放等思想对中国社会的渗透。

独生子女问题和人们对家庭养老的忧虑,一方面是由我国人口政策如计划生育政策造成的,另一方面则是由于我国的社会保障制度还不健全,社会保障的现状令人担忧。

5. 个体德行危机归因

个体德行失范与制度缺失息息相关。社会转型伴随着一系列深刻而又广泛的制度变革,导致利益的再分配、利益格局的变化,使各种利益关系处于冲突和动荡之中。而我国的制度变迁"是以政府为主导的渐进式制度变迁"。[②] 其时间长、局部性、缺乏系统性的特点会引起新旧两种制度的矛盾冲突。制度缺失包含两种意义:一是制度的短缺,即在一个制度体系内,由于社会的变革废除了旧的向度,而新的代替性的制度还没有及时出台,使某个领域的制度呈现真空状态,造成制度的漏洞。二是制度的失效,即制度由于无法适应社会发展的要求而失效。社会转型

---

① 翟学伟:《中国人的关系原理:时空秩序、生活欲念及其流变》,北京大学出版社2011年版,第233—234页。

② 郑杭生:《中国社会发展研究报告 2007 走向更加有序的社会:快速转型期社会矛盾及其治理》,中国人民大学出版社2007年版,第33页。

使原有的利益格局发生变化,新的制度监管又没有建立起来,人们的价值观取向容易发生变化,原来追求高尚的道德品质逐步被追求利益、追求物质、追求享受所取代,为了谋求个人利益,有的人会昧着良心,采取不道德、有时甚至是违法的行为。从个体层面看,制度缺失引发了个人品德的失范和个体精神世界的失落;从社会层面看,制度缺失是形成社会不安定因素的原因之一,不利于社会的稳定和谐。

个体知行分裂一方面是因为现实生活是复杂的,不存在非恶即善的简单选择情境,对于个人在社会中的道德义务及其实践的具体方式缺乏明确的认识,不知道在具体的情境下如何对道德义务的具体内容进行理解,更难在行为的各种可能性中做出恰当的选择。另一方面,传统耻感文化消失,出现道德脱轨。传统中国社会是一种耻感文化。这是受"外在引导"的社会,如果你与社会格格不入,你的感觉是"羞耻"即羞耻文化。鲁迅先生说"面子是中国精神的纲领",怕"丢脸"、要面子成了中国人抵御恶之诱惑的心理防线。这种道德文化在于耻感若要转化为遵循道德的动力,必须以熟人社会和外在监督力强为前提,一旦与陌生人打交道,荣辱感便不再奏效。他律的约束不再,个人成为从自然家庭伦理实体中游离出来的单子,失依和脱轨,成为文明社会的普遍镜像。

(五)对策和未来展望

当前中国社会伦理道德精神分为四元素结构:意识形态中所提倡的社会主义道德、中国传统道德、西方文化影响而形成的道德和市场经济中形成的道德。2007年的调研表明,影响人们的文化理念显示:市场竞争的影响(71.3%)>拜金主义的影响(56.6%)>传统道德的影响(55.4%)>流行文化的影响(54.3%);而2017年的调查,针对"您认为当前我国社会道德生活中最重要的内容是"这一问题,结论显示,选择"中国传统道德"的为50.4%,其余依次为"意识形态中所提倡的社会主义道德",占23.7%;"市场经济中形成的道德",占17.6%;"西方文化影响而形成的道德",占 8.3%。① 这显示出传统文化在创造性转化、创造性发展方面焕发出生机和活力。

亨廷顿在《变化社会中的政治秩序》中指出：对一个传统社会的稳定来说，构成主要威胁的，并非来自外国军队的侵略，而是来自外国观念的侵入，印刷品和言论比军队和坦克推进得更快、更深入。当前我们要加大意识形态建设，以高度的文化自信弘扬传统美德，克服市场经济和西方文化的消极影响。对于道德问题，既要分析"为什么"，更要思考"怎么办？"笔者结合当前不同教育水平的人的伦理道德国情认知情况，提出如下建议：

其一，在国家伦理方面，应发挥党政部门的领导和协调作用，积极占据宣传思想阵地，增强人们对社会主义国家和制度的认同和自信。习近平指出：宣传思想阵地，我们不去占领，人家就会去占领。"思想舆论领域大致有红色、黑色和灰色'三个地带'。红色地带是我们的主阵地，一定要守住；黑色地带主要是负面的东西，要敢于亮剑，大大压缩其地盘；灰色地带要大张旗鼓争取，使其转化为红色地带"。② 堡垒最容易从内部攻破。首先，加强中国共产党自身的建设，提高各级领导干部的素质。把党建设成为用中国特色社会主义理论武装起来的、全心全意为人民服务的、思想上政治上组织上完全巩固的马克思主义政党，在当代风云变幻的条件下，能团结统一，经受住任何风险。其次，以经济建设为中心，提高综合国力，不断发挥社会主义制度的优越性，以民生为本，提高人民生活水平，达到民富国强。最后，加强青少年的思政工作，培养四有新人。青少年是社会主义的未来，也是西方敌对势力和平渗透的主要目标之一，和平演变即用西方腐朽的价值观念腐蚀我国青少年一代，是敌对势力常用的手段。加强精神文明建设，重视对青少年的思想教育。三管齐下，才能使我们在抵御"西化""分化"的斗争中永远立于不败之地。

---

① 调查三（2017）问卷中的问项："您认为当前我国社会道德生活中最重要的内容是什么？"，选择"中国传统道德"的初中及以下受教育程度者为 53.1%，本科及以上受教育程度者为 44.7%；选择"意识形态中所提倡的社会主义道德"的，初中及以下受教育程度者为 22.9%，本科及以上受教育程度者为 29.1%，不同教育水平的人的观点有显著差异。

② 习近平：《习近平谈治国理政》（第二卷），外文出版社 2017 年版，第 328 页。

其二，针对社会伦理中的腐败和两极分化现象，强力反腐，精准扶贫，坚持公平正义，重构社会信任。

人的素质的提高离不开管理和教育两条根本途径。坚定不移推进党风廉政建设和反腐败斗争。西方通过制度伦理反腐，西方反腐的理论基础是人性恶的"无赖假定"。所谓"无赖假定"是指在制度设计上，假定每个官员都是"无赖"，都是潜在的腐败分子，尽管事实上并非如此。需要强调的是，这只是出于制度设计的需要，而不是对现实政治中的官员进行的道德评价。"无赖假定"作为我们预防腐败和制度设计的新观点，坚持用制度管权管事管人，让人民监督权力，让权力在阳光下运行，是把权力关进制度笼子的根本之策。坚持和改进党的领导，落实人民主体地位，把权力关进制度的笼子里，形成不敢腐的惩戒机制、不能腐的防范机制和不易腐的保障机制。将反腐倡廉由具体操作转向环境营造，做到干部清正、政府清廉、政治清明。

保障和改善民生没有终点，只有连续不断的新起点。改革开放以来，我国以经济建设为中心推动了社会蛋糕的迅速增大，绝对贫困得到根本扭转。由于发展不平衡，在区域、性别和人文维度出现了相对贫困。人文贫困指数包括三个指标：寿命的剥夺、教育的剥夺和生活质量的剥夺。钱权交易，分配不公与社会两极分化之间的巨大反差，都会使弱势群体产生仇官仇富心理和反社会行为。政府和社会的帮扶和救助工作既要博爱普施，又要点滴灌溉、精准扶贫，在"输血"的同时提升相对贫困群体的"造血"功能。阿马蒂亚·森认为，世间的不公正主要是出于个体之间能力的差异。他主张"以自由看待发展"，通过对社会人生存状况的分析，他提出能力平等原则超越了机会平等的原则，而且他肯定了人的基本尊严与价值。对弱势群体而言，"授之以渔"，提高他们的社会地位、教育水平和精神尊严是首要的问题。

樊浩在《试析伦理型文化背景下的大众信任危机》一文中，揭示了中国现代社会由不可信的道德信用危机→不愿信的伦理危机→不敢信的文化信心危机的演进轨迹，提出走出"市民社会陷阱"、走出"伦理半径"和走出"农夫与蛇"与"宠物心态"的两极以实现中国信任危机的伦理破冰。

其三，在职业伦理方面，突出法治精神，强化教育和监督，克服物化现象。突出法治精神,强调"法律至上",是防范公共职场权力恣意行使的重要屏障。加强与社会公众的交流沟通,向社会及时通报诸职场违反职业道德不良行为的处理情况,形成社会监督氛围,重塑社会信任。马克思批判了物化享乐所带来的奴役、压迫和经济商品榨取现象。马克思所面对的是一个由资本关系所造成的普遍异化的社会,在这个社会中,起决定作用的是越来越赤裸裸地呈现出来的"经济利益"。其最大特点是把金钱和货币在商品交换中的职能泛化,使其成为人们一切社会交往活动的媒介。金钱至上足以使人的灵魂发生扭曲,足以打磨人间正道。企业界要激发和保护企业家精神,可以借鉴西方通过"责任消费""道德投资"和"企业公民"多方力量的参与和共同推动,将个人权利扩大到社会权利上,将个体责任延伸到共同责任上,使其履行社会职责;在官场上,一方面要赋予官员一定的履行服务职能权力;另一方面要限制他们滥用权力、中饱私囊,对于政府及其行政人员依靠手中的权力通过不正当手段获得"失常利益"的现象,要给予坚决的打击,因为"政府组织和政府官员对失常利益的追求与人民利益的维护和增进存在着根本性矛盾,对后者造成了直接的损害"[①]。在新媒体职场上,要开发和优化新媒体主体、新媒体技术与基础设施、网络信息和网络文化等要素。净化网络空间,建设和扶持优秀的网站,营造良好的社会网络文化环境,为人们提供一片健康、充满着正能量的网络天空。

其四,在家庭伦理方面,一方面,要发扬儒家家庭伦理强调家庭成员间责任和义务的思想以维护家庭的和谐稳定,吸收儒家家庭伦理注重家庭亲缘温情的优点,对儒家家庭伦理进行现代诠释和价值提升以建设当代新型家庭伦理。另一方面要敦促领导干部带头参与家庭文明建设和家庭教育指导。上行下效,其身正,家教严,是领导干部前程光明和家庭幸福的重要保障,其身不正,家教不严,就会导致家庭成员脱轨,其自身坠入犯罪的深渊。对于社会普遍存在的对独生子女养老问题的担忧,应弘扬中国传统孝道。在传统孝道文化中,赡养首先是一种情感活动,主要体现了子女对父母的爱。养老应凸显精神需求。我国当前相关养老立法、政策的规定主要集中在物质赡养方面。这些立法虽然为老年人提

[①] 陈庆云、曾军荣:《论公共管理中的政府利益》,《中国行政管理》2005年第8期。

供了物质保障，却难以满足他们的情感需求。探索社区养老和家庭医生的养老服务模式，让老年人不离家，又能满足交往的情感需求，不失为有效的方法。

其五，在个人德性方面，要融通信仰伦理、规范伦理和美德伦理。

人类的道德生活可分为三个层次：终极信仰层次、社会交往层次和个人心性修养层次。终极信仰属于道德形而上的范畴，社会交往属于社会道德规范范畴，而个人心性修养属于美德伦理范畴。在信仰伦理中，上帝作为神圣性根源，对善恶的奖惩具有根本的效力。自从尼采宣布"上帝已经死了"，信仰的魔鬼已被消除，道德已成为个人的私事，同公域已经脱离。韦伯不相信个人美德的效用，他认为美德是个人私人领域的信仰和信念，在公共领域必须摒弃。随着上帝的被迫逊位和美德伦理过渡到规范伦理，西方人的道德精神逐渐面临着瓦解的危险。

首先要融通美德伦理和规范伦理。麦金泰尔指出，由于个人主义和官僚主义占支配地位的"现代文化"置换了对人的生活做整体性理解的"思维方式"，导致规范伦理盛行，美德伦理衰落，他提倡向美德伦理复归。笔者认为，融通二者才能发挥整体的功效。在市场经济发展中，规范伦理优先于美德伦理。依靠规范性的力量来建立和维系符合社会道德要求的公共秩序，是市场经济道德体系区别于自然经济道德体系的根本特征。规范伦理和美德伦理在总体上并不矛盾，它们的落脚点是个体道德的成长。个体道德的成长过程表现为由他律的社会道德到自律的心性道德的内化过程。作为底线的规范伦理，注重认知能力的培养，属于他律；美德伦理注重人格的评价和修养，是自律的要求。融通二者，达到既明理又修身。其次，向信仰阶段跃升，重建"敬畏伦理"。信仰阶段是人的存在的最高境界。人生最大的苦恼是生、死。传统宗教担心人性泛滥成灾，敬神惧鬼。敬畏伦理就其本质而言，是人类对个体生命终有一死之不可回避命运的反思，亦是人类面对死亡而产生的生存智慧。故海德格尔主张"向死而生"。正因为人惧怕死亡而产生"恐惧感"，人才会去敬畏与自身生命攸关的事物或力量，从而在敬畏感的基础上形成最初的"道德"或"善"。如康德所言，人们需要始终对两样东西保持景仰与敬畏，那就是：头上的灿烂星空和心中的道德律令。

（六）结语

中国特色社会主义已经进入新时代，建设中国特色社会主义道德文明任务艰巨、责任重大、使命光荣。善与道德需要长期修养和积淀。所谓"十年树木，百年树人""千年的历史造就百年的世家，百年的世家成就一世的淑女"，我们要以党的十九大精神为统领，在国家伦理、社会伦理、职业伦理、家庭伦理和个体美德等方面齐心协力，一点一滴坚持努力，日积月累不懈奋斗，携手建设一个更加美好的世界。

（袁玲红）

十二　城乡居民伦理道德发展状况

近年来，随着城乡一体化进程的不断推进，乡村居民的生活水平有了大幅度的提高，城乡的差距逐步缩小。然而，在城乡居民物质生活丰富的同时，他们的伦理道德状况究竟怎样？是不是确如社会各界所普遍认同的那样处于道德滑坡、道德崩溃之境？本报告试图根据调研信息对当前我国社会居民，尤其是以农业户口和非农业户口划分的自然群体的伦理道德状况进行分析，以呈现事实，揭示其相似性与差异性，以期为当前我国社会居民伦理道德状况提供数据支撑。

（一）引言

本报告的数据来源为2013年CGSS调查的全国伦理道德发展数据库（中国伦理道德的户口差异部分）与2017年北京大学中国国情研究中心调查的全国伦理道德发展数据库（全国伦理道德评价的户口差异分析部分）。这两个调查都采用了随机抽样的方法，样本量及有效问卷数充足，能够对全国不同户籍自然群体（农业户口和非农业户口群体）的伦理道德状况作出有效的推断。尽管问卷调查的对象是个人，由于伦理道德问题的特殊性，很难对实际发生的行为进行有效采集，但是基于个人真实自我报告之上的心态与评价也能客观地反映整个社会的伦理实践与道德行为。[1]

---

[1] 洪岩璧：《道德与信任：道德与认知的阶层差异》，《东南大学学报》（哲学社会科学版）2016年第3期，第27—32、146页。

本报告中全国调查的农业户口和非农业户口样本量分别为 2013 年的 5666 个和 2017 年的 8710 个（如图 3-14 和图 3-15 所示）。本报告的关键词是"农业户口与非农业户口""2013 年与 2017 年""比较"，依照不同户籍划分（农业户口与非农业户口）的自然群体是其研究对象，对 2013 年与 2017 年的调查结果进行比较是其具体的研究方法。本报告试图根据调研信息，呈现事实。重点在于依照 2013 年与 2017 年的调查数据，集中比较农业户口和非农业户口群体的伦理道德发展状况。具体而言，本报告分为以下三个部分：

第一部分，对当前社会整体伦理道德状况的主观评价。

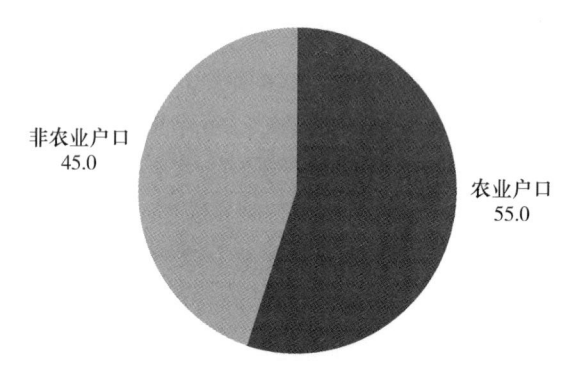

图 3-14　2013 年全国样本中农业户口（3118）和非农业户口（2548）的比例（%）

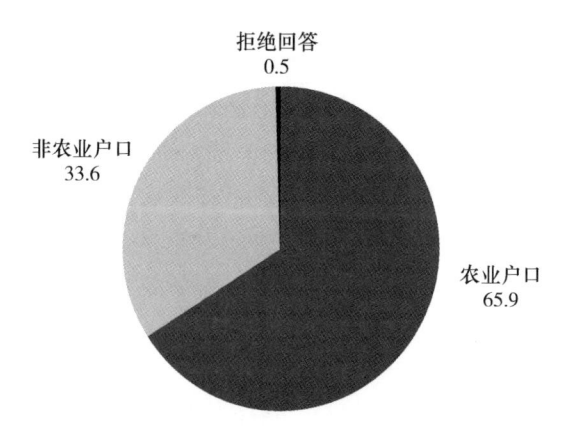

图 3-15　2017 年全国样本中农业户口（5771）和非农业户口（2939）的比例（%）

第二部分，呈现不同户籍自然群体的伦理道德发展状况。分别从伦理关系、道德认知、道德行为、社会伦理道德素质的影响因素、对政府政策的伦理道德评价、对权力行为的伦理道德评价以及对诸社会群体的伦理道德评价七个方面，分析 2013 年和 2017 年农业户口和非农业户口群体的伦理道德发展状况，揭示其相似性与差异性。

第三部分，结语。

（二）对当前社会伦理道德状况的总体评价

"改革开放以来，中国社会的伦理道德遭遇诸多难题，这些难题如此深刻和巨大，以致人们以'代价论'做出批评或辩护。"① 然而，调查数据显示，基于不同户口划分的自然群体对于当前我国社会伦理道德状况的总体判断，2013 年和 2017 年所进行的两次全国调查的共同结果是，绝大多数受调查对象在理性选择上对当前社会的伦理道德状况表示满意或比较满意。只不过在道德状况的满意度上出现分化趋势。

卡方检验的结果显著（2013，Sig = 0.000 < 0.05；2017，Sig = 0.014 < 0.05），证明农业户口群体和非农业户口群体在其满意度上会因户籍不同而存在明显差异。从图 3-16 的情况可以看出，2013 年和 2017 年，农业户口群体对伦理道德总体状况的满意度占比分别为 82.4% 和 74.2%，呈下降趋势；非农业户口群体为 71.0% 和 72.6%，略微有所上升；表示不满意的占比在不同户籍自然群体中也有差异，农业户口群体表示不满意的占比明显上升，从 17.6% 上升到 25.7%，上升了 8.1 个百分点；非农业户口群体表示不满意的占比略微有所下降，分别为 29.0% 和 27.4%，下降了 1.6 个百分点。从以上数据中可以看出，农业户口群体的不满意度要比非农业户口群体的不满意度高。可见，当前对我国社会伦理道德状况表示基本满意的是主流，但仍然存在大量忧患。

---

① 樊浩：《伦理道德现代转型的文化轨迹及其精神图像》，《哲学研究》2015 年第 1 期，第 107 页。

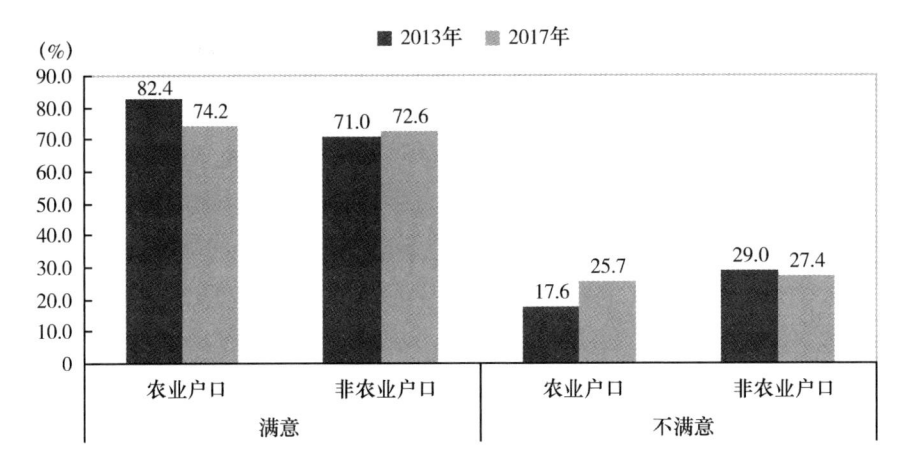

360　上　诸社会群体伦理道德发展状况及其共识与差异

图 3-16　不同户籍自然群体对当前我国社会伦理道德状况总体满意度的交互分析结果

说明：2013 年全国调查分"满意""一般""不满意"三种；2017 年分"非常满意""比较满意""不太满意""非常不满意"四种。这里，将"一般"视为"满意"，将"非常满意"和"比较满意"合并为"满意"，将"不太满意"和"非常不满意"合并为"不满意"。

（三）不同户籍自然群体伦理道德发展状况

本部分主要聚焦于以不同户籍划分的农业户口群体和非农业户口群体在伦理关系、道德认知、道德行为、社会伦理道德素质的影响因素、对政府政策的伦理道德评价、对权力行为的伦理道德评价、对诸社会群体的伦理道德评价七个方面，比较 2013 年和 2017 年的全国调查数据，找出农业户口群体和非农业户口群体的共同之处与差异所在，分析其发展变化情况。

1. 在伦理关系上，农业户口群体和非农业户口群体，都强调家庭伦理关系的重要性，但是对人际关系的满意度差别显著

在 2013 年和 2017 年全国调查问卷中，挑选与之相关的共同问题进行分析。

（1）D9、B20："下列关系中，您认为哪种关系最重要"。

数据显示，在诸多关系中，不同户籍自然群体一致认为父母与子女的关系即血缘关系最为重要，夫妻关系和兄弟姐妹关系分别位居第二和第三。从图3-17中可以看出，这种认识五年来呈上升趋势。说明了虽然目前随着人们交往空间不断扩大与形式的增多，伦理关系趋于多元化，然而对于农业户口群体和非农业户口群体而言，家庭伦理关系所具有的重要性与传统上并无差别。正如殷海光先生所指出的："家庭是中国传统文化的堡垒。中国文化之所以那样富于韧性的绵延力，原因之一，就是由于有这么多攻不尽的文化堡垒。"[1] 可见，中国传统家庭伦理观念在现代的影响力。[2]

只不过，这两大自然群体在对重要的三种伦理关系的认知度上有所不同。卡方检验结果显著（2013年和2017年，Sig = 0.000 < 0.05），证明不同户籍自然群体会因户口的不同，而在对"您认为哪三种伦理关系比较重要"这一问题的回答上有显著差异。差异主要体现为农业户口群体对这三种伦理关系的认可度均高于非农业户口群体。之所以会出现这种不同，可能是因为市场经济对传统伦理的冲击，乡村要小于城市，农业户口群体对传统伦理有着更多的认同感。

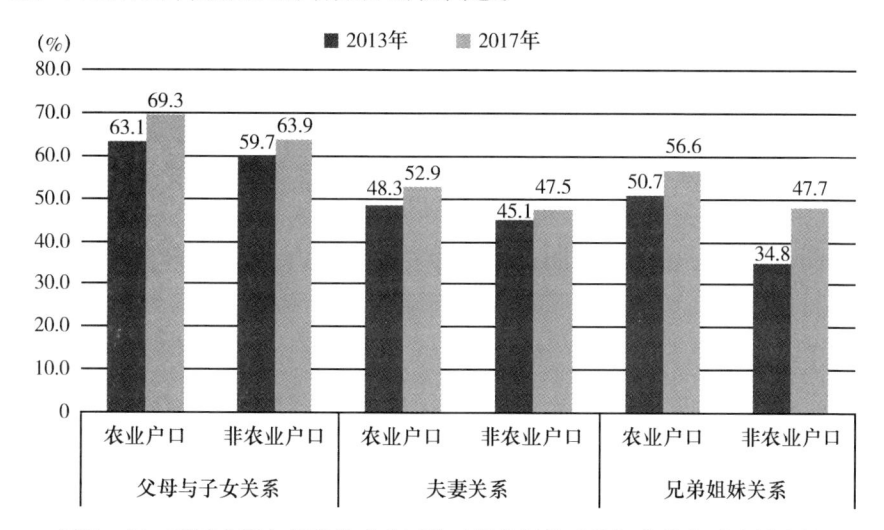

图3-17 不同户籍自然群体对重要的三种伦理关系认知度的交互分析结果

---

[1] 殷海光：《中国文化的展望》，上海三联书店2002年版，第98页。
[2] 殷海光：《中国文化的展望》，上海三联书店2002年版，第98页。

(2) D2、B10:"您对当前我国社会人际关系的总体满意程度"。

数据显示,两大自然群体 2013 年和 2017 年在人际关系的总体满意度上的满意占比均在 70.0% 以上。也就是说,五年来不管是农业户口群体还是非农业户口群体,人与人之间的关系基本上是和谐的。

但值得注意的是,卡方检验的结果显著(2013 年,Sig = 0.000 < 0.05;2017 年,Sig = 0.001 < 0.05),证明不同户籍自然群体对人际关系的满意度会因户口不同而有显著差异。

从图 3-18 可以看出,农业户口群体对人际关系总体满意度的变化较大,非农业户口群体变化不明显。具体来讲,与 2013 年相比,2017 年农业户口群体对人际关系的满意度下降了 7.4 个百分点,非农业户口群体上升了 0.9 个百分点。农业户口群体不满意的百分比从 2013 年的 17.6% 上升到 2017 年的 25.0%,上升了 7.4 个百分点;而非农业户口群体不满意的百分比从 29.0% 下降到 28.0%,下降了 1 个百分点,变化不明显。这说明,不同户籍自然群体在人际关系满意度的认知上出现分化趋势。之所以出现这种分化,是因为,近年来国家的农业相关政策利益牵涉面较大,比如说征地、拆迁以及农业土地确权的改革等,进而导致农业户口群体因与自身利益相关而在人际关系满意度的认知上有所

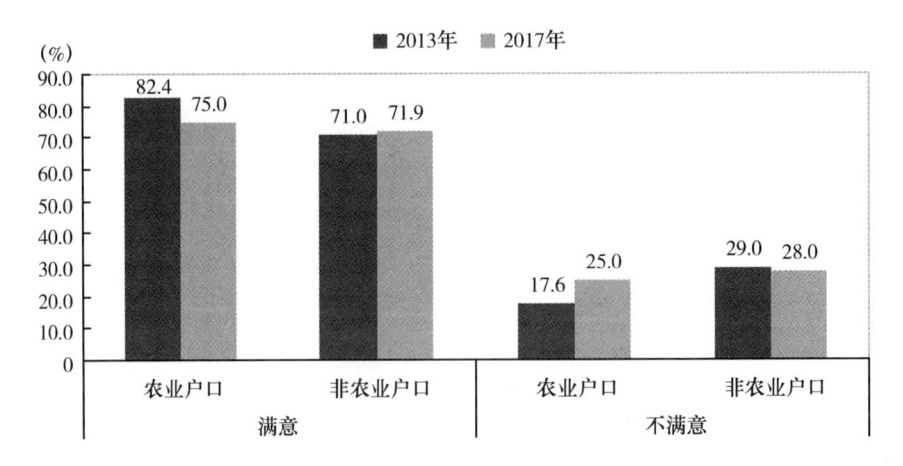

图 3-18 不同户籍自然群体对我国社会人际关系总体满意度的交互分析结果

说明:2013 年全国调查分"满意""一般""不满意"三种;2017 年分"非常满意""比较满意""不太满意""非常不满意"四种。这里将"一般"视为"满意",将"非常满意"和"比较满意"合并为"满意",将"不太满意"和"非常不满意"合并为"不满意"。

下降。而城市中的各项改革政策所导致的利益分化不明显,并且城市占有了更多的公共资源,因此其对人际关系满意度的认知变化不明显,趋于稳定。

(3) D4、F38:"影响人际关系紧张的因素"。

从图3-19中可以看出,2013年不同户籍自然群体认为,影响人际关系紧张因素排在前三位的是"社会财富分配不公,贫富差距过大""缺乏相互理解和沟通的意识和能力""社会资源缺乏,引发恶性竞争"或"个人主义盛行"。而卡方检验结果显著(Sig = 0.000 < 0.05),则说明不同户籍群体在对人际关系紧张原因的认知上,会因户口不同而差异显著。在第一选择上,农业户口群体高于非农业户口群体。在第二选择上,非农业户口群体高于农业户口群体。在第三选择上,农业户口群体选择的是"社会资源缺乏,引发恶性竞争",非农业户口群体选择的是"个人主义盛行"。

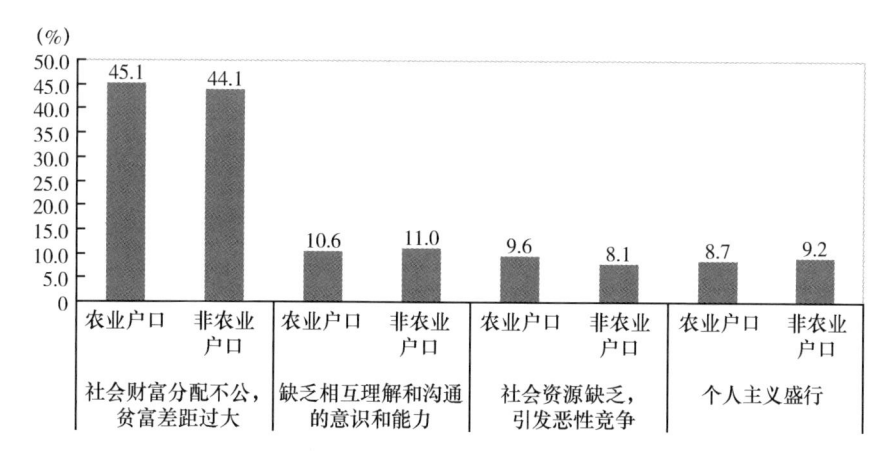

图3-19 2013年不同户籍自然群体对影响人际关系紧张因素的认知度分析表
说明:这里选择排序前三位进行分析。

到了2017年,如图3-20所示,不同户籍自然群体选择"社会资源缺乏,引发恶性竞争"是影响人际关系紧张的首要因素。"社会财富分配不公,贫富差距过大"位居第二,"人与人、人与社会之间缺乏信任"位居第三。前两项选择,卡方检验结果显著(Sig = 0.000 < 0.05),说明户籍不同,社会大众在对人际关系选择的认知上也会不同。在第一选择上,

农业户口群体高于非农业户口群体。在第二选择上，非农业户口群体高于农业户口群体。而在第三选择上，卡方检验的结果不显著（Sig = 0.767 > 0.05），说明不同户籍自然群体不会因户口不同而有所差异。也就是说，在这一选择上，农业户口群体和非农业户口群体看法一致。

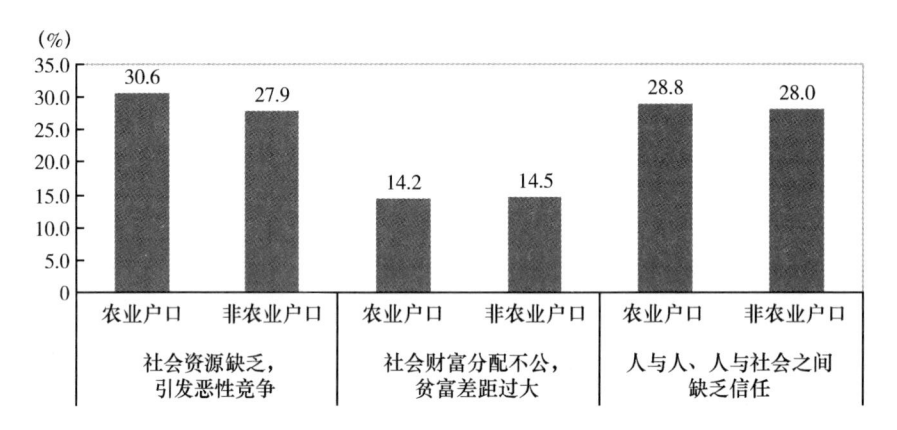

图 3 – 20　2017 年不同户籍自然群体对影响人际关系紧张因素的认知度分析表

说明：2017 年全国问卷中"影响人际关系紧张因素"的第一选择是"社会资源缺乏，引发恶性竞争"，第二选择是"财富分配不公，贫富差距过大"，第三选择是"财富分配不公，贫富差距过大"。因此，不能以柱状图中百分比的高低来确定三者的排序。

从以上的比较可以看出，两大自然群体都认为，五年来，"社会财富分配不公，贫富差距过大"与"资源缺乏，引发恶性竞争"是当今社会突出的社会问题。其变化在于，在 2013 年位居第一的"社会财富分配不公，贫富差距过大"到了 2017 年处于第二位；而在 2013 年位居第三的"社会资源缺乏，引发恶性竞争"到了 2017 年却位居第一。这表明，近年来，随着城乡一体化的不断推进，乡村居民的经济水平逐渐提高，城乡贫富差距逐渐缩小。但值得担忧的是，很多乡村经济的增长是以牺牲土地资源、环境资源为代价的。

（4）D11、C19："如果您与家庭成员、朋友、同事以及商业伙伴之间发生重大利益冲突，会选择哪种途径解决"。

从图 3 – 21、图 3 – 22、图 3 – 23、图 3 – 24 中可以看出，除了商业伙伴之间把选择"诉诸法律，打官司"作为处理人际关系调节方式的占比较高，选择"直接找对方沟通""通过第三方调解"以及"能忍则忍"这三种方式,在家庭成员之间、朋友以及同事之间占比较高。其中,"'直接找对方沟通'和'通过第三方调解'是伦理手段,'得理让人'、'不伤和气'都是中国传统的伦理价值取向。"① "能忍则忍"虽不属于伦理手段,但它"是典型的中国式的道德路径"②。商业伙伴之间人际关系调节方式选择"诉诸法律"虽然占主流,但采取"找对方沟通"和"通过第三方调解"这两种方式,与 2013 年相比,2017 年上升趋势明显。可见,当前中国社会人际关系的调节方式,伦理道德途径依然是主流。只不过农业户口群体和非农业户口群体在选择倾向上有分化趋势。

2013 年,家庭成员、朋友、同事、商业伙伴在调节人际关系方式的选择上,卡方检验值显著(Sig 均小于 0.05),说明农业户口群体和非农业户口群体在处理人际关系的选择方式上会因户口不同而差异显著。

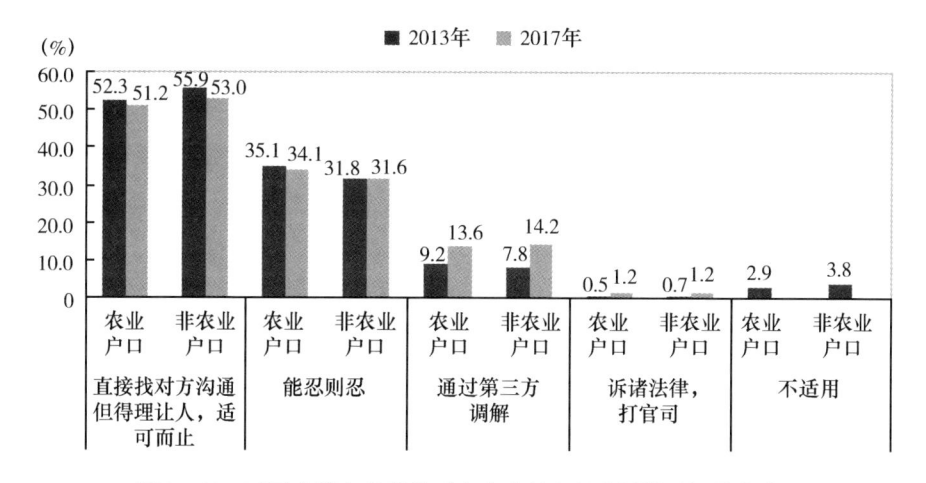

图 3-21 不同户籍自然群体对家庭成员之间人际关系调节方式选择的交互分析结果

---

① 樊浩:《伦理道德现代转型的文化轨迹及其精神图像》,《哲学研究》2015 年第 1 期,第 107 页。

② 樊浩:《伦理道德现代转型的文化轨迹及其精神图像》,《哲学研究》2015 年第 1 期,第 107 页。

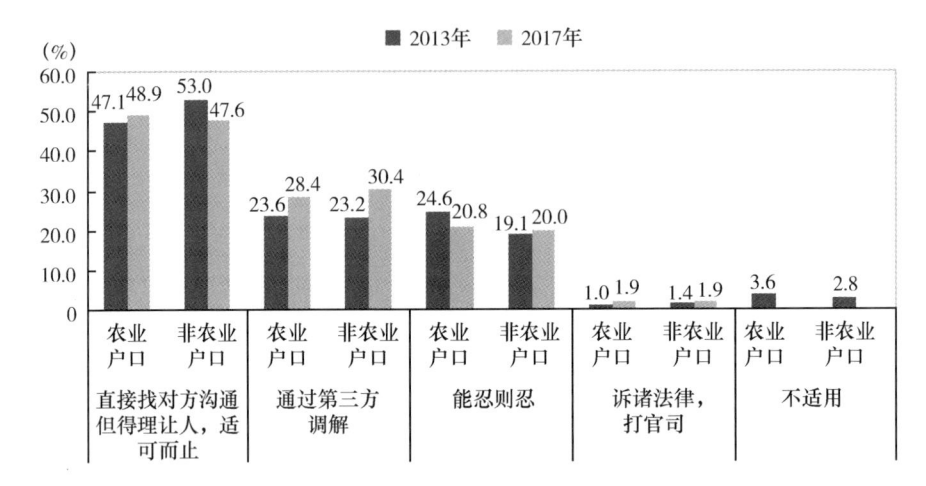

图 3-22 不同户籍自然群体对朋友之间人际关系调节方式选择的交互分析结果

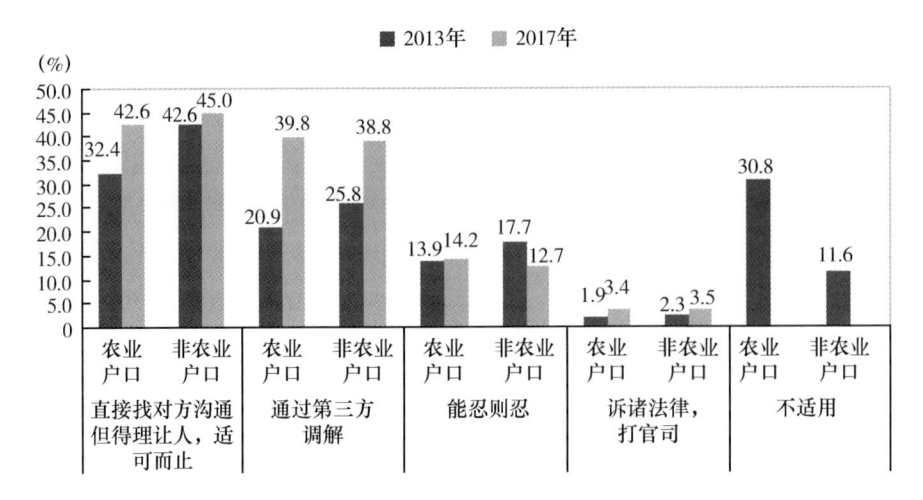

图 3-23 不同户籍自然群体对同事之间人际关系调节方式选择的交互分析结果

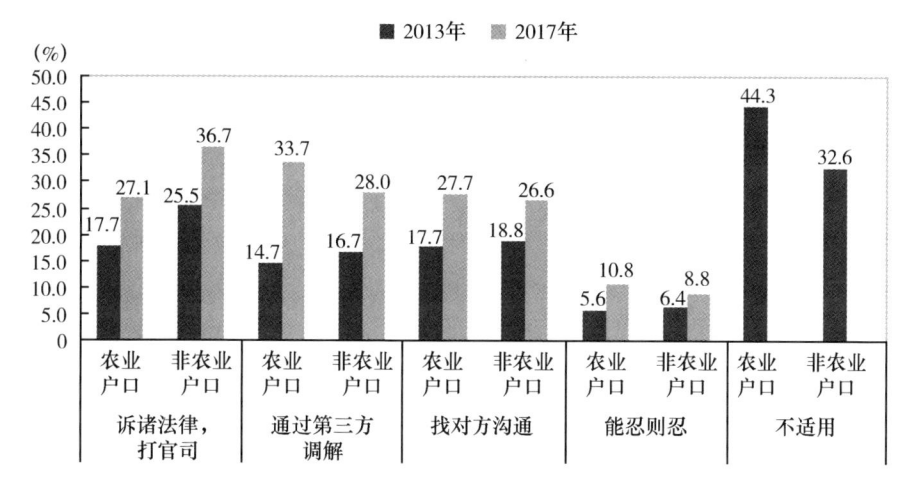

图 3-24　不同户籍自然群体对商业伙伴之间人际关系
调节方式选择的交互分析结果

具体来讲，在家庭成员之间，在选择"找对方沟通"与"通过第三方调解"上，非农业户口群体高于农业户口群体；在"能忍则忍"选项上，非农业户口群体低于农业户口群体。在朋友之间，选择"找对方沟通"，非农业户口群体高于农业户口群体；选择"通过第三方调解""能忍则忍"的，非农业户口群体低于农业户口群体；在同事之间，选择"找对方沟通""通过第三方调解""能忍则忍"的，均是非农业户口群体高于农业户口群体。在商业伙伴之间，在这三方面的选择不仅与同事之间一样，而且"诉诸法律，打官司"的选择也是非农业户口群体高于农业户口群体。

2017 年，商业伙伴的卡方检验结果显著（Sig 小于 0.05），与 2013 年一样，说明在处理人际关系方式的选择上，不同户籍自然群体会因户口不同而有差异。除了选择"诉诸法律，打官司"，非农业户口群体高于农业户口群体，在其他选择上，均是农业户口群体高于非农业户口群体。而家庭成员、朋友、同事的卡方检验值都不显著（Sig 均大于 0.05），说明农业户口群体和非农业户口群体在处理人际关系的选择方式上没有明显差异。

从以上可以看出，五年来，之所以出现农业户口和非农业户口群体在家庭成员、朋友、同事、商业伙伴之间人际关系调节方式选择"通过第三方调解"占比增加。可能是因为随着社会的发展,人们对通过第三方表达诉求愿望的增强使其倾向于这样的选择。

2. 在道德认知上,农业户口群体和非农业户口群体有相似性,也存在明显差异,差异主要在于其认知度出现分化趋势。

在道德认知上,2013年和2017年全国调查问卷D3、C1:"当前中国社会个人道德素质的主要问题是什么",可以被看作对一个人道德认知的测量,从图3-25的结果来看,这五年来,不同户籍自然群体在道德认知选择上普遍认为"有道德知识但不见诸行动",这一选择的百分比达到60.0%以上,远高于其他选项。从问题的答案可以推测人们对自身拥有的道德知识是比较满意的,只不过对行动不太满意,这反映了不同户籍自然群体能够意识到社会存在的道德素质问题。

卡方检验值显著(2013年,Sig = 0.000 < 0.05;2017年,Sig = 0.03 < 0.05),证明不同户籍自然群体会因户口不同而出现差异明显的道德认知度。2013年,农业户口群体和非农业户口群体选择"有道德知识但不见诸行动"的百分比分别为68.0%和65.1%,2017年为68.0%和71.9%。可见,对于农业户口群体来说,这五年来他们的道德认知并没有发生变

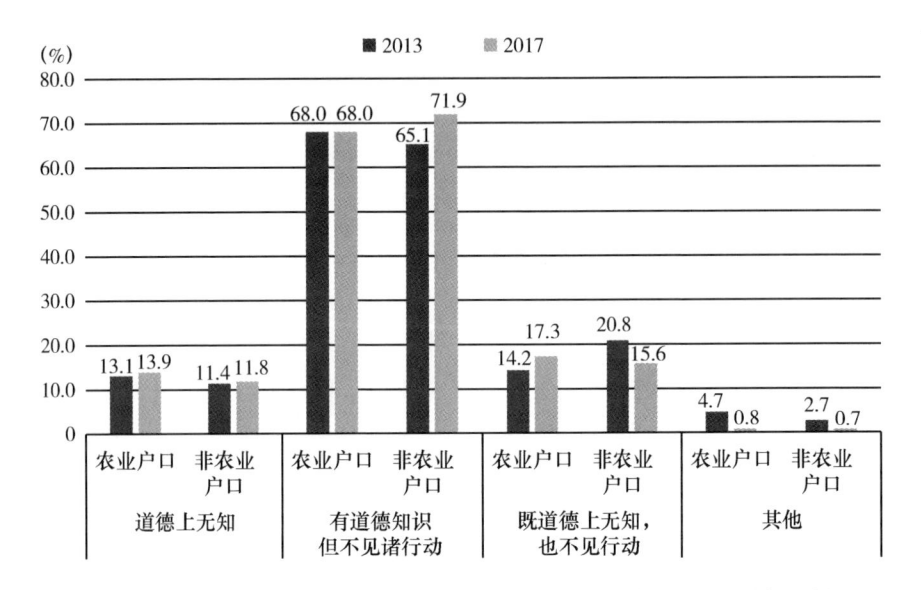

图3-25 不同户籍群体对中国社会个体道德素质问题看法的交互分析结果

化。而非农业户口群体在这一选项上 2017 年比 2013 年高了 6.8 个百分点。这说明当前中国社会最突出的道德问题还是"知行脱节"问题，社会大众在道德问题上不能够知行合一。

为了进一步说明农业户口和非农业户口群体道德认知状况的相似性，还需对不同户籍群体在 D22、B16："当前社会道德生活中最重要的元素"这个问题的选择上进行分析。从图 3-26 中可以看出，2013 年和 2017 年，不管是农业户口群体还是非农业户口群体，第一选择都是"中国传统道德"，这"标识着现实道德生活中的传统含量或人的精神世界中的传统情节大幅增长"[1]。第二、三选择是"意识形态中所提倡的社会主义道德"和"市场经济中形成的道德"。

不同之处主要体现在，不同户籍自然群体在对当前社会道德生活中最重要元素选择的认知度上。卡方检验值结果显著（2013 年，Sig = 0.000 < 0.05；2017 年，Sig 均小于 0.05），说明农业户口群体和非农业户口群体，对这一问题的认知会因户口不同而差异明显。最显著的差异在

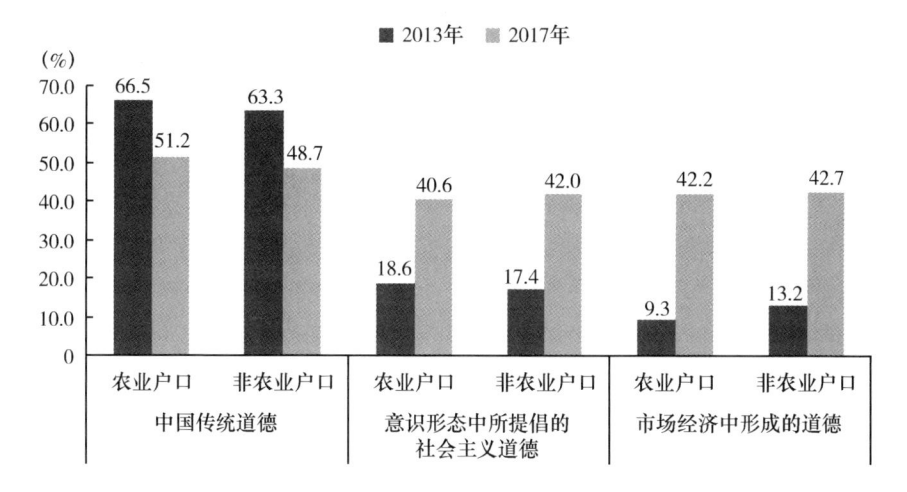

图 3-26　不同户籍群体对当前社会道德生活中最重要元素认知度的交互分析结果

说明：只选择比较 2013 年和 2017 年问卷中的前三项。

---

[1] 樊浩：《伦理道德现代转型的文化轨迹及其精神图像》，《哲学研究》2015 年第 1 期，第 111 页。

于五年来,农业户口群体对"中国传统道德"的选择占比高于非农业户口群体。2017年,这两大自然群体在这一选择上的比例相较于2013年有所下降,而对于"意识形态中所提倡的社会主义道德"和"市场经济中形成的道德"的选择比例明显增加。这说明"意识形态中所提倡的社会主义道德"与"市场经济中形成的道德"在我国社会道德生活中所起的作用越来越明显。

3. 在道德行为上,农业户口和非农业户口群体有共同之处,但也存在一定差异

挑选2013年和2017年问卷中具有代表性的问题来呈现这一结论。D10、C19问题是:"现在社会上有些人不守道德,反而讨便宜,您会不会为了得到好处而效仿?"

从图3-27、图3-28可以看出,2013年和2017年农业户口和非农业户口群体对"从来不做"这一项选择的百分比均高于其他选项,而且百分比都在50%以上。这说明,不同户籍自然群体在社会生活中,大部分人基本上能恪守道德行为。

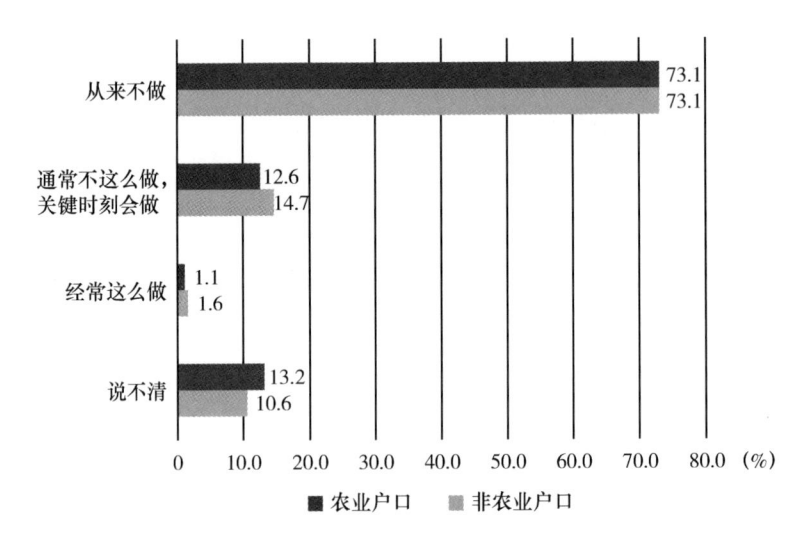

选项	农业户口	非农业户口
从来不做	73.1	73.1
通常不这么做,关键时刻会做	12.6	14.7
经常这么做	1.1	1.6
说不清	13.2	10.6

图3-27 2013年不同户籍自然群体对不守道德反而讨了便宜的做法是否效仿交互分析结果

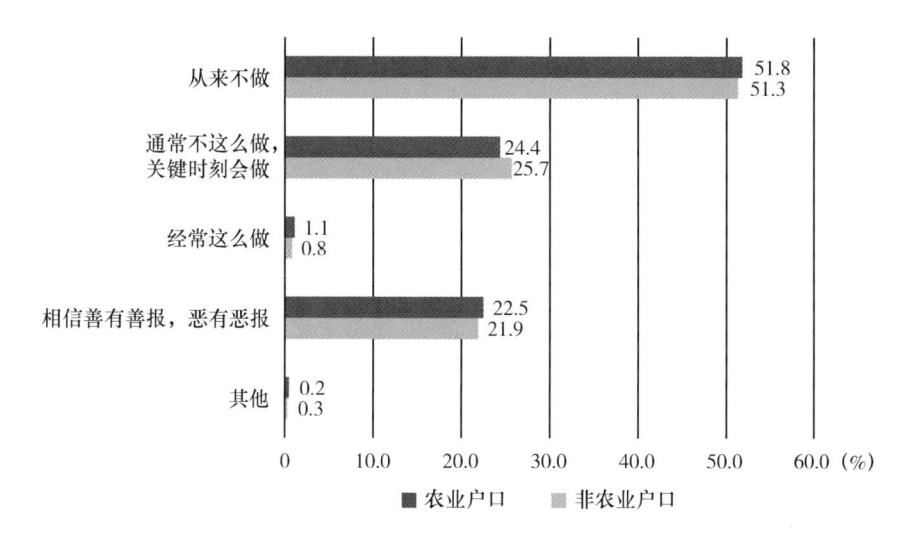

图3-28 2017年不同户籍自然群体对不守道德反而讨了
便宜的做法是否效仿交互分析结果

不同之处在于，2013年，卡方检验显著（Sig=0.002<0.05），说明不同户籍自然群体在对不遵守道德行为可以获利会不会效仿的选择上因户口不同而有显著差异，差异主要体现在这一方面，即选择"通常不这么做，关键时刻会做"的非农业户口群体占比高于农业户口群体。2017年，卡方检验值不显著（Sig=0.320>0.05），说明不同户籍自然群体在对不遵守道德可以获利会不会效仿的选择上没有明显差异。也就是说，农业户口和非农业户口群体在这项的选择上达成了一定的共识。但从具体结果来看，相较于2013年，选择"从来不做"的比例下降，选择"通常不这么做，关键时刻会做"的比例上升。这说明，不同户籍自然群体在涉及与自身相关利益时，有一部分人会不守道德。选择"经常这么做"的农业户口群体的比例没有变化，而非农业户口群体占比下降，但不明显。这里值得注意的是，"相信善有善报，恶有恶报"这一选择位居第三，在选择的百分比上与第二选择"通常不这么做"差距不大，而且农业户口和非农业户口群体的选择比例趋于一致。

4. 社会伦理道德素质的影响因素

通过对2013年问卷中的D14、D16、D19和2017年问卷中的F41、

C20、C21等题项的结果统计,分析影响当前社会伦理道德素质的因素。

(1) D14、F41:"您认为对当前伦理关系和道德风尚造成最大负面影响的因素有哪些?"

从图3-29可以看出,农业户口和非农业户口群体在第一选择上,都把"传统文化的崩坏"看作对当前伦理关系和道德风尚造成最大负面影响的因素。在第二选择上,2013年和2017年有分歧。2013年,农业户口和非农业户口群体认为,市场经济导致的个人主义是第二因素,2017年则认为以权谋私,官员腐败是第二因素。

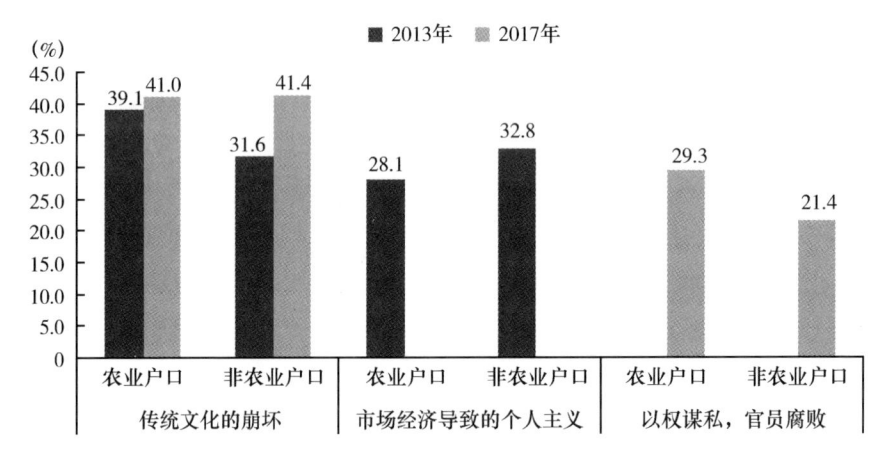

图3-29 不同户籍群体对当前伦理关系和道德风尚造成最大负面影响的认知度交互分析结果

2013年和2017年,卡方检验值显著(Sig均小于0.05),证明不同户籍自然群体在这一问题的认知上会因户口不同而差异显著。差异主要在认知度上,农业户口和非农业户口群体在第一选择上的百分比分别从2013年的39.1%和31.6%,上升到2017年的41.0%和41.4%,尤其是非农业户口群体的选择百分比上升明显。这说明当今社会对待传统的态度发生了变化,虽然普遍都在埋怨传统失落,而人们对传统却非常向往。

(2) D16、C20:"您认为在自己成长中得到道德训练最重要的场所和机构"。

对这一问题的回答,从图3-30可以看出来,五年来,家庭、社会、学校依然是农业户口和非农业户口群体成长中道德训练十分重要的场所。

其中，家庭排在首位。这说明家庭是个人伦理道德发展中的第一影响因子。

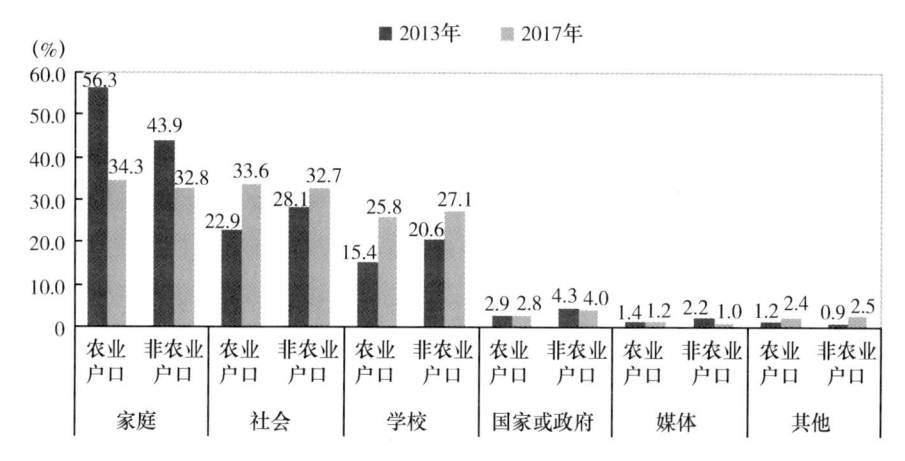

图 3-30　不同户籍自然群体对道德训练最重要的场所和机构认知度的交互分析结果

卡方检验值显著（2013年，Sig = 0.000 < 0.05；2017年，Sig = 0.037 < 0.05），证明不同户籍自然群体会因户口不同，而对在自己成长中得到道德训练最重要的场所和机构的认知度上有所差异。具体来说，2013年把家庭作为第一选择的农业户口和非农业户口群体的占比分别是56.3%和43.9%，2017年分别是34.3%和32.8%，呈下降趋势。把社会作为第二选择的，2013年农业户口和非农业户口群体的占比分别是22.9%和28.1%，2017年分别是33.6%和32.7%，呈上升趋势。作为第三选择的学校，农业户口和非农业户口群体的占比从2013年的15.4%和20.6%，上升到2017年的25.8%和27.1%。从以上分析可以看出，虽然家庭对一个人的成长依然重要，但随着个人交往领域的不断扩大，社会和学校在培养人的伦理道德上发挥着越来越重要的作用。

（3）D19、C21："您的思想行为最受什么人影响？"

从图3-31中可以看出，对不同户籍自然群体思想行为影响极大的是父母和教师。可见，家庭与学校是个人精神养育的策源地。但是，值得注意的是，与2013年相比，2017年农业户口和非农业户口群体对父母选择的百分比明显下降，下降度分别达到33.9和33.5个百分点。而第二选择,教师的百分比,虽然与父母相比,下降幅度不是很大,但依然呈下降趋势。之所以出现这种状况,可能是因为"独生子女结构导致的家庭自然伦理关系的淡化与退化,市场经济导致的学校道德教育功能的弱化,使得个人精神养育的源头出现异化,甚至可能出现污染"①。

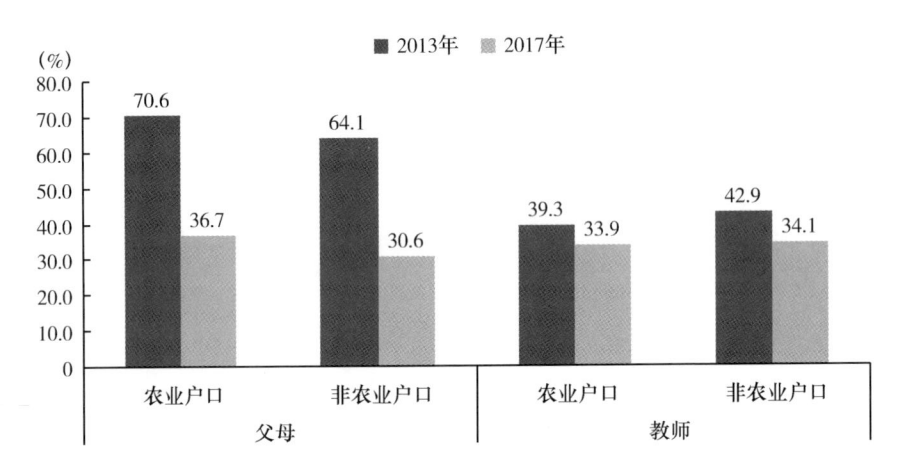

图3-31 不同户籍自然群体对"思想行为最受什么人影响"
认知度交互分析结果

说明:这里只选择分析了排名前两位的因素,因此出现总比例不到100%的情况。

而且卡方检验值显著(Sig 均小于0.05),证明不同户籍自然群体对"思想行为最受什么人影响"这一问题的回答,会因户口不同而差异显著。差异主要在于,农业户口和非农业户口群体在这一认知上出现分化趋势。在第一选择上,2013年和2017年,农业户口群体的百分比高于非农业户口群体;在第二选择上,非农业户口群体高于农业户口群体。这说明,随着互联网信息时代的到来,人们交往的领域不断扩大,父母对一个人的影响呈弱化趋势。但在这种形势下,相对于非农业户口群体,农业户口群体对父母的眷恋较大。而对一个人思想行为影响占据第二位的教师,两大自然群体的选择占比虽然有差别,但是差别不是很大。

---

① 樊浩:《当前中国伦理道德状况及其精神哲学分析》,《中国社会科学》2009 年第 4 期,第 35 页。

(4) D24、B21、B22："您认为哪一种伦理关系对社会秩序和个人生活最具根本性意义？"

数据显示，在多项选择中，排在前三位的是家庭伦理关系、个人与社会的关系、个人与国家的关系。可见，无论是对社会秩序还是个人生活，家庭伦理关系都具有绝对的首要意义。

卡方检验值显著（2013年，Sig = 0.000 < 0.05，2017年，Sig = 0.000 < 0.05），证明不同户籍自然群体对"哪一种伦理关系对社会秩序和个人生活最具根本性意义"的选择会因户口不同而不同。具体来说，在第一选择上，农业户口群体高于非农业户口群体；在第二选择和第三选择上农业户口群体又均低于非农业户口群体。就其发展变化而言，这五年来，如图3-32所示，与2013年相比，农业户口和非农业户口群体在这一问题上对家庭伦理关系的选择比例呈下降趋势；对个人与社会关系的选择比例相对上升；对个人与国家的选择比例变化不大，占比依然较小。

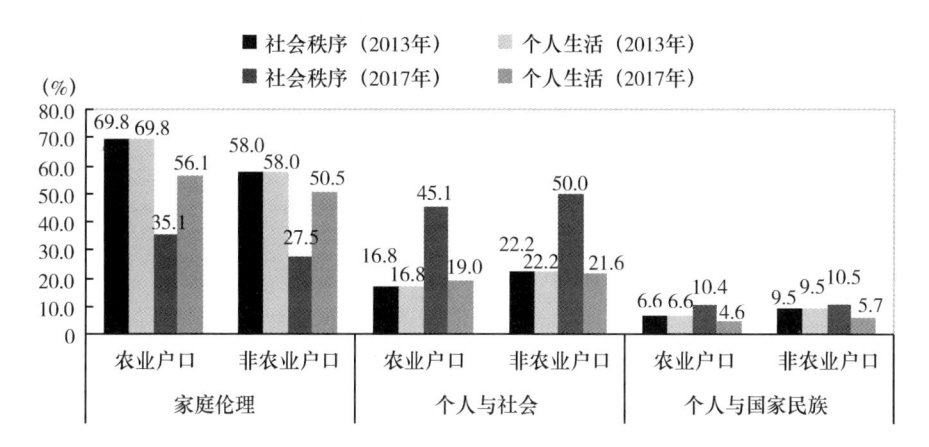

图3-32 不同户籍自然群体对社会秩序和个人生活中最具根本性意义伦理关系选择的交互分析结果

说明：2013年全国调查是把"哪一种伦理关系对社会秩序和个人生活最具根本性意义"合并在一起作为一个问题的，2017年是作为两个问题。

以上分析说明，社会作为家庭与国家的中介，社会关系越来越重要，但伦理地位不如家庭重要。而国家的重要性与家庭、社会相比，国家意识依然淡薄。而家庭关系依然对社会秩序和个人生活具有最根本性的意义。"然而，现代中国遭遇的最大难题，不是家庭在文化和社会体系中本位地位是否动摇，而是家庭结构本身的重大变化，最深刻的变化是由独生子女政策所导致的家庭结构瘦化，核心家庭的诞生。在这种家庭结构下，家庭虽然依然是直接的和自然的伦理实体，但能否继续承担作为伦理策源地的文化功能，确实是一个有待追问的问题。"①

5. 对政府政策的伦理道德评价

笔者从2013年和2017年全国问卷中挑选出D7、G12："您觉得政府推动或倡导的系列活动的效果如何"来分析这五年来我国伦理道德建设的发展情况。

从全国调查问卷统计中可以看出，在政府广泛推广和媒体大肆宣传之下，政府推动的各项道德建设措施成效显著，结果如图3-33和图3-34所示。尤其是2017年，农业户口和非农业户口群体认为政府倡导或推动的道德建设活动的有效百分比普遍高于2013年，认为无效的百分比均低于2013年。这是与前几次调查表现出的最明显的不同，说明五年来，在推进我国伦理道德建设发展的过程中，政府做出了许多努力，并取得了较大的成效。

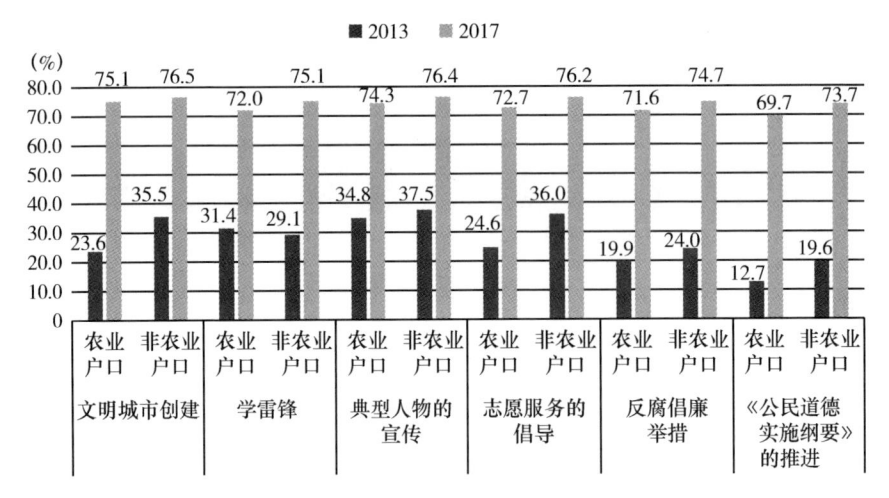

活动	农业户口2013	非农业户口2013	农业户口2017	非农业户口2017
文明城市创建	23.6	35.5	75.1	76.5
学雷锋	31.4	29.1	72.0	75.1
典型人物的宣传	34.8	37.5	74.3	76.4
志愿服务的倡导	24.6	36.0	72.7	76.2
反腐倡廉举措	19.9	24.0	71.6	74.7
《公民道德实施纲要》的推进	12.7	19.6	69.7	73.7

图3-33 不同户籍自然群体对政府推动或倡导的道德建设活动的有效百分比交互分析结果

---

① 樊浩：《伦理道德现代转型的文化轨迹及其精神图像》，《哲学研究》2015年第1期，第108页。

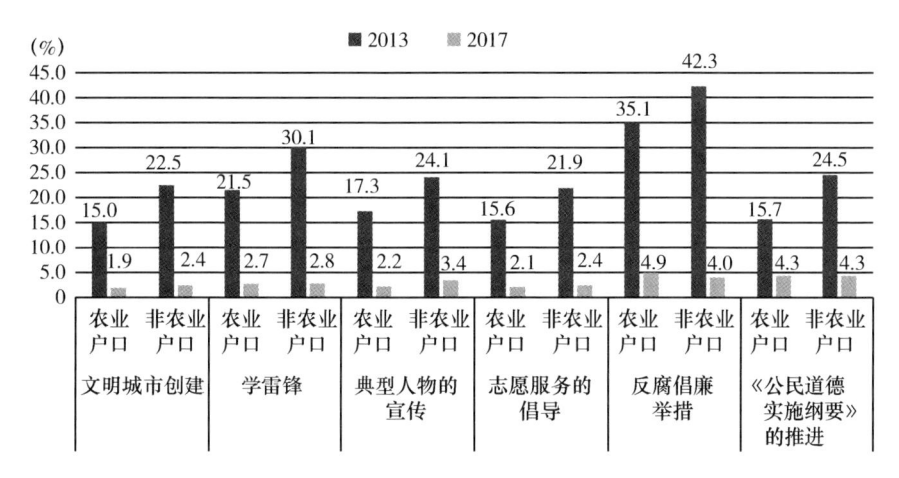

**图 3-34　不同户籍自然群体对政府推动或倡导的道德
建设活动无效百分比交互分析结果**

柱状图数据（2013 / 2017）：
- 文明城市创建：农业户口 15.0 / 1.9；非农业户口 22.5 / 2.4
- 学雷锋：农业户口 21.5 / 2.7；非农业户口 30.1 / 2.8
- 典型人物的宣传：农业户口 17.3 / 2.2；非农业户口 24.1 / 3.4
- 志愿服务的倡导：农业户口 15.6 / 2.1；非农业户口 21.9 / 2.4
- 反腐倡廉举措：农业户口 35.1 / 4.9；非农业户口 42.3 / 4.0
- 《公民道德实施纲要》的推进：农业户口 15.7 / 4.3；非农业户口 24.5 / 4.3

在这一问题上，农业户口与非农业户口群体的差异性主要体现在，2013年和2017年调查统计的卡方检验值显著（Sig 均小于0.05），说明不同户籍自然群体在对"政府推动或倡导的系列活动的效果如何"的看法上会因户口不同而有显著不同。不同主要在于农业户口和非农业户口群体对政府推动或倡导活动的有效和无效的认知度上。最突出的表现是，2013年，非农业户口群体认为无效的占比高于农业户口群体；到了2017年，非农业户口群体则认为成效显著。之所以会出现认知度上的差异，有可能是因为政府在推动各项道德建设活动过程中，对城市和农村在宣传力度上的倾向不同所造成的。

6. 对权力行为的伦理道德评价

政府官员关乎着国家权力的公共性，官员道德是当今中国最大和最重要的道德难题。对权力行为的道德评价通过不同户籍自然群体两个普遍关心的问题来进行分析。一是2013年和2017年全国问卷中的D18、G5："您觉得政府官员道德最严重的问题是什么？"二是D12、E12："一些政府机关、企事业单位提供特殊政策，如为本单位员工的子女入学择校提供方便或所谓福利，您认为这种行为是否符合道德？"

就第一个问题而言，从图3-35可以看出，不同户籍自然群体一致认为"贪污受贿"是政府官员最严重的道德问题,"以权谋私"位居第二。在第三选择上,2013 年不同户籍自然群体倾向于"生活作风",2017 年注重"乱作为,搞政绩工程,折腾百姓"。

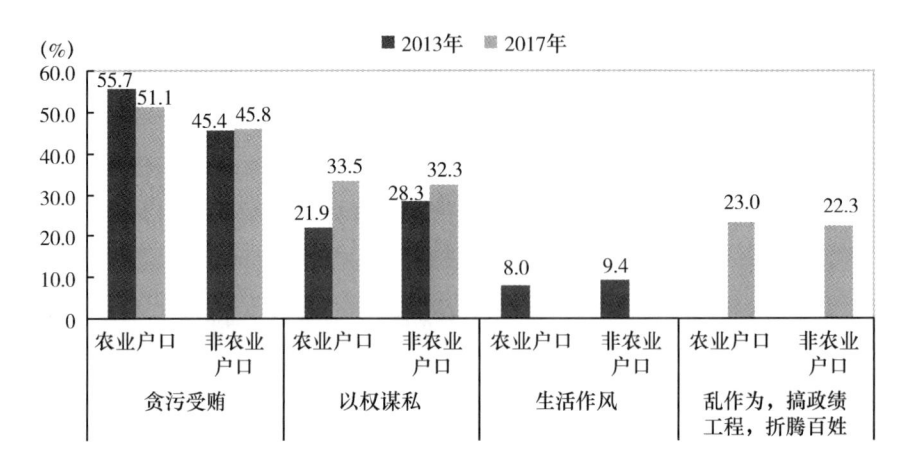

图 3-35　不同户籍自然群体对政府官员道德最严重的问题比较交互分析结果

不同之处在于,在第一选择和第二选择上,卡方检验结果显著(2013 年,2017 年,Sig = 0.000 < 0.05),说明不同户籍自然群体在对"政府官员道德最严重的因素问题"的选择上,会因户口不同而有显著差异。差异主要在于,二者此消彼长。与 2013 年相比,2017 年农业户口群体对"贪污受贿"的选择比例呈下降趋势,非农业户口群体选择比例虽略有上升,但变化不明显。而农业户口和非农业户口群体对"以权谋私"的选择比例,2017 年与 2013 年相比,均呈上升趋势。这说明,近年来,党和政府虽然在惩治腐败方面采取了果决而严厉的措施,但当前社会政府官员的"贪污受贿"与"以权谋私"问题依然严重,政府应当继续加强反腐败力度。

对于第二个问题,从图 3-36 可以看出,不同户籍自然群体基本认同"一些政府机关、企事业单位为本单位员工提供特殊政策"这一行为不符合道德,是以权谋私。

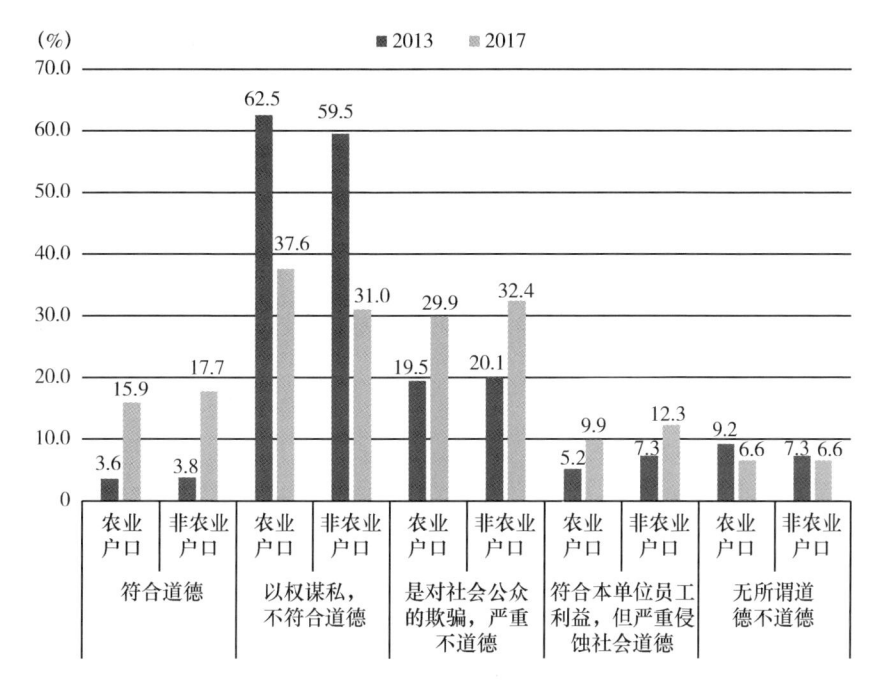

图 3-36　不同户籍自然群体对"一些政府机关和企事业单位为本单位员工提供特殊政策"这一行为是否道德的认知度比较交互分析结果

不同之处在于，卡方检验结果显著（2013 年，2017 年，Sig = 0.000 < 0.05），说明不同户籍群体对这一问题的看法会因户口不同而存在显著差异。主要体现在农业户口和非农业户口群体的认知度有所不同上。2013 年，农业户口和非农业户口群体中分别有 62.5% 和 59.5% 的人认为这一行为不符合道德，超过半数以上；有 19.5% 和 20.1% 的人认为这是对社会公众的欺骗，严重不道德；有 5.2% 和 7.3% 的人认为它符合内部伦理，但严重侵蚀社会道德；到了 2017 年，认为不符合道德的百分比下降到 37.6% 和 31.0%；认为是对社会公众的欺骗的百分比上升到 29.9% 和 32.4%；认为符合内部伦理，但严重侵蚀社会道德的百分比上升到 9.9% 和 12.3%。这种变化，反映出社会大众对政府机关和企事业单位的行为表现出道德上批评与伦理上宽容的双重性特点。

7. 对诸社会群体的伦理道德评价

通过 2013 年和 2017 年全国问卷的共同问题 D17、F37："关于你对哪些人的伦理道德状况最不满意"的回答，分析不同户籍自然群体对诸社会群体的伦理道德评价。这里只侧重分析"比较不满意"和"满意"两个方面。①

从图 3-37 可以看出，与 2013 年相比，2017 年不同户籍自然群体对诸社会群体的整体满意度不断提升。不管是农业户口群体还是非农业户口群体，他们都对农民群体的伦理道德最为满意，其次是工人群体和教师群体，满意度都高达 80.0% 以上。他们是中国社会的草根群体。最不满意的群体发生了变化，如图 3-38 所示。由 2013 年的政府官员群体变成了 2017 年的演艺明星群体，其次是企业家与商人。他们是当今中国社会分别在政治、文化、经济上的三大强势群体。值得注意的是，农业户口群体和非农业户口群体对演艺明星的不满意占比明显上升，从 2013 年的 19.7% 和 32.5% 上升到 2017 年的 51.1% 和 52.0%。这说明，近些年来，国家惩治腐败的举措收到了一定的效果，但是社会大众对政府官员群体的伦理道德状况依然不满。而对青少年有很大影响的明星群体的道德状况令人担忧。本应"作为伦理道德的示范与演艺群体，与他们沦为在伦理道德上最不被信任的人员之间存在着不对称。这类不对称导致伦理普遍性和道德信用的丧失。"②

以上揭示了农业户口和非农业户口群体对这一问题看法的相似性，不同之处从卡方检验结果来看，2013 年，卡方检验值显著（Sig = 0.000 < 0.05），证明不同户籍自然群体对诸社会群体在伦理道德方面的满意度会因户口不同而不同。具体来说，满意占比，农业户口群体高于非农业户口群体，不满意占比，非农业户口群体高于农业户口群体。2017 年，发生了一些变化，企业家、教师、工人、青少年、专家学者五个群体，卡方检验值不显著（Sig 值均大于 0.05），说明不同户籍自然群体不会因户口不同，而对这四个群体伦理道德方面的满意度有明显差异，也就是说，农业户口和非农业户口群体在其满意度上的认知没有太大差别。

---

① 2013 年全国调查分"满意""不满意""一般"三种。这里不对"一般"进行比较。2017 年全国调查分"非常不满意""比较不满意""非常满意""比较满意"四种，在比较时进行了两两合并。

② 樊浩：《当前中国伦理道德状况及其精神哲学分析》，《中国社会科学》2009 年第 4 期，第 36 页。

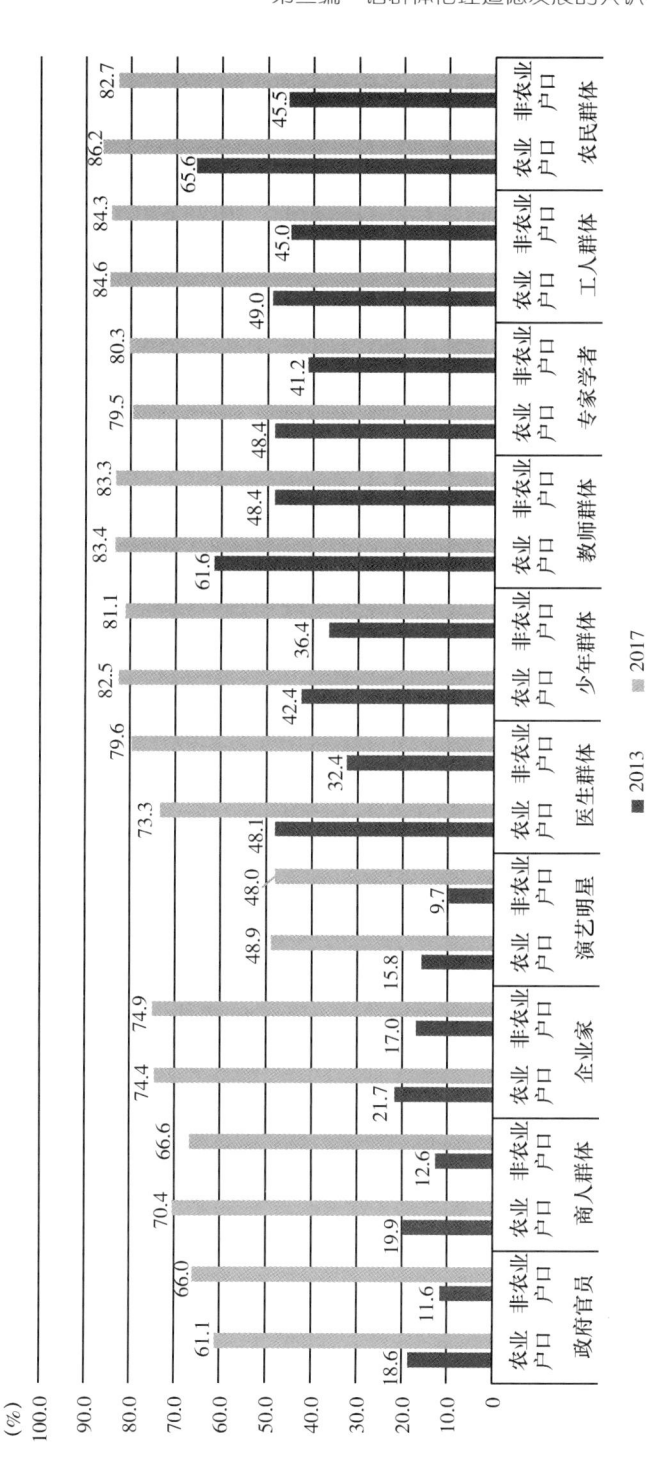

第三编　诸群体伦理道德发展的共识与差异　　381

图3-37　不同户籍自然群体对诸社会群体伦理道德满意评价交互分析结果

382　上　诸社会群体伦理道德发展状况及其共识与差异

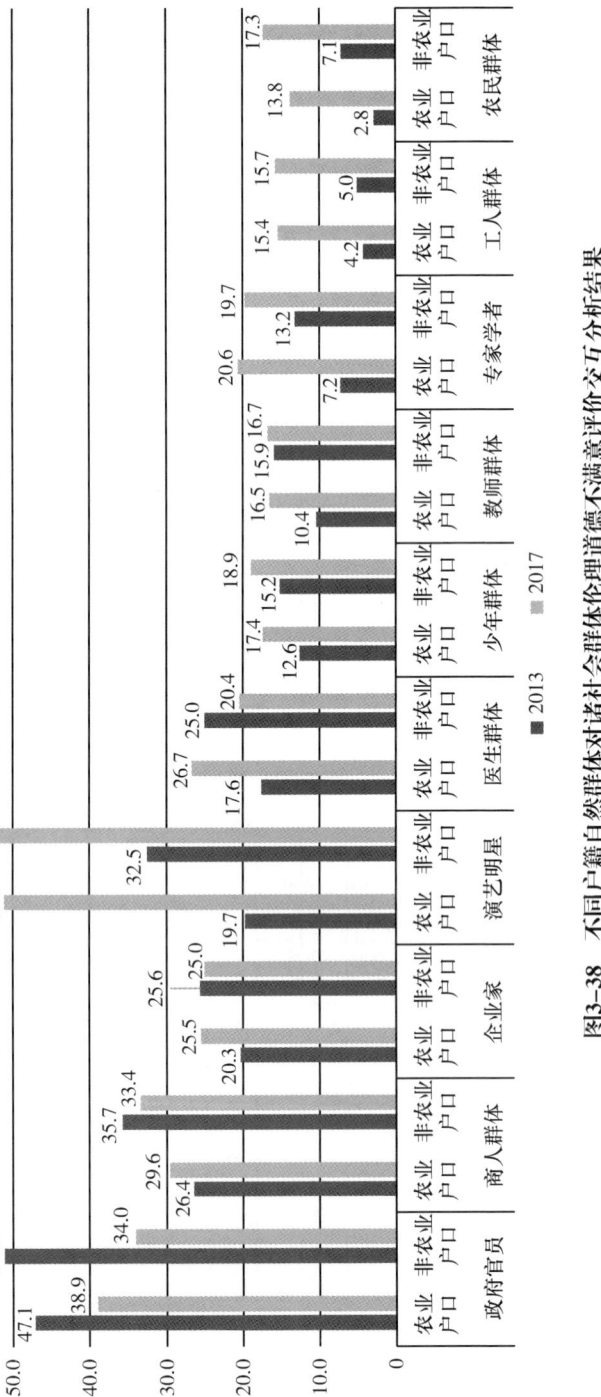

图3-38　不同户籍自然群体对诸社会群体伦理道德不满意评价交互分析结果

（四）结语：价值共识与道德分化共存

综合对不同户籍自然群体伦理道德发展状况的分析，根据2013年和2017年全国调查数据来看，五年来，我国社会伦理道德总体状况良好。并且由于信息化、市场化以及社会交流的不断扩大，农业户口群体和非农业户口群体在伦理道德方面存在诸多共同话语，能达成许多基本的价值共识，同一性是基本方面。如两大自然群体，在伦理关系上都强调家庭伦理的重要性；在处理人际关系问题时，共同倾向于伦理调节的手段；并且都承认传统道德在社会生活中仍具有重要地位；在道德素质上明显表现为"有道德知识但不见诸行动"，即道德行为上不能够知行合一；一致认为党和政府在惩治腐败方面成效显著等。之所以会有这些共同的认识，一方面是因为中国传统伦理对广大民众仍具有较大的影响，很多人对传统的伦理秩序有依恋情结。如家庭、人情主义的伦理观念依然在实际的伦理关系中产生着影响。另一方面是因为近些年来政府推动或倡导的各项道德建设措施效果显著，人们的整体伦理道德素质有了提高。

然而，由于农业户口群体和非农业户口群体的"伦理境遇不同、道德诉求多元，伦理表达多样"[①]，因此二者之间也存在明显差异，出现了一定程度的道德分化。尤其是在对我国伦理道德生活总体状况的满意度上，虽然两大自然群体中"满意"占主流，但五年来，农业户口群体的不满意度大幅度上升，而非农业户口群体的不满意占比反而有小幅度下降。之所以会出现这种差异，可能是因为城乡经济发展的不平衡以及收入分配所带来的两极分化，财富越来越集中于城市，再加上农村社会保障体系不够健全，导致农业户口群体对伦理道德状况的不满意度提高。在人际关系、道德认知、道德行为等方面出现道德分化也是基于此产生的。这些都表明我国社会的伦理道德状况还存在大量忧患。因此，当前

---

① 樊浩：《当前我国诸社会群体伦理道德的价值共识与文化冲突》，《哲学研究》2010年第1期，第3页。

我国的伦理道德建设,应注意引起城乡居民伦理道德认知的差异,有的放矢地制定相应的道德建设措施,这样才能较好地解决现实生活中存在的道德问题。

(文　敏)

十三　不同宗教信仰群体伦理道德发展状况

中国法律明文规定公民享有信仰自由，既有信教或者不信教的自由，又有信仰这种宗教或者那种宗教的自由。基督教、佛教、伊斯兰教三大宗教在中国拥有众多信徒，他们是中国社会重要的社会群体，深入调研他们的伦理道德状况，厘清他们与其他群体之间的异同，是完全有必要且有意义的。因而，我们在三次全国大调查的数据基础上进行分析，试图找出宗教信仰群体与其他群体的共性以及自身的个性，希冀能给相关部门提供些许有建设性的且具可操作性的对策建议。

（一）调查数据来源及基本情况

本报告的数据源于樊浩教授作为首席专家率领国家社科规划重大招标和江苏省社科规划重大委托项目组，对我国当前社会的伦理道德状况，诸社会群体的伦理关系、道德生活、伦理道德素质及其影响因子以及伦理道德发展的新特点新规律进行的大规模调研。自2005年以来，调查组成员于2007年、2013年、2017年共三次对中国社会的和谐伦理状况、当前我国思想道德文化多元多样多变的特点和规律进行了全面深入的实地调研。整个调查过程耗费时间长、参与人员多、花费财力大，并呈现出调查区域逐步扩大、调查群体不断合理、调查问题设计逐渐科学化的态势。如2007年的全国大调查择取江苏、广西、新疆三个省级行政区域，2017年就拓展到包括这三个地区的多个省级行政区域；2007年调查的群体成员具有大专学历的占 22.4%、具有本科学历的占 47.8%、具有研究生及以上学历的占 25.9%，而具有高中及以下学历的仅占不足 4.0%，在 2017 年调查的群体成员这一比例攀升到 77.9%，而具有专科以上学历的骤降为 22.0%，所调查民众更符合中国社会分层的现实状况；调查问卷由 2007 年的未统一到实现了 2017 年的统一，调查采用实地走访、问防、座谈会、发放调查问卷等多种方式，调查方式更为多样、科学，调查数据更加真实、可靠。

本部分的研究目的一方面是针对 2017 年的调查数据进行横向比较和分析，发现有宗教信仰群体与其他无宗教信仰群体之间对于当今社会伦理关系、个体道德素养及其影响因子、中国伦理道德发展趋势等问题的共识与差别；另一方面是借助 2007 年、2013 年和 2017 年三次调查数据，从纵向发展的维度分析和总结有宗教信仰群体在不同时间阶段对社会伦理关系、个体道德认识以及发展规律、社会道德风尚的现状等方面的看法和观点，从中找出十年来他们与其他群体之间对这些问题看法的相同和差异，进而厘清其产生背后的内在根源。调查发现，有宗教信仰群体与其他无宗教信仰群体在伦理道德方面所存在的诸多共同话语，达成基本共识；但由于宗教信仰的因素，他们在社会伦理关系上的考量、个体道德素养及其影响因子以及社会整体道德风尚的现状上存在较大差异，凸显出这一群体在伦理道德方面的认知和实践特征。而且，调查发现，有宗教信仰群体对伦理道德的认识在不同时期发生了较大变化。可无论变化多么大，其内在发展还是有规律可循的，可以从马克思主义道德理论以及其他流派的伦理原理中获得有说服力的解读和分析。最终，在对三次调查数据进行横向比较和纵向分析的基础上，总结和发掘中国社会伦理关系、个体道德素养及其影响因子、社会道德风尚现状的本质规律，找出其产生及发展的理论依据和现实根源，并向相关政府部门及机构提出有针对性、现实性、可操作性的对策和建议。

本部分调研报告的研究方法和解释框架主要有三点：其一是"实—证"结合的研究方法。首先在全面解读和综合分析相关调查数据的基础上，精准把握当今中国伦理道德发展变化的事实现状，这一阶段的数据采集和分析都要体现社会调查的"实"；然后对这些调查数据的结果进行价值判断和伦理评判，实现"实然"与"应然"的对接，这种"实—证"相结合的研究方法体现了社会学与伦理学的交叉—综合研究旨趣，社会调查呈现"实"，伦理学向"实"而"证"。① 其二是道德辩证法。主要是借助马克思主义道德理论和黑格尔辩证法，将伦理道德作为精神发展的辩证过程，在精神运动的有机体系及其与经济社会发展的生态互动中，对当前中国社会的伦理道德状况进行辩证诊断。其三是"精神"与"精神哲学"的理念与方法。伦理道德属于精神文明，应当回归"精神"的家园，对于伦理道德的精神哲学分析，应当采用中西方道德哲学传统中共同或共通的经典理论和学术资源，在跨文化共识的基础上，完成对中国伦理道德现实状况的精神哲学分析。

（二）有宗教信仰群体与其他群体在伦理道德上的共识

在无神论占主导地位的中国，有宗教信仰群体显得与主流文化有点格格不入，但他们在追求"超然"信仰的同时，并未完全脱离现实世界，而是热切关注社会伦理和个体道德的发展和完善，在社会文化类型、关注焦点问题、伦理两极分化等方面与其他社会群体达成一定程度的共识。

1. 伦理式的民间协商是民众解决冲突的主要方式，伦理型文化依旧是我国思想意识体系中的核心。

根据2017年全国大调查数据，近91.5%的被调查者是无神论者，不信仰任何宗教。信仰宗教的信徒仅占8.5%左右，属于小众群体，主要根源是国人自幼接受儒家"子不语怪力乱神"的伦理型文化的熏陶，进入学校后又接受马克思主义唯物观的教育。因而，宗教文化在我国的影响范围有限，不可能成为主流的思想文化。那么，哪种文化范式对当今国人影响更大，是我国思想意识体系的核心呢？

---

① 胡伟：《社会转型中的"公—私"道德困境——基于CGSS 2013和江苏省调查的实证研究》，《东南大学学报》（哲学社会科学版）2015年第1期，第20—27页。

是否有宗教信仰

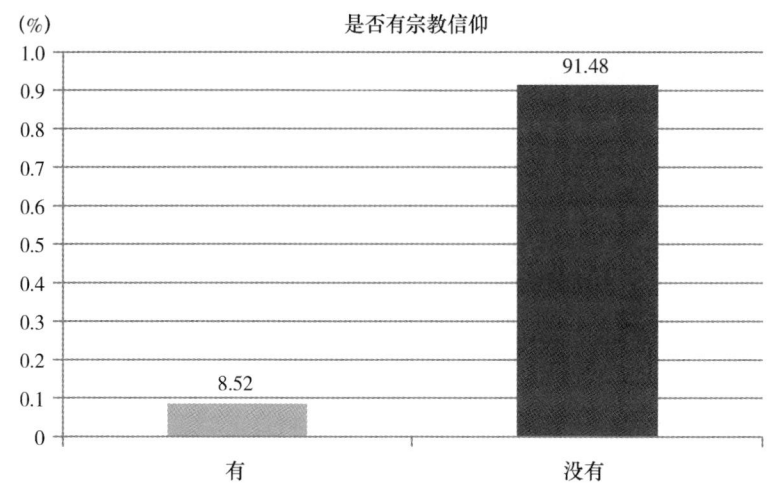

图3-39 宗教信仰情况调查数据（2017年）

个人生活在特定的社会环境中，必然要受到其文化特质的影响。与之相应，社会文化特质也要借助个体的日常言行呈现出来。随着社会主义市场经济的发展和完善，个人的利益追求呈现出多样化和复杂化态势，在彼此的社会交往中难免出现利益冲突。那么，在出现重大尖锐的利益冲突时，人们处理和解决冲突的方式是什么？是走法律途径还是采用伦理方式呢？表3-38是2017年全国大调查的数据。

表3-38　　在出现重大尖锐的利益冲突时，人们处理和解决冲突的方式是什么（2017）　　（%）

	直接找对方沟通，得理让人，适可而止	通过第三方从中调解，尽量不伤和气	诉诸法律，打官司	能忍则忍
家庭成员之间	57.8/51.2	14.8/13.7	1.9/1.1	25.4/34.0
朋友之间	53.0/48.0	30.9/29.0	1.5/1.9	14.6/21.0
同事之间	47.6/43.0	37.4/39.7	2.5/3.5	12.5/13.8
商业伙伴之间	25.2/27.2	28.1/31.9	35.6/30.8	11.1/10.0

说明：每栏中第一个数据的调查对象是有宗教信仰者；第二个数据是无宗教信仰者。

无论是"直接找对方沟通，得理让人"，还是"通过第三方从中调解，尽量不伤和气"，抑或"能忍则忍"都是中国传统熟人社会解决问题的主要方式，明显具有伦理特征和伦理价值倾向，而走法律途径则是陌生人社会解决矛盾的主要手段，具有现代法治社会的特征。表3-38中的数据表明，如在家庭成员、朋友、同事之间发生冲突，无论是有宗教信仰群体，还是无宗教信仰群体，大都不愿意通过法律途径解决矛盾冲突，最高比重只有3.5%，绝大部分人希望采用得理让人、不伤和气、能忍则忍的伦理方式化解矛盾。这是因为家庭成员、朋友、同事都是当事人的"熟人"，而且随着关系越熟悉，就越不愿与之对簿公堂，体现了费孝通先生所总结的中国传统"爱有差等"的伦理差序社会在现代人心目中依旧根深蒂固，当今中国人依旧非常重视伦理关系的维护，关注家庭伦理实体的和谐。所以，中国社会主流文化的核心依旧是伦理型文化。

可是，人们一旦与商业伙伴发生矛盾冲突，有宗教信仰群体和无宗教信仰群体都更倾向于诉诸法律，打官司的方式解决，所占比重分别为35.6%和30.8%。这与处理家庭成员、朋友、同事等熟人之间冲突而不愿走法律途径的态度存在着显著差异。这是因为中国的社会结构经历了社会主义经济的长期浸润，经济理性的地位越来越重要，人们在处理与陌生人的冲突时伦理感越来越淡薄，法律方式在解决商业利益冲突时越来越被大家所接受，表明市场经济秩序需要法律制度维系越来越深得人心，人们的法律思维也越来越强化。但无论如何，这种法律解决冲突的方式还是小众的、小范围的，大多数人还是愿意采用伦理方式化解矛盾，进一步表明中国文化的主要特征是伦理型而非法治型。

总之，中国思想意识体系的核心既不是宗教型文化，也不是法治型文化，而是追求个体与共体和谐统一的伦理型文化。与西方宗教文化不同，中国伦理型文化是积极入世型的，追求内在性的自我超越：单个个体唯有回归到伦理实体中才能找到安身立命之所，实现个体单一性与伦理实体普遍性的有机统一。有91.5%的国人不信仰任何宗教，如此高的比例真切验证了樊浩教授所指出的中国文化是"不宗教，有伦理"的学术判断的正确性和合理性。[①]

[①] 樊浩：《伦理道德现代转型的文化轨迹与精神图像》，《哲学研究》2015年第1期，第106—117页。

2. 官员腐败、生态危机、老无所养是民众十分注目和希望解决的三大焦点问题。

根据 2007 年的调查，在被问及"您对改革开放的最大担忧是什么"时，绝大多数被调查者选择了"导致两极分化""腐败不能根治""生态破坏严重"等，官员腐败、分配不公、生态问题等成为民众十分关注的焦点问题。

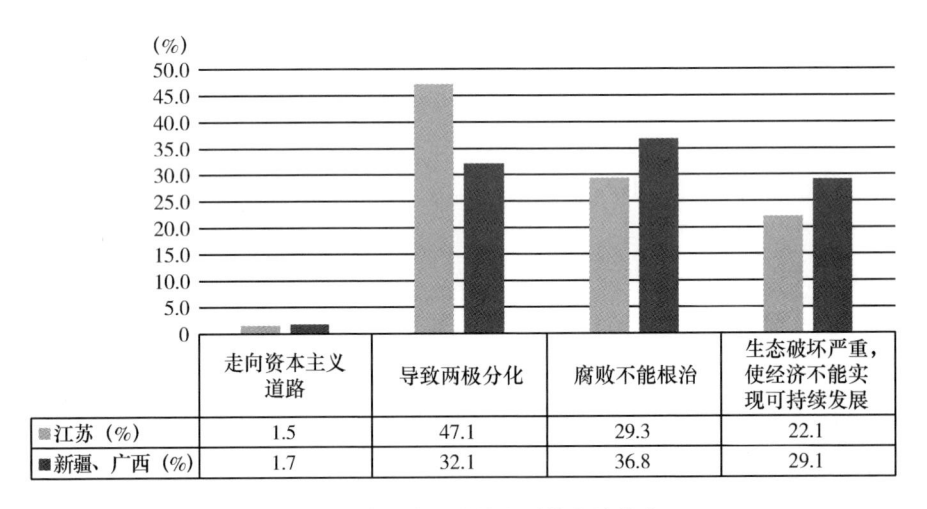

	走向资本主义道路	导致两极分化	腐败不能根治	生态破坏严重，使经济不能实现可持续发展
江苏（%）	1.5	47.1	29.3	22.1
新疆、广西（%）	1.7	32.1	36.8	29.1

图 3-40　您对当前改革开放的主要忧虑是什么（2007）

由此，樊浩教授指出，民众的三大担忧不仅是事实判断而且是社会预警，其中两极分化和官员腐败不仅关涉个人道德问题，而且已演变为群体性伦理问题，大众担忧的是这两个问题能不能得到有效解决。如果这两个问题得不到解决，必然导致两类伦理冲突：前者导致社会财富中的伦理冲突，后者导致国家权力中的伦理冲突，最终的结果是造成生活世界中伦理普遍性的消解。[①]

但根据 2017 年大调查的数据，无论是有宗教信仰群体，还是无宗教信仰群体对"最担忧的问题"的回答都有所改变，收入差距已经被挤出

---

① 樊浩：《当前中国伦理道德的"问题轨迹"及其精神形态》，《东南大学学报》（哲学社会科学版）2015 年第 1 期，第 5—19 页。

前三位，取而代之的是老无所养问题（见表3-39）。

表3-39　　　　对中国社会，您最担忧的问题是（2017）　　　　（%）

	有宗教信仰	无宗教信仰	均值
腐败不能根治	41.5	38.7	38.9
生态环境恶化	28.6	27.9	27.9
分配不公，两极分化	8.3	10.1	10.0
老无所养，未来没有把握	10.8	11.6	11.6
生活水平下降	3.8	5.9	5.7
道德滑坡，社会风气恶化	3.4	3.1	3.1
人际关系紧张	1.2	1.2	1.2
其他	2.3	1.5	1.6
总计	100.0	100.0	100.0
列总计（人）	733	7818	8551

与前几年相比，很多受访者认为我国目前官员腐败现象有很大改善或较大改善，但有38.9%的受访者仍旧选择"腐败不能根治"是最为担忧的社会问题，这表明我国近阶段反腐工作虽取得一定的成就，但还未能完全满足民众的期许，需进一步对腐败分子保持高压态势，坚决杜绝腐败以解民众心头之患。如果此问题解决不好，会造成权力阶层与民众阶层之间的对峙，严重危及社会的稳定性。这是因为政府官员是国家权力的掌握和支配者，一旦其贪污腐败，不仅是对个别人或少数人的侵害，而且是对全体社会成员的侵害。而且，官员是民众关注的焦点和效仿的榜样，腐败现象滋生蔓延无疑会激化社会矛盾，导致全社会对整个公务员群体失去伦理信任和道德信心，最终造成国家信用体系的崩塌。因而，我国的反腐工作任重道远，自然成为民众最为关注的问题。

2017年调查最为显著的变化就是民众对分配不公，两极分化问题（10.0%）的淡化，而把关注焦点转向生态问题（27.9%）和养老问题（11.6%）。之所以发生如此变化的根源首先是因为全国范围的环境污染和即将到来的老龄化社会已经严重危及个体的生存和个人的生活质量。原有的资源耗费型的经济增长方式给我们带来丰裕的生活物质的同时，也带来了灰蒙蒙的雾霾天空、酱油色的江河湖泊、寸草不生的沙化土地等；计划生育政策的推行在有效控制我国人口过快增长的同时，也给子女们留下一对夫妇需要照顾四位老人的养老难题。其次是因为随着我国经济的飞速发展，社会弱势群体的收入不断提高，民众生活质量有了很大改善。在此基础上，很多人觉得只要自己生活有保障并得到提升，居民收入差距过大的问题与自己无关且可以接受，故它已不再成为民众最为关注的问题。仅有 19.0% 的受访者认为收入差距问题十分严重，比起 2007 年的 71.5% 有显著下降就是有力的事实证明，而且，这也表明党和政府在缩小收入差距上做出很大努力并取得很大成效。

但需要注意的是，两极分化问题与第三位的养老问题之间的差距不到两个百分点，表明民众并未完全放弃关注分配不公所引发的两极分化问题，而是希望收入分配更加合理公平，收取房产税提案的出台得到多数人的支持就是最好的例证。分配问题不仅是经济问题，而且是道德问题。这是因为它关乎社会公正，关系到社会主义优越性能否体现的问题。财富从表面上看是用来满足个体欲望的物质必需品，但在本质上更是实现社会物质文明繁荣的基础，具有与生俱来的公共性和公众性。如果个别人花天酒地的侈靡生活建立在多数人贫穷落后的痛苦生活上，这样的社会肯定不是公正的社会，更不能体现社会主义的本质特征。

3. 不同群体的伦理认可度差异较大，存在演艺界、政府官员、商人与工人、农民、教师的伦理对峙。

在被问及"您对下列群体的伦理道德整体状况的满意度"时，有宗教信仰群体和无宗教信仰群体对农民、工人、教师三个群体的道德整体状况满意度一致较高，选择"非常满意"或"比较满意"选项的被访者所占比重分别是 82.9%/85.2%、84.8%/84.5%、80.7%/83.6%（前者是有宗教信仰者的数据/后者是无宗教信仰者的数据）。

表3-40 您对下列群体的伦理道德整体状况的满意度（农民）*宗教信仰 （%）

	有宗教信仰者	无宗教信仰者	均值
非常不满意	1.6	0.8	0.9
比较不满意	15.6	14.0	14.1
比较满意	72.7	75.0	74.8
非常满意	10.2	10.2	10.2
总计	100.0	100.0	100.0
列总计（人）	706	7563	8269

表3-41 您对下列群体的伦理道德整体状况的满意度（工人）*宗教信仰 （%）

	有宗教信仰者	无宗教信仰者	均值
非常不满意	0.6	0.6	0.6
比较不满意	14.6	14.9	14.9
比较满意	73.2	76.2	75.9
非常满意	11.6	8.3	8.6
总计	100.0	100.0	100.0
列总计（人）	697	7446	8143

表3-42 您对下列群体的伦理道德整体状况的满意度（教师）*宗教信仰 （%）

	有宗教信仰者	无宗教信仰者	均值
非常不满意	2.4	1.6	1.6
比较不满意	16.8	14.8	14.9
比较满意	68.0	69.6	69.5
非常满意	12.7	14.0	13.9
总计	100.0	100.0	100.0
列总计（人）	701	7505	8206

与之相对，有宗教信仰群体和无宗教信仰群体对于群体伦理道德整体状况表示"非常不满意"或"比较不满意"的前三位也惊人的一致，

分别是演艺娱乐界（49.6%/51.6%）、政府官员（38.6%/37.1%）、商人（31.1%/31.0%）。

表 3-43　　您对下列群体的伦理道德整体状况的满意度
（演艺娱乐界）＊宗教信仰　　　　　　　　　　（%）

	有宗教信仰者	无宗教信仰者	均值
非常不满意	9.1	7.5	7.7
比较不满意	40.5	44.1	43.8
比较满意	43.1	42.4	42.4
非常满意	7.3	6.0	6.1
总计	100.0	100.0	100.0
列总计（人）	550	5857	6407

表 3-44　　您对下列群体的伦理道德整体状况的满意度
（政府官员）＊宗教信仰　　　　　　　　　　　（%）

	有宗教信仰者	无宗教信仰者	均值
非常不满意	8.0	6.0	6.2
比较不满意	30.6	31.1	31.1
比较满意	58.6	60.9	60.7
非常满意	2.9	1.9	2.0
总计	100.0	100.0	100.0
列总计（人）	664	7013	7677

表 3-45　　您对下列群体的伦理道德整体状况的满意度
（商人）＊宗教信仰　　　　　　　　　　　　　（%）

	有宗教信仰者	无宗教信仰者	均值
非常不满意	1.6	2.4	2.3
比较不满意	29.5	28.6	28.6
比较满意	60.2	62.3	62.1
非常满意	8.6	6.8	7.0
总计	100.0	100.0	100.0
列总计（人）	674	7362	8036

对比以上数据可以发现，演艺界、商人、政府官员与工人、农民、教师之间在伦理上存在着两极分化与两极对峙。如前所述，演艺界、商人、政府官员分别在文化、经济、政治领域占有强势地位，掌握着较强的话语权；工人、农民、教师虽然人数较多，但总体上属于社会话语权较弱的草根群体。可是，这里存在着一个有趣的悖论：越是拥有话语权的精英阶层反而伦理道德被认可度越低；而越是生活在社会底层的草根阶层伦理道德被认可度越高，这难道是对《管子》"仓廪实而知礼节，衣食足而知荣辱"道德命题的反动？演艺界、商人、政府官员在文化经济政治层面占有更多的社会资源，本应因担负更多的社会伦理责任和道德义务而得到社会其他群体的赞扬和效仿，可是真实的社会状况却远非如此，他们的形象不仅不是高尚的、道德的，反而是丑陋的、邪恶的，甚至引发"仇富""仇官"的社会心态。可见，由于经济政治文化地位的两极分化导致的伦理两极分化已成为社会事实，而伦理分化是由于道德问题积累而生成的社会问题，其后果比经济上的两极分化更深远、更严重，深深地危及国家的稳定和社会的发展。

在2007年的调查中，当被问及"您对哪些人的伦理道德状况最不满意"时，被调查者做出以下回答（见图3-41）。

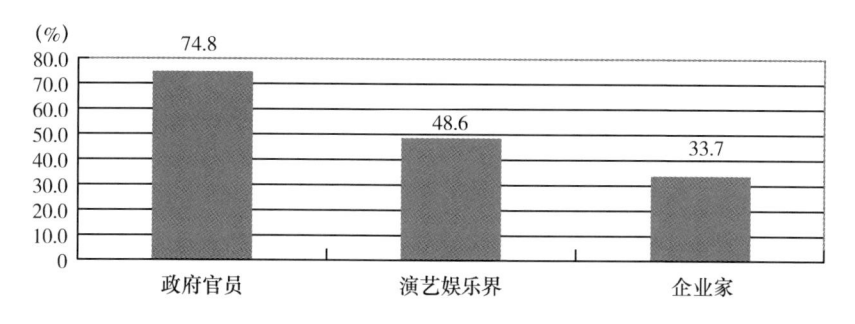

图3-41 伦理道德方面最不满意的群体（2007）

当时，公众对政府官员在伦理道德方面的不满意度高达74.8%，高居首位。但在2017年的调查中，这一数据降为37.3%，对公务员的满意度是28.6%。这表明党和政府最近十年来非常重视反腐工作，惩治了一大批腐败"大老虎"，形成了很强的社会震慑力，在很大程度上防止和控制了贪污腐败现象的滋生蔓延,公务员的形象有较大提升,人们在伦理道德方面的满意度明显提高。公务员群体作为社会主要的道德示范者,他们的社会形象和伦理满意度的提高,无疑对社会道德风气的改良和社会伦理信用的完善有着重要的现实意义。

(三)有宗教信仰群体与其他群体在伦理道德上的差异

如上分析,有宗教信仰群体与无宗教信仰群体之间在伦理道德上达成很多共识,但这并不表明两者之间没有差异,与之相反,因宗教信仰维度的缘由对道德金律的认可度、市场经济的认同度、社会道德状况的满意度及发展趋势存在着较大差异。

1. 有宗教信仰群体比无宗教信仰群体更易"换位思考",把推己及人的"道德金律"应用到现实生活中。

根据2017年的全国大调查,当被问及"在做决定前,我会试着从每个人的立场去考虑问题""我有时会试图站在他人的角度,以更好地理解我的朋友""当我对某人很不耐烦的时候,我通常会暂时站在他/她的位置上""在批评他人之前,我会尝试想象一下如果我处于那个位置会是什么感受"等方面的问题时,有宗教信仰群体与无宗教信仰群体认为"完全符合"或"比较符合"的比例如表3-46所示。

表3-46　　　　　　2017年全国大调查数据汇总　　　　　　(%)

	有宗教信仰者	无宗教信仰者
在做决定前,我会试着从每个人的立场去考虑问题	39.9	33.3
我有时会试图站在他人的角度,以更好地理解我的朋友	46.9	36.6
当我对某人很不耐烦的时候,我通常会暂时站在他/她的位置上	34.6	25.7
在批评他人之前,我会尝试想象一下如果我处于那个位置会是什么感受	38.6	30.4

两大群体在"换位思考"与推己及人的"道德金律"问题上存在较大的差异：有宗教信仰群体的认可度比无宗教信仰群体的认可度比例要高6.6%—10.3%，这表明有宗教信仰群体在做决定、烦躁、批评他人时更倾向于站在对方的角度"换位思考"，践行推己及人的"道德金律"，而不是完全不顾他人的感受，随心所欲地发泄自己的内心情感。为何有宗教信仰群体比起无宗教信仰群体更容易"换位思考"？在行为决定时更加理性？表3-47和表3-48可以给出合理回答。

表3-47　您的宗教信仰＊您认为我国目前人与人之间的关系受什么影响？选择一　（%）

	有宗教信仰者	无宗教信仰者	均值
利益	64.8	64.4	64.5
情感	20.3	21.3	21.2
国家倡导的主流价值观	8.4	9.5	9.4
中国传统价值观	5.8	4.5	4.6
西方价值观	0.7	0.3	0.4
总计	100.0	100.0	100.0
列总计（人）	676	7482	8158

表3-48　您的宗教信仰＊您认为我国目前人与人之间的关系受什么影响？选择二　（%）

	有宗教信仰者	无宗教信仰者	均值
情感	35.2	42.2	41.7
国家倡导的主流价值观	19.3	19.6	19.6
中国传统价值观	37.4	33.5	33.8
西方价值观	8.0	4.7	5.0
总计	100.0	100.0	100.0
列总计（人）	398	4753	5151

在"您认为我国目前人与人之间的关系受什么影响"这一问题上，

两大群体都认为利益是最为重要的决定因素，这不仅符合在社会主义市场经济下经济理性在社会关系处理中占据主导地位的现实状况，而且应验了马克思主义"经济基础决定思想上层建筑"理论的真理性。但当被问及第二重要因素时，有宗教信仰群体和无宗教信仰群体给出了截然不同的答案：前者是中国传统价值观，后者是情感。我们知道，中国传统价值观以儒家思想为主干，而"己所不欲，勿施于人"① 的"道德金律"又是儒家思想的核心内容，也体现出儒家心怀他人、包容天下的仁爱态度和宽容情怀。有宗教信仰群体认为，中国传统价值观是个体在处理与他人关系时的重要影响因素，因而更易接受"己所不欲，勿施于人"的"道德金律"，在做决定、烦躁、批评他人时会"换位思考"，充分考虑他人的感受，显现出尊重传统的理性主义态度。此外，无信仰宗教群体在现实生活中笃信西方经济学"理性经济人"的理论假设，以经济理性和个人利益为主要行为宗旨，所以行为处世通常从自我出发，注重个人欲望的满足和自我情感的表达，而把"己所不欲，勿施于人"的中国传统优秀价值观抛到九霄之外，这也凸显出在当今社会加强中国传统伦理思想教育的重要性和紧迫性。而且，有宗教信仰群体经常受到宗教教义的教导和洗礼，大多数宗教教义教导信徒们要与人为善，学会宽容忍让，不要自私自利而要心怀天下，因而"换位思考"的行为理念潜移默化地植根其心中，成为其"自然而为"的行为决断标准。

2. 有宗教信仰群体比无宗教信仰群体更看重市场经济对伦理道德的消极影响，认为当今社会私欲膨胀、物欲横流现象相当严重。

社会主义市场经济体制的建立是我国社会经济高速发展、人民物质生活不断提高的重要制度保障。但关于其对伦理道德的影响，社会上存在两种截然不同的态度：一种认为会促使伦理道德的进步，起到积极作用；另一种认为会导致伦理道德的倒退，起到消极作用。2017年的大调查对此问题做出如下解答（见表3-49）。

---

① 《论语·卫灵公》。

表3-49　　您的宗教信仰＊市场经济对我国伦理道德的影响　　　　（%）

	有宗教信仰者	无宗教信仰者	均值
消极影响	21.1	14.6	15.1
没有影响	26.3	25.3	25.4
积极影响	52.6	60.1	59.5
总计	100.0	100.0	100.0
列总计（人）	483	5174	5657

可见，两大群体的主流认识还是市场经济对伦理道德可以起到积极影响，有宗教信仰群体占到52.6%；无宗教信仰群体占到60.1%。但有21.1%的有宗教信仰人士认为，市场经济对伦理道德存在消极影响，明显高于无宗教信仰群体的14.6%。这是因为在市场经济社会中，个体的生存和发展多以经济利益为基础，人生的价值被狭隘化为以个人拥有财富的多少为尺度，生活目标被简化为追求个人欲望满足的快乐主义，最终导致整个社会变成物欲横流的逐利场。

表3-50　　当前社会私欲膨胀，物欲横流的严重程度如何＊
　　　　　　宗教信仰（Crosstabulation）　　　　　　　　　　　（%）

	有宗教信仰者	无宗教信仰者	均值
非常不严重	9.1	9.6	9.6
比较不严重	37.8	43.2	42.8
比较严重	43.9	40.2	40.5
非常严重	9.2	6.9	7.1
总计	100.0	100.0	100.0
列总计（人）	672	7284	7956

一般而言，宗教文化多为出世主义，认为过度纵欲是人生的罪恶，劝诫信众要薄情寡欲，远离金钱利益的诱惑，在自然欲望和道德理性发生冲突时，自觉以道德理性调控和规约自然欲望。其实，如要辩证地看待个体自然欲望与道德理性的冲突，就必须认清自然欲望是不可人为窒息和抹杀的天然本能，如果个体完全抑制自然冲动，就难以成就完全人

格的自我；但如过度放纵自然冲动，就会破坏个体生命秩序。因而，个体自然冲动的满足要有一定的限度：首先，要以维护个体生命秩序为前提，不能戕害个体的身心健康；其次，要充分考虑他人的利益，不能给他人造成伤害；最后，要受到道德理性的规范，在社会伦理规范许可的范围下予以满足。

总而言之，社会主义市场经济建立和发展是历史发展的趋势，在很大程度上会提高人们日常的物质生活水平，也会提升社会的伦理风尚和人们的道德水准，因为经济基础和生产力的发展必然会促进伦理道德等上层建筑的发展和进步。但需要警惕的是，在看到市场经济对伦理道德发展的积极作用的同时，还要意识到经济理性的过度张扬、个体欲望的无度满足，必然会污染社会风气，给伦理道德发展带来恶劣的消极影响。因而，完全有必要强化伦理道德教育，尤其要从中国优秀传统伦理道德思想中汲取宝贵资源，促使社会个体自觉以道德理性规范自然冲动。

3. 有宗教信仰群体比无宗教信仰群体更有国家认同感，更担忧我国未来道德发展状况。

在2017年调查"对于个人而言，您认为家庭、社会和国家三者的重要性程度如何"时，有宗教信仰群体和无宗教信仰群体表现出明显差异（见表3-51）。

表3-51　您的宗教信仰＊对于个人而言，您认为家庭、社会和国家三者的重要性程度如何（第一位） （%）

	有宗教信仰者	无宗教信仰者	均值
国家	52.8	45.3	45.9
社会	6.0	5.8	5.8
家庭	41.2	48.9	48.2
总计	100.0	100.0	100.0
列总计（人）	738	7907	8645

有宗教信仰群体把国家放在第一位的占到52.8%，明显高于无宗教信仰群体的45.3%。有67.7%的有宗教信仰群体成员"比较同意"或

"完全同意"为了国家利益而牺牲家庭利益,高于无宗教信仰群体的59.3%。当被问及"看到国旗在国歌声中升起的时候,您会怎么做"时,有37.9%的有宗教信仰群体成员会原地站立,面向国旗行注目礼,而无宗教信仰群体成员只有32.7%表示会这样做;有12.3%的无宗教信仰群体选择当国旗升起时"只当没看见,该干吗干吗",而有宗教信仰群体成员中有此种行为倾向的仅占7.6%。

表3-52　看到国旗在国歌声中升起的时候,您会怎么做＊宗教信仰　　（%）

	有宗教信仰者	无宗教信仰者	均值
原地站立,面向国旗行注目礼	37.9	32.7	33.2
停下来看一看	54.5	54.9	54.9
只当没看见,该干吗干吗	7.6	12.3	11.9
总计	100.0	100.0	100.0
列总计（人）	739	7901	8640

家庭和社会（国家）是个体生命中两个重要的伦理生活训练场,前者主要培育个体的私德,后者旨在涵育个体的公德。中国传统社会是家国一体的社会结构,家是国的基元,国是家的放大,二者是共生共荣的有机统一体。可是,如果家庭利益与国家利益发生冲突时,传统伦理思想认为国家利益要重于家庭利益,主张牺牲后者保护前者,否则就违反了社会公德而会遭众人唾弃。有宗教信仰群体之所以更为重视国家利益,更有国家认同感,主要是因为国家对宗教事业非常支持,宗教政策深得有宗教信仰群体成员的认同,这使他们意识到宗教繁荣只能建立在国家富强的基础上,否则就会回到过去的凋敝状况中。正是强烈的国家认同感,才使得有宗教信仰群体更加关注我国社会伦理道德的现状,对其发展趋势表示担忧,有30.0%的有宗教信仰群体成员对我国当前社会道德状况表示"不太满意"或"非常不满意",甚至有6.9%的有宗教信仰成员认为今后中国社会的道德状况会变得越来越差,而这两个数据在无宗教信仰群体中的比重分别只占到26.0%和5.5%。因而,加强我国的伦理道德教育,让社会成员认识到国家利益至上的重要性,培育国人的国家认同感和归属感实属当务之急。

（四）相应的建议和对策

通过对 2017 年全国大调查数据中有宗教信仰群体与无宗教信仰群体之间以及与 2007 年、2013 年全国大调查数据之对比，不难看出，包括有宗教信仰群体在内的大多数民众对我国当前社会道德状况持肯定态度，表示"非常满意"和"比较满意"的比例占到 73.7%，共有 71.3% 的民众觉得今后中国社会的道德状况会越来越好，这有力地反击了"道德崩溃论"的荒谬论断。但对我国当今社会道德状况的认同和信心，不能掩盖伦理道德发展过程中所存在的问题，比如经济两极分化而导致的道德两极对峙、经济理性过度膨胀而造成的生态伦理危机等。为此，需要从国家制度设计、社会伦理治理、个体道德教育三个方面着手，促进上述问题的快速有效解决，维护我国社会生活秩序和个体生命秩序的稳固有序。

首先，在国家制度设计层面，当今中国仍是伦理型文化占主导地位的思想精神体系，因而有必要把伦理道德因子融入宗教院校的宗教专业教育中。现在的宗教院校不是过去的"经堂""灵修院""丛林"等，而是在政府宗教事务部门的领导下，由宗教团体举办的培养高素质宗教教职人员的新型院校。开展系统的伦理道德教育，有利于培养热爱祖国，坚持社会主义道路，维护祖国统一和民族团结的宗教教职人员队伍。同时强化对政府官员及工作人员的道德教育，对于违背社会伦理道德规范的行为实行零容忍制度，避免侥幸心理的滋生蔓延；在各级学校教育中强化中国传统伦理道德的教育，让中国古代经典及道德楷模的先进事迹进教材、进课堂、进头脑。

其次，在社会伦理治理层面，要充分发挥宗教团体对信徒的道德教育功能，提高他们的道德素养。在信徒的宗教生活中，道德和信仰实际上是密不可分的。道德缺失，信仰则无法落实；信仰缺失，道德就无所寄托。道德教育可以强化宗教信仰，使践行道德信念的信徒产生神圣体验；宗教信仰可使信徒增强道德信心，从而成为一个"自律"的道德主体。而且，国家要借助广播、电视、报纸及新媒体宣传各行各业的道德模范，设立严格的文艺作品道德审查制度，严厉禁止无德媚俗的影视作品、综艺节目及文学作品的传播，从而让凸显社会主义先进文化精神的优秀作品起到主导作用；强化爱国主义教育，曝光各种有损国家形象以及恶搞英雄先烈的极端事件，促使国人自觉维护国家形象，维护国家安全；增加政府官员贪污腐败行为的违法成本，提高企业家与商人假冒伪劣、污染环境等违规经营行为的经济代价，最终营造让他们不敢贪、不敢骗、不敢污染的环境。

最后，在个体道德教育方面，利用宗教礼仪增强信徒的伦理感，帮助他们建立优良的道德人格。宗教礼仪不仅是宗教信仰的强化，而且是道德信念的强化，以"润物细无声"的方式加强个人与其所属的社会联系，增加他们对社会认同感和归宿感，进而以道德冲动力控制自然冲动力，提升道德境界。此外，对于其他社会群体，要改变过去重形式轻内容、重课本轻实践、重课堂轻课外的道德教育模式，建立各级学生道德实践活动评价机制，与他们未来升学、就业紧密联系起来，督促学生走出课堂，在社会实践中培育自己的德性；要促使家庭、学校、社会都成为个体的道德教育场，形成多场域、多层次的道德教育联动机制，帮助他们形成正确的道德认知，培育积极的道德意识，养成良好的道德习惯，进而促进社会道德风气的改良和提升。

（王　辉）

十四　诸社会群体解决利益冲突的伦理行为选择的共识与差异

"义利之辨"不仅是中国道德哲学的核心议题之一，也是所有伦理文明传统都必须面对的重大难题。人们通常容易将之转换为道德与利益的冲突，但事实上在这两者之间，"利"的概念相对比较明确，而何谓"义"却存在着多种解释的可能性。《中庸》中的解释是："义者，宜也"，即符合人们所普遍认同的伦理道德规范是为"义"，也就是民族文明精神形态在涉及公共伦理生活方面的普遍性规定。随着传统伦理生活形态的崩溃，现代中国社会逐渐进入了道德多元化的时代，人们需要面对普遍道德准则缺失的局面，一种原子式的个人主义的道德自我认知渐有泛滥之势，而个体所遭遇的自身多个不同伦理身份之间的冲突，又进一步加重了那种孤立的道德主体的虚妄认识。但是，作为中华民族精神最基本的结构性要素，中国人对自身所拥有的天然的伦理属性，尤其是作为家庭成员之一的伦理身份，仍然具有极强的认同感，而这种对自身伦理属性的体认与践行，有可能是当代中国人用以克服个人主义所带来的道德虚无主义的关键所在。

一般而言，"利"在具体的生活场景中较易获得确认，但与之相对的"义"却容易在行动主体对自身的伦理身份、所处的伦理关系以及相应的道德义务之认知中发生游移，在此种伦理境遇中是"义行"，在另一种境遇中有可能被定义为"逐利"，例如，对于一个家庭成员来说维护其家庭的最大利益是其基本的道德义务，但从国家公民的角度来看这却有可能是逐小利而失大义的行为。如何发现和测量当代中国人在义、利发生冲突时的道德认知、行为选择及其背后的影响因素，是当代道德实证研究的重要主题。本节以东南大学道德发展研究院分别在 2013 年、2016 年和 2017 年主持的三次道德国情调查中，被调查者对"当遭遇人与人之间的利益冲突时，你首选的办法是什么"这一问题的回答作为核心分析对象，意在揭示当前中国民众在面对利益冲突时伦理行为选择的总体规律，以及隐含在这一选择背后的伦理认知和道德感。考虑到被调查者的外显道德表达与内在道德意识之间可能存在一定的差异，以及他们在对自身行为做出道德评价时有可能产生的掩饰心理，该问题设计了一个相对"道德中性"的想象情境：三次问卷中都没有对利益冲突本身以及应对方式做出任何道德评价。一般来说，被调查者会在个体自我所有的维度上定义"利益"，将其看作与道德相对独立的客观因素，因此被调查者在考虑采取何种方式应对冲突时，并不会直接意识到这一选择的道德属性，从而避免了道德自我修饰效应，使研究者有机会发现其真实的道德倾向，探究其如何界定个人利益、如何体认自己与他人的伦理关系，尤其可以发现被调查者对个人客观利益与伦理关系所蕴含的价值判断与比较倾向。

（一）各年度调研数据的总体频数分析

该问题设计了四个回答选项，分别代表了被调查者在其自我主体性定位、个体利益的价值属性和社会伦理关系认知上的基本倾向。

选项①"诉诸法律，打官司"的核心目的是维护个体的自我利益，这是因为在中国传统"无讼"价值观的影响下，这一行为方式会被理解为对伦理关系和道德秩序的激烈破坏[1]，选择这一选项意味着被调查者倾向于将自我利益的价值置于维护伦理关系之上，并且对社会法制抱有较高的信任。选项②"主动与对方沟通，适可而止"的目的是维护个体利益，但希望避免对伦理关系造成严重破坏，选择这一选项者的自我主体定位比较主动、积极和自信，对个体利益有较高的价值赋意，尊重规范

---

[1] 任志安：《无讼：中国传统法律文化的价值取向》，《政治与法律》2001 年第 1 期，第 19—24 页。

但更倾向于由自己掌控行动。选项③"找第三方帮助沟通调解,尽量不伤和气"的目标首先是避免发生直接的人际冲突,然后才是维护自己的利益,选择这一选项意味着被调查者对自身在伦理关系中的属性和位置比较关注,倾向于将个体利益放在伦理生活整体中加以考虑,行动选择比较温和且较信任和依赖传统的人际关系网络。选项②和选项③总体上来讲都是希望尽可能地实现伦理关系与自我利益的平衡,但侧重点存在不同。选项④"能忍则忍"的目标是维护原有伦理关系的稳定和伦理生活自身的价值,为此可以放弃个人利益诉求,选择该项者显然比较认同传统中国价值观中对"忍"的道德阐释,但也有可能是因为其主体人格缺乏独立的自我意识,或者是对自身的能力和社会资源拥有水平评价较低,兼之对公共规范和制度的救济能力缺乏信心,故希望通过对人际关系的维护间接实现对利益损失的补偿。

在2013年和2017年的调查中,还对人际关系维度进行了分类,即对利益冲突发生在家人、朋友、同事和商业伙伴关系之间的情况进行了分别处理,这强化了被调查者对个体的存在和利益本身的伦理属性的认知,迫使其将对个体利益的考虑放在一个特定的伦理关系中展开。四个关系维度所设定的伦理关系强度存在着差异,这导致不同行为选择的伦理赋值会随之发生变化,被调查者选择意愿的区别将说明伦理关系环境对利益冲突应对方式选择的影响。其中,家庭关系的伦理规定最为明确,道德约束的强度最大;朋友关系通常是在私人和情感生活的维度上来界定的,同事关系则更关注公共与利益生活的维度,但二者在伦理强度上的差异并不特别明显;商业伙伴关系主要是在利益关系的维度上做出的界定,伦理强度最低,但也不能避免被调查者基于自己的经验而对其赋予特定伦理关系属性的情况。

虽然在三个年度的调查中题目设计基本一致,但在问题描述、具体选项和统计口径上均存在一定的差异,如2013年和2017年的调查分成了四个关系维度加以分别统计,被调查者会根据不同的关系维度分别进行思考,而2016年的调查没有进行这样的区分,被调查者往往更容易将情境假设为自己日常生活中最容易发生的冲突情况;2017年的调查也设定了四个关系维度加以分别统计,选项与2013年和2016年的一致,但将利益冲突具体描述为"如财产纠纷等",这使被调查者在思考问题时的指向比较明确,而前两次调查所假设的冲突类型应该更加多样化。这些区别使三次调查数据之间不能直接进行统计学比较,而只能就各年度数据自身的分布规律进行独立分析,并比较不同年度行为选择的总体分布规律之间的异同。下面对不同年度的调查数据的总体频数分布情况进行简要分析。

在没有区分关系维度进行统计的情况下,如 2016 年江苏省的调查数据显示,被调查者在遇到利益冲突的时候,选择"主动与对方沟通,适可而止"的所占比例最高,为 54.5%,选择"找第三方帮助沟通调解,尽量不伤和气"的比例为 26.3%,选择"诉讼法律,打官司"的比例是 8.8%,选择"能忍则忍"的占比为 10.6%。这说明:第一,在被调查者面临利益冲突的时候,绝大多数人都倾向于在保护个体利益的同时尽可能维护原有伦理关系不受到伤害(选择"主动与对方沟通,适可而止"和"找第三方帮助沟通调解,尽量不伤和气"),占比达到 80.8%;第二,对大多数人来说,传统的人际网络关系在利益调解中仍然起着重要的作用,仅有 8.8% 的被调查者愿意以诉诸法律的方式来解决利益问题;第三,大多数人会采取较为主动和积极的方式来维护利益,选择"能忍则忍"的比例只有 10.6%。

表 3-53　　　　　　　　　　2016 年江苏省调查数据

	频数	有效百分比	累计百分比
诉诸法律,打官司	557	8.8	8.8
主动与对方沟通,适可而止	3436	54.5	63.1
找第三方帮助沟通调解,尽量不伤和气	1668	26.3	89.4
能忍则忍	671	10.6	100
合计	6332	100	

在区分了关系维度进行的调查统计中,如在 2013 年和 2017 年的调查中,数据分析证明,冲突双方原有的伦理关系对其行为选择具有明显的影响作用:伦理关系越紧密,人们就越倾向于信任伦理关系本身的调解作用并选择利益—伦理相平衡的处理方式。

2013 年的调查数据呈现出以下规律:在存在冲突时,当利益冲突双方具有某种较紧密的伦理关系,如家人、朋友、同事时,人们更倾向于选择利益—伦理相平衡的处理方式,选项"直接找对方沟通"在这三类关系类型中都是被选最多的方式,占比分别是58.3%、49.8%、46.2%,选择最少的方式都是"诉诸法律,打官司",分别是0.6%、2.6%、2.2%。数据同时显示,"能忍则忍"这一选项,当双方属于家人关系时选择的比例最高,达到了31.5%,与商业伙伴之间发生冲突时选择这一模式的比例最低,仅占9.5%;"诉诸法律,打官司"选项,在家人关系中选择比例最低,在商业伙伴关系中选择这一解决方式的比例最高,占50.0%,在朋友和同事之间选择这一方式的比例略高于家人关系,但明显低于商业伙伴关系;选择"找第三方帮助沟通调解"的比例在家人关系中远远低于其他三种关系中的选择比例,仅占9.6%。2013年的全国调查与江苏省的调查相比,虽然在个别数据上略有不同,如在商业伙伴关系中选择"诉诸法律,打官司"的比例是34.8%,低于江苏省的数据,但在整体频数的分布趋势上与江苏省的调查数据基本一致。在具体数据上的差异应该与两个被调查的人口统计学状况的差异相关,如双方在被调查者的教育程度、户口等方面都存在明显差异,而后期交互分析表明,这两个因素都对处理方式的选择造成明显的影响。

表3-54　　2013年江苏省调查数据——发生重大利益冲突时的解决途径(有效百分比)

	家庭成员	朋友	同事	商业伙伴
诉诸法律,打官司	0.6	2.6	2.2	50.0
主动与对方沟通,适可而止	58.3	49.8	46.2	24.6
找第三方帮助沟通调解,尽量不伤和气	9.6	29.1	27.8	15.9
能忍则忍	31.5	18.5	23.9	9.5
合计	100	100	100	100

表3-55　　2013年全国调查数据——发生重大利益冲突时的解决途径(有效百分比)

	家庭成员	朋友	同事	商业伙伴
诉诸法律,打官司	0.6	1.2	2.7	34.8

续表

	家庭成员	朋友	同事	商业伙伴
主动与对方沟通，适可而止	55.7	51.5	47.52	29.8
找第三方帮助沟通调解，尽量不伤和气	8.9	24.2	29.7	25.6
能忍则忍	34.8	23.1	20.1	9.8
合计	100	100	100	100

2017年江苏省的调查发现，在发生利益冲突时，人们与家人之间更多选择相对温和的冲突处理方式，将矛盾控制在家庭内部，大多采取直接找对方沟通（53.5%）或能忍则忍（35.6%）的处理方式，选择通过第三方（如社会机构、朋友等）从中调解（9.9%）或打官司（1.0%）的比例很低，仅占一成；在朋友和同事之间，选择"找第三方帮助沟通调解，尽量不伤和气"的比例明显增加，分别为22.0%和29.3%，选择忍耐的比例相应降低；而与商业伙伴之间，四成被调查者选择直接诉诸法律，仅有5.3%的人表示"能忍则忍"，同时，选择"直接找对方沟通"的比例明显比其他三类关系的比例低，仅为26.7%。2017年的全国数据与江苏省数据所显示的比例大致相似，即家庭成员之间更倾向于直接沟通或忍耐，与朋友和同事之间偏重直接或间接沟通，而与商业伙伴之间的利益冲突则偏重用制度化方式解决。值得注意的是，与江苏省数据相比，在处理朋友和同事关系中的利益冲突时，人们选择"直接找对方沟通"的比例明显降低（江苏省的比例分别为53.8%和53.6%，全国比例分别为48.5%和43.5%），而选择"通过第三方（如社会机构、朋友等）从中调解"的比例则相应升高（江苏省的比例分别为22.0%和29.3%，全国的比例分别为29.1%和39.4%），特别是处理同事间的利益冲突，在该两项上的选择比例差异超过10.0%。另外，在商业伙伴之间，江苏省数据中有40.5%的被调查者选择"诉诸法律"，而在全国的数据中，这一比例仅为31.0%，选择"能忍则忍"的比例则明显高于江苏省的5.3%，达到10.1%。2017年的调查中江苏和全国的样本在一般人口统计学状况上并没有特别明显的差异，造成调查结果差异的原因可能与不同地区社会观念和制度化发展水平存在差异有关。

表 3-56　　2017 年江苏省调查数据——发生重大利益冲突时的
解决途径（有效百分比）

	家庭成员	朋友	同事	商业伙伴
1. 诉诸法律，打官司	1.0	2.3	4.1	40.5
2. 直接找对方沟通，但得理让人，适可而止	53.5	53.8	53.6	26.7
3. 通过第三方（如社会机构、朋友等）从中调解，尽量不伤和气	9.9	22.0	29.3	27.4
4. 能忍则忍	35.6	22.0	13.1	5.3

表 3-57　　2017 年全国调查数据——发生重大利益冲突时的
解决途径（有效百分比）

	家庭成员	朋友	同事	商业伙伴
1. 诉诸法律，打官司	1.2	1.9	3.4	31.0
2. 直接找对方沟通，但得理让人，适可而止	51.7	48.5	43.5	27.3
3. 通过第三方（如社会机构、朋友等）从中调解，尽量不伤和气	13.8	29.1	39.4	31.6
4. 能忍则忍	33.3	20.5	13.7	10.1

（二）交互分析

为了考察对人们伦理行为选择造成影响的其他因素，我们以"2016年江苏伦理道德发展数据库"为基线，同时引入 2013 年和 2017 年江苏省和全国的调查数据与之进行比较。对三次调查的数据通过卡方检验，分析被调查者的年龄、户口、受教育程度、收入、职业、群体、性别、宗教信仰以及是否处于体制内九个变量与冲突解决途径选择之间的关系。在这九个变量中，性别和年龄反映的是被调查者的人口自然状况，也在一定程度上反映出文化心理的差异；收入、职业、群体主要反映的是社会经济维度的资源拥有水平；受教育程度一方面反映了被调查者社会资源的拥有水平，另一方面隐含着知识能力和价值观的差异；户口和是否处于体制内反映的是被调查者社会制度资源拥有水平；宗教信仰是一个比较独立的社会文化变量，但由于中国目前基本属于一个世俗社会，故是否拥有宗教信仰主要是在价值倾向上存在差异，对一般社会资源状况的影响不会太大。

1. 性别

在2016年的调查中，在遇到人际利益冲突时不同性别的被调查者在处理方式的选择上具有显著性差异。具体表现为，女性对利益冲突的忍受程度更高，选择"能忍则忍"的比例为11.8%，明显高于男性；在冲突中寻求外部社会支持的意愿，如选择"打官司"和"找第三方帮助沟通调解"的比例均低于男性。

表3-58　　　2016年江苏省调查数据——发生重大利益冲突时的
解决途径（有效百分比）＊性别

	男	女	均值
诉诸法律，打官司	9.2	8.5	8.8
主动与对方沟通，适可而止	54.0	54.4	54.2
找第三方帮助沟通调解，尽量不伤和气	27.5	25.3	26.4
能忍则忍	9.3	11.8	10.6
合计	100	100	100

2013年和2017年的调查数据所显示的总体行为倾向性是一致的，即女性更加关注维护原有伦理关系和避免冲突，如针对"诉诸法律，打官司"这一方式，女性在家庭关系中的选择比例远远低于其他伦理关系维度，并且在每个维度上都低于男性的选择率；在遇到家人间的利益冲突时，女性选择通过忍耐避免冲突的比例高于同一情境中的男性，也远远高于处于其他关系中的女性。但当被调查者处于伦理强度较低的关系，如同事和商业伙伴关系中时，不同性别的人群在处理方式的选择上就不具有显著性差异。

在性别维度下进行的考察，更多地体现出伦理行为选择的普遍性。

性别因素之所以会对伦理选择造成影响,主要是因为男女两性应其自然本质而拥有不同的伦理特质,正如黑格尔所说,女性是"家庭的主宰和神圣规律的维护人",而男性"被家庭精神赶到共体［社团生活］里去,并在那里找到他的有自我意识的本质"①,所以女性在其伦理本性上更关注家庭和伦理关系的稳定性,而男性相对来说更愿意在其作为社会成员的身份上思考和处理问题。其次,中国传统文化对女性的道德预期在今天仍然具有重大的影响力②,而传统女性道德观期望女性更关注家庭,处理冲突时更加温和、退让。这种与性别相关的伦理属性上的普遍性差异,以及社会道德预期造成了男女两性在应对人际利益冲突时,在处理方式的选择上产生了显著性差异,女性在对伦理关系的敏感度和维护意愿上都高于男性。调查中其他一些项目的结果可以从侧面印证我们的分析,例如,三次调查中当被问及"哪一种关系对社会秩序最具有根本性意义"的时候,女性选择"家庭伦理关系或血缘关系"的比例明显高于男性,而男性选择"个人与国家民族关系"的比例高于女性;同时,女性认为当前我国社会道德生活中最重要的内容是"中国传统道德"的比例也高于男性。

2. 年龄

2016年江苏省的调查显示,不同年龄段的人群在处理方式的选择上具有显著性差异。其中,40岁以下的年轻人更愿意通过主动与对方沟通的方式解决利益冲突,在"主动与对方沟通,适可而止"这一选项上的选择比例高于其他年龄段,在"能忍则忍"这一选项上的选择比例则明显低于其他年龄段;50—69岁的中老年人选择"能忍则忍"的比例较高,30—39岁群体选择这一方式的比例较低(8.9%),30岁以下群体选择这一方式的比例最低,仅占4.5%;选择"诉诸法律,打官司"和"找第三方帮助沟通调解"的比例在各个年龄段大致相当。

---

① 黑格尔:《精神现象学》(下卷),贺麟、王玖兴译,商务印书馆1997年版,第16—17页。

② 陈爱华:《论传统女德对当代女性道德建构的价值》,《学海》2000年第4期,第113—116页;李桂梅、欧阳卓灵:《当代中国女性道德状况调查》,《伦理学研究》2015年第4期,第17—26页。

表3-59　　2016年江苏省调查数据——发生重大利益冲突时的解决途径（有效百分比）*年龄

	17—29岁	30—39岁	40—49岁	50—59岁	60—69岁	70—80岁	总计
诉诸法律，打官司	8.2	8.9	8.4	9.4	8.9	26.7	8.8
主动与对方沟通，适可而止	62.0	55.9	52.4	50.4	54.6	40.0	54.1
找第三方帮助沟通调解，尽量不伤和气	25.3	26.3	28.7	26.8	24.2	33.3	26.4
能忍则忍	4.5	8.9	10.5	13.4	12.3	—	10.6
合计	100	100	100	100	100	100	100

2013年的调查在年龄这一个变量分析中显示，在遇到家人间的利益冲突时，不同年龄的人群在处理方式的选择上都没有显示出显著性差异；在遇到朋友间利益冲突时处理方式的选择上具有显著性差异，40—49岁的中年人通过"诉诸法律，打官司"的方式解决冲突的意愿最为突出；50岁以上的被调查者中有超过1/5的人选择了"能忍则忍"，明显高于其他年龄段。在遇到商业伙伴间利益冲突时处理方式的选择上具有显著性差异：16—29岁的年轻人中有57.9%的选择"诉诸法律，打官司"的方式解决冲突，明显高于其他年龄段；40岁以上的被调查者选择"直接找对方沟通"的比例均明显高于40岁以下的人群；50岁以上的被调查者选择"能忍则忍"的比例高于其他年龄段，但具体数据的差异并不十分明显。

2017年的调查数据显示的选择模式基本与2013年的调查一致，仅在以下几个方面存在一些差异：在遇到家庭成员间的利益冲突时，被调查者中30—49岁的中青年选择"直接找对方沟通"的比例明显低于其他年龄段，18—29岁的年轻人选择该选项的比例最低。另外，全国数据中各年龄段在"通过第三方从中调解"这一选项上的比例均高于江苏省数据，在"能忍则忍"这一选项上，全国数据中被调查者的选择比例则普遍低于后者。在遇到商业伙伴间的利益冲突时，选择"诉诸法律"比例最高的人群是30—39岁的中青年被调查者，这与2013年的数据表现得不同。

在年龄因素造成的影响中，我们首先发现了很多共识性的东西，例如在各个年龄段选择直接沟通这一方式的人群的比例都是最高的；年龄越大的群体，在面对家人间的利益冲突时选择忍让的比例越高。行为选择模式会受到不同成长经历所接受和逐步形成的价值观和伦理关系认知的影响，对当代中国社会来说，最明显的变化就是年龄的差异已经足以将人群分为不同的伦理价值观群体。相对来说年龄较大的群体更关注伦理关系及维护其稳定性价值，避免人际冲突的意愿越高，选择忍让和较间接的处理方式的比例越高；在面对商业伙伴关系这一维度上，年轻人选择诉诸法律的比例远远高于其他年龄段的人群。这一特征也体现在对其他问题的回答中，例如，在2016年的调查中对"哪一种关系对社会秩序最具有根本意义"问题的回答，选择"家庭伦理或血缘关系"的比例随着年龄增大而递增，选择"个人与社会关系"的比例随着年龄增大而递减，在2013年和2017年江苏省的调查中，针对同一问题的回答，选择呈现出一致性的变化趋势。这种不同年龄群体伦理选择的差异，主要取决于其成长的环境差异，所以虽然中国人追求利益与伦理平衡的总体特征仍然是稳定的，但随着社会历史的演化，年轻的世代也开始越来越体现出对传统的背离，以及现代性和个体主义价值观的影响。

3. 受教育程度

2016年的调查发现，在遇到人际利益冲突时，不同受教育程度的人群在处理方式的选择上具有显著性差异："大专及以上"学历的人选择"主动与对方沟通，适可而止"这一选项的比例较"大专以下"学历的人高14.2%；"大专以下"学历的被调查者在"找第三方帮助沟通调解"和"能忍则忍"这两个选项的选择比例明显比"大专及以上"学历的人要高，选择法律途径的比例也略高（见表3-60）。

表3-60 2016年江苏省调查数据——发生重大利益冲突时的解决途径（有效百分比）*受教育程度

	大专以下	大专及以上	均值
诉诸法律，打官司	9.0	7.8	8.8
主动与对方沟通，适可而止	51.4	65.6	54.2
找第三方帮助沟通调解，尽量不伤和气	27.4	22.2	26.4

续表

	大专以下	大专及以上	均值
能忍则忍	12.1	4.5	10.6
合计	100	100	100

区分关系维度进行的调查提供了更丰富的信息。当家人间遇到利益冲突时，2013 年江苏省的调查数据表明，不同受教育程度的人群在处理方式的选择上没有显著性差异，2017 年江苏省的调查数据中也只有初中及以下学历的被调查者选择"能忍则忍"的比例最低这一个明显的差异。在其他三个关系维度上呈现出一定的差异：2013 年江苏省的调查显示受过高等教育的人群在朋友关系和同事关系上选择"直接沟通"和"通过第三方调解"方式的比例均高于未受过高等教育的人群；未受过高等教育的人群选择"能忍则忍"的比例则明显高于前者；在"诉诸法律，打官司"这一方式的选择上，朋友和同事关系维度上未受高等教育的群体比受过高等教育的群体选择比例更高，但商业伙伴间受过高等教育的人选择比例（59.2%）高于未受过高等教育的人群（47.1%）。2017 年调查数据有一些变化，其中全国数据显示，当与朋友发生冲突时，本科及以上学历的被调查者选择"直接沟通"和"通过第三方从中调解"的比例高于其他学历水平的被调查者，而选择"能忍则忍"的比例则最低，但该年度江苏省的调查没有显示出明显的差异；选择"诉诸法律，打官司"的比例，在江苏省调查中初中以下学历水平的群体最低，而其他各群体基本持平，与江苏省数据相比，全国数据中被调查者选择"诉诸法律"的比例普遍偏低，但呈现出随着学历增高，其选择倾向不断增高的趋势。

针对受教育程度所做的分析表明，受教育程度对人们的家庭伦理关系认知以及如何处理家人间的利益冲突上不构成显著影响，这说明了我们目前的教育在对中国传统的伦理关系认知和价值评价方面并没有构成巨大的冲击。但在不同受教育程度的群体应对具体社会关系和环境因素方面，我们会看到不同受教育程度的群体在对自我能力的信任和对外部环境力量的依赖上存在差异，高学历群体更倾向于明确利益关系而非忍受损失以维护关系本身，在对社会传统人际网络资源的依赖性上略低于低学历群体,更加相信自己可以独立地处理好利益冲突问题,所以更愿意通过主动沟通的方式解决利益冲突,相对低学历的人群,选择利用第三方调解和法治手段解决问题的比例均较低。

4. 收入

2016 年的调查显示,在遇到人际利益冲突时,不同收入水平的人群在处理方式的选择上具有显著性差异:收入水平高的人对利益冲突的忍受程度较低,收入 4000 元以上的人群选择"能忍则忍"的比例仅为 7.2%,而收入在 2000 元以下人群的选择比例则超出 5 个到 6 个百分点;同时,高收入群体更不愿意通过法律途径解决利益冲突,收入 4000 元以上的人与其他各收入水平的人相比,选择"诉诸法律,打官司"这一选项的比例最低,仅为 7.8%,他们相信自己的能力,更愿意通过主动沟通解决分歧,他们中近六成的人选择了"主动与对方沟通,适可而止"(见表 3-61)。

表 3-61　　2016 年江苏省调查数据——发生重大利益冲突时的解决途径(有效百分比)*收入

	无收入	1—1999 元	2000—3999 元	4000 元及以上	均值
诉诸法律,打官司	9.3	8.0	9.8	7.8	8.8
主动与对方沟通,适可而止	52.8	50.1	56.2	59.9	54.3
找第三方帮助沟通调解,尽量不伤和气	25.4	28.6	25.3	25.1	26.3
能忍则忍	12.5	13.3	8.7	7.2	10.6
合计	100	100	100	100	100

2013 年江苏省的调查数据则显示,在朋友这一关系维度上没有显著差异,在家庭关系和同事关系中不同行为方式的具体选择比例虽略有不同,但在分布趋势上基本一致,例如较高收入的群体都倾向于通过"直接沟通"的方式解决冲突,低收入者更多地通过"能忍则忍"的方式避免冲突。在遇到商业伙伴这种本身就以利益为核心取向的人际关系时,中、高收入群体倾向"诉诸法律,打官司"的意愿高于低收入和无收入

者，在"通过第三方调解"这一项上的选择比例也高于低收入者；低收入群体则在"直接找对方沟通"和"能忍则忍"上显示出更强的选择意愿。

在2017年的调查中，在家庭关系维度上，江苏省和全国的数据都显示无收入人群选择"诉诸法律"和"直接找对方沟通"的比例均为最高，而选择"能忍则忍"的比例最低；在朋友这一关系维度上，江苏省和全国的数据都显示无收入人群选择"直接找对方沟通"的比例最高，而选择"通过第三方从中调解"的比例则最低；在商业伙伴关系中，江苏省数据显示无收入者选择"诉诸法律"和"能忍则忍"的比例明显低于其他收入水平的被调查者，而全国数据显示月收入在4000元以上的被调查者选择"诉诸法律"的比例最高，无收入人群选择"能忍则忍"的比例最高。

总体而言，收入因素会对不同伦理关系认知造成巨大的影响。收入因素造成的伦理选择差异，一方面受到特定人际关系本身伦理品质的影响，利益比重越大的关系受到收入的影响越大；另一方面与不同收入水平个体所拥有的社会资源多寡和个人行动能力的差异有关，资源水平和行动能力较高的群体更倾向于采取直接的个人行动，而不是依托于外部力量解决问题。从纵向上比较，2017年的调查数据显示出了一个值得关注的变化，即无收入群体在家庭关系维度选择"诉诸法律"的比例高于在其他关系维度中，而且选择"能忍则忍"的比例最低，这与前两次调查的发现有明显不同，这或许说明了目前社会收入差距的加重对传统伦理关系的破坏有越演越烈的趋势，低收入群体已经很难在传统的伦理关系网络中获得足够的支持，其维护伦理关系的代价（例如，忍耐、放弃利益诉求）在其整体生活成本中的比例也越来越高，这是社会经济分配不公平对伦理建设最为严重的威胁，需要予以格外的重视。

5. 职业和社会群体

在2016年的调查中，不同职业的人群在利益冲突处理方式的选择上具有显著性差异，如高级白领中有62.8%的被调查者选择"主动与对方沟通，适可而止"，在各种职业类型中的比例最高，同时仅有6.4%的人愿意"能忍则忍"，在各种职业类型中的比例最低；而农民选择前一种方式的比例不到五成，为 48.6%，选择后一种方式的人则占到 15.0%；近三成（28.6%）的农民选择"找第三方帮助沟通调解，尽量不伤和气"，是各种职业类型中比例最高的，但在"诉诸法律，打官司"上的选择比例最低；无业、失业、下岗人员和工人/做小生意者选择"诉诸法律，打官司"的比例最高（见表 3-62）。

表 3-62　　2016 年江苏省调查数据——发生重大利益冲突时的解决途径（有效百分比）＊职业

	高级白领	低级白领	工人/做小生意者	农民	无业、失业、下岗人员	均值
诉诸法律，打官司	9.0	8.3	9.6	7.8	9.5	8.8
主动与对方沟通，适可而止	62.8	59.8	56.1	48.6	56.5	54.2
找第三方帮助沟通调解，尽量不伤和气	21.8	24.7	27.6	28.6	24.3	26.2
能忍则忍	6.4	7.2	10.7	15.0	9.7	10.8
合计	100	100	100	100	100	100

针对社会群体这一要素做出的分析表明，不同社会群体在处理方式的选择上具有显著差异。相较其他群体，企业家对"诉诸法律，打官司"和"主动与对方沟通，适可而止"的选择比例均为所有人群中最高的，为 12.0% 和 66.0%；农民群体则与之相反，对上述两选项的选择比例在所有群体中最低（分别为 7.8% 和 48.6%），而有 28.6% 的农民选择"找第三方帮助沟通调解，尽量不伤和气"，有 15.0% 的农民选择"能忍则忍"，此二选项的选择比例均为所有人群中最高；官员群体虽然其总体表现与企业家基本持平，但其愿意通过司法途径和直接沟通来解决问题的比例略低于企业家，请第三方调解和选择忍耐的比例略高，说明他们在社会关系和组织资源方面的拥有程度和依赖性上都相对要高于企业家群体。

表3-63 2016年江苏省调查数据——发生重大利益冲突时的
解决途径（有效百分比）＊群体

	官员	企业家	专业人员	工人	农民	企业员工	无业、失业、下岗人员	总计
诉诸法律，打官司	8.6	12.0	7.7	9.4	7.8	8.5	9.5	8.7
主动与对方沟通，适可而止	63.8	66.0	60.9	52.0	48.6	60.8	56.5	54.3
找第三方帮助沟通调解，尽量不伤和气	21.8	18.0	24.7	27.6	28.6	23.7	24.3	26.2
能忍则忍	5.7	4.0	6.6	10.9	15.0	7.1	9.7	10.8
合计	100	100	100	100	100	100	100	100

在职业这一变量上，2013年江苏省的调查数据显示，在家人、朋友和同事三个关系维度上的选择都没有显著性差异，在遇到商业伙伴间利益冲突时具有显著性差异：高级和低级白领选择"诉诸法律，打官司"这一途径解决冲突的比例在所有职业类型中最高，分别占到54.0%和56.9%，农民的选择比例最低，仅为37.9%；而在"直接找对方沟通"这一方式的选择上，二者的意愿正相反，农民选择该项的比例为28.0%，而高级和低级白领的比例仅为23.0%和20.0%；农民中有24.8%的人选择了"能忍则忍"，比例远高出其他职业类型，特别是高级白领选择此项的比例仅为3.5%。

2017年的调查数据中有几个变化十分明显：在家人关系维度上，目前无业的被调查者更倾向于选择"直接找对方沟通"，而选择"能忍则忍"的比例在所有被调查者中最低，农民选择"通过第三方从中调解"的比例最高；在朋友和同事关系维度上，高级白领选择"诉诸法律"的比例最低，目前无业的被调查者选择"直接找对方沟通"的比例最高；在商业伙伴关系维度上，低级白领选择"诉诸法律"的比例最高，高级白领选择"能忍则忍"的比例最高。在各个维度上，全国数据普遍表现为被调查者选择"通过第三方调解"的比例偏高，而选择"能忍则忍"的比例则明显偏低。

职业类型和社会群体这两个要素所涉及的相关影响因素比较类似，在分类上也多有重叠之处，主要反映了不同群体的社会资源拥有水平。

总的来看，这两个要素对被调查者的伦理方式选择会造成显著影响，总体表现为拥有较高社会地位和占有更多社会资源的群体在处理冲突时较为主动和积极，对个人利益的主张更为强烈，对社会规则资源的依赖程度则较低，面对冲突时更愿意以个人直接面对的方式来解决问题，如选择"直接沟通"方式比例较高的群体是高级白领和企业家、官员等；相对占有较少社会资源的群体忍受程度更高，处理问题的方式更为被动，如对"能忍则忍"这一选项选择比例较高的群体为农民、工人，尤其以农民群体最为依赖传统人际伦理关系，对利益损失的忍耐程度最高；无业、失业、下岗人员因为可以依赖的社会关系资源较少，所以在行动的主动性和激烈程度上相对要高于农民群体。

6. 户口和体制

在当前中国社会制度下，户口和体制这两个要素反映的主要是被调查者在社会制度资源方面的拥有水平。2016年的调查数据显示，在遇到人际利益冲突时，农业和非农业户口的人群在处理方式的选择上具有显著差异（χ^2检验，$Sig<0.05$）：非农业户口的人群选择主动方式解决冲突的比例较高，"诉诸法律，打官司"和"主动与对方沟通，适可而止"这两个选项的选择比例均高于农业户口人群；农业户口人群更倾向于选择较为被动的方式，选择"找第三方帮助沟通调解，尽量不伤和气"和"能忍则忍"的比例相对更高。体制内与体制外的人群在处理方式的选择上也具有显著差异（χ^2检验，$Sig<0.05$）：体制内的人群选择主动方式解决冲突的比例较高，"诉诸法律，打官司"和"主动与对方沟通，适可而止"这两个选项的选择比例均高于体制外人群；体制外人群更倾向于选择较为被动的方式解决冲突，选择"找第三方帮助沟通调解，尽量不伤和气"和"能忍则忍"的比例相对更高（见表3-64和表3-65）。

表3-64　　2016年江苏省调查数据——发生重大利益冲突时的解决途径（有效百分比）＊户口

	农业户口	非农业户口	均值
诉诸法律，打官司	7.9	10.0	8.8
主动与对方沟通，适可而止	52.6	56.6	54.3

续表

	农业户口	非农业户口	均值
找第三方帮助沟通调解，尽量不伤和气	27.9	24.1	26.4
能忍则忍	11.5	9.2	10.6
合计	100	100	100

表3-65　2016年江苏省调查数据——发生重大利益冲突时的解决途径（有效百分比）*体制

	体制内	体制外	均值
诉诸法律，打官司	9.7	8.6	8.8
主动与对方沟通，适可而止	59.8	53.0	54.3
找第三方帮助沟通调解，尽量不伤和气	23.2	27.1	26.3
能忍则忍	7.4	113	10.6
合计	100	100	100

在2013年的调查数据中，户口类型这一变量在家人和朋友关系维度上选择处理方式没有显著性差异；在遇到同事间的利益冲突时出现了显著性差异，城镇户口人群选择"直接找对方沟通"来解决冲突的比例高于农业户口人群，后者选择"通过第三方调解"以及"能忍则忍"的比例均高于前者；在遇到商业伙伴间利益冲突时，城镇户口人群选择通过"诉诸法律，打官司"来解决冲突的比例高于农村户口人群，农村户口人群更多地采用"直接找对方沟通"的方式，但其在"能忍则忍"这一选项上的选择比例（15.0%）仍然是明显高于后者的（5.4%）。在体制身份类型这一变量上，通过统计检验发现，在家人、朋友、同事三个关系维度上被调查者的选择均没有显著性差异，但在遇到商业伙伴间的利益冲突时，体制内与体制外群体在处理方式的选择上具有显著性差异：体制内群体中有55.7%的人选择通过"诉诸法律，打官司"来解决冲突，而体制外群体选择这一方式的人占48.0%，与前者相比，后者选择"能忍则忍"的比例明显偏高，占到11.2%，而前者在该选项上的选择比例仅为4.7%。

2017年的调查没有使用"体制"这一变量，户口类型这一变量在家人、朋友、同事三个维度上，在全国的调查数据中均没有显著差异，而江苏省的调查数据显示，在发生利益冲突时，农业户口的被调查者选择"直接找对方沟通"的比例均高于非农业户口的人，而前者选择"能忍则忍"的比例则低于后者；在遇到商业伙伴间的利益冲突时，农业户口的被调查者选择"诉诸法律"的比例略低于非农业户口的人，选择"直接沟通"的比例则略高于后者，与江苏省的数据相比，全国调查中农业户口的被调查者选择"诉诸法律"的比例明显偏低，而选择"通过第三方从中调解"和"能忍则忍"的比例则更高。

总体而言，户口和体制这两个因素，对于伦理强度较大的关系维度（如家人和朋友）都没有显著性影响。但是在更多由社会环境和利益因素决定的伦理关系上，如在商业伙伴关系上，户口和体制的差异会形成较大的伦理行为选择差异：城镇户口和体制内人群选择"诉诸法律，打官司"来解决冲突的比例明显高于农业户口和体制外人群，农村户口人群在处理与商业伙伴间的利益冲突时更多地采用"直接沟通"的方式，考虑到目前中国农村地区传统伦理网络的存在状况由于城镇以及农村小商业活动对传统亲缘和地缘关系的依赖性较高（例如，家族企业或者商业同乡会等形式），农村居民较之城镇居民在商业伙伴关系中有可能会附着更多的伦理情感，使其更愿意采取直接的人际手段而非制度性方式来解决问题。

7. 宗教信仰

在三次调查中，有宗教信仰的被调查者总体比例均较低：2013 年为 7.3%，2016 年为 9.0%，2017 年为 8.4%，这说明中国社会总体上处于一种世俗化状态。中国秉持宗教信仰自由和宗教平等的政策，所以是否拥有宗教信仰与其社会生活水平不存在显著相关性，如 2016 年调查中发现，是否拥有宗教信仰在被调查者对自身"身心健康状况""整体收入水平""家庭成员关系"和"社会保障水平"四个方面的满意度都没有呈现出显著性差异。另外，调查显示，虽然不同宗教对利益和人际关系的价值规定都存在不同，但从整体上看，是否拥有宗教信仰对人们的道德观念的影响并不显著。如调查数据显示，不论是否拥有宗教信仰，在问及最重要的伦理关系时，三个年度的被调查者都认为家庭关系（包括亲子关系和夫妻关系）是最重要的，并且都认为"中国传统道德"是目前中国社会道德生活中最重要的因素。这些都说明，目前中国社会中是否拥有宗教信仰对人们有关文化、家庭、社会和国家法治的基本价值判断没有显著影响。

具体到在发生人际利益冲突时宗教信仰对处理方式的选择是否存在影响这一问题，三个年度的调查显示出不同的结果：2016 年调查的数据表明具有显著差异，有宗教信仰的人选择忍耐的比例要高于没有宗教信仰者，而对其他处理方式，如诉诸法律、主动或找第三方沟通调解的选择比例均比没有宗教信仰的人低。但在 2013 年的调查中，江苏省和全国调查数据均显示，在遇到利益冲突时是否有宗教信仰这一变量，在家人、朋友、同事和商业伙伴这四个关系维度上，受调查者处理方式的选择都没有显示出显著差异。2017 年的数据又显示略有变化，主要表现为，调查发生利益冲突时在上述四个关系维度上有宗教信仰的被调查者会更多地选择"直接找对方沟通"，选择"能忍则忍"的比例则低于没有宗教信仰者。但从各种不同行为策略的总体选择趋势上看，是否具有宗教信仰并不存在明显的差异。对调查数据的综合分析表明，是否拥有宗教信仰在人们应对利益冲突的伦理选择上的影响是十分微弱的。

（三）结论

1. 共性

从以上对调查数据的分析可以发现，当代中国人对在面临利益冲突时应该做出何种伦理选择，仍然具有较高的共识，即绝大多数中国人都不会将利益视为一种独立存在，而是将利益冲突的双方放在特定的伦理关系中进行考量，在维护自身的利益和维护原有伦理关系的价值之间找到平衡。

这具体表现在，在总体频数统计和主要社会关系情境（除商业伙伴之外）下的统计方面，当代中国人在面对利益冲突的时候最优先的选择方式都是"直接找对方沟通，但得理让人，适可而止"和"找第三方帮助沟通调解，尽量不伤和气"这两个行为模式，选择"能忍则忍"的比例虽然不高，但也高于选择诉讼途径的比例。通过区分关系维度进行的调研，虽然在其他具体选项上显示出了一定的差异，如在家庭关系下选择"能忍则忍"的比例远远高于其他关系维度，而在商业伙伴关系中选择打官司来解决问题的比例明显高于其他关系维度。但这些差异更加清晰地说明了中国人的伦理思维模式的共性，即行为选择的差异总是对应着不同的伦理关系情境，人们总是倾向于寻找每一种具体情境下最佳的平衡模式。家庭关系是强度最高的伦理关系，相应的利益诉求就会大幅度减弱，选择"能忍则忍"的比例就是最高的；商业伙伴的关系本身就是一种以利益为基础建立起来的伦理关系，选择法律手段解决冲突的比例就会明显升高，但即使在这种情况下，选择"直接沟通"和利用人际关系网络来解决问题的仍然占据多数，这一现象更加能够说明问题。

另一个具有共性的特征是，除商业伙伴关系外，被调查者整体上表现为不倾向于通过法律途径来解决问题，在一般情况下人们选择"诉诸法律，打官司"的比例都不算太高，这一点在2016年的调查数据和2013年、2017年除商业伙伴关系之外的调查数据中表现得尤其突出，选择比例均低于1/10。但是，这种"无讼"的倾向并不是因为人们普遍怀疑法治体系的正义性，如在2016年的调查中，同意和比较同意"在这个处处讲背景的年代，规则是对普通老百姓最好的保护"的比例合计达到78.6%，同意和比较同意"法院是一个替老百姓讲理的地方"的比例也达到76.8%，不同意和比较不同意"要想打赢官司，找关系比找律师更有价值"的比例达到68.9%。这说明，当前中国社会民众对法治体系的正义性还是具有较高的信任度的，但在处理利益冲突的效用上，大多数人还是更相信传统的人际关系的伦理效用。

2. 差异

调查数据也使我们能够看到中国人今日之伦理生活所发生的变化。

首先，在价值观念上个体自身和自我利益所占的比例开始提高，具体表现为人们开始更加主动地主张和维护自己的利益，即使在家庭伦理关系中，选择"能忍则忍"的比例也就维持在三成左右，这与中国传统文化所强调的"百忍"[1]的家庭伦理处世原则已经有很大的不同。

---

[1] 典出《旧唐书·孝友传·张公艺》。

其次，现代化的社会结构也开始越来越深刻地影响着中国人的伦理关系认知，这主要表现在与朋友和同事的关系中：朋友关系基于直接伦理情感，同事关系则主要基于外部属性的连接，但在统计数据中朋友和同事之间的伦理选择呈现出高度的一致性，这说明传统中国五伦中"朋友"一伦的内在道德属性已经开始减弱，越来越趋同于外部社会结构的制约。在分年龄段进行的调查中，30岁以下的人群在面临家庭成员之间的冲突时选择忍耐的比例较之其他年龄段出现了断崖式的下降——而30岁以上各群体之间的差异并不十分显著，这充分说明了近30年来中国社会尤其是家庭生活结构已经发生了明显的变化，而这种变化已经开始深刻地影响人们的伦理意识。

最后，现代中国社会外在环境会对解决利益冲突的伦理行为选择造成影响，这一点尤其体现在诸如教育、收入、职业和体制身份等因素中。受教育程度因为与被调查者的能力和个人社会资源拥有水平相关，所以会影响不同群体的行为选择，受教育程度较低者更依赖包括传统伦理关系和社会法制在内的外部环境力量；社会制度和经济资源的占有水平也会对其行为选择造成显著影响，资源拥有水平较高的群体解决利益冲突的方式更为主动，对个人利益的主张更为强烈，相对占有较少社会资源的群体其忍受程度更高，处理问题的方式更为被动，对外部环境力量的依赖性也更高。但其中一个格外值得注意的现象是，经济收入最低和失业无业的群体，在"能忍则忍"和"诉诸法律"这两个相差最大的行为模式中都显示出较高的选择倾向，这恐怕不能够用他们的一般道德状况或对司法系统的信任来解释，更有可能说明了这些在经济上处于极端困顿中的群体同样也面临着社会伦理资源和支持都高度匮乏的局面。

3. 异中之同

虽然随着时代的不断前进，中国人的社会生活和伦理生活越来越显出现代性的结构特征，例如，被调查者多数对个人利益诉求持正面肯定的态度，也愿意采取主动积极的方式维护自身利益，这在利益因素占优势的关系维度上（如商业伙伴关系）表现得尤其显著。但中国传统伦理价值观中的一些特征仍然发挥着巨大的作用，因此在诸多伦理选择差异的背后，隐含着一种普遍性的东西。

最为典型的一个证据就是在追求和维护个人利益已经获得足够的道德合法性的情况下,传统文化中类似"吃亏是福"①这种更关注伦理关系中潜在利益的价值观仍然起着很大的影响作用,选择"能忍则忍"的被调查者在三个年度的调查中都占有一定的比例,即使在商业伙伴关系中的选择比例仍然达到了9.5%和10.1%,虽然低于同年度针对其他关系对象时的选择比例,但与2016年不分关系对象时的选择比例(占比10.6%)持平,充分说明了这种传统价值观的生命力。作为一个辅助证据,在2013年的调查中,江苏省的被调查者在"假设你有一个孩子,你会不会交给他/她以下品质"一题中,认同"教孩子不计较,吃亏是福"的比例高达99.8%,这些都说明类似的传统价值观对当代中国人的社会生活仍然具有重要的影响力。

另一个典型的证据是在对第三方调解力量的选择上。从表面来看,在家人关系中,采取直接沟通的比例最高,通过第三方调解的比例最低,然后是朋友,比例最高的是在同事间发生利益冲突时。这种表面的差异背后实则隐含着中国人对伦理关系的考量,以及在特定伦理关系中的选择行为有可能造成后果的评估的普遍法则,即伦理关系质量越高,就越能够经得起利益冲突的考量,所以人们认为在家人之间就利益冲突的相关问题直接沟通会比较容易,也较少会影响家庭关系本身,相反,在这些问题上如果引进第三方力量反而有可能造成对家庭关系的破坏;但是,同事关系的利益属性和外部性较之朋友和家人更加明显,所以人们需要避免发生直接的冲突来维持同事之间较为脆弱的伦理关系。这些都可以算是中国当代社会伦理生活的"异中之同"的表象之一吧。

4. 结论与建议

以上的调查结果及其分析显示出,虽然在今天的中国社会,大众或许在道德知识层面对西方道德话语、市场经济规则都有一定程度的认同,对中国社会主义法治也拥有足够的信心,但在遭遇具体利益冲突的时候,其行为选择仍然还是更倾向于信任中国传统伦理秩序,会根据冲突双方

---

① 唐辉、周坤、赵翠霞等:《吃亏是福:择"值"选项而获真利》,《心理学报》2014年第46卷第10期,第1549—1563页。

所处的具体伦理关系来界定其中的义与利，并且根据这一伦理关系的紧密程度来衡量与协调客观利益与伦理关系自身所蕴含的价值之间的冲突。在应对利益冲突的行为选择的社会模式上，追求利益—伦理平衡的做法始终还是社会主流，这也说明了今天的中国社会虽然已经不可避免地进入了道德多元的阶段，但中国传统的伦理道德仍然还是基础最深厚、影响最深远、社会大众认同程度和范围最大的文明因子。

调查也显示出，当代中国社会尤其是家庭伦理关系已经开始发生变化，主要体现为传统伦理关系网络的逐渐削弱，以及相应的道德观和伦理意识也受到了影响，现代性的个人主义的价值观开始呈现出增长的势头。但是，调查同样体现出当代中国人对自己社会生活的不同人际关系场域具有不同的伦理感，在家庭关系和商业伙伴关系中呈现出来的差异充分说明了这一点，在家庭关系中传统伦理精神仍然呈现出极其强大的生命力和韧性。这提示我们，在今天的中国，如果想要重建民族伦理精神，最重要的精神资源和首先需要大力加强的，就是家庭伦理关系。

最后，我们需要再一次强调在调查中显示出来的一个重要的危险倾向，那就是低教育群体、低收入群体、无业失业群体等通常被认为的社会弱势群体面对利益冲突的伦理行为选择，他们在"能忍则忍"和"打官司"这两个相反而且比较极端的选项上，虽然目前其总体比例与总体平均比例的差异还不是很大，但在与同类型的其他群体相比，明显地显示出了较高的可能性。前面已经分析过，这种选择模式的差异更加体现出这些群体在一般社会资源和伦理网络资源上都处于不良的状况，已经很难获得足够的支持或者具有足够的自信在正常社会生活的伦理关系中解决问题。因为不论是选择自己忍受利益损害还是选择依靠法律制度直接争取利益，都是比较极端的选择，所以这两个选项同时升高，意味着越来越多的弱势群体的行为模式已呈现出激进化的趋势。这些说明生活环境的恶化和伦理境况的恶化，不但会呈现出相互激化的恶性循环，还会不断增加人们行动的激进性和加剧社会冲突。在中国当代精神文明和民族伦理精神的建设过程中，对这些群体给予特别的关注和帮助，具有至关重要的意义。

（程国斌）